Damascynclito Medeiros

ELETROMAGNETISMO

(Eletrostática & Eletrodinâmica)

Volume 1

EDITORA CIÊNCIA MODERNA

Editor: Paulo André P. Marques
Produção Editorial: Dilene Sandes Pessanha
Capa: Daniel Jara
Diagramação: Carlos Arthur Candal
Copidesque: Lorena Fernandes

FICHA CATALOGRÁFICA

MEDEIROS, Damascynclito.

Eletromagnetismo – Volume 1 – Eletrostática e Eletrodinâmica

Rio de Janeiro: Editora Ciência Moderna Ltda., 2018.

1. Física 2. Eletrostática
I — Título

ISBN: 978-85-399-0748-9 CDD 530
537

Editora Ciência Moderna Ltda.
R. Alice Figueiredo, 46 – Riachuelo
Rio de Janeiro, RJ – Brasil CEP: 20.950-150
Tel: (21) 2201-6662/ Fax: (21) 2201-6896
E-MAIL: LCM@LCM.COM.BR
WWW.LCM.COM.BR **08/18**

PREFÁCIO

Este é um curso básico de Eletromagnetismo destinado a alunos de cursos de graduação das áreas de ciências naturais (Física, Química, Astronomia, etc.), tecnologia (Engenharia Química, Biomética, etc.) e afins.

Os seus fundamentos estão expostos em linguagem clara e concisa com capítulos elaborados à guisa de aulas com o intuito de proporcionar ao leitor o autoaprendizado.

No curso da obra, de um modo mais extenso, procurou-se enfatizar os pontos mais significativos da história da Eletricidade e do Magnetismo, que se desenvolveram separadamente e depois se unificaram sob o título Eletromagnestimo, possibilitando ao leitor uma visão no tempo, desse importante legado científico.

O autor
Março de 2001

À minha filha Helen

SUMÁRIO

ELETROSTÁTICA

1. INTRODUÇÃO

1.1 Um pouco da História

A Ciência acabou por nos revelar que a natureza detém processos espontâneos de produção de eletricidade: a ação dos raios cósmicos, as chuvas, as descargas atmosféricas, para citar alguns ditos autógenos. Num avião em voo, por exemplo, há o aparecimento de eletricidade estática na fuselagem, devido ao atrito com o vento, processo este chamado de exógeno. Coube ao homem, todavia, a descoberta de processos artificiais de produção de eletricidade. Isto nos sugere a importância de evocarmos um pouco de história para retomarmos o longo trabalho das descobertas científicas, nesse campo.

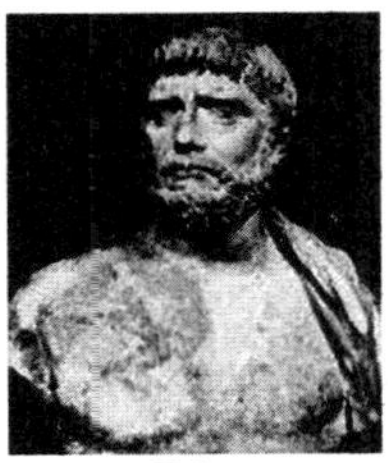
Tales

A palavra eletricidade vem do grego, cuja raiz, elétron, significa âmbar. É da tradição atribuir-se a Tales de Mileto (624-546 a.C.), filósofo e cientista grego, a primazia do registro das primeiras manifestações elétricas observadas no experimento do âmbar atritado com pele de cabra, fig.1.1. O âmbar adquire a propriedade de atrair, sem tocar, pequenos fragmentos de corpos leves. Tales considerou o fenômeno como uma propriedade da matéria ainda por explicar e chegou a fazer uma lista de outras substâncias com as quais era possível produzir efeitos semelhantes ao do âmbar atritado.

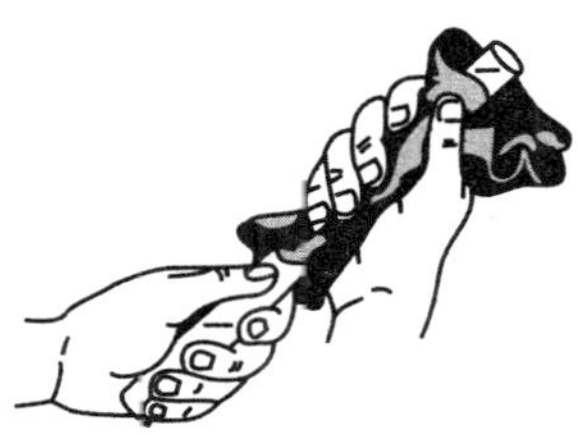
fig. 1.1

Gilbert

As experiências de Tales foram reencontradas por volta do ano de 1.600 por William Gilbert (1504-1603), médico e físico inglês, quando estudava o magnetismo terrestre. Sabe-se que Gilbert ampliou a lista de Tales com a inclusão do vidro, do lacre, do enxofre, do cristal e de variedade de pedras preciosas, substâncias estas que denominou de elétricas porque, com elas, podia-se produzir o mesmo fenômeno registrado por Tales. Já no século seguinte, técnicas mais eficientes foram desenvolvidas à produção de eletricidade por atrito. Nesse desiderato, em 1663 tivemos com Otto Von Guericke (1602-1686), físico alemão, a primeira máquina eletrostática, idealizada com concurso de duas esferas de enxofre; e em 1759 com Franz Uirich Hoch (1724-1802), físico alemão, conhecido por Aepinus, a invenção do eletróforo e do primeiro condensador. No entanto, é com Charles Françoise Du Fay (1698-1739), físico francês, que em 1733 é dado o passo elucidativo sobre a natureza da eletricidade, quando ele conclui que ela se manifesta unicamente sob duas espécies bem distintas: àquela, obtida pela fricção de um bastão de resina com pano de lã, por isso chamada de resinosa , e a resultante da fricção de um bastão de vidro com um pano de seda, denominada vítrea. Du Fay também comprovou que o bastão de resina, eletrizado, atraía o de vidro igualmente eletrizado e repelia o seu homônimo; por sua vez, o bastão de vidro friccionado atraía o de resina e repelia o de sua espécie, não havendo possibilidade da existência de uma terceira natureza elétrica. Estava assim encontrado o princípio definitivo que rege as interações eletrostáticas, no seu aspecto qualitativo. A consequência mais importante tem lugar em 1747, quando Benjamim Franklin (1706-1790), estadista e cientista norte-americano, sustentou que a eletricidade é um fluido, que existe em excesso ou falta nas substâncias, designando-a de positiva ou negativa, conforme a natureza vítrea ou resinosa proposta por Du Fay. Contudo, o uso dos sinais algébricos (+) e (-) só foi adotado anos mais tarde, por sugestão de Georg Christoph Lichtenberg (1742-1799), físico alemão. Franklin também sugeriu uma lei de conservação para a eletricidade. Franklin, numa célebre experiência de 1752 empina uma pipa e colhe um raio numa garrafa de Leiden, identificando-o como portador de eletricidade e inventa o pára-raios (de suas observações sobre o poder das "pontas"). Nessa fase, fica definitivamente estabelecida a noção de corpo eletrizado como aquele possuidor de uma quantidade bem determinada de eletricidade, que toma o nome de carga elétrica.

Franklin

A necessidade de se medir com precisão essa grandeza primitiva, leva a invenção de instrumentos como o eletroscópio, o eletrômetro e a balança de torção, inventada em 1777, por Charles Augustin Coulomb (1736-1806), engenheiro militar francês, com a qual ele estabeleceu a lei fundamental da eletrostática oito anos mais tarde, conforme veremos adiante.

Coulomb

Com Coulomb, fica esboçada a primeira síntese da eletrostática com as propriedades dos corpos eletrizados, ora resumidas:

[1] as cargas elétricas se manifestam unicamente de duas naturezas: positivas e negativas, como se convencionou designá-las (princípio de simetria);

[2] as cargas elétricas de mesma espécie se repelem, enquanto que as de naturezas opostas se atraem (princípio de interação);

[3] a carga elétrica total produzida num processo permanece invariável (princípio da conservação da carga elétrica).

Volta

As investigações acerca da natureza da eletricidade prosseguem com Alessandro Giussepe Volta (1745-1827), físico italiano, que inaugura em 1792 a eletroquímica, refuta a eletricidade animal anunciada por Luigi Galvani (1737-1798), anatomista italiano, produz a pilha química (na qual a reação química produz corrente elétrica), descoberta esta comunicada a Royal Society em 20 de março de 1800; e ele também perfeccionou o eletróforo. A pilha voltaica introduz a noção de corrente elétrica, abrindo novos horizontes à pesquisa do fenômeno elétrico, e passa a ser um instrumento indispensável nos laboratórios da época. Com ela o eletroscópio pode ser carregado com mais eficiência, aprimorando-se assim o método de medição de carga elétrica. Dois meses depois da criação da pilha de Volta, William Nicholson (1753-1815), químico inglês, aplica-a à decomposição da água, que é o fenômeno inverso que passou a ser chamado de eletrólise: a corrente elétrica produz reação química. Em 1807, Humphry Davy (1778-1829), químico inglês, usando a eletrólise, consegue romper a estrutura molecular da potassa fundida, coletando no elétrodo positivo um metal que chamou de potássio e com a inclusão de soda cáustica naquela solução, consegue separar o sódio, no elétrodo negativo.

Lavoisier

Voltando um pouco no curso dos acontecimentos, a questão da constituição da matéria é tratada por Antoine Laurent Lavoisier (1743-1794), químico francês, considerado o pai da Química Moderna, na sua obra intitulada Métodos de Nomenclatura Química, publicada em 1787, que institui o conceito de elemento químico,

Dalton

expressão por ele cunhada para designar o ente básico à constituição da matéria e, na obra seguinte, Tratado Elementar de Química, de 1789, lega o princípio da conservação da massa. O problema da constituição da matéria é retomado por John Dalton (1766-1844), químico inglês que, redescobrindo a teoria atômica do filósofo grego Demócrito (470-380a.C.) e do seu mestre Leucipo (490-? a.C.), e reinterpreta-a à luz dos princípios da química, postulando em 1803 o átomo-químico como constituinte último da matéria. Publica em 1808 a obra New System of Chemical Philosophy onde expõe com detalhes suas idéias da constituição da matéria, do ponto de vista do atomismo. O átomo de Dalton entra para a história da ciência como o ente básico que explica as propriedades físico-químicas da matéria ordinária, não obstante ele ser desprovido de estrutura interna.

Em 1819, Hans Christian Oerested (1777-1838), físico dinamarquês, trabalhando num experimento com a pilha de Volta, observou a deflexão da agulha de uma bússola, deixada nas proximidades do fio, quando da passagem da corrente elétrica, e concluiu, acertadamente, que tal efeito magnético era causado por ela, descobrindo assim a esperada conexão entre eletricidade e o magnetismo. Já no ano seguinte, André Marie Ampère (1775-1838), físico e matemático francês, estabelece a lei que rege esse efeito magnético produzido pela corrente elétrica e faz a 1ª sistematização do conhecimento do fenômeno elétrico da época, propondo o termo eletrostática para designar o estudo de cargas elétricas estacionárias e reserva o termo eletrodinâmica para o estudo das cargas elétricas em movimento ou corrente elétrica, da qual já se conhecia o efeito químico (da eletrólise). Em 1840, James Prescott Joule (1818-1889), físico inglês, descobriria o seu efeito calorífico.

Ampère

A eletroquímica de Volta é continuada por Michael Faraday (1791-1867), físico e químico inglês, que traz a público, em 1832-3, as leis quantitativas da condução eletrolítica, das quais emergem a conceito de íons, termo proposto por ele (íon, do grego, andante) e da natureza granular (e não fluida) da eletricidade. Faraday descobre que a quantidade de substância, M, depositada num elétrodo é proporcional a quantidade de eletricidade, Q , que passa

Faraday

através da solução eletrolítica, tal que M = Q/F, onde F[(1)] é a constante de Faraday, definida por, $F = e/n = N_A e \cong 9{,}648\,530\,9 \times 10^4$ C/mol, N_A é a constante de Avogadro.

A eletroquímica é coroada por Svante August Arrenius (1859-1927), químico sueco, que em 1884 estabelece a distinção de substâncias eletrolíticas das não-eletrolíticas e comprova que os íons resultam de cisão de moléculas, a exemplo da dissociação eletrolítica do cloreto de sódio.

Com George Jonstone Stoney (1826-1911), físico irlandês, convicto da idéia da atomicidade da matéria, postula em 1874 que a eletricidade deve ter sede numa carga elétrica mínima, final e indivisível que, mais tarde, em 1891, propôs chamá-la de elétron, o qual seria, por consequência, parte integrante do átomo, do qual já se presumia detentor de alguma estrutura.

Thomson

A busca da carga elétrica elementar prossegue no campo das ivestigações das descargas elétricas em gases com William Crookes (1832-1919), físico inglês, que as estudou sob condição de alto vácuo, em tubos que leva seu nome, concluindo entre 1870-5 que a radiação luminescente observada em torno do cátodo deveria ser partículas de natureza elétrica negativa. No ano seguinte, Eugen Goldstein (1850-1931), físico alemão, ao estudar o mesmo fenômeno à baixa pressão, batiza aquela radiação com o nome de raios catódicos; e noutro experimento de 1886, com o cátodo perfurado, observa outra radiação (amarela brilhante) que chamou de raios canais ou anódicos. Contudo, coube a Joseph John Thomson (1856-1940), físico inglês, em 1897, comprovar que os raios catódicos são na verdade partículas subatômicas dotadas de carga elétrica negativa, identificando-as como elétrons, por serem desviadas por campos elétrico e magnético, determinando-lhes a carga mássica, $-e/m_e$, e estimou a massa do elétron em 1/1836 da massa do próton, por isso ele é considerado o descobridor do elétron. E noutro experimento de 1906, conclui que os raios anôdicos são íons com carga elétrica positiva.

Becquerel

Outro acontecimento novo é a descoberta da radioatividade em 1896, por Antoine Henri Becquerel (1852-1908), físico francês, da qual resultou o conhecimento das

(1) inicialmente obtida por via experimental.

emissões de raios alfa, beta e gama, depois identificados, respectivamente, como núcleo de Hélio (radioativo) elétron e energia radiante.

O problema da constituição da matéria firma-se no domínio da Física, com Thomson em 1907, coroando seus 10 anos de pesquisas, que propõe uma 1ª estruturação para o átomo, então concebido como uma diminuta esfera rígida, de raio da ordem de 10^{-10} m, dotada de carga elétrica positiva nela distribuída homogeneamente, e em cujo interior se encontram distribuídos os elétrons, de carga elétrica negativa, em quantidade igual para neutralizar a carga positiva, fig.1.2. Com a simplicidade deste modelo do átomo, dava-se por justificada a neutralidade da matéria ordinária e por satisfeita muitas de suas propriedades físicas e químicas.

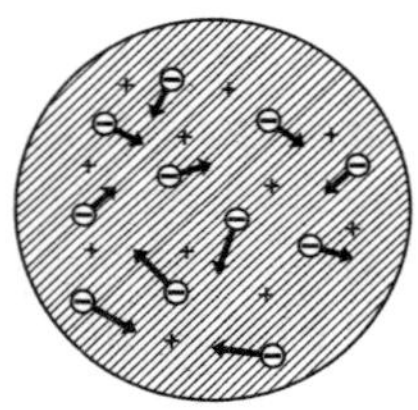

fig. 1.2

Completando esse ciclo de descobertas históricas, Robert Andrews Millikan (1868-1953), físico norte-americano, em experimentos entre 1909-13, determina o valor da carga elétrica individual do elétron, confirmando a sua natureza quântica, por método que ficou conhecido como experimento da gota de óleo.

A pesquisa da estrutura do átomo prossegue no campo da radioatividade com a contribuição significativa de Ernest Rutherford (1871-1937), físico inglês (discípulo de Thomson), que, estudando o espalhamento de partículas alfa colimadas sobre uma folha de ouro muito fina (de 0,4 μm a 5 μm de espessura) fig.1.3., acreditou ter se deparado com a verdadeira estrutura do átomo, cujas conclusões foram dadas a conhecer em 1911, quando então postula que o átomo é constituído de uma parte central, nuclear, onde estão compactamente reunidas as partículas com cargas elétricas positivas, que ele denominou-as de prótons (do grego, os primeiros), e em torno do núcleo, as partículas com cargas elétricas negativas ou os elétrons que estariam gravitando em torno dele, compondo a eletrosfera atômica, fig.1.4 ; posteriormente verificou-se que no núcleo também

Rutherford

existiam partículas sem carga elétrica, chamadas de nêutrons. Esse modelo estrutural do átomo levou a concebê-lo ou visualizá-lo como um diminuto sistema solar, fig.1.5, aliás, configuração esta já concebida teoricamente por Jean Baptiste Perrin (1870-1942), físico francês.

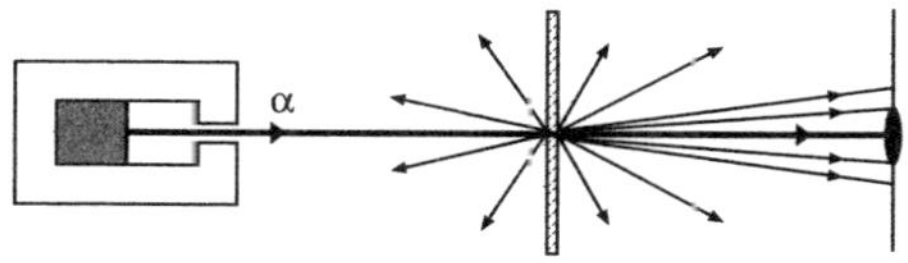

fig. 1.3

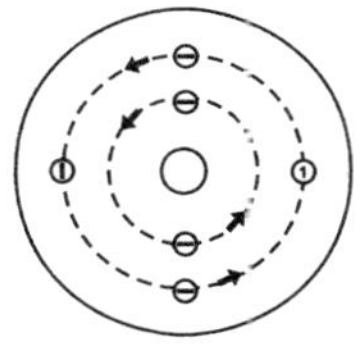

fig. 1.4

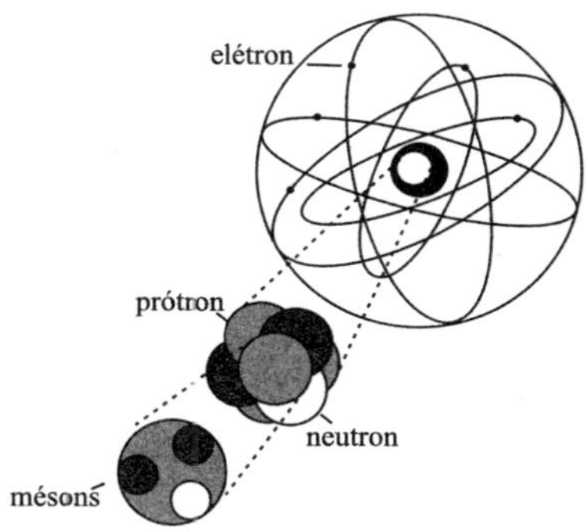

fig. 1.5

Curiosamente, a estabilidade do átomo de Rutherford-Perrin foi posto em xeque pelo eletromagnetismo ao perdizer o colapso do elétron orbital, que, acelerado em torno do núcleo, deveria emitir energia radiante, cuja perda constante o levaria a uma trajetória em espiral, fazendo-o precipitar-se sobre o núcleo, o que contradita o fato físico. Este impasse teórico, todavia, foi superado por Niels Henrik David Bohr (1885-1962), físico dinamarquês, que recupera a estabilidade do átomo, postulando a quantificação espacial dos níveis de energia das órbitas dos elétrons, tese esta dada a conhecer em 1913. Sabe-se que Bohr se inspirou fundamentalmente nos trabalhos de Max Karl Ernest Ludwing Planck (1858-1947), físico alemão, que postulou a quantificação da energia a nível microscópico. Com a contribuição de Bohr, o modelo atômico para os átomos leves, como o hidrogênio, passou a ser chamado de modelo de Rutherford-Bohr. Três anos depois Arnold Johannes Wilhelm Sommerfeld

Bohr

Planck

(1868-1951), físico alemão, amplia esse modelo atômico, com a inclusão de órbitas elípticas dos elétrons para átomos mais pesados.

Essa fase de pesquisa é coroada com a descoberta do nêutron em 1932 por James Chadwick (1891-1974), físico inglês.

Como se pode aquilatar, o problema da constituição da matéria reuniu em torno de si uma gama de descobertas inéditas em domínios novos, hoje sistematizados sob o título de Física Moderna. É óbvio que o aprofundamento do assunto foge ao escopo desta introdução, não obstante faremos um breve sumário dos principais parâmetros que caracterizam estrutura do átomo, universalmente aceitos, com os quais são explicadas as propriedades físico-químicas da matéria.

1.2. O Átomo e a sua Ordem de Grandeza

À luz da hipótese atômica, a matéria tem o seu limite numa porção final que é o átomo. O átomo detém uma estrutura firmada por três partículas fundamentais denominadas de elétrons, prótons e nêutrons, ocupa um volume ínfimo, com diâmetro da ordem de 10^{-10}m , no interior do qual num volume ainda menor, com diâmetro da ordem de 10^{-14} m (e 10^{-15} m para elementos leves) estão reunidos os prótons, que são as partículas positivas, junto com os nêutrons, que são partículas desprovidas de carga elétrica, e outras menores, pósitrons e mésons, compondo o núcleo do átomo, que concentra 99,95% da massa atômica. Os elétrons, que são as partículas portadoras de carga elétrica negativa, representam os 0,05% restantes da massa total do átomo e se distribuem em órbitas ou camadas em torno do núcleo, compondo a eletrosfera que limita o volume atômico.

A massa do próton é cerca de 1836 vezes maior do que a massa do elétron, porém, aproximadamente igual a massa do nêutron. As órbitas dos elétrons são habitualmente designadas pelas letras K, L, M, N, O, P e Q , nas quais os elétrons detêm energias bem definidas.

É constatação experimental que a carga elétrica do elétron é exatamente igual e oposta à carga elétrica do próton, o que leva à conclusão de que o átomo possui número igual de elétrons e de prótons, fato que preserva a neutralidade da matéria ordinária. Esse número é chamado de número prótons (ex-número atômico) e simbolizado pela letra Z. Propôs-se que o número máximo de elétrons numa órbita é dado por $Z = 2n^2$, onde n = 1,2, ... ,7, e designa a ordem da camada. O átomo assim concebido é denominado de átomo de Rutherford-Bohr e é um modelo suficiente para as explicações clássicas ou não-quânticas dos fenômenos elétricos.

O aprofundamento do estudo do átomo é seguido por Erwin Schrödinger (1887-1961), físico austríaco, que formula uma nova interpretação do sistema atômico, e estabelece a equação matemática que associa o elétron a uma onda eletrônica, criando a Mecânica Ondulatória, publicada em 1926 [inspirado nas idéias de ondas de matéria, intuídas em 1923, pelo físico francês, Luís Victor Pierre Raynond, Príncipe DeBroglie (1892-1987)]. Alguns meses antes, e usando método matricial Werner Karl Heisemberg (1901-1976), físico alemão, lega-nos a Mecânica Quântica, símile daquela, e em 1927 divulga o princípio da incerteza. Nestes enfoques o átomo perde a representação visual ordinária e ganha maior complexidade formal para a descrição de seu comportamento. E o elétron, então partícula dotada de órbita, passa a ser concebido como uma onda eletrônica distribuída de forma probabilistica em torno do núcleo, batizada de orbital, fig.1.6. Não obstante o novo perfil do modelo quântico do átomo, as conclusões instituídas no modelo de Rhuterford-Bohr continuam tendo validade universal, cujos valores aproximados das cargas elétricas e das massas das partículas subatômicas fundamentais, são dados na tabela 1.1, e aceitos como constantes universais.

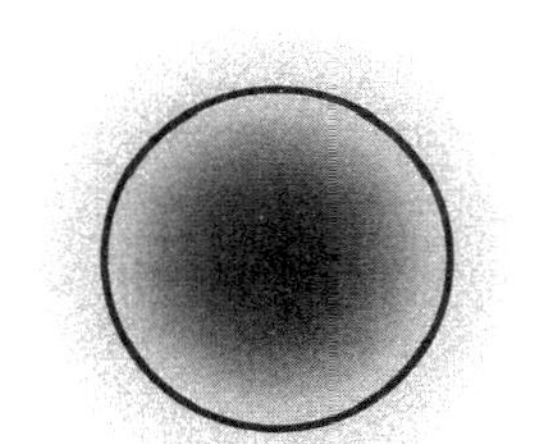

Átomo de H com distribuição
de probabilidade do elétron
(o círculo é o raio de Bohr)

fig. 1.6

Tabela. 1.1

Partícula	Carga Elétrica	Massa
Elétron	$-1{,}602\ 177\ 33 \times 10^{-19}$ C	$9{,}109\ 389\ 7 \times 10^{-31}$ kg
Prótron	$+1{,}602\ 177\ 33 \times 10^{-19}$ C	$1{,}672\ 623\ 1 \times 10^{-27}$ kg
Nêutron	0	$1{,}674\ 928\ 6 \times 10^{-27}$ kg

No CGSe, e = 10Cx10c = $4{,}803\ 206\ 799 \times 10^{-10}$ StC

O fato dos primeiros experimentos terem indicado que a carga elétrica do elétron é igual, em módulo, a carga elétrica do próton (e que o valor desse módulo é aproximado) desencadeou uma série de experiências, com aprimoradas técnicas, com vista a elucidar tal questão. Após rigorosas verificações experimentais chegou-se à conclusão de que a carga elétrica do elétron é igual a carga elétrica do próton, com a extraordinária precisão de 1 para 10^{22}, eliminando qualquer discrepância entre elas. Outra questão elucidada pelas insistentes comprovações experimentais diz respeito à confirmação da conservação da carga elétrica do elétron (e do próton). O princípio da conservação da carga elétrica tem sido atestado nos campos da física atômica, nuclear e das partículas elementares, neste último, tem-se o exemplo clássico do fóton (γ) (de carga elétrica nula) dotado de alta energia que ao se chocar com um núcleo atômico, aniquila-se, produzindo um par elétron-pósitron, (e^-, e^+), que são partículas de massas iguais e de perfeita simetria de carga elétrica, confirmando a conservação da carga elétrica, a nível microscópico.

1.3. Retomando o Tema da Eletrostática

Como vimos, a experiência confirma que o elétron é o detentor da menor carga elétrica estável possível, observada na natureza, e por isso, representa um quantum de eletricidade natural (o porquê deste fato ainda é um mistério por desvendar). Este fato sugere que se tome a carga elétrica do elétron como unidade natural, elegendo-se o símbolo "e" para representar o valor absoluto tanto da carga elétrica do elétron como do próton. Tal procedimento, contudo, deixa de ser prático em geral, como veremos.

O fenômeno de eletrização de corpos pode agora ser reinterpretado à luz da teoria atômica: dizemos que um corpo está eletrizado quando ele possui excesso ou deficiência de elétrons; de outra forma, afirmamos que o corpo é neutro ou não-eletrizado. A carga elétrica de um corpo eletrizado pode ser expressa por um múltiplo inteiro positivo ou negativo de "e", ou seja, se designarmos a carga elétrica de um corpo eletrizado por Q, cujo número de prótons é representado por n^+ e o número de elétrons por n^-, então, podemos definir a carga elétrica do corpo, como:

$$Q = (n^+ - n^-)\, e \tag{1.1.a}$$

em que, n^+ e n^- são números inteiros positivos; pondo, $n^+ - n^- = \pm\, n$, podemos simplesmente escrever,

$$Q = \pm n\, e \tag{1.1.b}$$

O problema da eletrização por fricção ou atrito, fica assim esclarecido:

[1] Fricção de bastão de vidro com pano de seda: o processo causa o desequilíbrio elétrico dos átomos das superfícies de contato, fazendo com que elétrons do bastão de vidro passem para o pano de seda, ficando este negativamente carregado por excesso de elétrons, e aquele, positivamente, por deficiência de elétrons. Contudo, a carga elétrica total de ambos permanece constante durante o processo.

[2] Fricção de bastão de âmbar (ebonite, material plástico, etc.) com pano de lã: o processo provoca a migração de elétrons do pano de lã para o bastão, conferindo a este carga elétrica negativa, ficando o pano de lã com a correspondente carga elétrica positiva, de forma a se ver cumprida a lei da conservação da carga elétrica. Esses dois casos típicos bem exemplificam o fenômeno eletrostático, ora analisados do ponto de vista microscópico da matéria eletrizada.

Exemplo 1.1

Um Bastão de vidro é friccionado com um pano de seda e adquire a carga elétrica de 0,20nC. Quantos elétrons passaram do vidro para a seda?

Como já vimos, 1 Coulomb tem cerca de $6{,}242\text{x}10^{18}$ elétrons; então, $0{,}20\text{x}10^{-9}$ C terão,

$$n = 0{,}20\text{x}10^{-9}\ \text{C x } 6{,}241\text{x}10^{18}\ \text{e/C} = 1{,}25\text{x}10^{9}\ \text{elétrons}$$

No estudo do fenômeno eletrostático que se seguirá, estaremos considerando o ponto de vista macroscópico da matéria, dentro das premissas clássicas de espaço e tempo. Corpos eletrizados, de dimensões finitas, serão sede de carga elétrica consoante (1.1a,b), e para os quais serão adotadas algumas idealizações com o fito de dar simplificações a situações reais: corpos eletrizados de volumes finitos, cujos raios se tornam insignificantes diante das distâncias que os separam, são prescindidos de sua forma e volume, e tratados como partículas elétricas ou de carga elétrica puntiforme ou pontual. No caso em pauta, como a interação gravitacional é em geral desprezada diante da elétrica, as massas das partículas não serão consideradas. Situações em que se deve levar em conta a dimensão de corpos eletrizados, será lançado mão da distribuição contínua de carga elétrica sobre suas extensões, resultando na adoção do conceito de densidade de carga elétrica, conforme veremos.

1.4. Condutores e Isolantes

Em 1729, Stepfen Gray (1696-1736), eletricista inglês, observou que certas substâncias sólidas, como os metais, possuíam a propriedade de fazer escoar a eletricidade de um corpo eletrizado para outro não eletrizado. Tais corpos mediadores, com a propriedade conduzir a eletricidade, foram batizados de condutores por John Théophile Desaguliers (1683-1744), físico anglo-francês, seguidor de Gray. Desaguliers também propôs o nome de insuladores para os corpos que, exercendo o mesmo papel, não efetivava a condução da carga elétrica. O termo não se consagrou e os insuladores foram posteriormente chamados de isolantes ou dielétricos.

[1] **Um condutor sólido**, como o metal, detém estrutura cristalina formada por íons positivos regularmente distribuídos em posições fixas, em torno dos quais se distribuem os elétrons mais exteriores, dito elétrons livres. Estima-se que exista 1 elétron livre para cada átomo de um condutor metálico, de modo que em cada 1 cm^3 dele contenha cerca de 10^{23} desses elétrons. Esses elétrons livres, a guisa de nuvens eletrônicas, estão em permanente movimentos desordenados no interior do condutor e só se ordenam quando se lhes é aplicado um campo elétrico externo, conforme veremos, quando então eles mover-se-ão formando uma corrente elétrica que se redistribui inclusive na superfície do condutor enquanto persistir a ação do campo elétrico aplicado (no item 15.4 veremos que os condutores metálicos são caracterizados pela resistividade de ordem de grandeza de 10^{-8} Ohm.metro). Como não existem condutores perfeitos, frequentemente falamos de materiais bons condutores. Além dos condutores sólidos que são os metais e a grafite, existem os condutores líquidos, que conduzem eletricidade por meio de íons, como as soluções aquosas de ácidos, bases e sais; e os gases condutores, que sob certas condições ficam ionizados e conduzem a eletricidade.

[2] **Os isolantes ou dielétricos** são as substâncias que se comportam de forma contrária dos condutores. Como exemplo, temos o ar seco, os gases neutros, o vidro, as resinas, a água pura e os óleos minerais. De igual forma não existe isolante perfeito e, dentro dos limites de sua aplicabilidade, dizemos bom isolante ou mau condutor, sendo o vácuo tomado como o isolante perfeito ou ideal. Os isolantes, quando submetidos a ação de um campo elétrico externo, apresentam fraca ou nenhuma condução elétrica (no item 15.4 veremos que os isolantes são caracterizados pela resistividade de ordem de grandeza de 10^{15} Ohm.metro). Esta propriedade decorre da constituição físico-química deles, já que os seus átomos se encontram fortemente ligados na formação molecular, de sorte que a ação de um campo elétrico externo, somente afastará os elétrons externos ligeiramente dos núcleos de seus átomos.

[3] Entre os condutores e isolantes, situam-se os semicondutores, categoria ainda restrita de materiais, cujos principais representantes são o germânio e o silício. Estas substâncias apresentam condução lenta relativamente aos condutores, quando submetidos a ação de um campo elétrico externo. Cessada a ação externa, o semicondutor retorna a seu estado de equilíbrio eletrostático, de forma também lenta, propriedade esta usada nos dispositivos eletrônicos.

1.5. Eletrização por Influência

O experimento de Tales do bastão de âmbar eletrizado atraindo pequenos fragmentos é também o primeiro registro de eletrização por influência ou indução. Em 1754, John Canton (1718-1722), físico inglês, verifica que, levando um corpo eletrizado à presença de outro não eletrizado, aquele induz neste a separação de cargas elétricas que se distribuem em regiões opostas. O corpo eletrizado é chamado de indutor e não perde a sua carga elétrica original; por sua parte, o corpo que recebe a influência eletrostática é dito induzido e permanece virtualmente neutro. A fig.1.7(a) ilustra o processo no qual o corpo induzido AB é um condutor dividido em duas porções justapostas A e B a fim de melhor realçar o efeito de indução; note-se que, feita a separação de A e B, permenece a distribuição das cargas elétricas produzidas pela influência eletrostática, mesmo após a retirada do bastão indutor. Repetida a experiência com um corpo isolante AB no papel de induzido, fig.1.7(b), observa-se nele a separação das cargas elétricas; feito o afastamento de A e B, as cargas elétricas são novamente separadas em cada um deles. Contudo, quando se retira o bastão indutor os corpos A e B retornam a neutralidade elétrica. Como exemplos de aplicação da indução eletrostática , temos o capacitor e o gerador eletrostático.

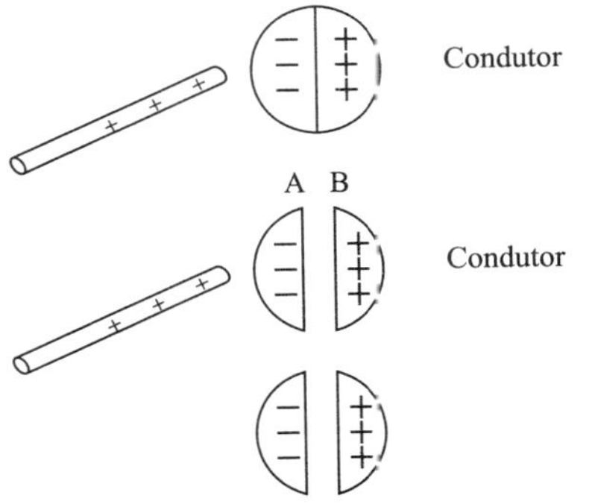

fig. 1.7(a)

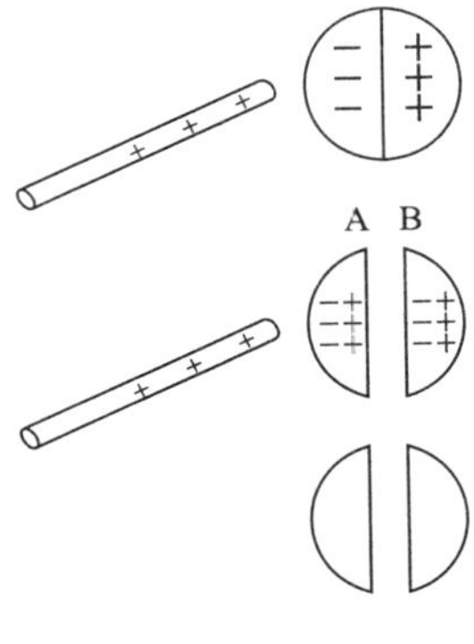

fig. 1.7(b)

1.6. Eletrização por Contato

Aproximando um corpo eletrizado de outro em estado neutro, ocorrerá a indução eletrostática, conforme vimos, e eles tendem a atração mútua e ao contato. Feito o contato entre os dois corpos, o corpo eletricamente carregado perde ou ganha elétrons do corpo não carregado ou neutro. Persistindo o contato, a transferência de elétrons continuará entre eles até que ambos alcancem o equilíbrio eletrostático. Observemos que, se os corpos em contato são condutores, a troca de cargas elétricas ocorrerá em toda extensão deles. Contudo, se ambos os corpos são isolantes, ou um deles, a troca de cargas elétricas é feita apenas na região de contato.

2. LEI DE COULOMB

2.1. Introito

Foi no plano experimental que ocorreram as primeiras tentativas sistemáticas de quantificação do fenômeno eletrostático. A invenção de aparatos sensíveis à detectação de cargas elétricas e à adoção de métodos, por vezes engenhosos, compõem o arsenal histórico que logrou a medição precisa de cargas elétricas e de suas interações. Os principais aparelhos da espécie são ainda hoje conhecidos pelo nome de eletroscópio (fig.2.1), eletrômetro e balança de torção (fig.2.2).

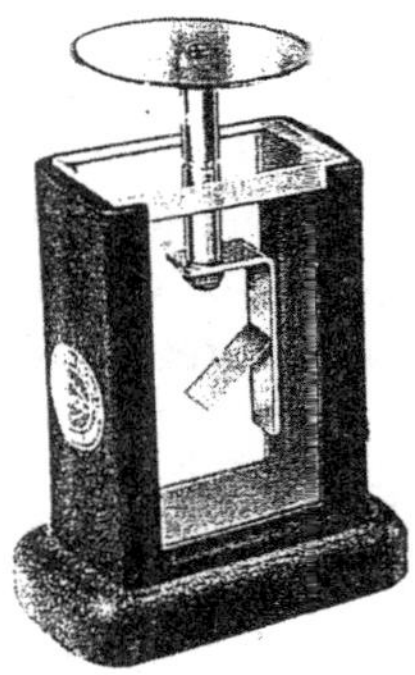

fig. 2.1

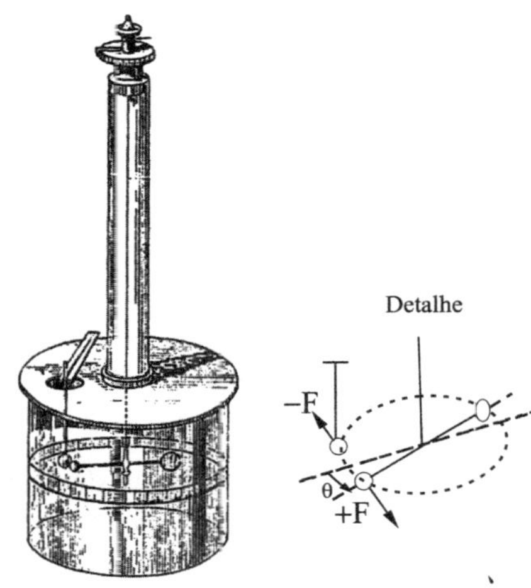

fig. 2.2

À guisa de ilustração, citemos o método do eletroscópio que consiste em arbitrar-se uma carga elétrica padrão e com ela ensaiar uma carga elétrica desconhecida; medindo-se os ângulos de deflexão das folhas do eletroscópio, obtém-se assim, por comparação, a igualdade ou a multiplicidade das cargas elétricas confrontadas. Para a interpretação analítica, denota-se por Q a carga elétrica padrão e por Q' a desconhecida. Mediante os ensaios é sempre possível formular-se que Q' = n.Q, onde n um número inteiro positivo. Outros processos e recursos estão presentes nos registros do campo experimental, entretanto, nenhum se revelou suficientemente completo à quantização da interação eletrostática.

2.2. Lei de Coulomb

A lei quantitativa capaz de descrever e explicar o fenômeno de interação entre carga elétrica, só foi definitivamente estabelecida por Coulomb, que a tornou pública no ano de 1785. Coulomb, utilizou-se de uma balança de torção em cujo interior produziu o vácuo a fim de conseguir as condições de meio ideal (homogeneidade, isotropia e linearidade). Pretendeu com isto isentar o fenômeno elétrico de influência do meio exterior e, sob tais condições, realizou o estudo criterioso do comportamento de cargas elétricas.

Ensaiando pares de pequenas esferas eletrizadas e fazendo variar a quantidade de eletricidade de cada uma delas, bem como a distância entre elas, logrou Coulomb abranger a totalidade do fenômeno de interação eletrostática, cujo resultado de suas experiências culminou com a formulação da lei quantitativa que afirma que:

A força de interação eletrostática entre duas cargas elétricas estacionárias de dimensões desprezíveis, face à distância que as separa, é proporcional ao produto das magnitudes das cargas e inversamente proporcional ao quadrado da distância entre elas, tendo por direção a reta que as une.

Este enunciado que passou a ser chamado de lei de Coulomb[(2)] , postula que a força de natureza elétrica é uma força de ação à distância, análoga à força de gravitação universal, com a diferença específica de que ela pode ser atrativa ou repulsiva e que decorre, com efeito, da natureza das cargas elétricas envolvidas.

Para uma 1ª formulação analítica da lei de Coulomb, vamos designar as duas cargas elétricas puntiformes, por Q_1 e Q_2, a distância entre elas por r e o módulo da força de ação entre elas, por F, de modo que lei de Coulomb fica expressa pela equação modular,

$$F = K\frac{Q_1\ Q_2}{r^2} \tag{2.1a}$$

em que K é o coeficiente de proporcionalidade e ganha importância porque possibilita a vinculação da lei de Coulomb a cada sistema de unidades de medida que se adote.

A força elétrica F será de repulsão, quando as cargas elétricas são de mesma

---

(2) Na verdade, a lei do inverso do quadrado da distância para as cargas elétricas já fora estabelecida em 1767 por Joseph Priestley (1733-1804), químico e físico inglês, mas possivelmente Coulomb não teve conhecimento dela.

natureza ou homônima, como na fig.(2.3)(a), ou de atração, se as cargas elétricas são heterônimas, fig. 2.3(b), e o valor algébrico ou sinal de F virá do produto $Q_1 Q_2$. Se fizermos variar a distância entre as cargas elétricas,a força elétrica entre elas variará conforme o gráfico da fig. 2.3(c)

fig. 2.3(a)

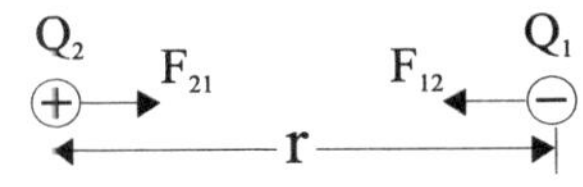

fig. 2.3(b)

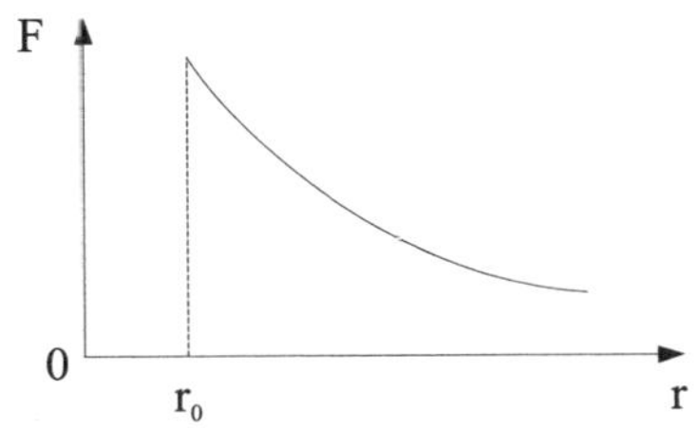

fig. 2.3(c)

A força elétrica F tem caráter de força central e cumpre a 3ª lei de Newton, isto é, tem por direção a reta que une as carga elétrica, e, se afirmarmos que F_{12} é a força elétrica que atua sobre a carga Q_1 devido a presença de Q_2, fica assegurada a reciprocidade da ação sobre a carga Q_2, devido a presença de Q_1, pela força $F_{21} = -F_{12}$, cujo equilíbrio eletrostático é dado pela condição, $F_{12} + F_{21} = 0$.

2.3. Forma Vetorial da Lei de Coulomb

Foi Oliver Heaviside (1850-1925), físico e engenheiro eletricista inglês, o primeiro usar a notação vetorial para a força elétrica e os campos elétrico e magnético. Usando o formalismo vetorial, a lei de Coulomb passa a ser expressa de forma concisa e precisa como se segue: as duas cargas elétricas puntiformes, Q_1 e Q_2, têm suas posições estacionárias locadas pelos vetores posições, $\mathbf{r}_1$ e $\mathbf{r}_2$, respectivos, sendo $|\mathbf{r}_1 - \mathbf{r}_2|$ a distância entre elas, como na fig.2.4. A força elétrica $\mathbf{F}_1$ agente sobre Q_1 devido a presença de Q_2, é dada por,

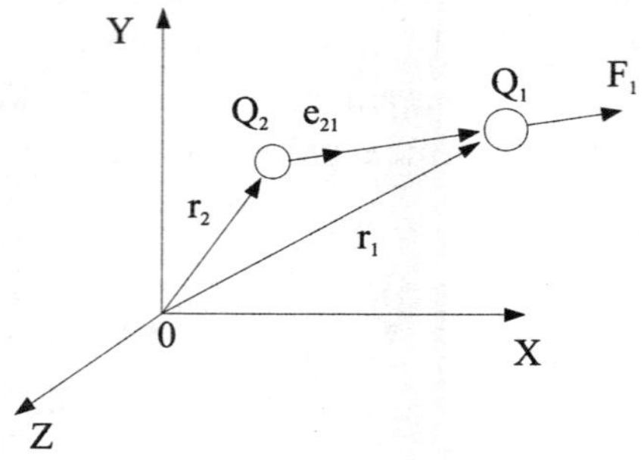

fig. 2.4

$$\mathbf{F}_1 = K\frac{Q_1\ Q_2}{|\mathbf{r}_1 - \mathbf{r}_2|^2}\hat{\mathbf{e}}_{21} \tag{2.1b}$$

Onde fizemos, $F_{12} = F_1$, omitindo o 2º índice, por simplicidade; no 2º membro $\hat{e}_{21}$ é o vetor unitário que tem a mesma direção e sentido da força elétrica, F_1 e é definido explicitamente por,

$$\hat{\mathbf{e}}_{21} = \frac{\mathbf{r}_1 - \mathbf{r}_2}{|\mathbf{r}_1 - \mathbf{r}_2|} \tag{2.1c}$$

Obviamente, para o cálculo de $\mathbf{F}_2$, que atua sobre Q_2, devido a presença de Q_1, o procedimento deve ser repetido, tendo no segundo membro, $\hat{\mathbf{e}}_{12}$, ou apenas devemos nos valemos do fato de que $\mathbf{F}_2 = -\mathbf{F}_1$.

2.4. Sistemas de Unidades de Medida

Para que possamos explicitar as unidades com que vamos medir cada uma das quantidades arroladas em (2.1a) ou (2.1b), mister se torna que passemos a aclarar o significado do coeficiente K, denominado de constante eletrostática ou de Coulomb, a fim de ligá-lo a cada sistema de unidades de medidas que convém adotar-se. No presente estudo estamos adotando o Sistema Internacional de Unidades, abrevia-se, SI, instituído pela 11ª CGPM (Conferência Geral de Pesos e Medidas) de 1960, Resolução 12.

A guisa de lembrança citamos o sistema CGS para o qual K = 1 , que torna simples a lei de Coulomb, mas em contrapartida cria certas complexidades nas fórmulas das leis do eletromagnetismo. Ele se desdobra no CGS eletrostático (CGSe), para as grandezas propriamente elétricas, cujas unidades são caracterizadas pelo prefixo "stat" , e no CGS eletromagnético (CGSm), que atende às grandezas eletromagnéticas, cujas unidades levam o prefixo, "ab".

Verificou-se que a interação das cargas elétricas depende do meio onde ocorre o fenômeno eletrostático, influência esta dada pela constante ε, denominada de permissividade do meio, o que levou a se definir inicialmente a constante de Coulomb por $K = 1/\varepsilon$. Essa eleição fazia aparecer, nos cálculos, o fator 4π ou 2π , sempre que o condutor tinha forma geométrica regular (esfera, cilindro, etc.). Heaviside supera este inconveniente propondo, $K = 1/4\pi\varepsilon$, que permite deixar racionalizadas as fórmulas do eletromagnetismo. Para o espaço livre ou vazio, a permissividade é simbolizada por ε_o e a constante eletrostática pelo símbolo K_o , definida por, $K_o = 1/4\pi\varepsilon_o$.

Por outro lado, o fenômeno magnético decorrente da corrente elétrica, influencia igualmente o meio, cujo efeito é traduzido por outra constante universal denominada de permeabilidade do meio, μ; para o vazio ela é denotada por μ_o e se relaciona com ε_o e com a velocidade da luz do vazio, símbolo c, pela relação de concatenação de Maxwell ,

$$\mu_o\varepsilon_o\ c^2 = 1 \tag{2.2a}$$

a qual é invariante para qualquer sistema de referência, onde μ_o tem valor exato, $\mu_o = 4\pi \times 10^{-7}$ H/m (Henry/metro, H/m, será justificada no item 23.1) encontrado a partir da lei que se usa para a definição da unidade de corrente elétrica, o Ampère, conforme será visto na seção 23.6. Como a velocidade da luz no vácuo tem o valor exato (definido pela 15ª CGPM – 1975), c = 2,997 924 58 x 10^8 m/s e valor aproximado ordinário, c = 3x10^8m/s, podemos concluir de (2.2a), o valor exato da permissividade do vazio, $\varepsilon_o{}^{(3)} = 1/\mu_o c^2$ F/m = 8,854 187 818 x 10^{-12} $C^2/N.m^2$ ou F/m (Faraday/metro, F/m, item 11) e o valor aproximado, $\varepsilon_o \cong 1/36\pi x10^9$ F/m, de modo que a constante eletrostática para o vazio, tem valor exato, $K_o = c^2 \times 10^{-7}\ N \cdot m^2/C^2$, ou na forma usual,

$$K_o = \frac{1}{4\pi\varepsilon_O} \cong 8{,}987\ 551\ 787x10^9\ N \cdot m^2 / C^2 \tag{2.2b}$$

E para efeito do cálculo ordinário, usa-se o valor aproximado,

$$K_o = \frac{1}{4\pi\left(10^{-9} / 36\pi\ N \cdot m^2 / C^2\right)} \cong 9x\,10^9\,N \cdot m^2 / C^2 \tag{2.2c}$$

---

(3) ε_o tem o valor constante apenas para campos elétricos moderados

A unidade de carga elétrica do SI é o Coulomb, símbolo C, sendo 1C definido como a carga elétrica que passa por uma seção qualquer de um condutor, no qual flui uma corrente elétrica invariável de 1 ampère durante 1 segundo, sendo portanto uma grandeza derivada. Dimensão: $|Q| = IT$, contudo, por conveniência didática, estaremos adotando na eletrostática, a carga elétrica Q como grandeza fundamental provisória. Adiante será justificado porque o Coulomb não convém ser definido por meio da lei de Coulomb.

Face ao exposto, a lei de Coulomb firmada na equação (2.1a), pode agora ser reescrita, como,

$$\mathbf{F} = \frac{1}{4\pi\varepsilon_o} \frac{Q_1 Q_2}{r^3} \mathbf{r} \tag{2.2d}$$

Nesta equação, temos em unidades do SI: F em Newtons (N), r em metros (m) e Q_1 e Q_2 em Coulomb, C [relação: 1 C = c10 (numericamente) $\cong 3x10^9$ StC. Dimensão: $|F| = L\ M\ T^{-2}$; e para a permissividade do vazio, a dimensão: $[\varepsilon_o] = L^{-3}\ M^{-1}\ T^2\ Q^2 = L^{-3}\ M^{-1}\ T^4\ I^2$.

A lei de Coulomb foi estabelecida para carga elétrica puntuais. É instrutivo apreciarmos a magnitude da força elétrica agente entre duas cargas elétricas puntiformes e unitárias, com $Q_1 = Q_2 = 1C$, separadas de $r = 1$ m. Usando (2.1a), teremos,

$$F = 9x10^9 N \cdot m^2 / C^2 \ \frac{(1C)(1C)}{(1m)^2} = 9x10^9 N$$

ou seja, cerca de 900.000 toneladas-força, o que evidencia que 1 Coulomb é realmente uma unidade extremamente grande e, portanto, inadequada para fins práticos. Aqui podemos concluir uma definição provisória de 1 Coulomb como a quantidade de carga elétrica positiva, puntiforme, que no vazio repele outra igual situada a 1 m de distância com a força de 9 GN. Note-se, ademais que $1\ C = 1e/1{,}602\ 177\ 33x10^{-19} = 6{,}241\ 506\ 363x10^{18}$ prótons ou elétrons.

Entretanto se impusermos para F = 1 N e as cargas elétricas iguais $Q_1 = Q_2 = Q$, separadas da distância, r = 1 m, podemos calcular o valor da carga elétrica, que a equação (2.1a) oferece,

$$Q = \sqrt{\frac{(1N)(1m)^2}{9x10^9 N \cdot m^2 / C^2}} \cong 1{,}054x10^{-5} C$$

onde a ordem de grandeza, 10^{-5} C , sugere a conveniência de se usar os submúltiplos do Coulomb, onde os mais freqüentes são o micro-coulomb, abrevia-se, μC. 1μ C =10^{-6} C , e o nano-Coulomb, abrevia-se, nC, sendo 1 nC = 10^{-9} C. Diga-se de passagem que em laboratório são produzidas cargas elétricas desta ordem de grandeza (mesma do statC).

Como se pode ver, no SI, a lei de Coulomb deixa de ser prática à determinação de carga elétrica, mesmo ela sendo fração de 1C, já que deixa de ser exeqüível o experimento da balança de torção. Por esta razão, optou-se por definir o Coulomb de forma indireta, com o concurso da corrente elétrica que se presta como recurso confiável, como já mencionamos. A consequência básica deste fato é que a unidade de carga elétrica no SI deixa de ser fundamental sem deixar de sê-la no sistema CGSe (em desuso).

Exemplo 2.1.

Dois prótons, cada um com a carga elétrica +e e massa m_p, situados no vácuo, estão, momentaneamente, separados pela distância r. Comparar as magnitudes das forças elétrica e gravitacional neles agentes. Usar para G ≅ 6,6725x10^{-11} N · m^2/kg^2 ; e demais dados da tabela 1.1.

Após divisão ordenada das forças elétrica e gravitacional, vemos que elas não dependem da distância entre as cargas, e teremos,

$$\frac{F_e}{F_g} = \frac{K_o\, e^2}{G\, m_p^2}$$

Tendo em conta os valores das quantidades indicadas, virá:

$$\frac{F_e}{F_g} = \frac{8{,}987\ 551\ 787\text{x}10^{-9}\ \text{N}\cdot\text{m}^2/\text{C}^2\left(1{,}602\ 177\ 33\text{x}10^{-19}\text{C}\right)^2}{6{,}672\ 59\text{x}10^{-11}\ \text{N}\cdot\text{m}^2/\text{kg}^2\left(1{,}672\ 623\ 1\text{x}10^{-2}/\text{kg}\right)^2} \cong 1{,}236\text{x}10^{36}$$

em ordem de grandeza, vemos que $F_e = 10^{36}\, F_g$, e portanto, a interação gravitacional revela-se fraca diante da elétrica, e pode ser negligenciada, em geral, ressalvados os casos em que expressamente se indique a inclusão de massas dos corpos eletrizados. Pode-se também verificar, para dois elétrons, que, F_e/F_g , é da do rdem de 10^{43} .

Exemplo 2.2.

Determinar a força elétrica que atua sobre a carga elétrica $Q_1 = 7\mu C$, com posição dada por $\mathbf{r}_1 = -2\hat{\mathbf{e}}_x + 3\,\hat{\mathbf{e}}_y + 4\,\hat{\mathbf{e}}_z$, devido à presença da carga elétrica $Q_2 = 5\mu\ C$, situada na posição, $\mathbf{r}_2 = \hat{\mathbf{e}}_x - 2\hat{\mathbf{e}}_y + 3\hat{\mathbf{e}}_z$.

Temos, preliminarmente:

$$\mathbf{r}_1 - \mathbf{r}_2 = -3\hat{\mathbf{e}}_x + 5\hat{\mathbf{e}}_y + \hat{\mathbf{e}}_z\,(\text{m}) \quad \text{e} \quad |\mathbf{r}_1 - \mathbf{r}_2| = \sqrt{35}\,(\text{m})$$

De onde,

$$\mathbf{F}_1 = 9\text{x}10^9\,\text{Nm}^2/\text{C}^2\,\frac{\left(7\text{x}10^{-6}\text{C}\right)\left(5\text{x}10^{-6}\text{C}\right)}{\left(\sqrt{35}\text{m}\right)^2}\,\hat{\mathbf{e}}_{21}$$

$$\mathbf{F}_1 = 9\text{x}10^{-3}\ \hat{\mathbf{e}}_{21}\quad(\text{N})$$

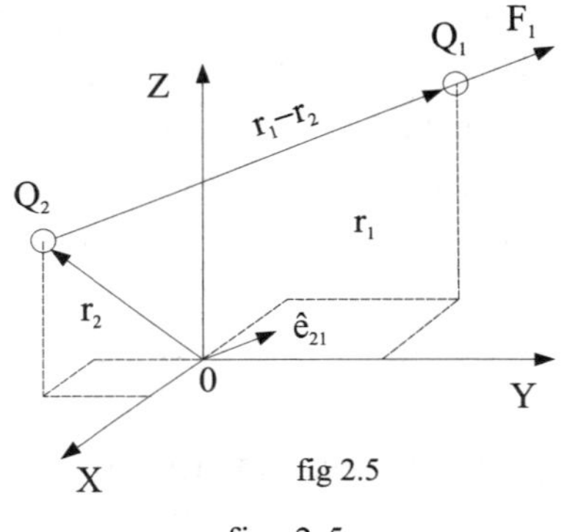

fig. 2.5

A situação está indicada na fig.2.5. Explicitando o vetor unitário, virá,

$$\hat{\mathbf{e}}_{12} = \frac{-3\hat{\mathbf{e}}_x + 5\hat{\mathbf{e}}_y + \hat{\mathbf{e}}_z}{\sqrt{35}} \cong -0{,}51\hat{\mathbf{e}}_x + 0{,}85\hat{\mathbf{e}}_y + 0{,}17\hat{\mathbf{e}}_z$$

Exemplo 2.3.

Achar a força elétrica que age sobre a carga elétrica $Q_1 = 7{,}5\ \mu\ C$, localizada no ponto (0,20; 0,40; 0,60)m, em face da existência da carga elétrica $Q_2 = -20\mu C$, presente no ponto de coordenadas (0,20; 0,70; 0,20)m.

Temos , inicialmente, $\mathbf{r}_1 - \mathbf{r}_2 = 0\ \hat{\mathbf{e}}_x - 0{,}30\hat{\mathbf{e}}_y - 0{,}40\hat{\mathbf{e}}_z$; e

$|\mathbf{r}_1 - \mathbf{r}_2| = [0^2 + (-0{,}30)^2 + (0{,}40)^2]^{1/2} = 0{,}50\text{m}$;

Então,

$$\mathbf{F}_1 = 9\text{x}10^9\ \text{Nm}^2/\text{C}^2\ \frac{(7{,}5\text{x}10^{-6}\text{C})(-20\text{x}10^{-6}\text{C})}{(0{,}50\text{m})^2}\hat{\mathbf{e}}_{21} = -5{,}4\hat{\mathbf{e}}_{21}\quad (\text{N})$$

Sendo o vetor unitário,

$$\hat{\mathbf{e}}_{21} = \frac{-0{,}30\hat{\mathbf{e}}_y + 0{,}40\hat{\mathbf{e}}_z}{0{,}50} = -0{,}6\hat{\mathbf{e}}_y + 0{,}8\hat{\mathbf{e}}_z$$

A F_1 também pode ser dada em componentes cartesianas, ou seja,

$$\mathbf{F}_1 = 3{,}24\ \hat{\mathbf{e}}_y - 4{,}32\ \hat{\mathbf{e}}_z \quad (\text{N})$$

indicado na fig.2.6 , com direção, $\theta = -53{,}13°$.

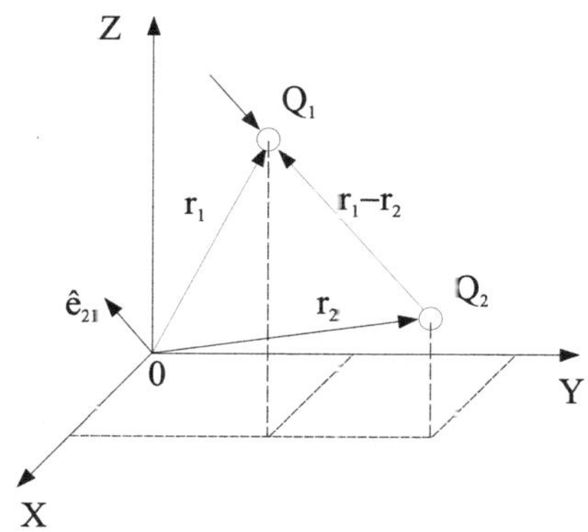

fig. 2.6

Obs.: em algumas configurações geométricas com cargas elétricas, pode-se dispensar o formalismo vetorial e usar apenas o cálculo algébrico, como nos exemplos seguintes:

Exemplo 2.4.

Quatro cargas elétricas iguais e homônimas, Q , são dispostas de modo a comporem os vértices de um quadrado de lado a . Uma cargas elétricas heterônima daquelas, Q' , é colocada no centro do quadrado. Achar o valor de Q' para que o sistema fique em equilíbrio.

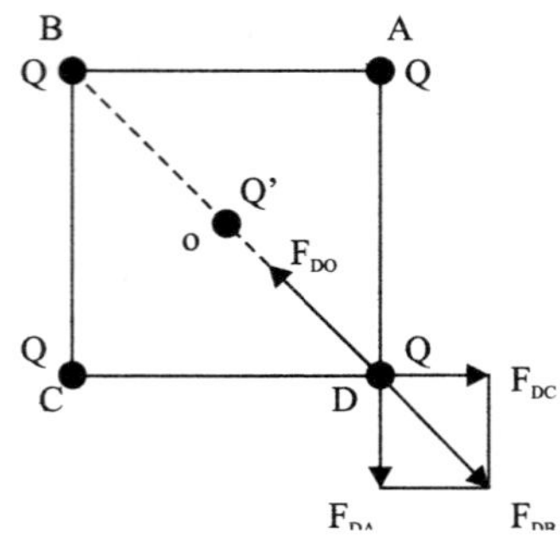

fig. 2.7

Na fig.2.7 estão assinaladas as forças que as cargas dos vértices A , B , C e do centro O exercem sobre a carga em D , cujo equilíbrio requer que,

$$-F_{DO} + F_{DA} + F_{DC} + F_{DB} = 0$$

Sendo, $F_{DA} = F_{DC}$, tem-se, $F_{DB} = 2F_{DA}\cos 45^o + F_{DB}$; então, substituindo nesta os valores respectivos, virá,

$$K_o \frac{QQ'}{a^2/2} = 2\,K_o \frac{Q^2}{a^2}\frac{\sqrt{2}}{2} + K_o \frac{Q^2}{2a^2}$$

donde se segue que,

$$Q' = \left(2\sqrt{2}+1\right)Q/4$$

Em algumas configurações geométricas com cargas elétricas, pode-se dispensar o formalismo vetorial e usar apenas o cálculo algébrico, como nos exemplos seguintes.

Sobre a carga elétrica do vértice A, devido às outras cargas, atuam as forças de modulos iguais, indicadas no detalhe da fig.2.7(b),

$$F_{AB} = F_{AC} = K_o \frac{Q^2}{a^2}$$

De onde a resultante,

$$F_A = 2K_o \frac{Q^2}{a^2}\cos 30^\circ = \sqrt{3}K_o \frac{Q^2}{a^2}$$

Exemplo 2.5

Dois pequenos corpos de massas iguais, m , são eletrizados com cargas elétricas iguais, Q , estando eles suspensos por fios isolantes de comprimento L, a guisa de dois pêndulos. Por efeito de repulsão os corpos eletrizados se afastam, formando o ângulo 2θ. Achar o valor da carga elétrica comum, em função das quantidades envolvidas.

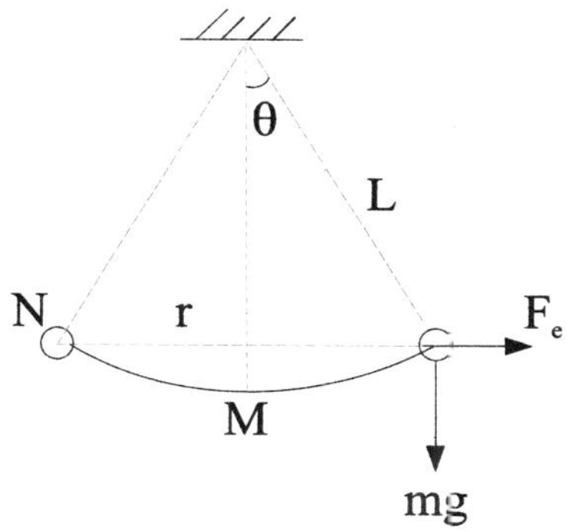

fig. 2.8

Da fig.2.8, temos, $F_e = mg\ tg\theta$; admitindo que $r/2 \cong MN$, vale a aproximação $r \cong 2L\ sen\ \theta$. Explicitando F_e , virá,

$$K_o = \left[\frac{Q^2}{(2L\ sen\theta)^2}\right] = mg\ \ tg\theta$$

De onde a carga elétrica,

$$Q = 2L\ \ sen\theta\sqrt{mg\ tg / K_o}$$

Exemplo 2.6

No átomo de hidrogênio de Rutherford-Bohr supõe-se que o elétron gira em órbita circular em torno do núcleo. Achar o raio de órbita do elétron.

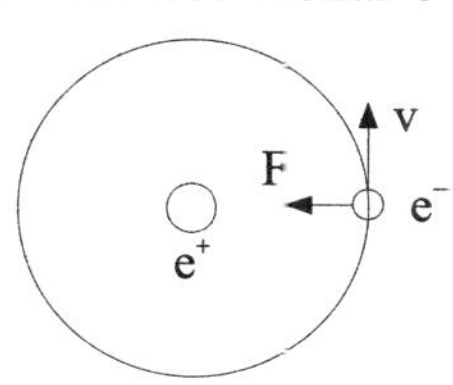

fig. 2.9

A fig.2.9 ilustra o modelo do átomo de hidrogênio em causa. A interação coulombina elétron-próton é dada, em módulo, por,

$$F = K_o \frac{e^2}{r_0^2}$$

Do ponto de vista dinâmico, a força de interação é também uma força central, dada por,

$$F = \frac{m_e v^2}{r_0}$$

Igualando as duas expressões e tirando o valor do raio da órbita, obtemos,

$$r_o = K_o \frac{e^2}{m_e v^2} \qquad (2.3a)$$

Considerando, v = 2,188x10^6 m/s e os demais dados conhecidos, temos,

$$r_o = \frac{(8{,}987\ 551\ 787 x 10^9 N.m^2 / C^2)(1{,}602\ 177\ 33 x 10^{-19} C)^2}{(9{,}109\ 389\ 7 x 10^{-31} kg)(2{,}188 x 10^6 m/s)^2}$$

$$r \cong 5{,}290\ 28 x 19^{-11} m$$

Valor este, obtido com argumentos da física clássica, é aceitável para o raio do átomo do hidrogênio. Contudo, como já aludimos, este modelo atômico possibilita qualquer órbita para o elétron como função do inverso do quadrado da velocidade orbital, assim como a emissão continua de energia do elétron, revelando-se, por fim, instável.

Historicamente, coube a Bohr a primazia de recuperar a estabilidade do átomo, postulando a quantização das órbitas eletrônicas através da grandeza momento angular que está implícita no movimento orbital do elétron. Bohr propôs que o momento angular, símbolo L, é um múltiplo inteiro da quantidade h/2π, ou seja, L = n (h/2π), sendo h = 6,626 075 5x10^{-34} J.s a constante de Planck e n = 1, 2, 3, ...; usa-se por $\hbar$= h/2π = 1,054 572 66x10^{-34} J.s, de modo a termos,

$$mv\, r = n\, \hbar \qquad (2.3b)$$

Elevando ao quadrado e substituindo v^2, podemos concluir que,

$$r = \frac{n^2\hbar^2}{m_e K_o e^2} \tag{2.3c}$$

Para a primeira órbita de Bohr, n = 1 , faz-se, $r = r_o$; e substituindo as constantes indicadas, temos,

$$r_o = \frac{\left(1{,}054\ 572\ 66\text{x}10^{-34}\,\text{J.s}\right)^2}{\left(9{,}109\ 389\ 7\text{x}10^{-31}\text{kg}\right)\left(8{,}987\ 551\ 787\text{x}10^{9}\,\text{Nm}^2/\text{C}^2\right)\left(1{,}602\ 177\ 33\text{x}10^{-19}\text{C}\right)^2}$$

$r_o \cong 5{,}291\ 772\ 48\ \text{x}10^{-11}$ m

que recebe o nome de raio de Bohr, e confirma o valor já obtido.

2.5. Princípio de Superposição

A lei de Coulomb se compatibiliza com o principio de superposição preconizado pela Física. Esse principio aplicado ao caso eletrostático é a afirmação de que a força agente sobre uma carga elétrica não tem o seu efeito modificado pelas demais forças oriundas da presença das outras cargas elétricas, mas seus efeitos são sobrepostos ou somados na composição da resultante. Assim sendo, para calcularmos a interação de várias cargas elétricas, aplicamos a lei de Coulomb reiteradamente. Graficamente o processo do paralelogramo também é reiterado à composição gráfica da resultante.

Seja um sistema com n cargas puntiformes, $Q_1, Q_2, \ldots, Q_n$. A força elétrica resultante sobre a i-ésima carga elétrica Q_i , devido a presença das demais, é dada por:

$$\mathbf{F}_i = \mathbf{F}_{i1} + \mathbf{F}_{i2} + \ldots + \mathbf{F}_{in} \tag{2.4a}$$

ou, explicitando cada força individualizada:

$$\mathbf{F}_i = K_o\left[\frac{Q_iQ_1}{r_{1i}^2}\hat{\mathbf{e}}_{1i} + \frac{Q_iQ_2}{r_{2i}^2} - \hat{\mathbf{e}}_{2i} + \frac{Q_iQ_n}{r_{ni}^2} - \hat{\mathbf{e}}_{ni}\right] \tag{2.4b}$$

Estes resultados podem ser reanotados sob a forma compacta seguinte:

$$\mathbf{F}_i = \sum_{j=1}^{n} \mathbf{F}_{ij} \tag{2.4c}$$

com j ≠ i; também temos,

$$\mathbf{F}_i = K_o \sum_{j=1}^{n} \frac{Q_i Q_j}{r_{ji}^2} \hat{\mathbf{e}}_{ji} \tag{2.4d}$$

Como exemplo ilustrativo, seja um sistema de quatro cargas elétricas, Q_1, Q_2, Q_3 e Q_4, dispostas como na fig.2.10, onde a carga Q_3 é negativa e as demais positivas, e desejamos obter a resultante das forças sobre a carga Q_4.

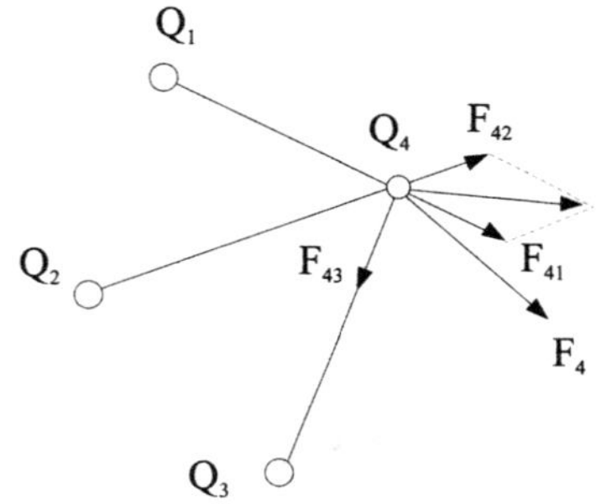

fig. 2.10

Da interação entre as cargas Q_1 e Q_4, resulta a força $\mathbf{F}_{41}$; a ação devido a Q_2 sobre Q_4 é $\mathbf{F}_{42}$, com as quais temos resultante parcial, $\mathbf{F}_{41} + \mathbf{F}_{42}$. A interação de Q_3 com Q_4 é $\mathbf{F}_{43}$, que nos leva à resultante final:

$$\mathbf{F}_4 = \mathbf{F}_{41} + \mathbf{F}_{42} + \mathbf{F}_{43}$$

ou explicitamente,

$$\mathbf{F}_4 = K_o \frac{Q_4 Q_1}{r_{1i}^2} \hat{\mathbf{e}}_{14} + K_o \frac{Q_4 Q_2}{r_{2i}^2} - \hat{\mathbf{e}}_{24} + K_o \frac{Q_4 Q_3}{r_{ni}^2} - \hat{\mathbf{e}}_{34}$$

Exemplo 2.7

Dadas as cargas elétricas $Q_1 = 1\mu C$, $Q_2 = 1\mu C$ e $Q_3 = -2\mu C$, locadas respectivamente nos pontos, (1,0,0)m, (0,1,0)m e (0,0,1)m. Calcular a força resultante sobre a carga Q_1.

Temos, $\mathbf{r}_1 - \mathbf{r}_2 = 1\,\hat{\mathbf{e}}_x - 1\hat{\mathbf{e}}_y$ e $r_{21} = \sqrt{2}$; $r_{31} = \sqrt{2}$; $\hat{\mathbf{e}}_{21} = (\hat{\mathbf{e}}_x - \hat{\mathbf{e}}_y)/\sqrt{2}$; e $\hat{\mathbf{e}}_{31} = (-\hat{\mathbf{e}}_x - \hat{\mathbf{e}}_z)/\sqrt{2}$; então,

$$\mathbf{F}_{12} = 9x10^9 \left(Nm^2 / C^2\right) \frac{\left(1x10^{-6}C\right)\left(1x10^{-6}C\right)}{2m^2} \frac{\left(\hat{\mathbf{e}}_x - \hat{\mathbf{e}}_v\right)}{\sqrt{2}}$$

$$\mathbf{F}_{12} \cong 3{,}2\text{x}10^{-3}(\hat{\mathbf{e}}_x - \hat{\mathbf{e}}_y) \qquad (\text{N})$$

$$\mathbf{F}_{13} = 9\text{x}10^9\left(\text{Nm}^2 / \text{C}^2\right)\frac{\left(1\text{x}10^{-6}\text{C}\right)\left(1\text{x}10^{-6}\text{C}\right)}{2\text{m}^2}\frac{\left(\hat{\mathbf{e}}_x - \hat{\mathbf{e}}_z\right)}{\sqrt{2}}$$

$$\mathbf{F}_{13} \cong 6{,}4\text{x}10^{-3}(-\hat{e}_x + \hat{e}_z) \qquad (\text{N})$$

Donde a resultante,

$$\mathbf{F}_1 = \mathbf{F}_{12} + \mathbf{F}_{13} = -3{,}2\text{x}10^{-3}\,\hat{e}_x - 3{,}2\text{x}10^{-3}\,\hat{e}_y + 6{,}4\text{x}10^{-3}\,\hat{e}_z \qquad (\text{N})$$

De módulo,

$$F_1 = \sqrt{(-3{,}2)^2 + (-3{,}2)^2 + (6{,}4)^2}\left(10^{-3}\right) \cong 7{,}8\text{x}10^{-3} \qquad (\text{N})$$

E a direção será dada pelos cosenos diretores, $\cos\alpha$, $\cos\beta$ e $\cos\gamma$, ou seja, $\alpha = \beta = \text{arc cos }(-3{,}2/7{,}8) \cong 114{,}22°$ e $\gamma = \text{arc cos}(6{,}4/7{,}8) \cong 34{,}86°$.

2.6. Validade e Aplicabilidade da Lei de Coulomb

O fato da lei de Coulomb obedecer ao inverso do quadrado da distância representando pelo expoente 2 deu motivo a se questionar se esse expoente é exato ou um número aproximado em torno dele, digamos $2 \pm \delta$. A relevância que a questão suscita mobilizou técnicas de verificações que, historicamente, remonta de Henry Cavendish (1731-1810), que encontrou para ele o valor de 2 com a precisão de $\pm 1/50$; com James Cleck Maxuell (1831-1879), usando recurso diferente confirma o valor 2 com a precisão de $\pm 1/21600$. Experiências posteriores com elétrons e muones, conduzidas com sofisticada técnica, confirmou que o expoente 2 é exato e somente difere deste valor inteiro de algumas partes para $\pm 10^{-16}$, o que levou à conclusão de se aceitar o expoente 2 como detentor de uma caraterística inerente à lei do inverso do quadrado da distância - a qual, abrange tanto a interação entre cargas elétricas como entre massas, estas, consoantes à lei da gravitação universal.

Uma outra questão inquietante, refere-se a aplicabilidade da lei de Coulomb. , a qual pode ser desdobrada nas seguintes partes: (i) se a lei de Coulomb vale para cargas elétricas móveis; (ii) se ela é aplicável ao caso atômico; e (iii) sendo a lei de Coulomb de longo alcance, para que extrapolação, a nível macroscópico, ela seja aplicável. O item (i) inscreve-se à eletrostática, em que a lei de Coulomb é preservada para cargas elétricas que se movimentam com velocidades constantes, dentro de certo limite; o item (ii) foi considerado resolvido em 1929, quando experiências conferiram à lei de Coulomb uma precisão aceitável nas interações com partículas elementares, até distâncias da ordem de 10^{-15} m , abaixo da qual dominam as forças nucleares, chamadas de curto alcance. Para o item (iii), confirma-se que a lei de Coulomb é aplicável às interações de cargas elétricas separadas de alguns quilômetros, muito embora tal experimento não seja de todo exeqüível já que a montagem de uma experiência dessa magnitude envolvem dificuldades que vão desde a produção de cargas elétricas de elevados valores, a como mantê-las isoladas, durante a experiência.

2.7. Densidade de Carga Elétrica

A lei de Coulomb e o princípio de superposição foram aplicados a cargas elétricas puntiformes, incluindo elétrons, prótons e íons, supostos estacionários ou com movimentos constantes. Contudo, para situações que envolvam corpos eletrizados extensos, convém introduzir-se o conceito de densidade de carga elétrica.

Seja um corpo eletrizado de volume finito v e limitado pela área S; tomando nele um volume elementar Δv, que contém um número muito grande de partículas elementares e apresente a carga elétrica líquida, Q = ne , que não tenha flutuações significativas no espaço e no tempo. Então, do ponto de vista microscópico, define-se a densidade volumétrica média da carga elétrica, $<\rho>$, como,

$$<\rho> = \frac{ne}{\Delta v} \tag{2.5a}$$

Designando por N o número de cargas elétricas por unidade de volume, a equação anterior toma a forma alternativa:

$$<\rho> = Ne \tag{2.5b}$$

Este procedimento, entretanto, deixa de ter aplicação prática na eletrostática porque, em geral, não dispomos dos parâmetros envolvidos, n ou N , que são números grandes para um dado volume pequeno. Por conseguinte, convém retornarmos o ponto de vista macroscópico, idealizando a carga elétrica ΔQ como distribuída de forma contínua em todo o volume elementar Δv. Com este recurso, podemos definir a densidade volumétrica média de carga elétrica, como,

$$\bar{\rho} = \frac{\Delta Q}{\Delta v} \tag{2.5c}$$

em que o volume Δv, ilustrado na fig.2.11, adequado ao cálculo infinitesimal, permite que se tome o limite da relação incremental, $\Delta Q/\Delta v$, quando $\Delta v \to 0$ e, com isto, estaremos definindo a função pontual $\rho = \rho(x, y, z)$, chamada densidade volumétrica de carga elétrica, como sendo,

$$\rho = \frac{dQ}{dv} \tag{2.5d}$$

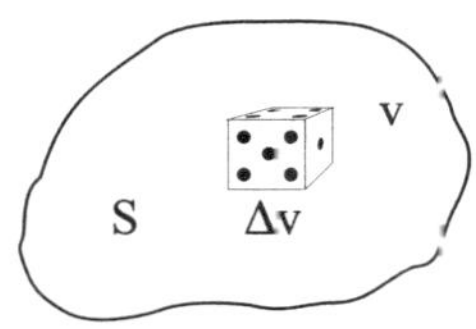

fig. 2.11

Com este recurso, fica assegurada a distribuição uniforme dos portadores de carga no volume dv e ρ passa a desempenhar o mesmo papel da carga elétrica puntiforme. A carga elétrica total, Q, será dada por via integral, recorrendo-se a (2.5d):

$$Q = \int_v \rho dv \tag{2.6a}$$

O conceito de densidade de carga elétrica pode ser estendido a distribuições dela sobre superfícies, como películas carregadas, e a corpos filiformes, como filamentos carregados e de seção reta insignificante. No primeiro caso, temos a função densidade superficial de carga elétrica, anotada por ρ_S, referida à superfície S , na qual tomamos um elemento de área ΔS que contém a carga elétrica ΔQ, cuja relação $\Delta Q/\Delta S$ define a densidade superficial média de carga elétrica e, tomando-se o limite da razão incremental de $\Delta Q/\Delta S$, com $\Delta S \to 0$, obtemos a densidade superficial de carga elétrica,

$$\rho_S = \frac{dQ}{dS} \tag{2.5e}$$

E no segundo caso, $\Delta Q/\Delta L$ define a densidade linear média de carga elétrica e, tomando, o limite da razão incremental $\Delta Q/\Delta L$, quando $\Delta L \to 0$, virá a densidade linear de carga elétrica, ρ_L,

$$\rho_L = \frac{dQ}{dL} \tag{2.5f}$$

A unidade SI de densidade volumétrica de carga elétrica é o Coulomb/metro³, abrevia-se, C/m^3; e as demais, superficial C/m^2 e linear C/m. Dimensão: $|\rho| = QL^{-3}$; $|\rho_S| = QL^{-2}$ e $|\rho_L| = QL^{-1}$.

A lei de Coulomb e o princípio da superposição, por extensão, são aplicáveis às distribuições contínuas de carga elétrica assim como entre esta e a carga elétrica discreta, sem maiores inconvenientes.

Exemplo 2.8

Estimar quantos elétrons existem numa carga elétrica de 1 μC. Qual a densidade média de carga, se a carga elétrica ocupar o volume de $1cm^3$?

Tendo em conta que Q = n e , tiramos,

Como já vimos, $1\ C = e/1{,}602\ 17733x10^{-19} \approx 6{,}242x10^{18}$ e, então,

$n = = (1x10^{-6}\ C)\ (6{,}242x10^{18}\ e/C) = 6{,}242x10^{12}$ (elétrons)

Donde,

$$<p> = \frac{1x10^{-6}C}{(1x10^{-2}m)^3} = 1\ C/m^3$$

Exemplo 2.9

Admite-se que na superfície da Terra encontra-se distribuída uma carga elétrica média de $-5{,}8x\ 10^5C$. Calcular a densidade média de carga elétrica na superfície da Terra. Dado: raio médio da Terra, $R_T = 6{,}370x10^6$ m.

Temos:

$$S_T = 4\pi R^2_T = 4\pi(6{,}370x10^6\ m)^2 = 5{,}10x10^{14}\ m^2$$

Então, $$\rho_{ST} = \frac{-5{,}8x10^5C}{5{,}10x10^{14}m^2} \cong -1{,}14x10^{-9}\ C/m^2$$

Exemplo 2.10

Uma distribuição esférica de carga elétrica tem densidade volumétrica dada por $\rho=\rho_o(1 - r^2/a^2)\ C/m^3$, com $r \le a$, sendo a o raio da esfera carregada. Achar a carga elétrica total distribuída.

Usando (2.4a), temos, $Q = \int\rho_o(1 - r^2/a^2)\ dv$; como $dv = r^2\ sen\theta\ d\theta\ d\phi\ dr$; virá,

$$Q = \rho_o \int_o^{2\pi} d\phi \int_o^{\pi} \text{sen}\theta \, d\theta \int_o^a r^2 dr - \rho_o / a^2 \int_o^{2\pi} d\phi \int_o^{2\pi} \text{sen}\theta d\theta \int_o^a r^4 dr$$

De onde,

$$Q = \rho_o \frac{8\pi a^3}{15} (C)$$

Exercícios

1) Um bastão de ambar friccionado com um pano de lã adquirie a carga elétrica de –0,3 nC. Quantos elétrons passaram do pano de lã para o ambar?

R. $1{,}87 \times 10^9$ elétrons.

2) Qual é a carga elétrica total de 1 kg de prótons ?

R. $9{,}58 \times 10^7$ C .

3) Calcular a força elétrica entre 1 kg de prótons e 1 kg de elétrons, supostamente colocados em cada pólo do globo terrestre. Qual a força gravitacional entres eles. Dado: raio polar $6{,}356\ 755 \times 10^6$ m .

R. $9{,}38 \times 10^{14}$ N e $1{,}64 \times 10^{-2}$ N.

4) O átomo de hidrogênio em seu estado fundamental tem raio ro conhecido. Calcular (a) a velocidade orbital do elétron; e (b) a velocidade angular do mesmo.

R. (a) 2,188 x 106 m/s ; $\omega \cong 4{,}136 \times 10^{16}$ rad/s $\cong 6{,}583 \times 10^{15}$ rps .

5) Sobre uma mesma reta colocam-se duas cargas elétricas, $Q_1 = 4\mu C$ e $Q_2 = -5\mu C$, separada daquela de 20 cm. Determinar a força elétrica que ambas exercem sobre uma carga elétrica de teste, Q' = 1,0 nC , alinhada com elas e distante de 60 cm de Q2 .

R. 0,345 N .

6) Achar a força elétrica sobre carga elétrica iguais a $Q_1 = -4\mu C$, localizada no ponto (0,1,4)m, devido a presença da carga elétrica $Q_2 = 5\mu C$, locada no ponto (3,1,4) m .

R. $F = -7{,}2 \times 10^{-3}$ N e $\theta \cong -53{,}13°$.

7) Achar a força elétrica sobre carga elétrica iguais a $Q_1 = -4\mu C$, localizada no ponto (0,1,4)m, devido a presença da carga elétrica $Q_2 = 5\mu C$, locada no ponto (3,1,4) m.

R. F = – 7,2x10-3 N e $\theta \cong -53,13°$.

8) Dadas as cargas, $Q_1=1\mu C$, localizada no ponto (0,0)m; $Q_2 = -2\mu C$ no ponto (1,0)m e $Q_3 = 1\mu C$, no ponto (1/2, $\sqrt{3/2}$)m, determinar a resultante das forças agentes sobre a carga elétrica Q_3.

R. F3 $\cong$ 15,59x10-3 (N) e $\theta \cong -30°$.

9) Três cargas elétricas homônimas, iguais e puntiformes são dispostas de modo a comporem os vétices de um triângulo equlátero de lado a. Calcular a força elétrica sobre uma delas.

R. $\sqrt{3}\ K_o\, Q^2/a^2$

10) A densidade de carga elétrica, $\rho = 4xy$ (μC/m3), está distribuida uniformemente no recinto definido por, $0 \leq x \leq ½$ m, $0 \leq y \leq ½$ m e $0 \leq z \leq ½$ m. Achar a carga elétrica contida no recinto.

R. $3{,}2x10^{-8}$ C.

11) Achar a carga elétrica da esfera de raio r que tem a densidade de carga elétrica dada pela expressão $\rho = \rho_o\, e^{-Ar}/r^2$ (C/m^3) .

R. $4\pi\rho_o/A\,(1 - e^{-Ar})$ C.

3. CAMPO ELETROSTÁTICO

3.1. Conceito e definição

É um fato experimental que toda carga elétrica estende ao espaço que a circunda a sua natureza elétrica. O espaço da carga elétrica é então privativo dela e recebe o nome de campo eletrostático ou elétrico, com a restrição de que a carga elétrica não varia de posição com o tempo. É habitual dizermos também que a carga elétrica cria ou gera em torno de si um campo elétrico próprio.

O campo eletrostático ora conceituado permite que reinterpretemos a ação à distância, postulada pela lei de Coulomb, como resultante da interação dos campos das cargas elétricas envolvidas, os quais produzem as tensões elétricas necessárias ao aparecimento das forças elétricas atrativas ou repulsivas.

O estudo do campo eletrostático, feito por via analítica, requer que o caracterizemos como um campo vetorial, no qual cada ponto do espaço é associado a uma função pontual, denominada de intensidade de campo elétrico. Esta função é denotada pelo vetor **E** = **E**(**r**), para o caso eletrostático, e por **E** = **E**(**r**, t) para o caso mais geral do Eletromagnetismo.

A intensidade de campo eletrostático é definido como a relação entre a força elétrica **F**, agente numa carga elétrica de prova Q' e a mesma carga elétrica de prova, isto é,

$$\mathbf{E}(\mathbf{r}) = \frac{\mathbf{F}}{Q'} \tag{3.1a}$$

Nesta equação de definição, requer-se que a carga de prova seja suficientemente pequena para não introduzir perturbação significativa no campo elétrico pré-existente e que também ela permaneça estacionária no ponto onde se está calculando o vetor intensidade de campo elétrico E(r). Sem perda do significado físico podemos também formalizar matematicamente a definição em causa, como,

$$\mathbf{E}(\mathbf{r}) = \lim_{\Delta Q \to 0} \frac{\Delta \mathbf{F}}{\Delta Q} = \frac{d\mathbf{F}}{dQ} \tag{3.1b}$$

onde, ΔF = F(Q) - F(Q') e Q = Q - Q'. Quando o campo elétrico é uniforme em todo o espaço da carga fonte, ele é dito constante, e fica definido simplismente por E = F/Q.

Sem maior rigor de linguagem, doravante, o vetor intensidade de campo elétrico, E, será identificado como o próprio campo eletrostático ou elétrico.

A unidade SI de campo elétrico é o Newton/Coulomb, abrevia-se, N/C; como veremos mais adiante esta unidade também é expressa pela unidade equivalente, Volt/metro, V/m. Dimensão: $|E| = L\,M\,T^{-2}Q^{-1} = L\,M\,T^{-3}\,I^{-1}$.

Da equação de definição (3.1a) também faculta termos,

$$\mathbf{F} = Q'\,\mathbf{E} \qquad (3.1c)$$

onde **F** e **E** têm a mesma direção, porém o sentido de **F** dependerá da natureza da carga de prova; ademais, fica caracterizada a situação em que a força elétrica **F** sobre a carga elétrica Q' é calculada conhecido o campo elétrico no ponto onde ela se encontra.

Exemplo 3.1.

Uma carga elétrica de 2μC é colocada no ponto (2,1)m onde existe um campo elétrico, $\mathbf{E} = 2x\,\hat{\mathbf{e}}_x + 3y\,\hat{\mathbf{e}}_y$. Calcular a força elétrica agente sobre a carga elétrica dada.

No ponto onde está a carga, o campo elétrico vale, $\mathbf{E}(2,1) = 4\,\hat{\mathbf{e}}_x + 3\,\hat{\mathbf{e}}_y$; e por (3.1c), temos,

$$\mathbf{F} = (2\text{x}10^{-6}\,C)(4\,\hat{\mathbf{e}}_x + 3\,\hat{\mathbf{e}}_y)\,(N/C) = (8\,\hat{\mathbf{e}}_x + 6\,\hat{\mathbf{e}}_y)\text{x}10^{-6} \qquad (N)$$

De módulo,

$$F = \left(\sqrt{8^2 + 6^2}\right)\text{x}10^{-6} = 10\text{x}10^{-6} \qquad (N)$$

E direção, θ = arc tg (6/8) = 36,87°

3.2. Campo Elétrico de uma Carga Puntiforme

Retomemos a situação das duas cargas elétricas puntiformes, requisitadas para a definição da lei de Coulomb. Se admitimos que a carga elétrica Q_1 = Q é a carga fonte ou geradora do campo eletrostático **E**, localizada na origem de um referencial e a carga elétrica, Q_2 = Q' , locada pelo vetor posição r', desempenha o papel de carga de prova, como na fig.3.1(a); então, fazendo a substituição de F em (3.1a), obtemos,

$$\mathbf{E} = K_o \frac{Q}{r'^2}\hat{\mathbf{e}}_{r'} \qquad (3.2a)$$

ou explicitando K_o,

$$\mathbf{E} = \frac{1}{4\pi\varepsilon_o}\frac{Q}{r'^2}\hat{\mathbf{e}}_{r'} \tag{3.2b}$$

Estas expressões mostram que a intensidade de campo eletrostático não depende da carga de prova, mas unicamente da carga fonte e da posição onde se calcula **E**, relativamente a ela, não obstante a definição (3.1a) fazer referência à carga de prova.

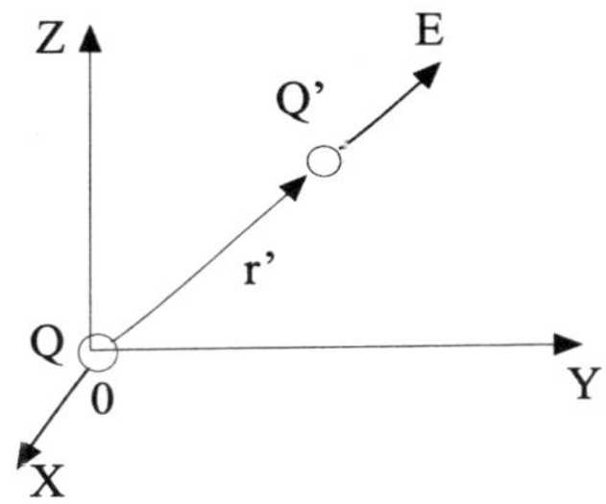

fig. 3.1(a)

Uma situação mais geral é aquela em que a carga elétrica geradora do campo elétrico encontra-se fora da origem do referencial ou à distância |**r**|, como na fig.3.1(b); neste caso a intensidade de campo eletrostático passa a ser dada por:

$$\mathbf{E} = K_o \frac{Q}{|\mathbf{r}' - \mathbf{r}|^2}\hat{\mathbf{e}}_{rr'} \tag{3.2c}$$

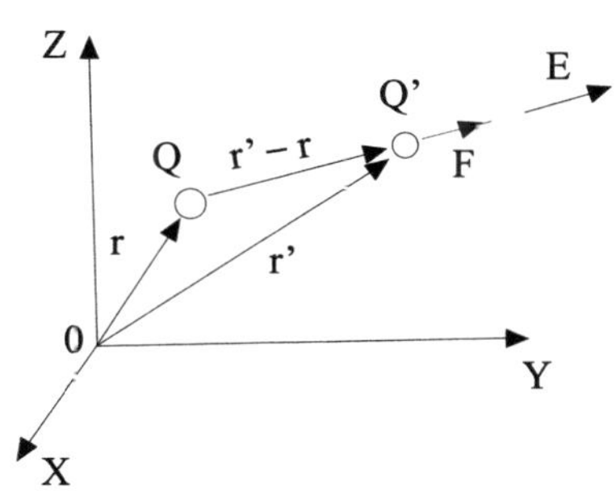

fig. 3.1(b)

Exemplo 3.2.

Determinar o campo eletrostático no ponto (−1; 2,5; 3)m, devido à presença da carga elétrica Q = 3,5 μC, localizada no ponto (2; −2,5; 2)m.

Temos:

$$\mathbf{r'} - \mathbf{r} = -3\hat{\mathbf{e}}_x + 5\hat{\mathbf{e}}_y + \hat{\mathbf{e}}_z; \left|\mathbf{r'} - \mathbf{r}\right| = \sqrt{35}\text{ m; e } \hat{\mathbf{e}}_{\mathbf{rr'}} = \frac{-3\hat{\mathbf{e}}_x + 5\hat{\mathbf{e}}_y + \hat{\mathbf{e}}_z}{\sqrt{35}}$$

Então,

$$\mathbf{E} = 9\text{x}10^9\text{Nm}^2/\text{C}^2 \frac{\left(3,5\text{x}10^{-6}\text{C}\right)}{\left(\sqrt{35}\text{m}\right)^2}\hat{\mathbf{e}}_{\mathbf{rr'}} = 900\hat{\mathbf{e}}_{\mathbf{rr'}} \quad (\text{N/C ou V/m})$$

E explicitando o vetor unitário, o resultado é dado em coordenadas cartesianas:

$$\mathbf{E} = 900\frac{-3\hat{\mathbf{e}}_x + 5\hat{\mathbf{e}}_y + \hat{\mathbf{e}}_z}{\left(\sqrt{35}\text{m}\right)^2} = 456,4\hat{\mathbf{e}}_x + 760,6\hat{\mathbf{e}}_y + 152,1\hat{\mathbf{e}}_z \qquad (\text{N/C ou V/m})$$

De módulo, E= 899,97(N/C) e direção dada pelos cossenos diretores: α = arc cos (E_x/E) = arc cos (−456,4/899,97) = 120,47°; β = 32,31° e γ = 80,27°.

Exemplo 3.3.

Calcular a intensidade de campo elétrico a que está submetido um elétron em sua orbita fundamental, no átomo de hidrogênio.

Usando (3.2a) e substituindo os valores pertinentes conhecidos, virá,

$$\text{E} = 9\text{x}10^9\text{Nm}^2/\text{C}^2 \frac{1,6021\text{x}10^{-19}\text{C}}{\left(0,53\text{x}10^{-10}\text{m}\right)^2} \cong 5,13\text{x}10^{11} \qquad (\text{N/C ou V/m})$$

e o campo elétrico criado pelo próton é da ordem de 10^{11}V/m, que é um campo elétrico significativamente intenso.

3.3. Campo Elétrico de várias Cargas Puntiformes

O problema ora tratado pode ser generalizado para um a distribuição discreta de n cargas elétricas , puntiformes, denota das por Q_1, Q_2, ... , Q_n, com posições respectivas, dadas pelos vetores $\mathbf{r}_1$, $\mathbf{r}_2$, ... , $\mathbf{r}_n$. O campo elétrico, num ponto genérico i, denotada por $\mathbf{E}(\mathbf{r}_i)$ ou mais abreviadamente por $\mathbf{E}_i$, devido à distribuição das cargas elétricas dadas, é dado pelo princípio de superposição:

$$\mathbf{E}_i = \mathbf{E}_{i1} + \mathbf{E}_{i2} + \dots + \mathbf{E}_{in} \tag{3.3a}$$

ou sob forma compacta:

$$\mathbf{E}_i = \sum_{j=1}^{n} \mathbf{E}_{ij} \tag{3.3b}$$

Também, explicitando as cargas elétricas geradoras dos campos elétricos, podemos escrever,

$$\mathbf{E}_i = K_o \frac{Q_1}{|\mathbf{r}_i - \mathbf{r}_1|^2} \hat{\mathbf{e}}_{1i} + K_o \frac{Q_2}{|\mathbf{r}_i - \mathbf{r}_2|^2} \hat{\mathbf{e}}_{2i} + \dots + K_o \frac{Q_n}{|\mathbf{r}_i - \mathbf{r}_1|^2} \hat{\mathbf{e}}_{in}$$

ou compactamente,

$$\mathbf{E}_i = \sum_{j \neq i}^{n} K_o \frac{Q_i}{r_{ii^2}} \hat{\mathbf{e}}_{ji} \tag{3.3.d}$$

Em qualquer destas expressões a intensidade de campo elétrico é função da distribuição de suas cargas elétricas geradoras, não havendo referência à carga de prova.

Exemplo 3.4.

Achar o campo eletrostático no ponto (0; 0; 0,9)m, devido a presença das cargas elétricas Q_1 = 4,50 μC, localizada no ponto (1,2 ; 0; 0)m e Q_2 = 4,86 μC, no ponto (0; 0,9; 0)m.

Façamos, $\mathbf{E}_3 (0, 0; 0,9) = \mathbf{E}_{31} (0, 0; 0,9) + \mathbf{E}_{32} (0, 0; 0,9)$

E, calculemos preliminarmente as distâncias requeridas mediante,

$\mathbf{r}_3 - \mathbf{r}_1 = -1,2\, \hat{\mathbf{e}}_x + 0\, \hat{\mathbf{e}}_y + 0,9\, \hat{\mathbf{e}}_z$; e $|\mathbf{r}_3 - \mathbf{r}_1| \cong 1,5$ m

$\mathbf{r}_3 - \mathbf{r}_2 = 0\, \hat{\mathbf{e}}_x - 0,9\, \hat{e}_y + 0,9\, \hat{\mathbf{e}}_z$; e $|\mathbf{r}_3 - \mathbf{r}_2| = 0,9\sqrt{2}$ m

Então, de conformidade com (3.3c), temos,

$$\mathbf{E}_3 = 9\text{x}10^9\, \text{Nm}^2/\text{C}^2 \left(\frac{4,5\text{x}10^{-6}\,\text{C}}{(1,5\text{m})^2} \hat{\mathbf{e}}_{13} + \frac{4,86\text{x}10^{-6}\,\text{C}}{(0,9\sqrt{2}\text{m})^2} \hat{\mathbf{e}}_{23} \right)$$

$\mathbf{E}_3 = (18\, \hat{\mathbf{e}}_{13} + 27\, \hat{\mathbf{e}}_{23})\text{x}10^3$ (N/C ou V/m)

ou, explicitando os vetores unitários, o resultado será expresso em componentes ortogonais,

$$\mathbf{E}_3 = (-14{,}40\ \hat{\mathbf{e}}_x - 19{,}09\ \hat{\mathbf{e}}_y + 29{,}89\ \hat{\mathbf{e}}_z).10^{-3} \quad (\text{V/m})$$

de módulo, $E_3 = 38{,}28\text{x}10^{-3}$ (V/m) e cuja direção pode ser dada pelos cossenos diretores.

Exemplo 3.5.

J.J. Thomson, estudando com detalhes os raios catódicos, concluiu que na realidade não se tratava de raios propriamente ditos, mas de partículas diminutas, portando uma carga elétrica negativa. A evidência de raios serem partículas estava no fato deles reproduzirem o contorno de um objeto colocado entre a fonte de emissão e um anteparo; e deles deterem cargas elétricas negativas, residia no fato deles sofrerem desvios na presença de um campo eletrostático, buscando a polaridade positiva. Resulta instrutivo revermos aqui o suporte dedutivo dessa experiência histórica, conhecida como experimento de Thomson.

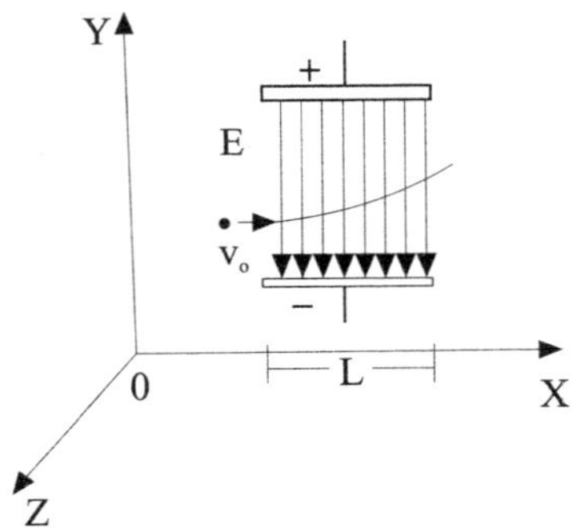

fig. 3.2(a)

Seja, com efeito, uma partícula de massa m e com a carga elétrica -e, que penetra com velocidade constante, v_0, num campo eletrostático uniforme, **E**, perpendicular à direção do movimento inicial da partícula, conforme a fig.3.2(a). As equações escalares do movimento são,

$$m\frac{d^2x}{dt^2} = 0 \quad \text{e} \quad m\frac{d^2y}{dt^2} = eE$$

Resolvendo cada uma destas equações, obtemos:

$$x = v_0 t \quad \text{e} \quad y = \frac{eE}{2m} = t^2$$

E, eliminando t , entre elas, encontramos,

$$y = \frac{eE}{2mv_o^2} = x^2 \qquad (3.4a)$$

Este resultado nos diz que a partícula descreve uma parábola no plano XY, que contém **E**. Segue-se daí que podemos tirar a relação entre a carga elétrica e a massa da partícula, usualmente chamada de carga mássica do elétron:

$$\frac{e}{m} = \frac{2v_o^2}{x^2 E} y \qquad (3.4b)$$

Esta relação, por sua vez, fica na dependência de v_o , considerando os demais parâmetros conhecidos. Para a determinação de v_o devemos ter em conta o desvio da partícula, agora submetida a um campo magnético **B**, perpendicular à direção Z , com **E** = 0 e, depois, com ambos os campos cruzados e adequadamente ajustados, obtemos, $eE = ev_o B$, fig.3.2(b), e portanto, $v_o = E/B$, que levado na equação (3.4b), resulta,

$$\frac{e}{m} = \frac{2E}{x^2 B^2} y \qquad (3.4c)$$

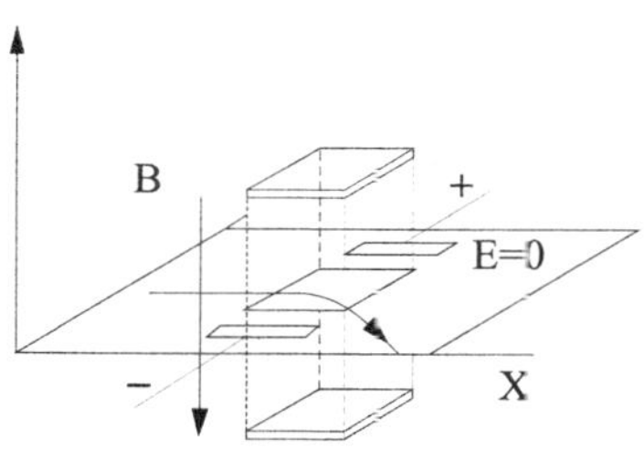

fig. 3.2(b)

E o desvio do elétron, sob o ângulo α , é dado por, $tg\, \alpha = (eEL/mv_o^2)$.

Thomson, usando valores experimentais, concluiu que -e/m = -1,758 819 62x10^{11} C/kg (valor atual), e que tal partícula deveria ser fundamental, porque não dependia do gás produtor dos raios catódicos (já os raios anódicos, depende). Essa partícula já havia sido batizada de elétron, por Stoney.

Exemplo 3.6.

O passo seguinte para a determinação da carga do elétron foi dado por Millikan, no célebre experimento da gota de óleo.

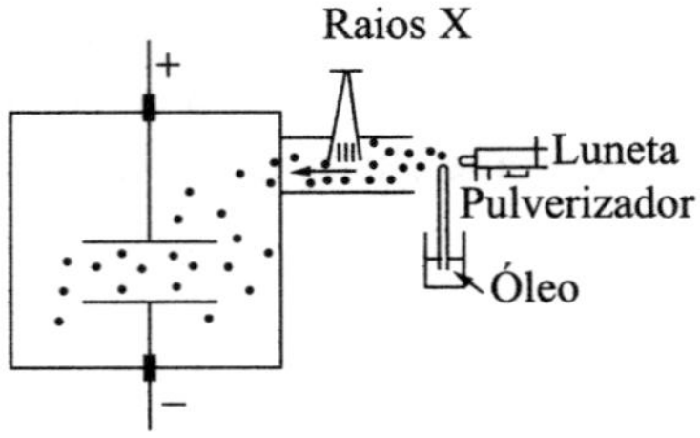

fig. 3.3

A fig.3.3. é um esquema simplificado do aparato usado por Millikan. As gotículas de óleo, previamente eletrizadas com concurso de um feixe de raios X, caem lentamente no campo elétrico uniforme estabelecido. Regulando a intensidade do campo elétrico consegue-se equilibrar a gota de óleo, quando, $QE = mg$, e temos,

$$QE = \frac{4}{3}\pi a^3 g(\delta - \delta_o) \qquad (3.5a)$$

em que Q é a carga elétrica da gotícula, E = V/d, δ a densidade absoluta da gota, δ_o , a densidade absoluta do ar, supostas conhecidas juntamente com g, aceleração da gravidade. Uma luneta é posicionada na direção perpendicular ao feixe luminoso para a observação do movimento das gotículas. Para a determinação da carga elétrica Q, da gota, necessita-se conhecer o seu raio a que é demasiadamente pequeno para medida direta. Isto é feito retirando o campo elétrico e estabelecendo as condições de queda livre da gota, peso = F_v , segundo a lei de Stokes [Sir George Gabriel Stokes (1819-1903), matemático e físico britânico], que oferece,

$$mg = 6\pi\eta a v \qquad (3.5b)$$

onde η é a viscosidade do meio e v a velocidade da queda, ambos supostos conhecidos; e substituindo, m , virá,

$$\frac{4}{3}\pi a^3 g(\delta - \delta_o) = 6\pi\eta a v \qquad (3.5c)$$

Esta equação oferece o cálculo do raio da gota e a determinação da carga elétrica é feita combinando o resultado com a equação (3.5a). Millikan fez experiências com centenas de gotículas de óleo, eletrizadas, e deduziu que cada gotícula possuía sempre uma carga elétrica excedente, múltipla de uma quantidade de eletricidade fundamental, com valor absoluto, ora simbolizado por, e, resultando nos valores, le, 2e, 3e, ..., ne, nunca sendo encontrado um valor fracionado de tal quantidade natural. Concluiu, portanto, que carga do elétron tem por valor aproximado, $e = 1{,}602\ 177\ 33 \times 10^{-19}$ C e, também, $e = 4{,}8030 \times 10^{-10}$ StC , conforme a tabela 1.1.

3.4. Campo Elétrico devido a Distribuição Contínua de Carga

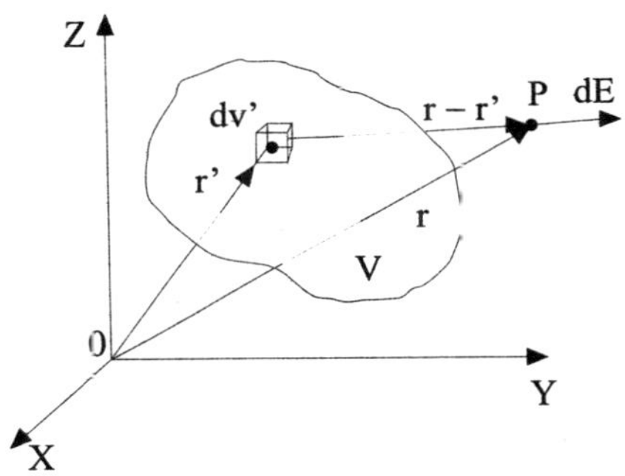

fig. 3.4

Consideremos agora que uma carga elétrica Q está distribuída numa região de volume v, finito. Delineando na região um pequeno recinto de volume, dv', contendo a carga elétrica elementar, $dQ = \rho(\mathbf{r'})\, dv'$, sendo $\rho(r')$ a densidade volumétrica de carga elétrica, a intensidade de campo elétrico, $d\mathbf{E}$, no ponto P, devido $\rho(\mathbf{r'})\, dv'$, fig.3.4, é dada por,

$$d\mathbf{E} = K_o \frac{\rho\left(r'\right)\, dv'}{\left|\mathbf{r} - \mathbf{r'}\right|^2} \hat{\mathbf{e}}_{r'r} \tag{3.6a}$$

E a intensidade de campo elétrico total, é dada por via integral,

$$E = K_o \int_{v'} \frac{\rho dv'}{\left|r - r'\right|^2} \hat{e}_{r'r} \tag{3.6b}$$

É interessante observar que podemos obter (3.6b) diretamente de (3.3d), dividindo a região dada em volumes elementares, Δv_j , cada um contendo a carga elétrica, $Q_j = \rho\ \Delta v_j$ e, sob a consideração de tomar $\Delta v_j \rightarrow dv'$, o somatório (3.3d) se converterá na integral obtida.

No caso da carga elétrica Q estar distribuída uniformemente numa superfície S, considera-se que o elemento de área dS' contém a carga elétrica elementar, $dQ = \rho_S\ dS'$, que produz no ponto P, exterior a superfície, a intensidade de campo elétrico diferencial, d**E**, fig.3.5, e, por consequência, a intensidade de campo elétrico total, dada por,

$$\mathbf{E} = K_o \int_{S'} \frac{\rho_s ds'}{\left|\mathbf{r} - \mathbf{r}'\right|^2} \hat{\mathbf{e}}_{r'r} \qquad (3.6c)$$

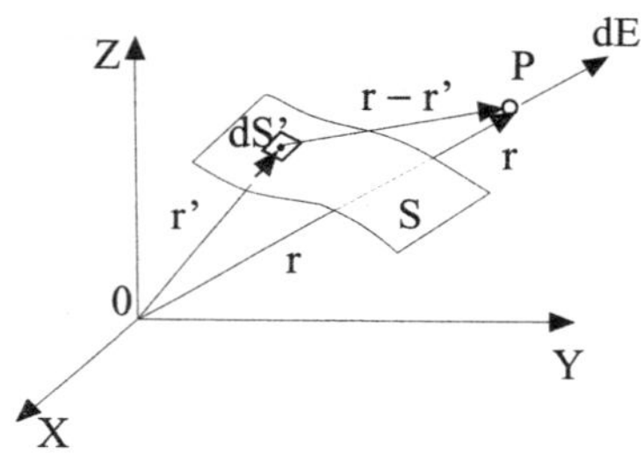

fig. 3.5

E por fim, quando a carga elétrica Q estiver distribuída uniformemente numa linha L com procedimento análogo, tomamos sobre dL', a carga elétrica elementar, $dQ = \rho_L\ dL'$, que responde pelo aparecimento da intensidade de campo elétrico diferencial, d**E**, no ponto P, externo a ela, fig.3.6, a por conseguinte, a intensidade de campo elétrico total,

$$\mathbf{E} = K \int_{L} \frac{\rho_L dL'}{\left|\mathbf{r} - \mathbf{r}'\right|^2} \hat{\mathbf{e}}_{r'r} \qquad (3.6d)$$

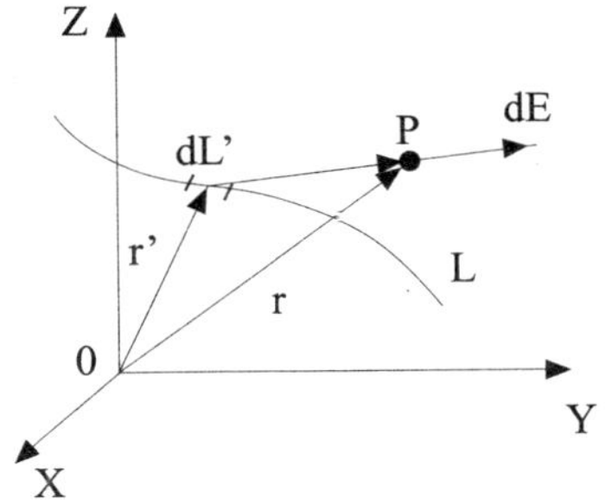

fig. 3.6

Observemos que, qualquer das equações ora estabelecidas oferece solução quando a distribuição de carga elétrica possibilitar o cálculo da integral envolvida. Vejamos alguns problemas nos quais situações de simetrias facultam os referidos cálculos.

Exemplo 3.7.

Seja um filamento retilíneo, muito longo, L, contendo a carga elétrica Q, distribuída uniformemente. Determinar a intensidade de campo elétrico num ponto exterior, distante r do eixo do filamento carregado.

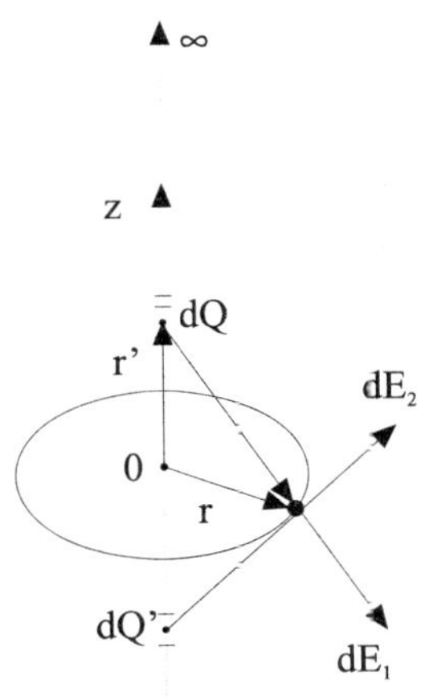

fig. 3.7

Consideremos o filamento carregado no eixo Z e o ponto externo P localizado pelo vetor **r**' = z $\hat{\mathbf{e}}_z$, conforme a fig.3.7, a carga elétrica, dQ, localizado por r', produz, no referido ponto, a intensidade de campo elétrico, diferencial, dada consoante (3.6e), tendo em conta que,

$$\mathbf{r} - \mathbf{r}' = r\,\hat{\mathbf{e}}_r - z\,\hat{\mathbf{e}}_z; \quad |\,\mathbf{r} - \mathbf{r}'\,| = (r^2 + z^2)^{1/2}; \text{ e } \hat{\mathbf{e}}_{rr'} = \frac{r\hat{\mathbf{e}}_r - z\hat{\mathbf{e}}_z}{\sqrt{r^2 + z^2}}$$

Então,

$$d\mathbf{E}_1 = K_o dQ\left[\frac{r}{\left(r^2 + z^2\right)^{3/2}}\hat{\mathbf{e}}_r - \frac{z}{\left(r^2 + z^2\right)^{3/2}}\hat{\mathbf{e}}_z\right]$$

ou também,

$$d\mathbf{E}_1 = d\mathbf{E}_r - d\mathbf{E}_z$$

Cabe observar que E_1 goza de simetria em torno do eixo z, visto que uma carga elétrica dQ, assinalada numa posição diametralmente oposta, r' = $-z\hat{\mathbf{e}}_z$, igualmente oferece no ponto P a intensidade de campo elétrico elementar,

$$d\mathbf{E}_2 = d\mathbf{E}_r + d\mathbf{E}_z$$

Somando os resultados parciais, temos, $d\mathbf{E} = d\mathbf{E}_1 + d\mathbf{E}_2 = 2\,d\mathbf{E}_r$, onde as componentes em z anular-se-ão mutuamente. Em consequência, podemos pôr o resultado como:

$$d\mathbf{E} = 2K_o dQ\frac{r}{\left(r^2 + z^2\right)^{3/2}}\hat{\mathbf{e}}_r$$

sendo, $dQ = \rho_L\,dz$, teremos,

$$d\mathbf{E} = 2K_o\frac{\rho_L r\,dz}{\left(r^2 + z^2\right)^{3/2}}\hat{\mathbf{e}}_r$$

De onde a intensidade de campo elétrico total,

$$\mathbf{E} = \int_o^{\infty} 2K_o\rho_L\frac{r\,dz}{\left(r^2 + z^2\right)^{3/2}}\hat{\mathbf{e}}_r$$

Calculando a integral, obtemos,

$$\mathbf{E} = 2K_o \frac{\rho_L}{r} \hat{\mathbf{e}}_r \tag{3.7a}$$

Este resultado mostra que a intensidade de campo elétrico não depende do comprimento do filamento e é inversamente proporcional à distância do ponto ao eixo da linha. Explicitando K_o, obtemos,

$$\mathbf{E} = \frac{\rho_L}{2\pi\varepsilon_o r} \hat{\mathbf{e}}_r \tag{3.7b}$$

Exemplo 3.8.

Seja uma distribuição de densidade de carga elétrica, ρ_S, numa película superficial plana e extensa. Calcular a intensidade de campo elétrico no ponto P, fora da película, situado a uma altura h = OP.

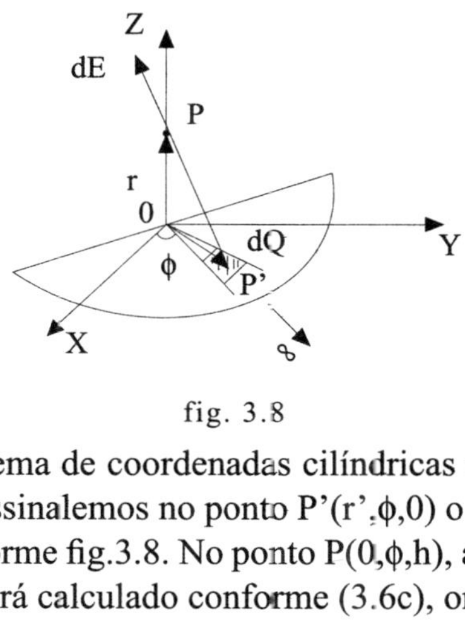

fig. 3.8

Centremos um sistema de coordenadas cilíndricas no plano pelicular carregado, com z = 0, e assinalemos no ponto P'(r',ϕ,0) o elemento de carga elétrica $dQ = \rho_S\, dS$, conforme fig.3.8. No ponto P(0,ϕ,h), a intensidade de campo elétrico, diferencial, será calculado conforme (3.6c), onde,

$$r - r' = h\, \hat{e}_z - r'\, \hat{e}_r'; \; |r - r'| = (h^2 + r'^2)^{1/2} \quad \text{e} \quad \hat{\mathbf{e}}_{r'r} = \frac{h\hat{\mathbf{e}}_z + r'\hat{\mathbf{e}}_{r'}}{\sqrt{h^2 + r'^2}}$$

De onde,
$$d\mathbf{E}_1 = K_o dQ \frac{h\hat{\mathbf{e}}_z - r\hat{\mathbf{e}}_z}{\left(h^2 + r'^2\right)^{3/2}} = d\mathbf{E}_z - d\mathbf{E}_{r'}$$

Como se pode observar, a simetria em torno do eixo z, leva à nulidade das componentes radiais do campo, dE_r; e, por ser $dQ = \rho_S\, dS = \rho_S\, r'dr'd\varphi$, o resultado acima passa a ser dado por:

$$d\mathbf{E}_1 = K_o dQ \frac{hr'\, dr'\, d\varphi}{\left(h^2 + r'^2\right)^{3/2}} \hat{\mathbf{e}}_z$$

E integrando nos limites 0 e ∞, obtemos,

$$\mathbf{E}_1 = K_o 2\pi\rho_s h \left| \frac{-1}{\sqrt{h^2 + r'^2}} \right|_o^\infty \hat{\mathbf{e}}_z$$

$$\mathbf{E}_1 = K_o\ 2\pi\ \rho_S\ \hat{\mathbf{e}}_z \qquad (3.8a)$$

Este resultado mostra que a intensidade de campo elétrico é normal ao plano pelicular carregado e é independente da distância a ele. Notemos que para um ponto diametralmente oposto, P(0,φ, -h), teremos o mesmo resultado, com o vetor unitário $-\hat{e}_z$, Convém então elegermos o vetor unitário normal $\hat{e}_n$ como referência e escrevermos um único resultado geral, como sendo:

$$\mathbf{E} = K_o\ 2\pi\rho_S\ \hat{\mathbf{e}}_n \qquad (3.8b)$$

ou explicitando K_o, obtemos,

$$\mathbf{E} = \frac{\rho_S}{2\varepsilon_o} \hat{\mathbf{e}}_n \qquad (3.8c)$$

Exemplo 3.9.

Sejam dois planos paralelos e uniformemente carregados, com densidade de cargas elétricas opostas, $-\rho$ e $+\rho$, separadas pela distância x =d , conforme a fig.3.9. Determinar o campo elétrico total nas regiões interna e externa dos planos.

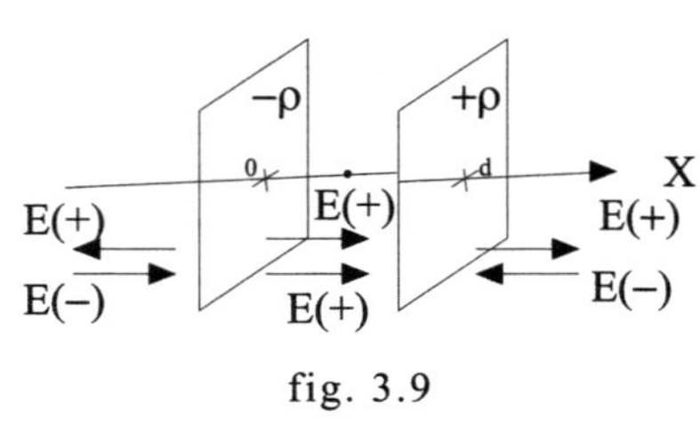

fig. 3.9

Observemos que nas regiões externas aos planos, os campos elétricos devidos as respectivas densidades de carga se compensam, ou seja:

$$\mathbf{E}_{(+)} + \mathbf{E}_{(-)} = 0, \text{ para } x < 0 \text{ e } x > d$$

Porém, para a região interna ou $0 \leq x \leq d$, os campos elétricos individualizados se combinam, duplicando a sua intensidade em cada ponto, isto é,

$$E = E_{(+)} + E_{(+)} = 2\,(K\,2\pi\,\rho_S)\,\hat{e}_n$$

ou tendo em conta o valor de K_o,

$$\mathbf{E} = \frac{\rho_S}{\varepsilon_o}\hat{\mathbf{e}}_n \tag{3.8d}$$

Exemplo 3.10.

Um condutor em forma de aro circular, de raio a e espessura desprezível, encontra-se eletrizado com a densidade linear de carga, ρ_L, fig.3.10. Determinar a intensidade de campo elétrico num ponto $z = h$ tomados sobre o eixo Z.

Por simetria, a intensidade de campo elétrico apresenta contribuição somente de suas componentes z, de forma que cada elemento de carga elétrica $dQ = \rho_L\, dL$, oferece a contribuição dE_z.

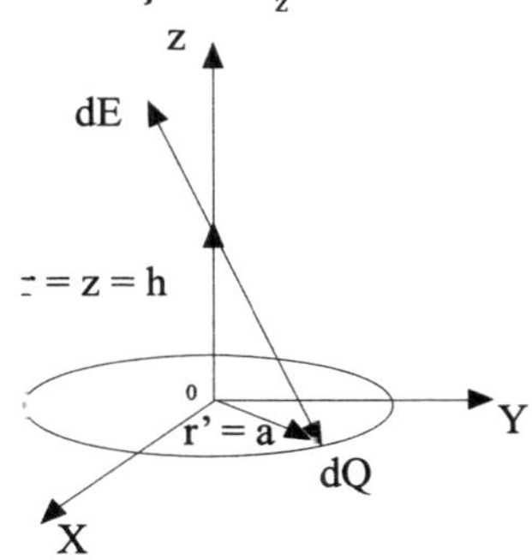

fig. 3.10

Sendo, $dL = a d\varphi$; $|\mathbf{z} - \mathbf{a}|^2 = (h^2 + a^2)$ e $\hat{\mathbf{e}}_{oz} = \dfrac{h\,\hat{\mathbf{e}}_z}{\sqrt{h^2 + a^2}}$, por (3.6c), virá,

$$d\mathbf{E}_z = K_o \rho_L \frac{h\,a\,d\varphi}{\left(h^2 + a^2\right)^{3/2}}\hat{\mathbf{e}}_z$$

Integrando com respeito a φ e substituindo K_o, obtemos,

$$\mathbf{E} = \frac{\rho}{2\varepsilon_o}\frac{a\,h}{\left(h^2 + a^2\right)^{3/2}}\hat{\mathbf{e}}_z \tag{3.9a}$$

Para pontos afastados da origem, ou h >> a, a expressão supra se reduz para,

$$\mathbf{E} = \frac{\rho_L a}{2\varepsilon_o h^2}\hat{\mathbf{e}}_z \tag{3.9b}$$

Exemplo 3.11

Um disco condutor de raio a e espessura desprezível, está eletrizada com a densidade superficie de carga, ρ_S, fig.3.11. Calcular a intensidade de campo elétrico no ponto z = h, tomados sobre o eixo Z.

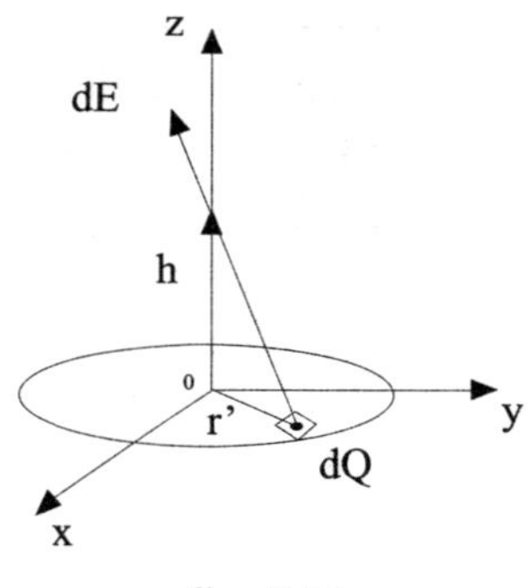

fig. 3.11

Devido a simetria a intensidade de campo elétrico apresenta contribuição apenas de suas componentes z, de forma que cada elemento de carga elétrica $dQ = \rho_S\, r\, dr\, d\phi$, oferece a contribuição para cada dE_z.

Sendo, $dS = r\,dr\,d\phi$; $|\, z - r\,|^2 = (h^2 + r^2)$ e $\hat{\mathbf{e}}_{oz} = \dfrac{h\,\hat{\mathbf{e}}_z}{\sqrt{h^2 + r^2}}$, por (3.6e), virá,

$$d\mathbf{E}_z = K_o\rho_s h\frac{r\,dr\,d\phi}{\left(h^2 + r^2\right)^{3/2}}\hat{\mathbf{e}}_z$$

Integrando com respeito a φ e r, obtemos,

$$\mathbf{E} = K_o \rho_s h 2\pi \left[\frac{1}{h} - \frac{1}{\sqrt{h^2 + a^2}} \right] \hat{\mathbf{e}}_z$$

a substituindo K_o, obtemos,

$$\mathbf{E} = \frac{\rho_s}{2\varepsilon_o} \left[1 - \frac{h}{\sqrt{h^2 + a^2}} \right] \hat{\mathbf{e}}_z \tag{3.9c}$$

3.5. Linhas de Força

Com o fito de descrever a forma como o campo eletrostático se distribui no espaço de suas cargas elétricas geradoras, utiliza-se a concepção de linhas de força instituídas por Michael Faraday (1791-1867), intuídas de suas observações sobre a indução eletromagnética, como veremos oportunamente.

As linhas de força, abreviamos LF, representam o espectro do campo eletrostático, no nosso caso, e gozam das seguintes propriedades:

(1) As LF ocupam todo o espaço continente do campo eletrostático;

(2) As LF não se cruzam e são uniformemente distribuídas no espaço;

(3) Em cada ponto do espaço passa uma única LF;

(4) Num ponto sobre uma LF o vetor intensidade de campo elétrico é tangente , no referido ponto;

(5) Numa superfície carregada as LF são sempre perpendiculares a ela;

(6) O número de LF que atravessa uma área é proporcional à intensidade de campo elétrico presente na referida área. Se N é o número de LF que atravessa a área S , na qual o módulo de campo elétrico é E, vale numericamente, N = ES. Nas fig.3.12(a), (b), (c), (d) e (e) estão representadas as LF para várias situações de corpos eletrizados.

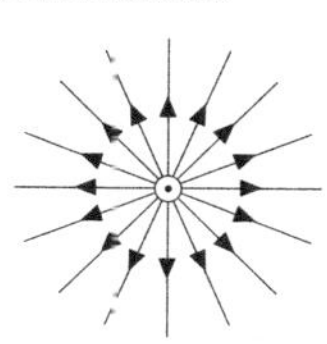

fig. 3.12(a)

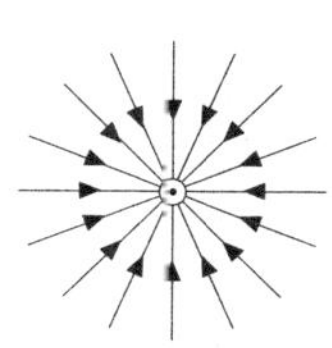

fig. 3.12(b)

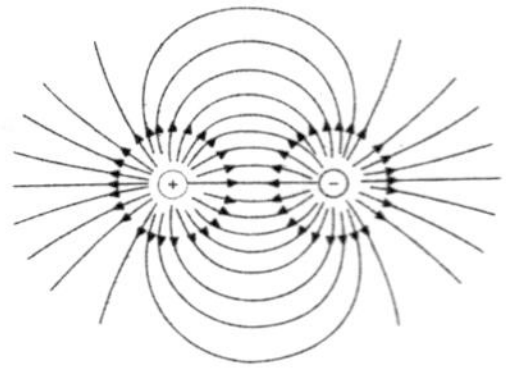

fig. 3.12(c)

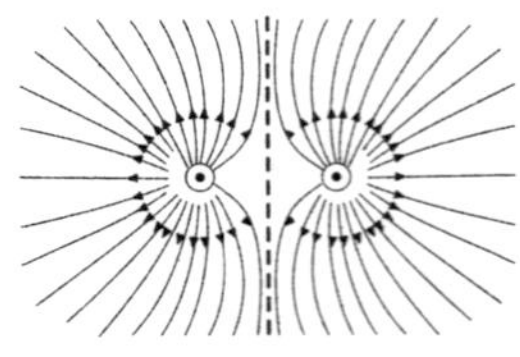

fig. 3.12(d)

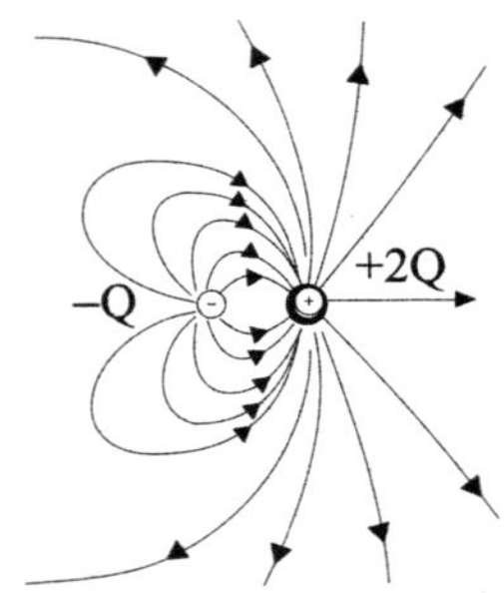

fig. 3.12(e)

Do ponto de vista analítico, as LF representativas de um campo elétrico podem ser obtidas por meio de equações diferenciais que, resolvidas, oferecem às famílias de superfícies ou curvas que as representam.

Consideremos a representação bidimensional das LF de um campo eletrostático tal como na fig3.12(a), desejamos obter a equação da família de curvas a ele pertinente. Seja um ponto arbitrário P no qual passa uma única LF; se na sua vizinhança tomarmos o deslocamento dx, na direção X, teremos a correspondente componente E_x que com ele se relaciona através de um fator de escala digamos m, que se tem a proporcionalidade, $dx = mE_x$. De forma análoga, para o deslocamento dy, na direção, y, também temos, $dy = mE_y$. Dividindo ordenadamente o segundo resultado pelo primeiro, teremos,

$$\frac{dy}{dx} = \frac{E_y}{E_x} \tag{3.10a}$$

cuja primeira razão é o coeficiente angular da tangente à curva, no ponto P. A solução desta equação oferecerá uma família de curvas representativas das LF do campo elétrico em causa. A dedução ora feita representa um procedimento geral. Por exemplo, se temos no ponto P(r ,θ, φ), o campo elétrico **E** e um elemento de linha d**L**, a ele referido, vale a relação, dL = m E ou, explicitando as quantidades por suas componentes e efetuando a divisão proposta, virá,

$$\frac{dr}{E_r} = \frac{r\,\theta}{E_\theta} = \frac{r\,\text{sen}\theta\, d\varphi}{E_\phi} \qquad (3.10b)$$

As soluções das equações diferenciais decorrentes são duas famílias de superfícies cujas interseções dão as LF do campo elétrico.

Exercícios

1). Seja um campo elétrico uniforme de 1,5 V/m, entre duas placas parelalas extensas, separadas pela distância de 50 cm. Achar a velocidade com que um elétron, abandonado na placa negativa, chega na placa positiva.

R. $5,136\times10^5$ m/s.

2). Uma esfera condutor de raio a = 3 cm está eletrizada com a carga Q = 6µC. Achar a intensidade de campo elétrico máximo gerado por essa carga elétrica.

R. $E_{max} = 18\times10^7$ (N/C ou V/m).

3) Um par de cargas elétricas iguais e opostas, tal como –Q e +Q, é chamado de dipolo elétrico. Supondo que elas estão localizadas no eixo z nos pontos de ordenadas respectivas, –d e +d, mostrar que a intensidade de campo elétrico num ponto z >> d, é $E = 2K_o\, Q(2d)/z^3\, \hat{e}z$.

4) Achar a intensidade de campo elétrico no ponto (1, 2, 5) m devido a carga elétrica de 30 nC, localizada na origem.

R. $E = 9\, \hat{e}_r = 1{,}64\hat{e}_x + 3{,}29\, \hat{e}_y + 8{,}22\, \hat{e}_z$ V/m; e $\theta_x = 77{,}81^o$, $\theta_y = 68{,}56^o$ e $\theta_z = 24{,}03^o$.

5) Seja a carga elétrica de 50 nC localizada no ponto (2 –2, 4) m. Calcular a intensidade de campo elétrico no ponto (3, 3, 6) m .

R. $E = 15\, \hat{e}_r = 2{,}74\, \hat{e}_x + 13{,}69\, \hat{e}_y + 5{,}48\, \hat{e}_z$ V/m; e $\theta_x = 79{,}47^o$, $\theta_y = 24{,}12^o$ e $\theta_z = 68{,}57^o$.

6) Calcular a intensidade de campo elétrico no ponto (2, 4, 6) m devido cargas elétricas, Q1 = 4,19 µC, na origem e Q2 = –1.0 µC, no ponto (0, 4, 0) m.

R. $E = -191{,}25\, \hat{e}_x + 180\, \hat{e}_y - 292{,}20\, \hat{e}_z$ V/m; e $\theta_x = 119{,}13^o$, $\theta_y = 62{,}73^o$ e $\theta_z = 93{,}24^o$.

7) Seja um filamento z com denside linear de carga de 10 μC/m . Determinar o campo elétrico no ponto (3, 4, 0) m.

R. $E = 36\ \hat{e}_r = 21{,}6\ \hat{e}_x + 28{,}8\ \hat{e}_y$ V/m; direção $\theta_x = 36{,}87°$.

8) Seja um disco de raio a = 2 m, centrado na origem, com densidade superficial de carga de 10/r μC/m2. Calcular o campo elétrico no ponto (0, φ, 4m).

R. $E = 1{,}58\text{x}10^4$ V/m.

9) Uma esfera de cera, raio a = 10 cm tem uma carga elétrica de 16 nC distribuída uniformemente, para a qual εr = 4. Calcular a intensidade de campo elétrico para ri ≤ a e para re ≥ a

R. Ei = 3,6x105 ri2 êr (V/m); Ee = 36/re2 êr (V/m).

4. TRABALHO E ENERGIA POTENCIAL ELÉTRICA

Quando se move uma carga elétrica no seio de um campo elétrico, altera-se a sua energia potencial ou de posição e o agente que sobre ela intervém, realiza um trabalho elétrico.

4.1. Trabalho Sobre uma Carga Elétrica

Uma carga de prova Q', numa posição inicial (2) é deslocada, com velocidade constante, pela ação de uma força externa, $\mathbf{F}_e$, para a posição final (1), fig.4.1. Para o deslocamento infinitesimal, ds, sobre a trajetória, o trabalho elementar de $\mathbf{F}_e$ sobre Q' é dado por, $dW = - \mathbf{F}_e \cdot d\mathbf{s}$, e o trabalho total é dado pela integral,

$$W_{21} = -\int_2^1 \mathbf{F}_e \cdot d\mathbf{s} \qquad (4.1a)$$

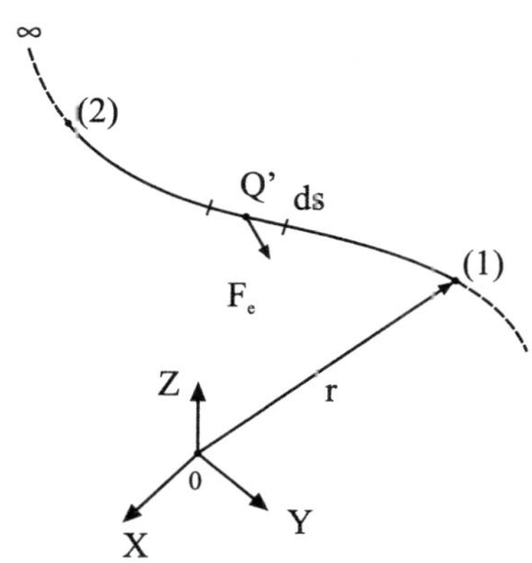

fig. 4.1

Na integral, o sinal (–) indica o trabalho contra o campo elétrico que se supõe existir; e os limites de integração simbolizam o início (2) e o final (1) do trajeto de Q', concordando com o subscrito de W. Se a carga de prova Q' fosse abandonada no campo elétrico **E**, ela seria bruscamente movimentada por ele, acelerando-se, pela ação de força de campo, $\mathbf{F}_c$, portanto, na situação proposta, a força extrema $\mathbf{F}_e$ é equilibrada por aquela e tem-se, $\mathbf{F}_e = -\mathbf{F}_c$, permitindo que Q' se desloque com velocidade constante; com este requisito, não se cria uma variação indesejável de energia cinética, e preserva-se a lei de Coulomb.

Com $\mathbf{F}_e$ equilibrando $\mathbf{F}_c$, a carga de prova Q' ao passar da posição (1), ora inicial, para a posição final (2), pela ação da força de campo elétrico, $\mathbf{F}_c$, resulta,

$$W_{12} = \int_1^2 F_c \cdot d\mathbf{s} \qquad (4.1b)$$

Confrontando os resultados, vemos que $W_{12} = - W_{21}$ e tem-se, $W_{21} < 0$ e $W_{12} > 0$.

A unidade SI de trabalho é o Joule = Newton x metro, símbolo, J (= N · m); como veremos adiante esta unidade equivale ao Volt.Coulomb (V · C). Dimensão: $[W] = L^2 M T^{-2}$.

Exemplo 4.1.

Uma carga elétrica Q, localizada na origem de um referencial é tomada como geradora do campo elétrico **E**. Na posição $\mathbf{r}_1$, distante dela, coloca-se uma carga elétrica puntiforme, Q', homônima daquela. Por ação do campo elétrico ela desloca-se até a posição $\mathbf{r}_2$, fig.4.2. Calcular o trabalho realizado pelo campo elétrico.

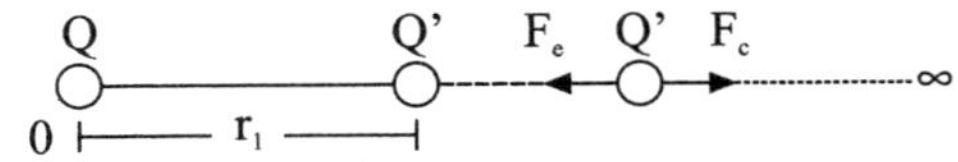

fig. 4.2

Por (4.1b) com $\mathbf{F}_c = Q'\mathbf{E}$, o trabalho realizado pelo campo elétrico, virá,

$$W_{12} = \int_{r_1}^{r_2} Q' E \cdot d\mathbf{r}$$

Substituindo **E** dado por (3.1c) e evidenciando os fatores constantes, virá,

$$W_{12} = K_o QQ' \int_{r1}^{r2} \frac{dr}{r^2}$$

Como a expressão sob o sinal da integral decore da diferencial d(-¹/r), a integração é imediata e temos como resultado final,

$$W_{12} = K_o QQ' \left(\frac{1}{r_1} - \frac{1}{r_2} \right) \tag{4.1c}$$

onde o valor algébrico de W_{12} depende apenas da natureza das cargas elétricas.

Supondo que as cargas elétricas em questão são homônimas, o trabalho realizado é positivo, uma vez que a expressão entre parênteses é positiva, já que $r_1 < r_2$. Ademais o resultado revela uma importante conclusão: o trabalho executado pelo campo elétrico não dependeu dos pontos intermediários por que passou Q', mas apenas das posições inicial e final. Esta propriedade é característica de campo conservativo e é entendido como aquela que não dissipa energia ou não gera atrito no processo da movimentação da carga elétrica. O campo gravitacional é outro exemplo típico de campo conservativo.

4.2. Energia Potencial Elétrica

Do modo análogo ao caso gravitacional, uma carga elétrica de teste, Q', colocada na presença de um campo elétrico, passa a deter energia potencial elétrica associada à posição que ocupa; dizemos que na posição $\mathbf{r}_1$, carga de teste tem aí a energia potencial elétrica, $U(\mathbf{r}_1)$ ou U_1; e se em seguida ela é deslocada pela força de campo elétrico, $F_c = Q'\mathbf{E}$, para a posição r_2, e passa a ter a energia potencial elétrica, $U(\mathbf{r}_2)$ ou U_2. Como no processo não houve variação de energia cinética, a energia potencial elétrica é igual ao trabalho realizado, isto é, $W_{12} = U_1 - U_2$; alternativamente costuma-se pôr $W_{12} = -\Delta U$ e, como estamos supondo que $U_1 > U_2$, houve realização de trabalho positivo com diminuição de energia potencial elétrica do sistema.

Para um deslocamento infinitesimal, tem-se, $-dU = dW$, onde,

$$-dU = \mathbf{F}_c \cdot d\mathbf{r} = Q'\,\mathbf{E} \cdot d\mathbf{r} \tag{4.2a}$$

Integrando ambos os membros entre as posições inicial 1 e final 2, virá,

$$U_1 - U_2 = \int_1^2 Q'\mathbf{E} \cdot d\mathbf{r} \tag{4.2b}$$

A força de campo elétrico tende a afastar Q' até uma posição infinitamente distante da origem da carga fonte, onde sobre ela cessa a sua influência; dizemos que nesse plano infinito (mesmo que seja de alguns centímetros) a energia potencial elétrica é nula, ou seja, para $\mathbf{r}_2 = \infty$, tem-se $U(\infty) = 0$. Reciprocamente, se Q' está em $\mathbf{r}_2 = \infty$ (posição inicial) e é trazida até à posição final, $\mathbf{r}_1 = \mathbf{r}$, pela força externa, $\mathbf{F}_e = -\,Q'\mathbf{E}$, temos à energia potencial elétrica em r:

$$U(r) = -\int_\infty^r Q'\mathbf{E} \cdot d\mathbf{r} \tag{4.3a}$$

E sendo, $\mathbf{E} = K_o\,(Q/r^2)\hat{\mathbf{e}}_r$, virá,

$$U(r) = -\int_\infty^2 K_o \frac{QQ'}{r^2} dr$$

cuja integração oferece,

$$U(r) = K_o \frac{Q'Q}{r} \tag{4.3b}$$

onde o valor algébrico de U(r) depende do sinal do produto QQ'. Se as cargas elétricas são homônimas, a força externa que as aproxima produz um aumento da energia potencial elétrica que fica armazenada no sistema. Note-se que este resultado é idêntico a (4.1c), basta fazer e $\mathbf{r}_2 = \infty$ e $\mathbf{r}_1 = \mathbf{r}$.

Em suma: aumenta-se a energia potencial elétrica do sistema sempre que se realiza um trabalho contra o campo elétrico, e diminui-lhe energia potencial elétrica, quando o trabalho é realizado pela força de campo elétrico, de modo W e $-\,\Delta U$, têm sinais opostos.

A energia potencial elétrica é entendida como propriedade inerente do sistema elétrico, não pertencendo a uma ou outra carga elétrica, assumindo, por consequência, o seu caráter de energia mútua. A energia potencial elétrica tem a mesma unidade e dimensão de trabalho.

Embora a equação (4.3b) tenha sido deduzida para um sistema elétrico macroscópico de duas cargas elétricas puntiformes, ela também é aplicável a sistema elétrico microscópico, como o atômico. Vejamos um exemplo.

Exemplo 4.2.

Achar a energia potencial elétrica do estado fundamental do átomo de hidrogênio.

Neste caso, temos, o elétron, Q'= – e, que se encontra no campo do próton, Q = +e, distante $r = a_o = 0{,}53x10^{-10}$ m. Então, usando (4.3b), virá,

$$U(r) = -K_o \frac{e^2}{r} = -9x10^9 Nm^2 / C^2 \frac{\left(1{,}602\ 177\ 33x10^{-19} C\right)^2}{0{,}53x10^{-10} m} \cong -43{,}6x10^{-19} J$$

portanto, negativa.

4.3. Trabalho Realizado num Caminho Fechado

Como vimos, para o sistema de duas cargas elétricas Q e Q', a integral de linha (4.1a ou b) é independente do caminho seguido por Q'; se isso não fosse correto, poderíamos transportar a Q' num caminho que inclua os pontos 1 e 2 como fig.4.3 , e depois trazê-la de volta por C', realizando um trabalho menor, o que é impossível. Quando uma carga elétrica é deslocada por outro caminho e a fazemos retornar ao ponto de partida, num caminho fechado, o trabalho total realizado é zero. Algebricamente, temos a soma $W_{12} + W_{21} = 0$, e portanto, $W_{12} = - W_{21}$. Este fato é conseqüência da conservatividade do campo eletrostático, e como tal, tem representação especial, dada por,

$$W = \oint Q' \mathbf{E} \cdot d\mathbf{L} = 0 \qquad (4.4a)$$

E, por consequência, segue-se que,

$$\oint \mathbf{E} \cdot d\mathbf{L} = 0 \qquad (4.4b)$$

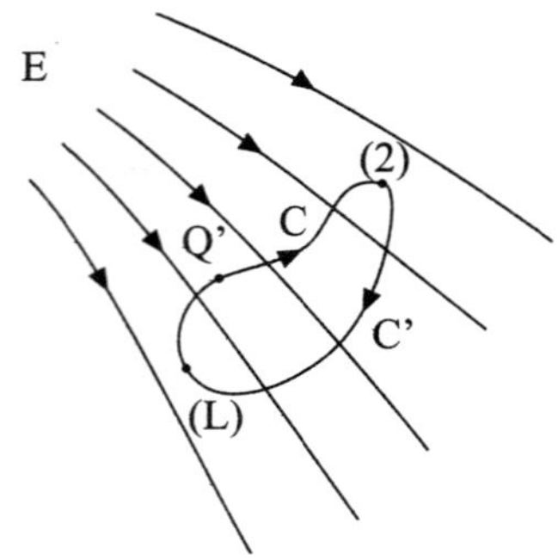

fig. 4.3

Exercício 4.1

Um campo elétrico dado por $\mathbf{E} = (x + y^2)\hat{\mathbf{e}}_x + (x^2 + y)\hat{\mathbf{e}}_y$ V/m, movimenta a carga elétrica de 3μC do ponto 0(0,0) para o ponto A(2,4)m, segundo o caminho y = 2x. Achar o seu trabalho realizadoe comprovar que esse trabalho é igual ao de levar a carga elétrica pelo percurso de 0(0,0)m para B(2,0)m e deste para A.

5. POTENCIAL ELÉTRICO E DIFERENÇA DE POTENCIAL

5.1. Potencial Elétrico

O conceito de energia potencial elétrica conduz à introdução de outro mais útil, denominado de potencial elétrico que passaremos a estabelecer.

Como vimos, uma carga de prova positiva, Q', ao ocupar uma dada posição P, no seio de um campo elétrico, detém a energia potencial elétrica, U_P, associada à posição que ocupa. Então, define-se potencial elétrico no ponto P, símbolo V_P, como o trabalho elétrico por unidade de carga realizado por uma força externa para trazer Q' do infinito ao ponto dado P, ou seja,

$$V_P = \frac{W_{\infty P}}{Q'} = \frac{U_P}{Q'} \tag{5.1a}$$

Mas, sendo, $W_{\infty P} = -\int_{\infty}^{P} Q'\mathbf{E} \cdot d\mathbf{L}$, temos o potencial elétrico de Q' no ponto P:

$$V_P = -\int_{\infty}^{P} \mathbf{E} \cdot d\mathbf{L} \tag{5.1b}$$

Por conseguinte, o potencial elétrico não depende da carga de prova e por convenção, ele é zero na referência do infinito, ou $V_{\infty} = 0$. Essa referência é habitualmente tomada na superfície da "terra" e o potencial elétrico assim definido é dito absoluto.

A unidade SI de potencial elétrico é o Volt = Joule/Coulomb, símbolo V. Na prática é frequente o uso de múltiplos: o quilo-volt, kV, 1kV = 10^3 V, e o mega-volt, MV, 1 MV = 10^6 V; assim como o sub-múltiplo, mili-volt, mV, 1 mV = 10^{-3} V. Dimensão: $|V| = L^2\, M\, T^{-2}\, Q^{-1} = L^2\, M\, T^{-3}\, I^{-1}$.

5.2. Potencial Elétrico de uma Carga Elétrica Puntiforme

Seja uma carga elétrica puntiforme, Q, localizada na origem de um referencial e desejamos obter o seu potencial elétrico no ponto P, distante r dela, fig.5.1(a). Por definição potencial elétrico temos,

$$V_P = -\int_{\infty}^{r} K_o \frac{Q}{r^2} dr$$

cuja integração oferece,

$$V_P = K_o \frac{Q}{1} \tag{5.2a}$$

onde abandonamos o indice P para maior generalidade; explicitando K_o, virá,

$$V = \frac{1}{4\pi\varepsilon_o} \frac{Q}{r} \tag{5.2b}$$

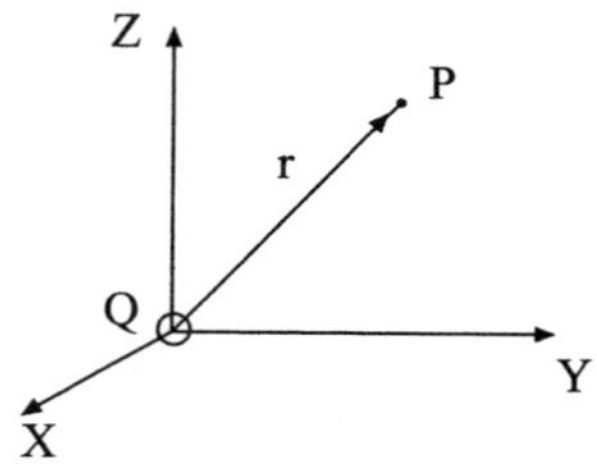

fig. 5.1(a)

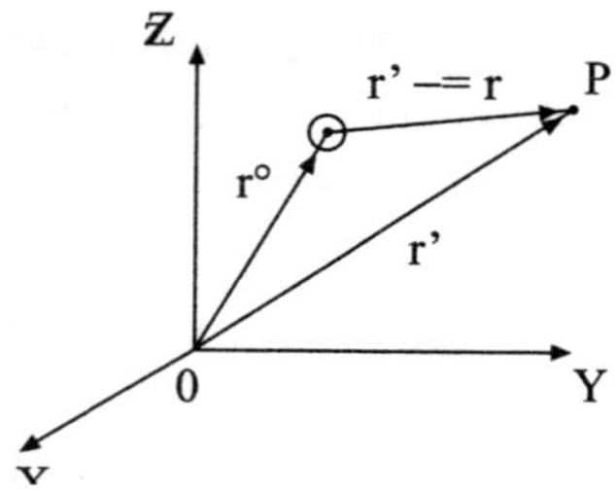

fig. 5.1(b)

Em qualquer circunstância notemos que o potencial elétrico é função apenas da distância do ponto à carga fonte e leva o sinal dela, estando simetricamente distribuído em seu entorno. No caso da carga elétrica Q se encontrar fora da origem, como na fig.5.1(b), basta que caracterizemos a distância do ponto à carga elétrica como sendo $|\mathbf{r}' - \mathbf{r}|$, e temos,

$$V = K_o \frac{Q}{|\mathbf{r}' - \mathbf{r}|} \tag{5.2c}$$

5.3. Potencial Devido a várias Cargas Elétricas Puntiformes

Como generalização do caso anterior, sejam n cargas elétricas puntiformes, $Q_1, Q_2, \ldots, Q_n$, locadas pelos vetores respectivos $r_1, r_2, \ldots, r_n$. Elegendo o ponto I como referência, o cálculo do potencial elétrico, V_i, será a soma algébrica dos potenciais elétricos das cargas elétricas a ele referendadas, consoante o princípio da superposição:

$$V_i = V_1 + V_2 + \ldots + V_n \tag{5.3a}$$

E, em notação compacta,

$$V_i = \sum_{j=1}^{n} V_j \tag{5.3b}$$

ou de forma explicita:

$$V_i = K_o \frac{Q_1}{|\mathbf{r}_i - \mathbf{r}_1|} + K_o \frac{Q_2}{|\mathbf{r}_i - \mathbf{r}_2|} + \ldots + K_o \frac{Q_n}{|\mathbf{r}_i - \mathbf{r}_n|} \tag{5.3c}$$

e resumidamente,

$$V_i = K_o \sum_{j=1}^{n} \frac{Q_j}{|\mathbf{r}_i - \mathbf{r}_j|} \tag{5.3d}$$

Exemplo 5.1.

As cargas elétricas Q_1 e Q_2 estão localizadas nas posições respectivas, (-a,0)m e (2a,0)m. Achar o potencial elétrico no ponto I (2a, 4a); se as cargas elétricas são iguais e postas, qual é o potencial elétrico? Em que ponto anular-se-á o potencial elétrico?

Com efeito,temos, da fig.5.2 ,

$$V_i = K_o \left(\frac{Q_1}{\sqrt{(2a + a)^2 + (4a - 0)^2}} + \frac{Q_2}{\sqrt{(2a - 2a)^2 + (4a - 0)^2}} \right)$$

$$V_i = K_o \left(\frac{Q_1}{5a} + \frac{Q_2}{4a} \right)$$

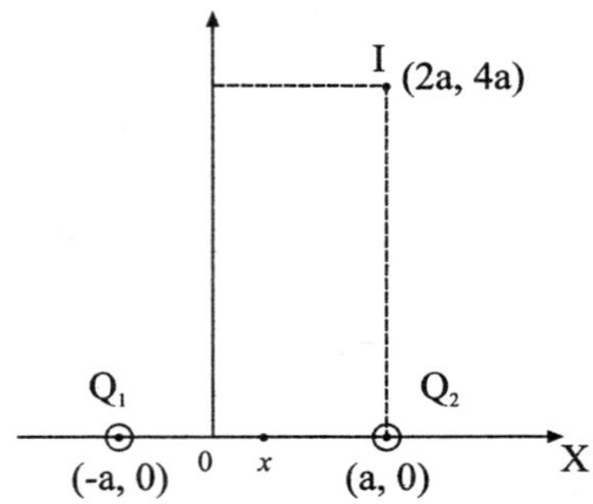

fig. 5.2

No caso de termos $Q_1 = +Q$ e $Q_2 = -Q$, segue-se que $V_i = -K_oQ/20a$; Designando por (x,0) as coordenadas do ponto em que os potenciais elétricos individuais V_1 e V_2 anulam-se, temos,

$$V_1 = K_o \frac{Q}{(x+a)} \quad \text{e} \quad V_2 = K_o \frac{-Q}{(x-2a)}$$

E como $V_1 = V_2$, segue-se que,

$$\frac{1}{(x+a)} = -\frac{1}{(x-2a)}$$

Donde, $x = a/2$, ou seja, que o potencial elétrico se anula no ponto (0,5a; 0) entre as cargas elétricas.

Exemplo 5.2.

Achar o potencial elétrico no ponto P(0,8; 0,6)m, devido à carga elétrica de $Q_1 = 9$ nC, localizada na origem. Ao colocar-se um outra carga elétrica, $Q_2 = 8$ nC, sobre um dos eixos, distante 1,6 m de P, qual é o potencial elétrico nesse ponto?

O potencial elétrico devido a carga elétrica Q_1 é,

$$V_{P1} = 9x10^9 \, Nm^2 / C^2 \frac{9x10^{-9} \, C}{1,0m} = 81V$$

Com a presença de Q_2, temos,

$$V_{P2} = 9x10^9 \, Nm^2 / C^2 \frac{8x10^{-9} \, C}{1,6m} = 45V$$

E em virtude do princípio da superposição, teremos,

$V_P = V_{P1} + V_{P2} = 126$ V

5.4. Potencial Elétrico de uma Distribuição Contínua de Carga

Uma região de volume v, finito, com distribuição contínua de carga elétrica, pode ser dividida em elementos de volumes, Δv_j , cada um contendo a carga elétrica, $Q_j = \rho \, \Delta v_j$, sendo ρ a densidade volumétrica de carga, modo que o potencial elétrico no ponto r_j externo da região será dado por (5.3d), fazendo-se a substituição de cada Q_j por cada $\rho \, \Delta v_j$, podemos concluir que,

$$V_i = K_o \sum_{j=1}^{n} \frac{\rho \, \Delta v_j}{\left| r_i - r_j \right|} \qquad (5.4a)$$

Considerando que cada Δv_j pode ser tomado tão pequeno quanto se queira, isto é, $\Delta v_j \rightarrow dv'$, somatório acima converte-se na integral,

$$V = K_o \int_{S'} \frac{\rho_s \, dv'}{\left| \mathbf{r} - \mathbf{r}' \right|} \qquad (5.4b)$$

onde **r**' é o vetor posição de $\rho dv'$ e **r** o vetor posição do ponto externo P(x,y,z), onde se calcula potencial elétrico, fig.5.3.

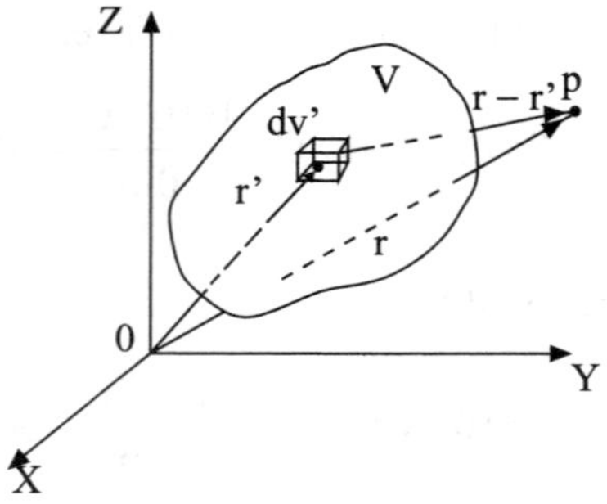

fig. 5.3

Para as distribuições de carga elétrica sobre superfícies ou linhas condutoras, basta substituir em (5.4b), $\rho dv'$ respectivamente por $\rho_S dS'$ e $\rho_L dL'$, isto é,

$$V = K_o \int_{S'} \frac{\rho_s \, dS'}{|\mathbf{r} - \mathbf{r}'|} \quad \text{e} \quad V = K_o \int_{L'} \frac{\rho_L \, dL'}{|\mathbf{r} - \mathbf{r}'|} \tag{5.4c}$$

Como as expressões supra foram estabelecidas para distribuições em regiões finitas, elas não valem quando as cargas elétricas que se extendem ao infinito.

Exemplo 5.3.

Uma carga elétrica, Q , está distribuída uniformemente num disco circular de raio a , fig.5.4. Achar o potencial elétrico no ponto P(0,φ,h) sobre o eixo Z, distante h do plano do disco.

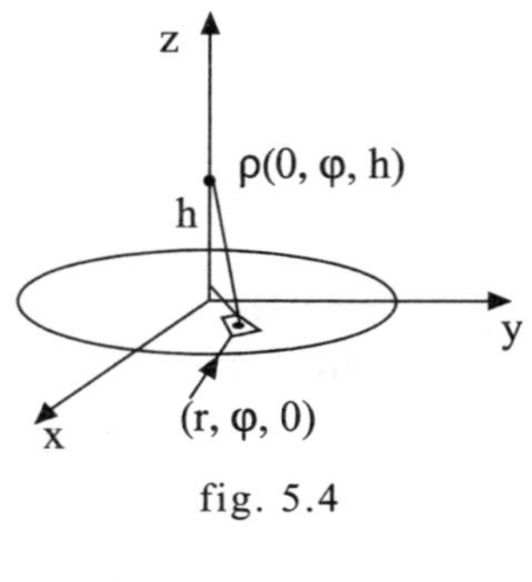

fig. 5.4

Da fig.5.4, temos, $dQ = \rho_S\, dS$, $dS = r\, dr\, d\varphi$ e $|\mathbf{r} - \mathbf{r}'| = \sqrt{h^2 + r^2}$; substituindo estes valores na primeira expressão de (5.4c), virá,

$$V = \int_S K_o \frac{\rho_s\, r\, dr\, d\varphi}{\sqrt{h^2 + r^2}}$$

onde,

$$V = \int_S K_o \int_o^{2\pi} d\varphi \int_o^{a} \frac{r\, dr}{\sqrt{h^2 + r^2}}$$

Realizando as integrações indicadas e substituindo K_o , obtemos,

$$V = \frac{\rho_s}{2\varepsilon_o}\left[\sqrt{h^2 + a^2} - h\right] \qquad (5.4d)$$

5.5. Diferença de Potencial Elétrico

Como vimos, pela equação de definição (5.1b ou a), o potencial elétrico de uma carga de prova Q' no ponto A , é dado por,

$$V_A = -\int_\infty^A \mathbf{E} \cdot d\mathbf{L}$$

assim como o potencial elétrico da mesma, no ponto B, é dado por,

$$V_B = -\int_\infty^B \mathbf{E} \cdot d\mathbf{L}$$

Tomando a diferença, $V_A - V_B = V_{AB}$, obtém-se,

$$V_{AB} = \int_A^B \mathbf{E} \cdot d\mathbf{L} \qquad (5.5a)$$

que recebe o nome de diferença de potencial e será abreviado por ddp.

Alternativamente: o trabalho necessário para deslocar a carga de prova Q' de um ponto B para um ponto A, fig.5.5, é dado por,

$$W_{BA} = -\int_B^A Q'\mathbf{E} \cdot d\mathbf{L}$$

E por ser $V_{BA} = W_{BA}/Q'$, segue-se que,

$$V_{BA} = -\int_{B}^{A} \mathbf{E} \cdot d\mathbf{L} \tag{5.5b}$$

onde o sinal (–) indica que a integral referenda a ação de força externa.

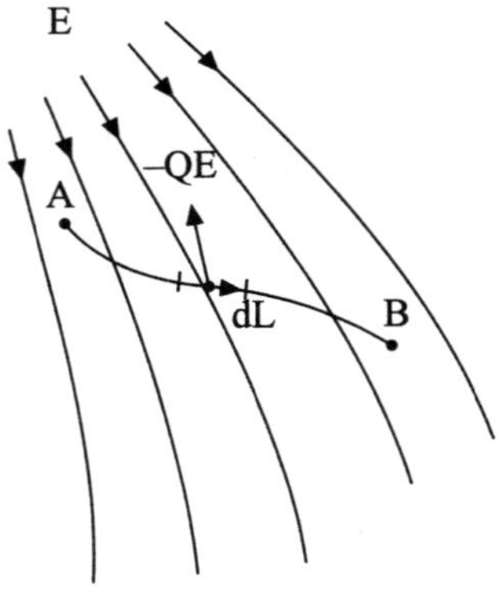

fig. 5.5

5.6. Diferença de Potencial de uma Carga Puntiforme

A ddp entre duas posições r_A e r_B de um campo elétrico de uma carga elétrica puntiforme Q é dada substituindo-se em (5.5c) a expressão do valor do campo elétrico, isto é,

$$V_{AB} = \int_{r_A}^{r_B} K_o \frac{Q}{r^2} \hat{\mathbf{e}}_r \cdot d\mathbf{r} \tag{5.5c}$$

cuja integração, oferece:

$$V_{AB} = K_o \left(\frac{Q}{r_A} - \frac{Q}{r_B} \right) \tag{5.5d}$$

Exemplo 5.4.

Determinar a ddp entre dois pontos nas proximidades de um condutor retilíneo longo, com densidade linear de carga uniforme, ρ_L.

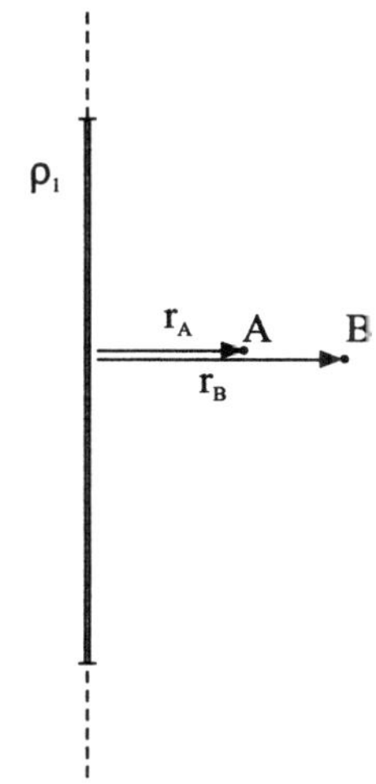

fig. 5.6

Sendo A e B tais pontos, distantes r_A e r_B do condutor, a fig.5.6 , temos:

$$V_{AB} = \int_{r_A}^{r_B} \mathbf{E} \cdot d\mathbf{r} \tag{5.6a}$$

sendo, $\mathbf{E} = K_o \dfrac{2\rho_L}{r} \hat{\mathbf{e}}_r$, por substituição, temos,

$$V_{AB} = K_o 2\rho_L \int_{r_A}^{r_B} \frac{dr}{r}$$

cuja integral oferece,

$$V_{AB} = \frac{\rho_L}{2_{\pi\varepsilon_o}} \ln \frac{r_B}{r_A} \tag{5.6b}$$

ou também,

$$V_{AB} = \frac{\rho_L}{2_{\pi\varepsilon_o}} \ln \frac{r_B}{r_A} \tag{5.6c}$$

Para caso de um campo elétrico uniforme a integração de (5.5a) recai apenas sobre dx , na direção X , e temos,

$$V_A - V_B = E\int_A^B dx = E(x_B - x_A)$$

Se ademais, $V_A = 0$ em $x_A = 0$ e $V_B = V$ em $x = x_B$, resulta que $V = -Ex$, onde se segue que,

$$E = -\frac{V}{x} \tag{5.5d}$$

Este resultado mostra que a unidade de campo elétrico pode ser dada, alternativamente, por volta/metro (V/m), o que justifica a sua equivalência com o N/C. No diagrama da fig.5.7 estão esboçadas as variações de E e V.

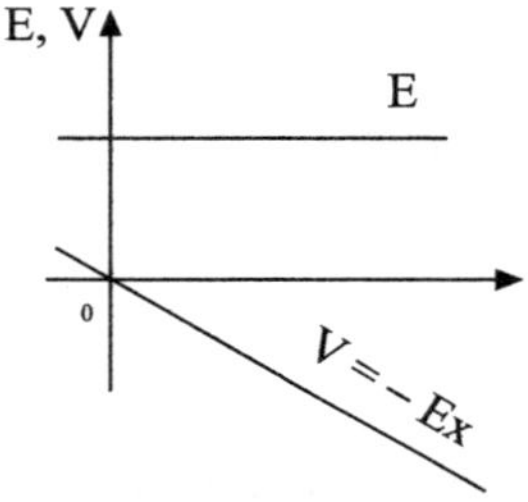

fig. 5.7

5.7. Trabalho em função da Diferença de Potencial

Seja uma partícula de massa m com carga elétrica positiva, Q , colocada na posição A, no seio de um campo elétrico uniforme, onde ela passa a ter a energia potencial elétrica QV_A , fig.5.8 . Admitindo que a partícula seja deslocada para a posição B com a velocidade constante v_B ela passa a ter a energia potencial elétrica QV_B. Pelo principio de conservação da energia temos,

$$0 + QV_A = \frac{1}{2}mv_B^2 + QV_B$$

onde,

$$\frac{1}{2}mv_B^2 = Q(V_A - V_B) \tag{5.7a}$$

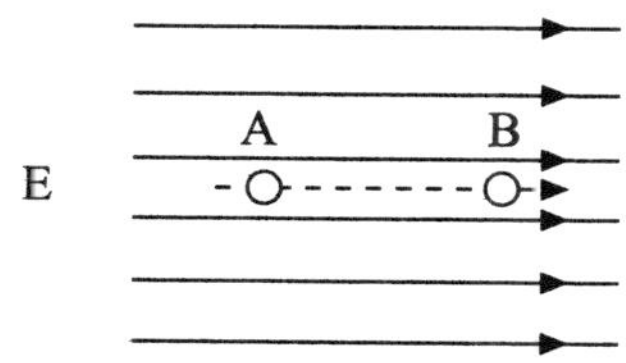

fig. 5.8

Identificando o primeiro membro acima como o trabalho do campo elétrico, W_{AB}, que produz a movimentação da partícula, resulta,

$$W_{AB} = Q\,(V_A - V_B) \tag{5.7b}$$

Observe-se que o primeiro membro é medido em J (= N · m), enquanto o segundo membro, tem V · C, e como eles são idênticos, fica ora estabelecida a equivalência de que 1 N · m = 1V · C.

Se impusermos, ademais, que $V_B = 0$, na equação (5.7a) podemos também concluir (abandonando os índices para maior generalização) que,

$$QV = \frac{1}{2}mv^2 \tag{5.7c}$$

significando que uma partícula que se move sob a ddp V, adquire a energia cinética indicada. Este fato é utilizado para se definir uma nova unidade de energia, usada com freqüência, na eletrônica, física atômica e nuclear: o elétron-volt , eV, por exemplo, usando o primeiro membro de (5.7c), Q = +e e V = 1 V, tem-se a definição, 1 eV = 1,602 177 33x10^{-19} J. Por ser o elétron-volt uma unidade muito pequena, utilizam-se os seus múltiplos: 1 MeV = 10^6 eV, 1 BeV = 10^9 eV e 1 GeV= 10^{12} eV; por exemplo, se um próton move-se no campo elétrico com a velocidade de 2,89x10^4 m/s , ele adquire a energia cinética de cerca de 6,98x10^{-19} J ou 4,36 eV. Este raciocínio, obviamente, pode ser aplicado a qualquer outra partícula carregada em movimento.

Exemplo 5.5.

Um elétron é acelerado a partir do repouso por uma ddp de 1.000 V. Achar a velocidade que ele adquire na região de campo elétrico e compará-la com a velocidade da luz no vácuo.

Explicitando v_e na equação (5.7c) e substituindo os valores pertinentes, virá:

$$v_e = \sqrt{\frac{2x1,602\ 177\ 33x10^{-19}Cx10^3V}{9,109\ 389\ 7x10^{-31}kg}} \cong 1,876x10^7 m/s$$

Fazendo a comparação com a velocidade da luz no vácuo:

$$\frac{v_e}{c} = \frac{1,876x10^7 m/s}{3,0x10^8 m/s} = 0,062$$

fica assim evidenciado que a velocidade do elétron é cerca de 6,2% da velocidade da luz no vácuo e, portanto, a descrição dinâmica do elétron em questão pode ser tratado de forma não relativística, já que a velocidade calculada está abaixo de $1/10$ da velocidade da luz no vácuo, que é o limite para o enquadramento clássico ou não relativístico.

Exemplo 5.6.

Calcular a energia cinética do elétron orbital do átomo do hidrogênio em seu estado fundamental e estabelecer a energia mecânica do sistema em eV. Dados: $m_e = 9,1093x10^{-31}$ kg e $v_e = 2,188x10^6$ m/s .

Substituindo os dados diretamente na expressão da energia cinética, $K_C = \frac{1}{2} m_e\ v_e^2$, virá,

$$K = \frac{1}{2}(9,109\ 389\ 7x10^{-31}\ kg)(2,188x10^6\ m/s)^2 \cong 21,80x10^{-19}\ J = 13,6\ eV$$

A energia mecânica, W_m, do elétron é a soma das suas energias cinética e potencial elétrica, ou seja, $W_m = K + U$. Do ex.4.2. vimos que a energia potencial elétrica vale,

$$U = -43,6x10^{-19}\ J = -27,2\ eV$$

e, por conseguinte, a energia mecânica ou total é a soma algébrica de ambas:

$$W_m = (13,6 - 27,2)\ eV = -13,6eV$$

Exemplo 5.7

Para o átomo do hidrogênio, determinar a energia potencial elétrica de ligação do elétron-próton e esboçar o gráfico respectivo.

A energia de ligação do elétron, U_L, é aquela fornecida ao elétron para libertá-lo da ação do próton, e por conseguiunte, $U_L = -W_m$, ou seja,

$$U_L = -W_m = +13{,}6\ \text{eV}$$

resultado este confirmado experimentalmente. O gráfico é dado na fig.5.9, onde está indicado que o elétron só pode mover-se entre r_1 e r_2. Outro modo de compor o resultado em causa é termos em conta que,

$$W_m = K + U = \frac{1}{2}mv^2 - K_o\frac{e^2}{r_o}$$

Mas de (2.3a), $mv^2 = K_o\dfrac{e^2}{2r_o}$, de modo que,

$$U_L = -W_m = -K_o\frac{e^2}{2r_o} + K_o\frac{e^2}{r_o} = K_o\frac{e^2}{2r_o}$$

sendo, portanto, positiva.

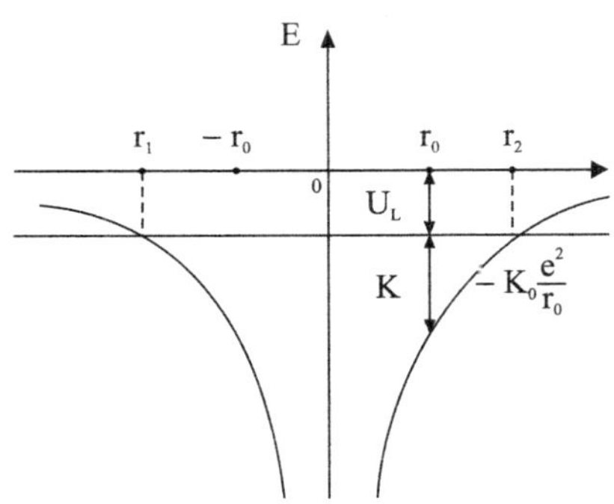

fig. 5.9

5.8. Superfície Equipotenciais

Dada uma região onde existe um campo eletrostático cujos pontos estão num mesmo potencial elétrico, dizemos que eles determinam uma superfície equipotencial, tal como na fig.5.10 , para a qual temos, dV = 0. Esta condição de nulidade, implica em termos,

$$dV = -\mathbf{E} \cdot d\mathbf{L} = 0 \tag{5.8a}$$

e, por conseqüência, os vetores **E** e **dL** são necessariamente perpendiculares entre si, de modo que as linhas de força emergentes na superfície serão sempre normais à direção do vetor deslocamento **dL**.

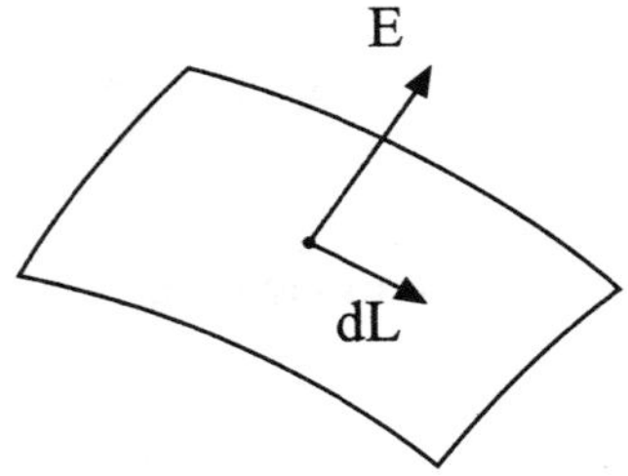

fig. 5.10

Tirando proveito dessa propriedade geométrica, as superfícies equipotenciais podem ser traçadas ortogonalmente as linhas de força de campo eletrostático. Usando uma escala adequada podemos fazer a representação gráfica conjunta, bidimensional, das linhas de força e superfícies equipotenciais, a guisa de mapeamento e, por comodidade, igualmente espaçadas.

Para uma carga elétrica positiva, fig.5.11, as linhas tracejadas são as superfícies equipotenciais; para um par de cargas elétricas iguais e heterônimas, temos o mapeamento na fig.5.12 .

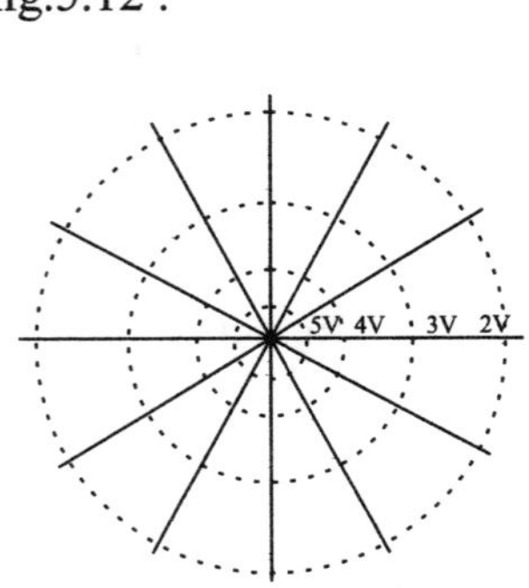

fig. 5.10

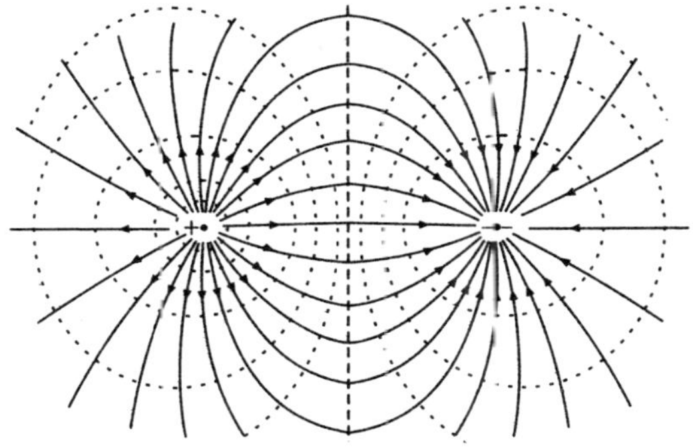

fig. 5.10

Exercícios

1) Um campo elétrico dado por $E = (x + y^2)\hat{e}_x - (x^2 + y)\hat{e}_y$ V/m , movimenta a carga elétrica de 3μC do ponto 0(0,0) para o ponto A(2,4) m, segundo o caminho y = 2x. Achar o trabalho realizado pelo mesmo e comprovar que esse trabalho é igual ao de levar a carga elétrica pelo percurso de 0(0,0) m para B(2,0) m e deste para A.

2) Uma carga elétrica puntiforme de 1C é levada da posição (1,0) m à posição (2,1) m , pela ação do campo elétrico E = –x2êx + y2êy (N/C). Qual a energia potencial elétrica dispendida pelo campo.

R. – 2 J .

3) Achar o trabalho necessário para trazer a carga elétrica pontual de 1 μC de um ponto de potencial elétrico zero ao ponto de potencial elétrico de 600 V .

R. – 5,4 J .

4) Seja uma carga elétrica pontiforme de 3 nC fixa na origem (0,0) ; e outra carga elétrica pontiforme de 2 nC , movel, è trazida à posição (0,20; 0) m, e em seguida o campo elétrico daquela a desloca para a posição (0,40; 0) m . Achar a ddf entre as duas posições referendadas e o trabalho realizado pelo campo elétrico.

R. 90 V; $1{,}8 \times 10^{-7}$ J.

5) Determinar o potencial elétrico no ponto (0,08 ; 0,05) m , devido as cargas elétricas pontuais, Q1 = 33 nC, na posição (0,08; 0,10) m e Q2 = – 6,6nC, na posição (0,06; 0,05) m .

R. 2.970 V.

6) Seja um anel circular de raio a = 5 cm e densidade linear de carga elétrica, $\rho\ell$ = 2 nC/m com centro no eixo Z .Calcular o potencial elétrico no ponto z = 15 cm ,

R. 35,76 V.

7) Seja uma densidade linear de carga elétrica, $\rho\ell$ = 2 nC/m , ao longo do eixo Z .Calcular a ddf entre os pontos (0,10 m; $\pi/2$, 0) e (0,30m; π ,z). Observe-se que neste caso o campo elétrico é radial.

R. 39,55 V.

8) Duas cascas esféricas carregadas produzem o campo elétrico, $10/r^2\ \hat{e}_r$. Calcular a ddp entre os pontos (1m; π , 0) e (2m; 0, π).

R. 15 V.

6. GRADIENTE DE POTENCIAL E O CAMPO ELÉTRICO

6.1. Introito

Na seção precedente (5.8) introduzimos como V e **E** se relacionam de forma particular. Convém agora estabelecermos uma formalização mais rigorosa de como o potencial elétrico, sendo um escalar, pode ser entendido como gerador de um campo elétrico.

Consideremos duas superfícies equipotenciais próximas, conforme a fig.6.1 e tomemos a derivada parcial de V, de um ponto qualquer da 1ª superfície com relação à coordenada L, ou seja, $\partial V/\partial L$. Esta derivada é chamada de derivada direcional e pode assumir o valor máximo quando passamos da superfície equipotencial V para sua vizinha, V+dV, através do caminho mais curto, no caso, $dn = dL_{min}$, a qual passa a ser chamada de derivada normal,

$$\frac{\partial V}{\partial L}\Big|max = \frac{\partial V}{\partial n} \tag{6.1a}$$

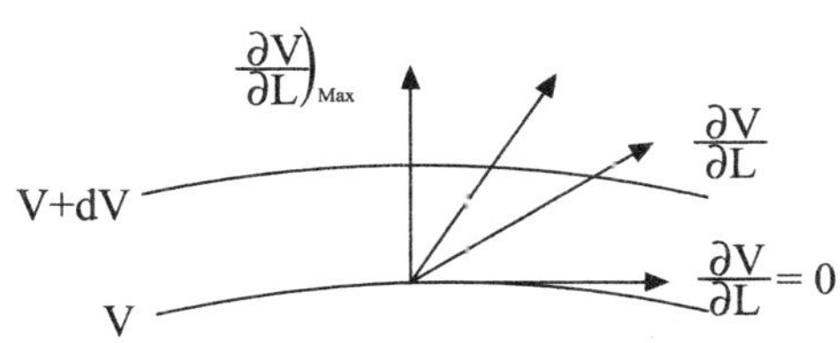

fig. 6.1

Se a esta derivada normal associamos um vetor unitário $\hat{\mathbf{e}}_n$, normal à superfície equipotencial, indicador do sentido de variação crescente de V, estaremos definindo um novo vetor denominado de gradiente do potencial escalar V, que se abrevia por **grad** V, e se anota como,

$$\mathbf{grad}\, V = \frac{\partial V}{\partial n}\hat{\mathbf{e}}_n \tag{6.1b}$$

Para maior generalização, vamos deduzir o **grad** V para um sistema de coordenadas curvilíneas ortogonais generalizadas, fig.6.2. Seja um ponto genérico, (x_1, x_2, x_3), onde se tem o potencial escalar $V = V(x_1, x_2, x_3)$; a variação de V, em torno do referido ponto é dada pelas derivadas direcionais de suas componentes, segundo os eixos L_1, L_2 e L_3, ou seja,

$$\frac{\partial V}{\partial x_1}, \frac{\partial V}{\partial x_2}, \frac{\partial V}{\partial x_3}$$

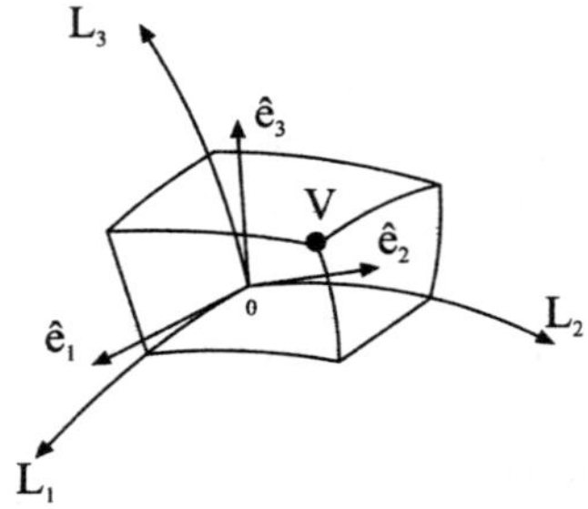

fig. 6.2

Tomando os valores máximos destas derivadas direcionais, associadas aos vetores unitários $\hat{e}_1$, $\hat{e}_2$ e $\hat{e}_3$, podemos compor o vetor gradiente de potencial:

$$\mathbf{grad}\ V = \frac{\partial V}{h_1\, \partial x_1}\hat{\mathbf{e}}_1,\ \frac{\partial V}{h_2\, \partial x_2}\hat{\mathbf{e}}_2,\ \frac{\partial V}{h_3\, \partial x_3}\hat{\mathbf{e}}_3 \qquad (6.1c)$$

onde h_1 , h_2 e h_3 são coeficientes lineares (vide apêndice). O deslocamento mínimo, $\mathbf{dL}$, que corresponde a variação de V, é dado por:

$$\mathbf{dL} = h_1\, dx_1\, \hat{e}_1 + h_2\, dx_2\, \hat{e}_2 + h_3\, dx_3\, \hat{e}_3 \qquad (6.2a)$$

Efetuando o produto escalar de (6.1c) e (6.2a), encontramos:

$$\mathbf{grad}\ V \cdot \mathbf{dL} = \frac{\partial V}{\partial x_1}dx_1,\ \frac{\partial V}{\partial x_2}dx_2,\ \frac{\partial V}{\partial x_3}dx_3 \qquad (6.2b)$$

Como o segundo membro da equação acima é uma diferencial total da função potencial escalar V, ora representada por, dV, podemos concluir que:

$$\mathbf{grad}\ V \cdot \mathbf{dL} = dV \qquad (6.2c)$$

donde,

$$dV = |\mathbf{grad}V|\,|d\mathbf{L}| \cos\theta \tag{6.2d}$$

onde θ é ângulo entre $d\mathbf{L}$ e **grad** V; obviamente, para $\theta = 0°$, teremos o máximo valor de dV e o **grad** V é então um vetor que, tem em cada ponto, módulo e direção da máxima variação de V e sentido que aponta o crescimento de V.

6.2. Campo Elétrico em Função do Gradiente de Potencial

Como $-\mathbf{E} \cdot d\mathbf{L} = dV$, podemos introduzi-lo em (6.2c) e integrar a equação decorrente, segundo um caminho C , de modo a termos,

$$\int_C \mathbf{grad}\, V \cdot d\mathbf{L} = \int_C -\mathbf{E} \cdot d\mathbf{L} \tag{6.3a}$$

Mas, por hipótese, como as integrais curvilíneas indicadas não dependem do caminho arbitrado, podemos concluir que:

$$\mathbf{E} = -\,\mathbf{grad}\, V \tag{6.3b}$$

Deste modo fica estabelecida a identidade formal entre o vetor intensidade de campo elétrico e o vetor gradiente de potencial. O sinal (–) é para indicar que o vetor intensidade de campo elétrico tem sentido oposto ao vetor gradiente de potencial, e portanto, no sentido da diminuição do potencial elétrico V.

Sendo o gradiente do potencial escalar dado em (6.1c) geral, podemos particularizá-lo para os sistemas usuais de coordenadas. Com efeito, para o sistema de coordenadas cartesianas, $x_1 = x$, $x_2 = y$ e $x_3 = z$, $V = V(x,y,z)$, $h_1 = h_2 = h_3 = 1$, e os vetores unitários, $\hat{\mathbf{e}}_1 = \hat{\mathbf{e}}_x$, $\hat{\mathbf{e}}_2 = \hat{\mathbf{e}}_y$ e $\hat{\mathbf{e}}_3 = \hat{\mathbf{e}}_z$, de sorte que podemos reescrever a equação (6.3b), como,

$$\mathbf{E}(x,y,z) = -\frac{\partial V}{\partial x}\hat{\mathbf{e}}_x - \frac{\partial V}{\partial y}\hat{\mathbf{e}}_y - \frac{\partial V}{\partial z}\hat{\mathbf{e}}_z \tag{6.3c}$$

Obviamente, podemos identificar cada parcela do segundo membro como as componentes cartesianas de **E**, as quais, em cada ponto, são as razões de variação de V, ao longo de cada direção especificada,

$$E_x = -\frac{\partial V}{\partial x};\; E_y = -\frac{\partial V}{\partial y} \text{ e } E_z = -\frac{\partial V}{\partial z} \tag{6.3d}$$

6.3. Operador Nabla e Gradiente

A sequência de operações com derivadas parciais sobre o potencial elétrico V, em coordenadas cartesianas, indicadas no segundo membro da equação (6.3c), é usualmente representada pelo símbolo ∇, chamado de operador nabla, que é definido por:

$$\nabla \equiv \frac{\partial}{\partial x}\hat{\mathbf{e}}_x + \frac{\partial}{\partial y}\hat{\mathbf{e}}_y + \frac{\partial}{\partial z}\hat{\mathbf{e}}_z \qquad (6.4a)$$

ou, sob forma concisa:

$$\nabla \equiv \sum \frac{\partial}{\partial x_i}\hat{\mathbf{e}}_i \qquad (6.4b)$$

Com o concurso do operador nabla, o gradiente de V, dado em (6.1c) pode ser particularizado para os sistemas de coordenadas usuais:

[1] Coordenadas Cartesianas: com V = V (x,y,z), temos,

$$\nabla V \equiv \frac{\partial V}{\partial x}\hat{\mathbf{e}}_x + \frac{\partial V}{\partial y}\hat{\mathbf{e}}_y + \frac{\partial V}{\partial z}\hat{\mathbf{e}}_z \qquad (6.5a)$$

E, por conseguinte, pordemos anotar (6.3b), como,

$$E = -\nabla V \qquad (6.3d)$$

[2] Coordenadas Cilíndricas: V = V (r, φ, z) e os parâmetros lineares passam a ser $h_1 = h_3 = 1$ e $h_2 = r$, fig.6.3:

$$\nabla_{cil} V = \frac{\partial V}{\partial r}\hat{\mathbf{e}}_r + \frac{1}{r}\frac{\partial V}{\partial \phi}\hat{\mathbf{e}}_\varphi + \frac{\partial V}{\partial z}\hat{\mathbf{e}}_z \qquad (6.5b)$$

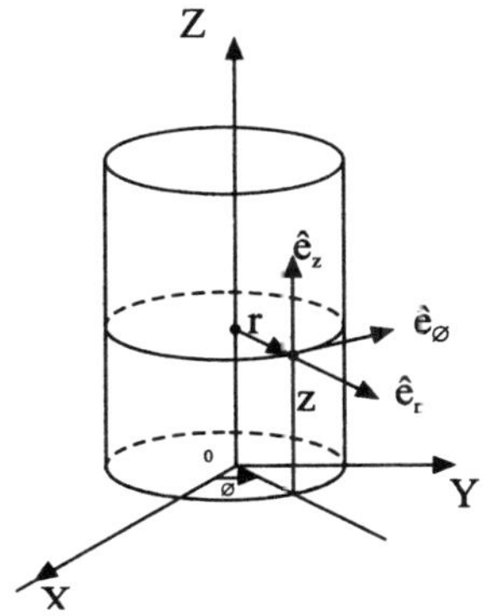

fig. 6.3

Note-se a necessidade de incluirmos o índice cil no símbolo nabla para distingui-lo do anterior, característico de coordenadas cartesianas. E de igual modo, anotar $E = -\nabla_{cil} V$.

[3] Coordenadas Esféricas: $V = V(R, \theta, \phi)$ e os coeficientes lineares são agora $h_1 = 1$, $h_2 = R$ e $h_3 = R\,\text{sen}\theta$, fig.6.4:

$$\nabla_{esf} V = \frac{\partial V}{\partial R}\hat{\mathbf{e}}_R + \frac{1}{R}\frac{\partial V}{\partial \theta}\hat{\mathbf{e}}_\theta + \frac{1}{R\,\text{sen}\theta}\frac{\partial V}{\partial \phi}\hat{\mathbf{e}}_\phi \qquad (6.5c)$$

Neste caso usar, $E = -\nabla_{esf} V$.

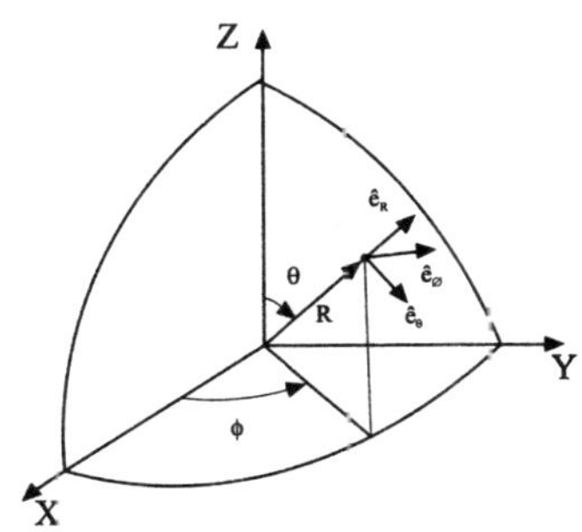

fig. 6.4

Exemplo 6.1

Dada uma carga elétrica puntiforme Q, positiva, calcular a intensidade de campo elétrica e traçar o diagrama de potencial elétrico num ponto P, nas suas proximidades.

Neste caso, temos, $V = K_o\ Q/r$, onde $r = \sqrt{x^2 + y^2 + z^2}$; e o cálculo do campo elétrico será feito via potencial elétrico, conforme (6.3c),

$$\mathbf{E} = -\frac{\partial}{\partial x}\left(K_o \frac{Q}{r}\right)\hat{\mathbf{e}}_x - \frac{\partial}{\partial y}\left(K_o \frac{Q}{r}\right)\hat{\mathbf{e}}_y - \frac{\partial}{\partial z}\left(K_o \frac{Q}{r}\right)\hat{\mathbf{e}}_z$$

$$\mathbf{E} = K_o Q \frac{x\hat{\mathbf{e}}_x + \hat{\mathbf{e}}_y + \hat{\mathbf{e}}_z}{\left(x^2 + y^2 + z^2\right)^{3/2}} = K_o Q \frac{\mathbf{r}}{r^3}$$

ou introduzindo o vetor unitário $\hat{e}_r$, virá,

$$\mathbf{E} = K_o \frac{Q}{r^2}\hat{\mathbf{e}}_r$$

resultado este já esperado. A fig.6.5 oferece o diagrama de potencial elétrico, que podemos notar a inclinação da tangente geométrica no ponto P ser a medida do módulo de **E** no referido ponto.

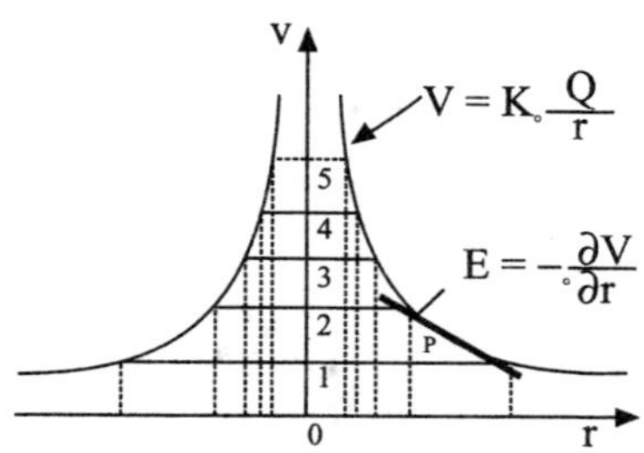

fig. 6.5

Exemplo 6.2

Dada a função potencial elétrico, $V = -\ 3x - 2y^2 + 5z$, encontrar $\mathbf{E}(x,y,z)$, nos pontos, (0,2,0) e (2,1,0).

Usando, $\mathbf{E} = -\ \nabla V$, virá ,

$$\mathbf{E} = -\left(\frac{\partial}{\partial x}\hat{\mathbf{e}}_x + \frac{\partial}{\partial y}\hat{\mathbf{e}}_y + \frac{\partial}{\partial z}\hat{\mathbf{e}}_z\right)\left(-3x - 2y^2 + 5z\right)$$

$$\mathbf{E} = 3\,\hat{\mathbf{e}}_x + 4y\,\hat{\mathbf{e}}_y - 5\,\hat{\mathbf{e}}_z$$

Então,

$$\mathbf{E}\,(0,2,0) = 3\,\hat{\mathbf{e}}_x + 8\,\hat{\mathbf{e}}_y - 5\,\hat{\mathbf{e}}_z$$

$$\mathbf{E}\,(2,1,0) = 3\,\hat{\mathbf{e}}_x + 4\,\hat{\mathbf{e}}_y - 5\,\hat{\mathbf{e}}_z$$

Exercício 6.1.

Dado $E = k\,\hat{e}_x$, com k uma constante arbitrária, mostrar que $V = -kx + c$.

Exemplo 6.3.

Calcular a integral de linha $\int_A^B \mathbf{E}\cdot d\mathbf{L}$, com o concurso do gradiente de V.

Temos, decorrente da definição (6.3b):

$$\int_A^B \mathbf{E}\cdot d\mathbf{L} = \int_A^B \nabla V \cdot d\mathbf{L}$$

com $d\mathbf{L} = dx\,\hat{e}_x + dy\,\hat{e}_y + dz\,\hat{e}_z$. O produto escalar sob a integral do segundo-membro, conforme (6.2c), vale – dV, e portanto,

$$\int_A^B \mathbf{E}\cdot d\mathbf{L} = \int_A^B -dV = V_A - V_B$$

resultado este que confirma a equação (5.5c).

6.4. Irrotacionalidade de E

Vimos que **E** = - **grad** V. Supondo **E** gerado por um outro potencial elétrico, que difere de V de uma constante arbitrária, tal como, $V' = V + V_o$, frequentemente chamado de potencial calibrado (gauge), é fácil ver que este também determina o mesmo campo elétrico, senão vejamos, aplicando-lhe o **grad**:

$$-\,\mathbf{grad}\,V' = -\,\mathbf{grad}\,(V + V_o) = -\,\mathbf{grad}\,V - \mathbf{grad}\,V_o = \mathbf{E}$$

já que **grad** $V_o = 0$, por conseguinte o potencial elétrico V não é único na determinação de **E** e a sua existência firmada em (6.3b) implica penas numa condição de necessidade e não de suficiência.

[1] Teorema de Stokes

Para que o potencial elétrico V exista e seja único na determinação do campo elétrico E, deve ser imposta a condição de suficiência. Esta condição é dada pelo teorema de Stokes que oferece a transformação da integral de linha numa integral de superfície, fig.6.6, mediante o operador rotacional aplicado a E, designa-se por, rot E, e formaliza-se por,

$$\oint_C \mathbf{E} \cdot d\mathbf{L} = \int_S \mathbf{rot\ E} \cdot d\mathbf{S} \tag{6.6a}$$

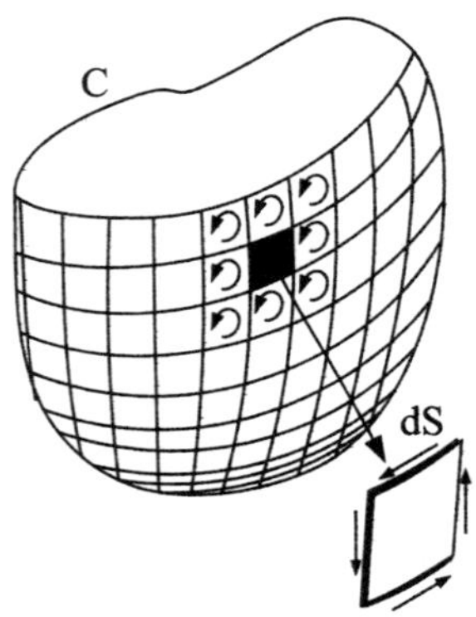

fig. 6.6

Como o primeiro membro vem a ser nulo, por conta do campo ser conservativo, resulta que,

$$\int_S \mathbf{rot\ E} \cdot d\mathbf{S} = 0 \tag{6.6b}$$

e, portanto, segue-se que:

$$\mathbf{rot\ E} = 0 \tag{6.6c}$$

Esta conclusão confere ao campo elétrico a propriedade de ser irrotacional.

[2] Interpretação do Rotacional

O primeiro membro de (6.6a) é chamado de circulação do vetor **E** e o seu cálculo oferece a medida do rotacional pertinente. Para maior simplicidade, vamos considerar um ponto $P(x_o, y_o, 0)$ que contém **E** (x,y,z), e em torno do qual inscrevemos um perímetro infinitesimal, **dL** = dx**i** + dx**j** do plano XY, com Z = 0, fig.6.7, em cujos lados supomos que **E** se comporta de forma constante. Com efeito, a integral do produto escalar **E** · **dL**, desdobra-se em,

$$\oint \mathbf{E}\cdot d\mathbf{L} = \mathbf{E}\cdot\int_1^2 d\mathbf{L} + \mathbf{E}\cdot\int_2^3 d\mathbf{L} + \mathbf{E}\cdot\int_3^4 d\mathbf{L} + \mathbf{E}\cdot\int_4^1 d\mathbf{L}$$

as integrais oferecem respectivamente os contornos, Δx, Δy, $-\Delta x$ e $-\Delta y$; então,

$$\oint \mathbf{E}\cdot d\mathbf{L} = E_x(x_o, y_o - \Delta y/2)\,\Delta x + E_y(x_o + \Delta x/2, y_o)\,\Delta y - E_x(x_o, y_o + dy/2)$$

$$\Delta x - E_y(x_o - \Delta x/2, y_o)\,\Delta y$$

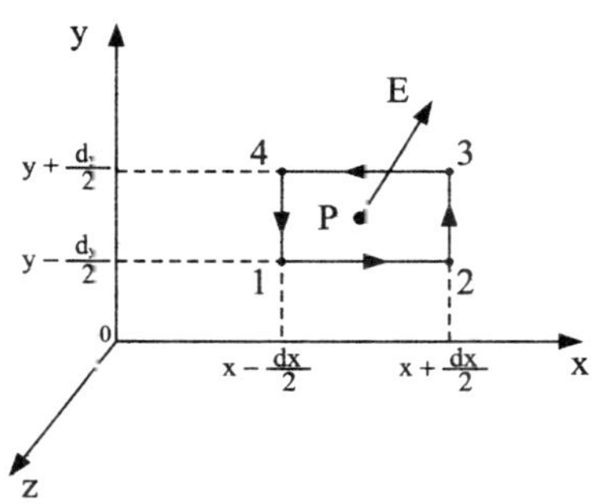

fig. 6.7

usando o desenvolvimento de Taylor, desprezadas as ordens superiores, e supondo realizado o limite do perímetro em P, podemos concluir que,

$$\oint \mathbf{E}\cdot d\mathbf{L} = [E_x - (\partial E_x/\partial y)dy/2]dx + [E_y + (\partial E_y/\partial x)dx/2]]\,dy -$$

$$[E_x + \partial E_x/\partial y)dy/2]dx - [E_y - (\partial E_y/\partial x)dx/2]]\,dy$$

Simplificando e tomando o limite quando o contorno tendo a ρ, obtemos,

$$\oint \mathbf{E}\cdot d\mathbf{L} = \left(\frac{\partial E_y}{\partial x} - \frac{\partial E_x}{\partial y}\right)dxdy \qquad (6.6d)$$

Pondo dxdy = dS_z, a equação supra pode ser colocada sob a forma,

$$\oint(\mathbf{E}\cdot d\mathbf{L})/\,dS_z = \left(\frac{\partial E_v}{\partial x} - \frac{\partial E_x}{\partial y}\right) \tag{6.6.e}$$

E como o segundo membro é o módulo da componente Z ou $|(\mathbf{rot\ E})_z|$, virá,

$$(\mathbf{E}\cdot d\mathbf{L})_z = \left(\frac{\partial E_v}{\partial x} - \frac{\partial E_x}{\partial y}\right)\hat{\mathbf{e}}_z$$

O que indica que o **rot E** é uma propriedade pontual de **E**. Usando o mesmo método com perímetros tomados nos planos XZ e YZ, obtemos as componentes Y e X dos rotacionais respectivos,

$$(\mathbf{rot\ E})_y = \left(\frac{\partial E_z}{\partial x} - \frac{\partial E_x}{\partial y}\right)\hat{\mathbf{e}}_y$$

$$(\mathbf{rot\ E})_x = \left(\frac{\partial E_z}{\partial y} - \frac{\partial E_y}{\partial z}\right)\hat{\mathbf{e}}_x$$

Os três resultados acima são ora reunidos, compondo o rot E que, em coordenadas cartesianas, são representados pelo produto vetorial ∇ x E e fica dado por,

$$\nabla x\mathbf{E} = \left(\frac{\partial E_z}{\partial y} - \frac{\partial E_y}{\partial z}\right)\hat{\mathbf{e}}_x + \left(\frac{\partial E_x}{\partial z} - \frac{\partial E_z}{\partial x}\right)\hat{\mathbf{e}}_y + \left(\frac{\partial E_y}{\partial x} - \frac{\partial E_x}{\partial y}\right)\hat{\mathbf{e}}_z$$

alternativamente o segundo membro é posto sob forma de determinante:

$$\nabla x\mathbf{E} = \begin{vmatrix} \hat{\mathbf{e}}_x & \hat{\mathbf{e}}_v & \hat{\mathbf{e}}_z \\ \dfrac{\partial}{\partial x} & \dfrac{\partial}{\partial y} & \dfrac{\partial}{\partial z} \\ E_x & E_y & E_z \end{vmatrix} \tag{6.6.g}$$

E como a integral de circuitação é nula, resulta para a condição de suficiência que, ∇ **x** **E** = 0 , em que se seguem as condições de integrabilidade:

$$\frac{\partial E_z}{\partial y} - \frac{\partial E_y}{\partial z} = 0; \quad \frac{\partial E_y}{\partial z} - \frac{\partial E_z}{\partial x} = 0; \quad \frac{\partial E_y}{\partial x} - \frac{\partial E_x}{\partial y} = 0$$

Por outra parte, **E** = – **grad** V, segue que **rot** (–**grad** V) = 0, significando assim que o potencial V existe e gera o campo eletrostático através do gradiente. Esta última conclusão pode ser comprovada usando o recurso do determinante de (6.6h) em que temos ∇ x (–∇V) = 0 , cujos termos são todos identicamente nulos e o cálculo conduz a expressão:

$$\left| -\frac{\partial V}{\partial x \partial z} - \frac{\partial V}{\partial z \partial y} \right| \mathbf{\hat{e}}_x + \ldots = 0$$

Exercícios

1) Dado E = k $\hat{e}_x$, com k uma constante arbitrária, mostrar que V = –kx + c .

2) Sendo E = (2x + y) êx + x ê + 102êz , que decorre do gradiente V, comprovar que ∇ x E = 0.

7. FLUXO ELÉTRICO E LEI DE GAUSS

7.1. Fluxo de Campo Elétrico

Introduzimos no item 3.5 o conceito de linhas de força para configurar um campo eletrostático. Se interceptamos um conjunto de linhas de força por uma superfície imaginária, tal como a da fig.7.1(a), concebemos nela uma densidade de linhas de força. Resulta útil relacionarmos essa caractrerística do campo elétrico com a área delineada que será chamado de fluxo elétrico, símbolo Ψ. Para definir essa nova grandeza necessita-se de um ente vetorial que tenha dimensão de densidade superficial de carga elétrica (C/m2).

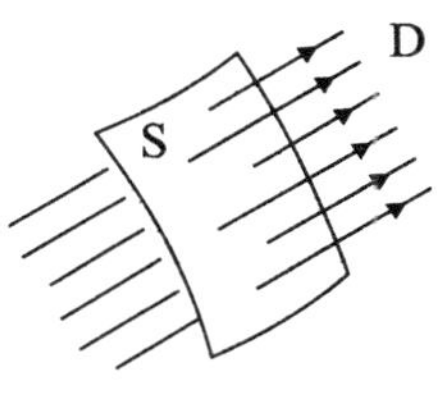

fig. 7.1a

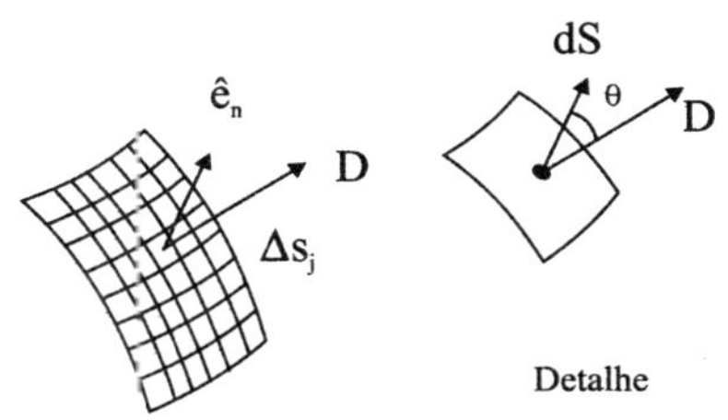

fig. 7.1b

Como dimensionalmente o produto [εo] [E] = Q L^{-2} (= C/m^2) oferece esse requisito, elege-se o vetor campo D = ε_oE (de mesma direção e sentido de E), que toma o nome de densidade de fluxo elétrico (na seção 12 ele será chamado de indução eletrostática ou de deslocamento elétrico) para desenpenhar esse papel. É fácil comprovar que, E ≅ 1,129 4x10^{11} D.

Para passar a definição formal de fluxo elétrico, comecemos dividindo a superfície S em elementos de área, ΔS_j, que represente indistintamente a medida do elemento de área ou a correspondente projeção dele no plano tangente orientado pelo versor ên, normal. Dessa forma o elemento de área ΔS_j, que inscreve o ponto j, é expresso vetorialmente como $\Delta S_j = \Delta S_j\ \hat{e}_n$, fig.7.1(b). Posto isto, define-se o fluxo elétrico no elemento, ΔΨ, na área ΔS_j, como,

$$\Delta\Psi = \mathbf{D}\cdot dS \qquad (7.1a)$$

E tomando o limite quando $\Delta S_j \rightarrow 0$, convertemos (7.1a) à forma diferencial,

$$d\Psi = \mathbf{D} \cdot d\mathbf{S} \tag{7.1b}$$

Note-se que D·dS é invariante por ser um produto escalar, de modo que (7.1b) pode ser expresso como,

$$d\Psi = E \cdot dS \cos\theta \tag{7.1c}$$

Fazendo o fluxo elétrico abranger toda área da superfície, virá:

$$\Psi = \int_s \mathbf{D} \cdot d\mathbf{S} \tag{7.2a}$$

onde o 2° membro indica que a medida do fluxo elétrico é uma quantidade cujo sinal depende do co-seno do ângulo θ entre D e dS, sendo máximo quando $\theta = 0$ e nula, para $\theta = \pi/2$, condições estas que correspondem as situações de colinearidade e perpendicularismo do fluxo elétrico ao plano, que interceptam as linhas de força do campo elétrico. Convenciona-se que o fluxo elétrico é positivo quando sai da superfície, e, negativo, quando entra nela, seja a mesma aberta ou fechada, convenção esta que compatibiliza-se com a instituida para o versor normal, $\hat{e}_n$.

Decorre de (7.1c) temos o módulo da densidade de fluxo elétrico por unidade de área,

$$D = \frac{d\Psi}{dS\cos\theta} \tag{7.3a}$$

Em particular, com $\theta = 0$, temos o fluxo máximo,

$$D = \frac{d\Psi}{dS} \tag{7.3b}$$

Quando o campo elétrico é uniforme a integração de (7.2a) recai sobre a área S, como na fig. 7.2, e temos simplesmente,

$$\Psi = D\,S \tag{7.2b}$$

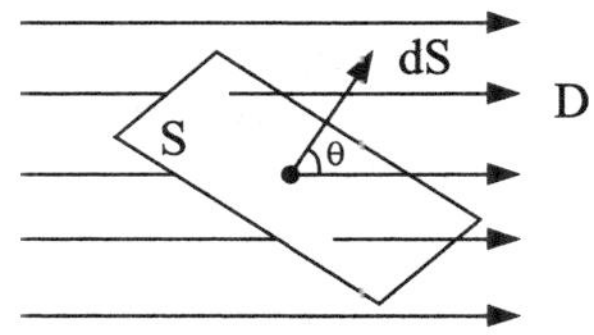

fig. 7.2

ou alternativamente, podemos anotar,

$$\Psi = \varepsilon_o E\, S \tag{7.2b}$$

expressão esta que passaremos a utilizar.

A unidade SI de fluxo elétrico é o (Volt/metro)(metro)^2 = Volt · metro, que se abrevia, V · m. Dimensão: $|\Psi| = L^3 M T^{-2} Q^{-1}$.

O fluxo elétrico atende ao princípio de superposição: se em dado ponto a intensidade de campo elétrico E é resultante da composição de $E_1 + E_2$, então, $\Psi = \Psi_1 + \Psi_2$.

7.2. Lei de Gauss

A relação entre cargas elétricas inscritas numa superfície fechada e o fluxo elétrico delas decorrente, foi estabelecida por Johan Karl Friedrich Gauss (1777-1855), matemático alemão e se converteu num novo princípio da eletrostática que passou a ser chamado de lei de Gauss.

Sem perda de generalização vamos inicialmente formalizar a lei de Gauss para o caso de uma carga elétrica puntiforme, + Q , encerrada numa superfície arbitrária, como a da fig.7.3.

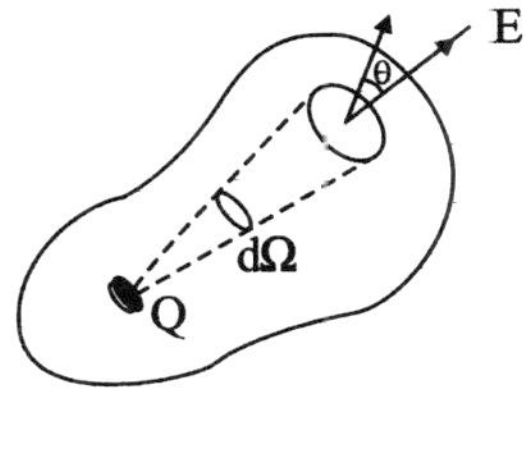

fig. 7.3

É evidente que a carga elétrica no interior da superfície irradiará um campo elétrico indicado pelas suas linhas de força, radiais em todas as direções; então, destacando um pequeno cone de ângulo sólido elementar, $d\Omega$, que determina o elemento de área da superfície, $dS = \hat{e}_n dS$, distante r da carga elétrica, o fluxo elétrico que atravessa dito elemento de superfície, é então,

$$d\Psi = \varepsilon_o \mathbf{E} \cdot d\mathbf{S} \tag{7.4a}$$

E o fluxo elétrico total, pela integral da superfície:

$$\Psi = \oint_S \varepsilon_o \mathbf{E} \cdot d\mathbf{S} \tag{7.4b}$$

Sendo a intensidade de campo elétrico, $E = K_o\, Q/r^2\, \hat{\mathbf{e}}_r$, a integração recaia apenas sobre a superfície fechada:

$$\Psi = \varepsilon_o K_o Q \oint_S \frac{dS}{r^2}(\hat{\mathbf{e}}_r \cdot \hat{\mathbf{e}}_n) \tag{7.4c}$$

Donde,

$$\Psi = K_o Q \oint_S d\Omega \tag{7.4d}$$

já que, por definição, o elemento de ângulo sólido é $d\Omega = dS \cos\theta / r^2$; por sua parte a integral sobre a superfície fechada vale $4\,\pi$ (rad), e então temos,

$$\Psi = \varepsilon_o K_o\, Q\, 4\,\pi \tag{7.4e}$$

ou substituindo K_o,

$$\Psi = Q \tag{7.4f}$$

resultado não depende de r , mas apenas da carga elétrica encerrada na superfície fechada.

Levando (7.4f) em (7.4b) e trocando a ordem dos membros, obtém-se a lei Gauss na forma integral:

$$\oint_S \mathbf{E} \cdot d\mathbf{S} = Q / \varepsilon_o \tag{7.5a}$$

significando que o fluxo elétrico através de qualquer superfície fechada é proporcional à carga elétrica interna e tem o sinal dela. Uma superfície imaginária que envolva uma carga elétrica ou que é traçada interna ou externamente à uma superfície real é chamada de superfície gaussiana.

Exemplo 7.1

Determinar a intensidade de campo elétrico e do potencial elétrico da carga elétrica puntiforme Q, usando a lei de Gauss. Esboçar os gráficos de variações de **E** e V.

Elejamos para a gaussiana uma esfera de raio r, cujo centro está localizada a carga elétrica puntiforme, Q, fig.7.4(a).

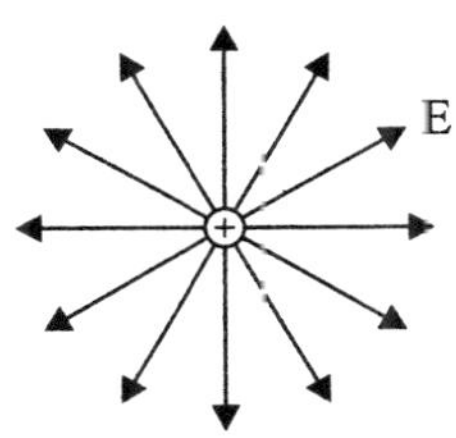

fig. 7.4(a)

O problema goza de simetria esférica com $\mathbf{E} = \mathbf{E}_r$ = cte na superfície, e colinear ao versor $\hat{\mathbf{e}}_n$, recaindo a integração sobre a gaussiana:

$$Q / \varepsilon_o = \oint_s \mathbf{E} \cdot d\mathbf{S} = E \int_s dS$$

desdobrando a integral de superfície, temos,

$$\int_s dS = \int_s^{2\pi} \int_o^{\theta=\pi} r^2 \operatorname{sen}\theta \, d\theta \, d\phi = 4\pi r^2$$

E, portanto,

$$\frac{Q}{\varepsilon_o} = E\left(4\pi r^2\right)$$

donde tiramos o vetor intensidade de campo elétrico.

O resultado era esperado, e constata-se que a lei de Gauss contém implicitamente a lei de Coulomb, razão porque ela pode ser tornada como princípio da eletrostática.

Para o cálculo do potencial elétrico, temos:

$$V = -\int_{\infty}^{r} \mathbf{E} \cdot d\mathbf{r}$$

substituindo E e integrado, obtemos:

$$V = K_o \frac{Q}{r}$$

Os diagramas das fig.7.4 (b,c) esboçam as variações de **E** e **V** com a distância da carga elétrica dada.

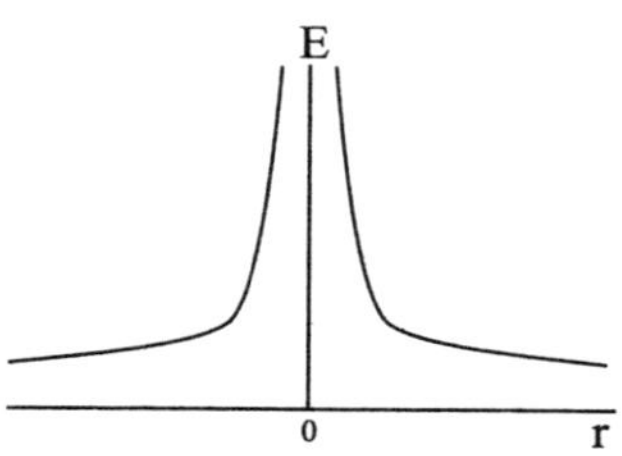

fig. 7.4(b)

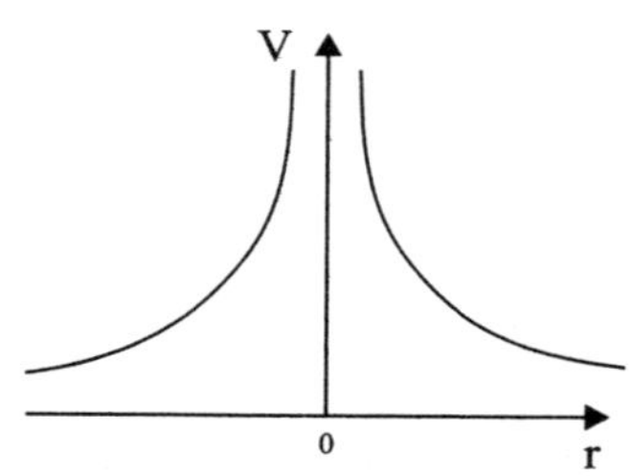

fig. 7.4(c)

Exemplo 7.2

Para a carga puntiforme Q , usar a a lei de Gauss com D e deteminar a relação deste E .

Temos, com efeito,

$$\oint_s \mathbf{D} \cdot d\mathbf{S} = Q$$

Segue-se que,

$$D(4\pi r^2) = Q$$

Donde,

$$D \frac{Q}{4\,\pi\,r^2} = \hat{\mathbf{e}}_r$$

confrontando (2) com (1) do exe.7.1, tem-se $D/E = \varepsilon_o$ ou $D = \varepsilon_o\,\mathbf{E}$.

7.3. Lei de Gauss para Distribuição de Cargas Elétricas

A lei de Gauss se estende a situações mais gerais, com várias cargas elétricas distribuídas de forma discreta ou com distribuição contínua. No primeiro caso, se temos n cargas puntiformes, $Q_1, Q_2, \ldots, Q_n$, livres, encerradas num volume v, limitado pela superfície S, como na fig.7.5. Pelo princípio de superposição, temos a carga elétrica total, $Q_t = Q_1 + Q_2 + \ldots + Q_n$, e o campo elétrico total, $\mathbf{E} = \mathbf{E}_1 + \mathbf{E}_2 + \ldots + \mathbf{E}_n$, dela decorrente, de modo que a lei de Gauss fica expressa por:

$$\oint_s \mathbf{E} \cdot d\mathbf{S} = K_o 4\pi\, Q_t \tag{7.5b}$$

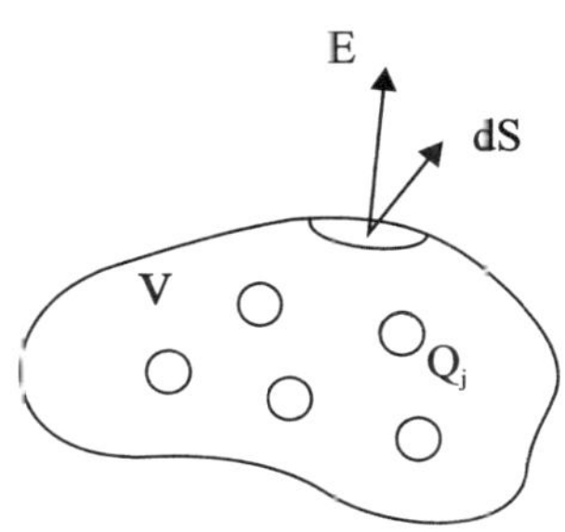

fig. 7.5

Explicitando K_o, também temos,

$$E{\cdot}dS = Q_t/\varepsilon_o \tag{7.5c}$$

No caso da carga elétrica Q_t, estar distribuída num volume v , ela será dada por (2.4a) e a lei de Gauss toma a forma:

$$\oint_s \mathbf{E} \cdot d\mathbf{S} = \frac{1}{\varepsilon_o} \int_v \rho\, dv \tag{7.5d}$$

A lei de Gauss, definida por (7.5c) é inteiramente geral e, para não deixar dúvidas, vamos examinar a hipótese da carga Q' se encontrar externamente à superfície fechada, como na fig.7.6.

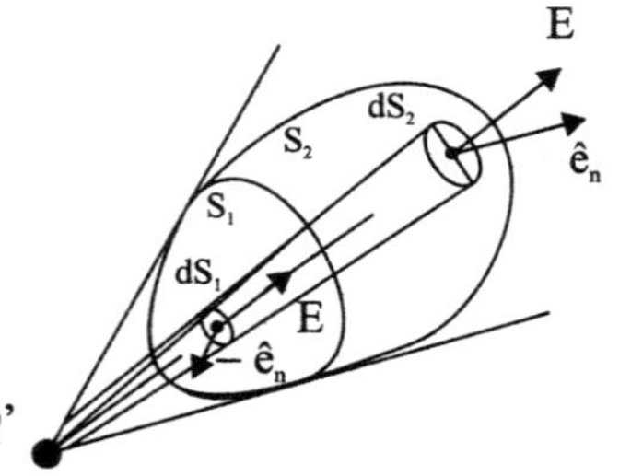

fig. 7.6

O ângulo sólido dΩ, convenientemente traçado determina o cone que vaza duas vezes a superfície S, ocasionando o aparecimento dos elementos de áreas, dS_1 e dS_2, assinalados. O fluxo elétrico que entra na superfície S_1 é $\Psi_1 = -\mathbf{E}\cdot d\mathbf{S}_1$, e o que sai de S_2, $d\Psi_2 = +\,\mathbf{E}\cdot d\mathbf{S}_2$, o que resulta no fluxo elétrico total nulo, $d\Psi_1 + d\Psi_2 = 0$.

A análise da questão poderá ganhar maior grau de complexidade com a consideração sobre a natureza da carga elétrica, da variação do ângulo θ e de algum outro tipo de superfície. Contudo, o resultado a que se chega é o mesmo. Por conseguinte, podemos afirmar que em geral tem-se:

$$\Psi_{tot} = \Psi_{entra} + \Psi_{sai} = 0 \tag{7.6a}$$

ou, colocado sob a forma integral:

$$\oint_s \mathbf{E}\cdot d\mathbf{S} = \oint_{s1} \mathbf{E}\cdot d\mathbf{S}_1 + \oint_{s2} \mathbf{E}\cdot d\mathbf{S}_2 = 0 \tag{7.6b}$$

Exemplo 7.3

As cargas elétricas puntiformes 3μC , 4μC e –5μC estão encerradas pela superfície S. Qual é o fluxo elétrico total através da superfície?

Temos,

$$\Psi_t = 3\mu C + 4\mu C - 5\mu C = 2\mu C$$

7.4. Tubo de Fluxo elétrico

Entre duas cargas elétricas heterônimas podemos delinear um conjunto de LF, que sai da carga elétrica positiva e chega na carga elétrica negativa, que é chamado de tubo de fluxo elétrico, como ilustrado na fig.7.7(a). De modo análogo, com dois condutores finitos em equilíbrio eletrostático, podemos tomar sobre cada um deles os elementos de áreas, dS_1 e dS_2 que inscrevem respectivamente as cargas elementares, $dQ_1 = - dQ_2$ e configurar um tubo de fluxo elétrico entre elas, fig.7.7(b), dentro do qual o fluxo elétrico é constante e igual ao número de LF que atravessa a seção dS e a intensidade de campo elétrico num ponto da referida seção transversal será dada cosoante (7.3b), ou seja,

$$D = \frac{d\Psi}{dS} \tag{7.7a}$$

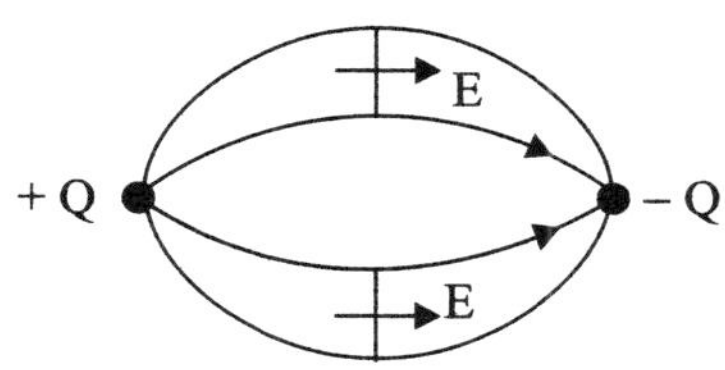

fig. 7.7(a)

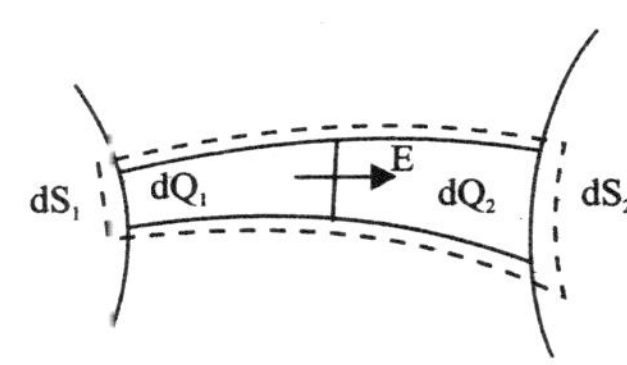

fig. 7.7(b)

7.5. Consequências da Lei de Gauss

A lei de Gauss oferece algumas consequências importantes que merecem ser ressaltadas: a primeira delas é a confirmação experimental de que em todo condutor compacto ou oco, eletrizado e em equilíbrio eletrostático, tem a sua carga elétrica de excesso distribuída sobre a sua superfície. Este fato implica em que o vetor intensidade de campo elétrico será sempre normal a cada ponto da superfície do condutor, como também aos pontos externos imediatamente próximos dela e, portanto, as linhas de força do campo elétrico são perpendiculares à superfície, não se prolongando para dentro do condutor, como indicado na fig.7.8,

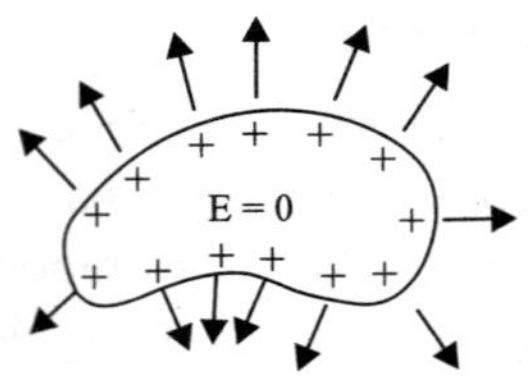

fig. 7.8

e, por consequência, o potencial elétrico dentro do condutor será constante. Uma experiência histórica bastante simples pode ser repetida com o cilindro de Faraday, fig.7.9(a,b), onde podemos ver que a carga elétrica da esfera menor, após o contato interno, é totalmente transferida para a superfície exterior do cilindro condutor.

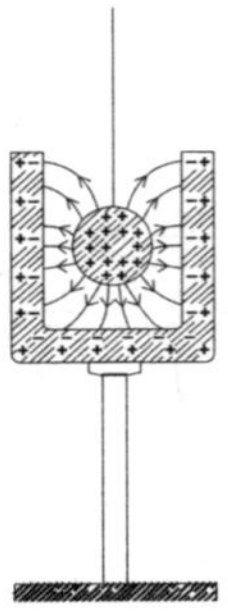

fig. 7.9(a)

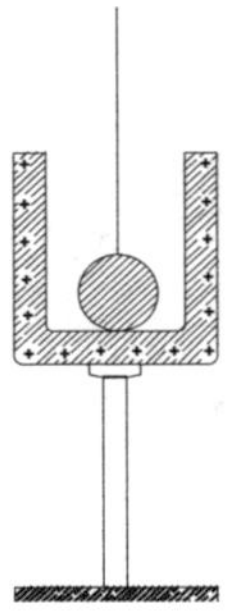

fig. 7.9(b)

A segunda consequência da lei de Gauss decorre da primeira e tem comprovação igualmente experimental de que o campo elétrico é nulo no interior do condutor oco. Este fato foi comprovado por Faraday, na sua memorável experiência da "gaiola" de Faraday (uma grande gaiola metálica isolada e eletrificada com grande carga elétrica), onde ele permanece no seu interior sem detectar qualquer manifestação elétrica. Uma "gaiola" metálica funciona como uma blindagem elétrica. A garrafa de Leiden e o gerador eletrostático são mais dois exemplos históricos a serem lembrados, que confirmam as consequências em tela.

7.6. Aplicações da Lei de Gauss

A lei de Gauss apresenta-se como método alternativo à determinação do campo elétrico. Revela-se sumamente prática nas aplicações em que as cargas elétricas ou suas distribuições encontram-se em situações de simetria geométrica. Em tais casos o cálculo recai sobre a superfície gaussiana. Vejamos alguns exemplos típicos:

Exemplo 7.4

Determinar o campo eletrostático nas proximidades de um condutor em equilíbrio eletrostático com densidade superficial de carga, fig.7.10.

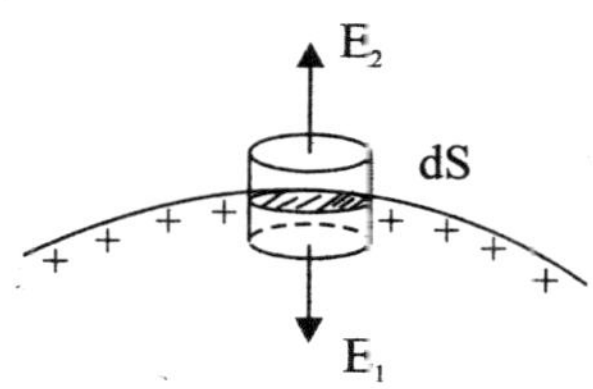

fig. 7.10

Numa porção do condutor, fig.7.10, consideremos uma superfície de Gauss sob a forma de um cilindro circular reto de base elementar dS e altura infinitesimal, relativamente ao seu diâmetro.

A lei de Gauss prescreve que não haverá fluxo elétrico através da superfície lateral do cilindro, mas apenas através das bases. Designando por $\mathbf{E}_1$ e $\mathbf{E}_2$, respectivamente, os campos elétricos interno e externo nas bases do cilindro, temos:

$$(\mathbf{E}_2 - \mathbf{E}_1).d\mathbf{S} = (\rho_S/\varepsilon_o)dS$$

Sendo $d\mathbf{S} = \hat{\mathbf{e}}_n\, dS$ e observando que $\mathbf{E} = E_n\, \hat{\mathbf{e}}_n$, virá,

$$\mathbf{E}_{2n} - E_{1n} = \rho_S/\varepsilon_o$$

Mas sendo nulo o campo elétrico no interior do condutor, temos, $E_{1n} = 0$, e o resultado anterior oferece,

$$\mathbf{E}_{2n} = \frac{\rho_s}{\varepsilon_o}\hat{\mathbf{e}}_n \qquad (7.7b)$$

note-se que $\mathbf{E}_{2n}$ terá sentido para fora do condutor, se $\rho_s > 0$ e sentido para dentro do condutor, quando $\rho_s < 0$.

Exemplo 7.5 - Plano de carga

Seja uma película plana, extensa, de espessura desprezível, com a carga elétrica Q, positiva, distribuída uniformemente sobre ela. Determinar a intensidade de campo elétrico num ponto P, fora da película, situado a uma distância arbitrária h. Qual é o potencial elétrico no referido plano?

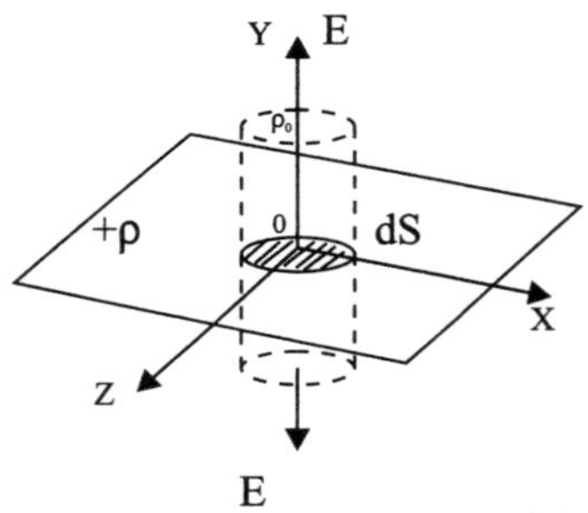

fig. 7.11(a)

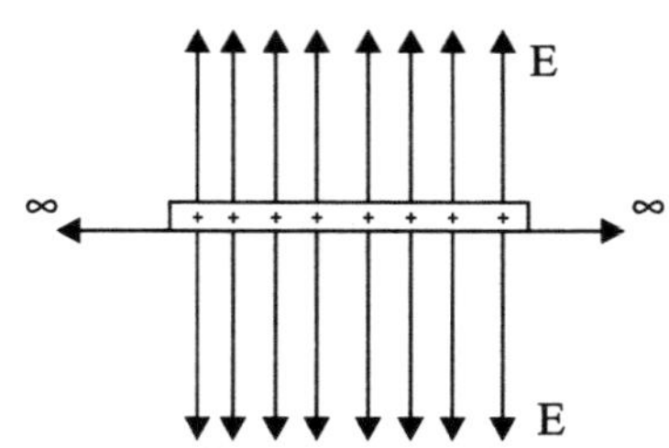

fig. 7.11(b)

Delineando na película uma gaussiana sob a forma de um cilindro circular reto de raio r, cuja base superior contém o ponto P, tal que OP = h , fig.7.11(a), teremos:

$$\frac{Q}{\varepsilon_o} = \int_s \mathbf{E}\cdot d\mathbf{S} = \int_{S1}\mathbf{E}\cdot d\mathbf{S} + \int_{S2}\mathbf{E}\cdot d\mathbf{S} + \int_{S3}\mathbf{E}\cdot d\mathbf{S}$$

$$\frac{Q}{\varepsilon_o} = \int_{S1}\mathbf{E}\cdot d\mathbf{S} = \int_{S2}\mathbf{E}\cdot d\mathbf{S} + 0 + 2E\int_S dS$$

Já que, $S_1 = S_2 = S$, segue-se, $Q/\varepsilon_o = 2\,E\,S$, em que,

$$E = \frac{Q}{2\varepsilon_o} S \qquad (7.7.c)$$

Introduzindo no resultado a densidade de carga, passamos a ter,

$$\mathbf{E} = \frac{\rho_s}{2\varepsilon_o} \hat{\mathbf{e}}_n \qquad (7.7d)$$

É interessante observar que a intensidade de campo elétrico não depende nem de h nem de r e tem a metade do valor obtido em (7.7b). Na fig.7.11(b) estão assinaladas algumas LF do campo elétrico em causa.

O potencial elétrico, decorrente, não pode ser calculado na referência do infinito, já que $V(\infty) = \infty$. Contudo, como o campo elétrico é uniforme e dado por $E = - dV/dy$, podemos concluir que,

$$V(y) = -\int E\, dy = -\frac{\rho_s}{2\varepsilon_o} y + C$$

onde C é uma constante a determinar; escolhendo $V(0) = 0$, virá,

$$V(h) = -\frac{\rho_s}{2\varepsilon_o} h$$

Exemplo 7.6 - Cilindro de carga

Seja um condutor cilíndrico circular reto, longo, de raio a e comprimento z, eletrizado com uma carga elétrica Q, distribuída uniformemente sobre a sua superfície lateral. Calcular o campo elétrico e o potencial elétrico para pontos exteriores ao condutor.

Tomemos como superfície gaussiana um cilindro de mesmo eixo e raio r, com $r > a$, conforme a fig.7.12; a intensidade de campo elétrico é radial e tem módulo constante. Então, aplicando a lei de Gauss à superfície lateral, virá,

$$\frac{Q}{\varepsilon_o} = \int_s \mathbf{E} \cdot d\mathbf{S} = E \int_s dS = E(2\pi\, r\, L)$$

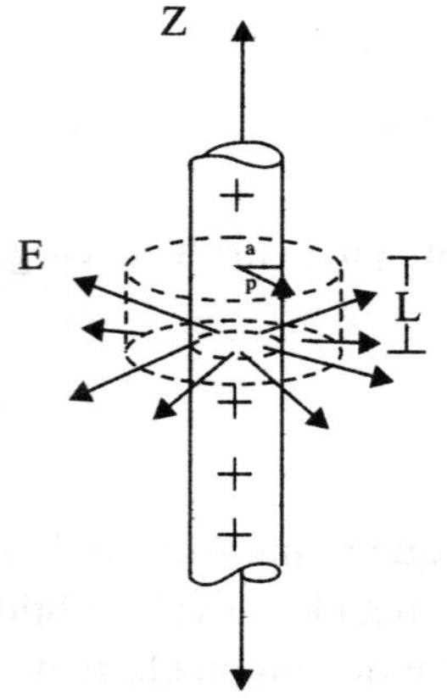

fig. 7.12

De onde, tiramos,

$$E = \frac{Q}{2\pi\varepsilon_o rL}$$

E, tendo em conta que $Q = \int_s \rho_S dS = \rho_S (2\pi\, a\, L)$, para r ≥ a, virá,

$$\mathbf{E} = \frac{\rho_s}{\varepsilon_o}\frac{a}{r}\hat{\mathbf{e}}_r \qquad (7.8a)$$

Resultado este que não depende do comprimento do cilindro carregado. Alternativamente, o resultado pode ser dado em função da distribuição linear de carga, já que $\rho_L L = \rho_S (2\pi a\, L)$:

$$E = \frac{\rho_L}{2\pi\varepsilon_o r}\hat{\mathbf{e}}_r \qquad (7.8b)$$

Com o concurso de (7.8a) virá o potencial elétrico:

$$V = -\int_a^r \frac{\rho_s}{\varepsilon_o}\frac{a}{r}dr$$

de cuja integração obtemos,

$$V = \frac{\rho_s}{\varepsilon_o} a \ln\frac{a}{r} \tag{7.8c}$$

Introduzindo a densidade linear de carga, $\rho_L = \rho_S\ (2\pi a)$, o resultado acima fica modificado para,

$$V = \frac{\rho_L}{2\pi\varepsilon_o} \ln\frac{a}{r} \tag{7.8d}$$

Exemplo 7.7 - Capa esférica carregada

Seja uma película condutora, esférica, de raio a , eletrizada com a carga Q, distribuída uniformemente sobre ela. Determinar a intensidade de campo e o potencial elétrico para pontos exteriores e interiores à capa esférica e traçar os seus diagramas respectivos.

Tracemos uma gaussiana concêntrica a capa esférica, de raio r, com $r \geq a$, onde estão os pontos externos, fig.7.13(a).

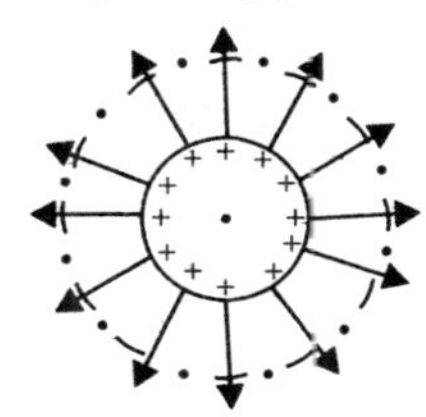

fig. 7.13(a)

Como **E** é sempre radial e de módulo constante, temos,

$$\frac{Q}{\varepsilon_o} = \oint_S \mathbf{E}.d\mathbf{S} = E\oint_S dS = E\left(4\pi\, r^2\right)$$

E, portanto, para $r \geq a$, temos,

$$E = \frac{1}{4\pi\varepsilon_o}\frac{Q}{r^2}\hat{\mathbf{e}}_r \tag{7.9a}$$

que é o reencontro da equação (3.1d) que indica que fora da capa esférica, tudo se passa como se a carga elétrica estivesse concentrada no seu centro. A variação de **E** é dado no diagrama da fig.7.13(b).

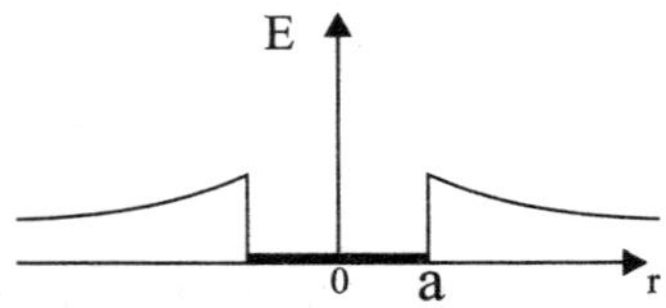

fig. 7.13(b)

Introduzindo a densidade superficial de carga, $Q = \rho_S\,(4\pi a^2)$ no resultado acima, temos,

$$\mathbf{E} = \frac{\rho_s}{\varepsilon_o}\frac{a^2}{r^2}\hat{\mathbf{e}}_r \tag{7.9b}$$

O potencial elétrico é obtido via integração com (7.9a), nos limites [r, ∞]:

$$V_e = \frac{1}{4\pi\varepsilon_o}\frac{Q}{r} \tag{7.10a}$$

ou em função da densidade superficial de carga:

$$V_e = \frac{\rho_s}{\varepsilon_o}\frac{a^2}{r} \tag{7.10b}$$

Para pontos interiores, $r \leq a$, $\mathbf{E}_i = 0$; contudo, na fronteira, $E_{max} = \rho_S/\varepsilon_o$, e, então, o potencial elétrico vale:

$$V_m = \frac{Q}{4\pi\varepsilon_o} = \frac{\rho_s}{\varepsilon_o}a \tag{7.10c}$$

Este resultado mostra que o potencial elétrico é proporcional a intensidade de campo elétrico, que anotamos simplesmente por,

$$V_m = a\,E_m \tag{7.10d}$$

O diagrama da fig.7.13(c) mostra a variação do potencial elétrico em causa.

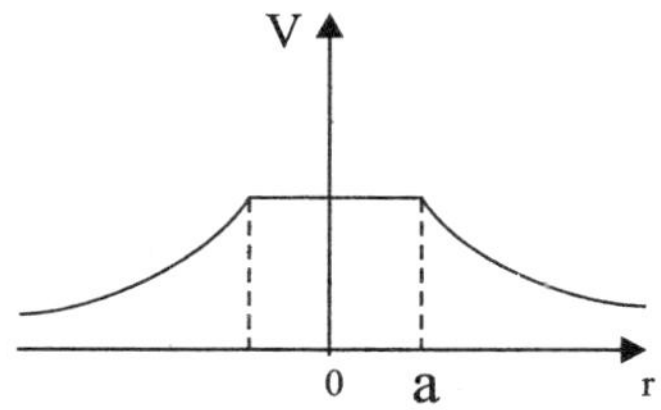

fig. 7.13(c)

Exemplo 7.8

Com base nas conclusões do problema precedente, determinar a carga elétrica máxima que pode suportar uma esfera condutora de 3 cm de raio, submetida a um campo elétrico máximo de 13,8 kV/m. Qual o máximo potencial elétrico da esfera ?

Para r = a, tiramos de (7.9a):

$$Q_m = 4\pi\varepsilon_o a^2 E_m = \left(\frac{10^{-9}}{9}C^2 / Nm^2\right)\left(3x10^{-2}m\right)^2\left(13,8x10^5 V / m\right) = 1,38\mu C$$

Por (7.9h), temos:

$V_m = (3x10^{-2}m)\ (13,8x10^5 V/m) = 41,4\ KV$

Exemplo 7.9

Tem-se uma esfera condutora oca de raio r_B, dotada de um orifício, e isolada, portando a carga elétrica Q_B; nela é introduzida uma pequena esfera de raio r_A, eletrizada, com a carga elétrica Q_A até a posição de coincidência de seus centros, fig.7.14. Calcular a ddp entre as esferas. Explicar o que acontece quando se estabelecer o contato entre elas.

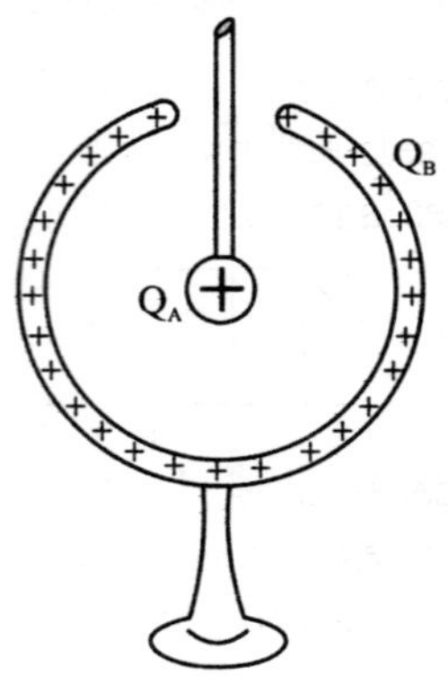

fig. 7.14

Inicialmente devemos ter em mente que no interior de cada esfera o potencial elétrico é constante e igual ao da superfície, consoante a Lei de Gauss. Então, elegendo o centro comum como referência, temos:

(a) o potencial elétrico devido à esfera ser pequena ou A é $K_o Q_A/r_A$, e o potencial elétrico devido à esfera ser maior ou B, é $K_o\, Q_B/r_B$ e, por conseguinte, temos,

$$V_A = K_o\left(\frac{Q_A}{r_A} + \frac{Q_B}{r_B}\right)$$

(b) Analogamente, para a esferas maior ou B:

$$V_B = K_o\left(\frac{Q_A}{r_A} + \frac{Q_B}{r_B}\right)$$

Compondo da ddp, temos:

$$V_A - V_B = K_o Q_A\left(\frac{1}{r_A} - \frac{1}{r_B}\right)$$

Este resultado informa que a ddp depende apenas da carga elétrica da esfera A ou Q_A, e se ela é positiva, tem-se, $V_A > V_B$.

Estabelecendo-se o contato entre elas, a carga elétrica Q_A transfere-se para a esfera oca ou B e no equilíbrio eletrostático tem-se $V_A = V_B$. Na realidade, durante o breve contato, elétrons internos da superfície da esfera B migram para a esfera A, neutralizando a carga elétrica dela, que corresponde a um aumento de carga elétrica positiva na esfera B, que passa a ter a carga elétrica $Q_A + Q_B$. Se o processo for repetido sequencialmente n vezes, a esfera condutora oca terá sua carga elétrica aumentada para $nQ_A + Q_B$.

Este processo de indução eletrostática seguido de transferência de carga elétrica para a esfera induzida é o princípio básico do gerador eletrostático. O primeiro gerador da espécie foi construído em 1931, por Robert Jemison Van de Graff (1901-1967) físico norte-americano, cuja estrutura simplificada é mostrada na fig.7.15. O gerador de Van de Graff, como passou a ser chamado, é capaz de produzir alguns milhares de volts, e durante algum tempo foi utilizado como acelerador de partículas carregadas.

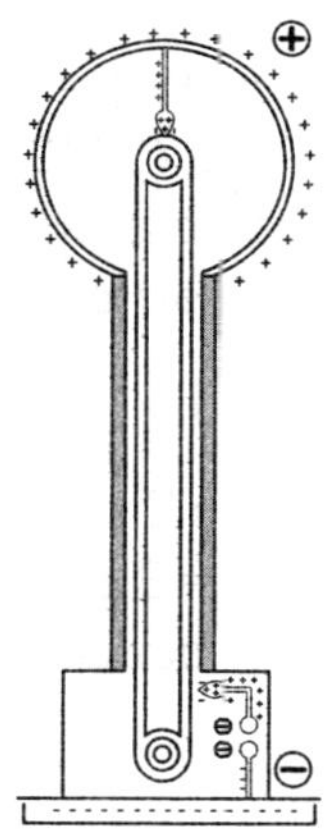

fig. 7.15

Exemplo 7.10 - Esfera de carga

Seja uma esfera de raio a eletrizada com carga elétrica Q, distribuída uniformemente em todo o seu volume, fig.7.16(a). Determinar a intensidade de campo e potencial elétrico, para pontos exteriores e interiores.

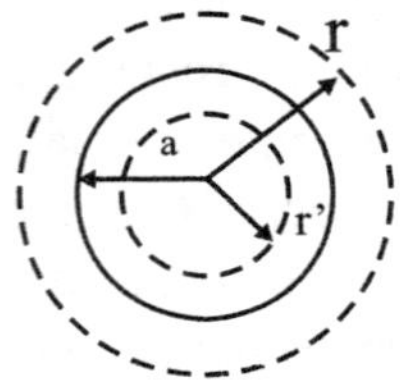

fig. 7.16(a)

Tomando uma superfície gaussiana de raio $r > a$, concêntrica à esfera dada, o campo elétrico comporta-se como se a carga elétrica estivesse concentrada no centro da esfera, e temos,

$$\mathbf{E}_e = \frac{1}{4\pi\varepsilon_o}\frac{Q}{r^2}\hat{\mathbf{e}}_r \tag{7.11a}$$

Para pontos interiores, tracemos a gaussiana de raio, $r' \leq a$, que limita um volume interno v' que contém a carga elétrica Q'. Pela lei de Gauss, temos,

$$Q' / \varepsilon_o = \oint_S \mathbf{E}.d\mathbf{S} = E_i\left(4\,\pi\,r'^2\right)$$

Donde,

$$\mathbf{E}_i = \frac{Q'}{4\pi\varepsilon_o r'^2}\hat{\mathbf{e}}_r \tag{7.11b}$$

mas,

$$\frac{Q'}{V'} = \frac{Q}{V}\text{, de onde tiramos, } Q' = Q\frac{r'^3}{a^3}$$

que substituindo no resultado cima, obtemos,

$$\mathbf{E}_i = \frac{Q}{4\pi\varepsilon_o}\frac{r'}{a^3}\hat{\mathbf{e}}_r \tag{7.11c}$$

Em termos de densidade de carga , temos,

$$\mathbf{E}_i = \frac{\rho r'}{3\varepsilon_o}\hat{\mathbf{e}}_r \tag{7.11d}$$

O diagrama de variação de $\mathbf{E} = \mathbf{E}_e + \mathbf{E}_i$ é dado na fig.7.16(b).

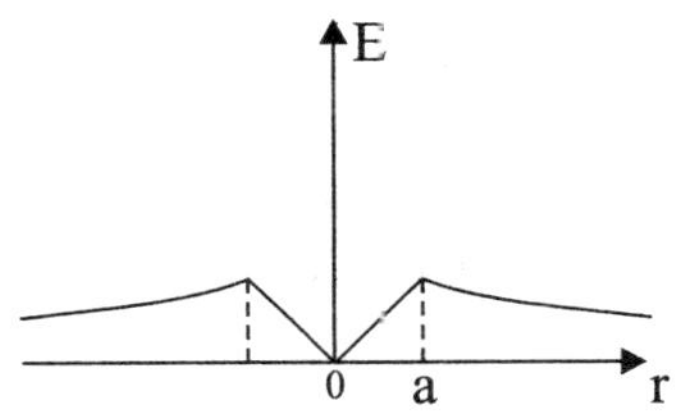

fig. 7.16(b)

O potencial elétrico, decorrente de (7.11a) e (7.11c) é dado por,

$$V = -\int_{\infty}^{a} \frac{Q}{4\pi\varepsilon_o}\frac{1}{r^2}dr - \int_{a}^{r} \frac{Q}{4\pi\varepsilon_o}\frac{r'}{a^3}dr'$$

Realizando as integrações indicadas e fazendo as simplificações necessárias, obtemos,

$$V = \frac{Q}{8\pi\varepsilon_o}\left(3 - \frac{r^2}{a^2}\right) \tag{7.12a}$$

ou dando o resultado em função da densidade volumétrica de carga elétrica,

$$V = \frac{\rho a^2}{6\varepsilon_o}\left(3 - \frac{r^2}{a^2}\right) \tag{7.12b}$$

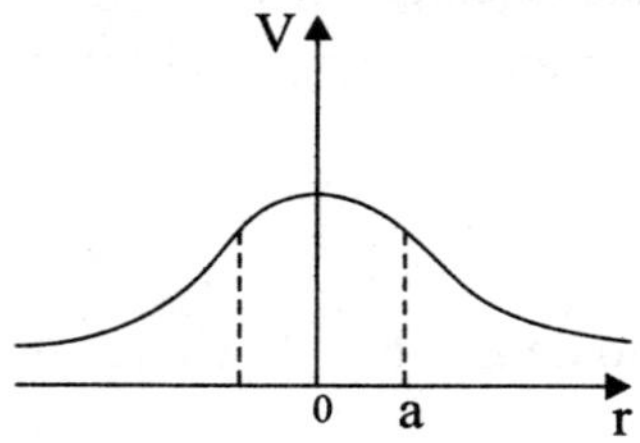

fig. 7.16(c)

cujo diagrama é dado na fig.7.16(c). Este exemplo tem particular importância porque presta-se à análise do modelo do átomo de Thomson.

Exercício 7.1.

Calcular o campo e o potencial elétrico externo e internamente numa esfera dielétrica, de raio a, permissividade ε que tem a carga elétrica Q distribuída uniformemente.

R. $\mathbf{E}_e = \frac{\rho a^3}{3\varepsilon_o r^2}\hat{\mathbf{e}}_r, r \geq a$ e $V_e = \frac{\rho a^3}{3\varepsilon_o r}; \mathbf{E}_i = \frac{\rho r}{3\varepsilon}\hat{\mathbf{e}}_r; r \leq a;$ e

$$V_i = \frac{\rho a^2}{2\varepsilon} - \frac{\rho r^2}{6\varepsilon}$$

8. CAMPO ELÉTRICO E DIVERGÊNCIA

8.1. Introito

Sob a circunstância de termos cargas elétricas distribuídas num recinto de um espaço, a lei de Gauss necessita ser novamente interpretada, já que o vetor **E** varia de ponto a ponto no referido espaço.

8.2. Divergência de E

Seja uma região de volume v, limitada pela superfície, S, na qual existe uma distribuição da carga elétrica, $\Delta Q = \rho\,\Delta v$, fig.8.1. A lei de Gauss, aplicada como método de aproximação, oferece,

$$\Delta\Psi \cong \oint_S \mathbf{D}\cdot d\mathbf{S} = \rho\Delta v \tag{8.1a}$$

ou sob a forma,

$$\frac{\Delta\Psi}{\Delta v} \cong \frac{\oint_S \mathbf{D}\cdot d\mathbf{S}}{\Delta v} = \rho \tag{8.1b}$$

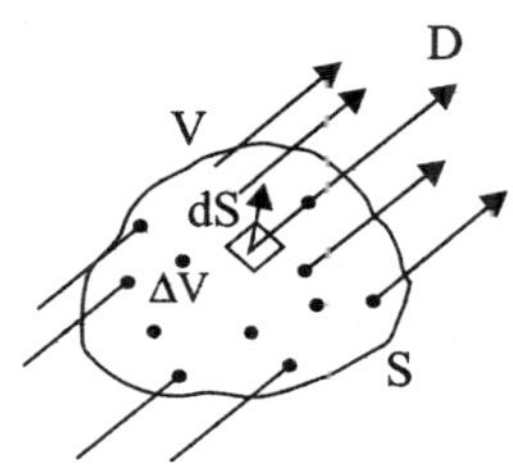

fig. 8.1

Tomando a relação incremental do fluxo elétrico pelo volume delineado, $\Delta\Psi/\Delta v$, estaremos indicando a razão de variação com que ele abandona ou diverge do recinto em causa. E como estamos interessados que a ocorrência se dê nas vizinhanças do ponto escolhido arbitrariamente, façamos com que $\Delta v \to 0$, cujo limite, suposto existir, é chamado de divergência do campo elétrico no ponto dado, abrevia-se por, div **D**, e formalizamos a definição como,

$$\operatorname{div}\mathbf{E} = \lim_{\Delta v \to 0} \frac{\int_S \mathbf{D} \cdot d\mathbf{S}}{\Delta v} = \rho \tag{8.1b}$$

E portanto,

$$\operatorname{div}\mathbf{D} = \rho \tag{8.1c}$$

Este resultado é chamado de forma diferencial da lei de Gauss.

Alternativamente, usando $\mathbf{D} = \varepsilon_o \mathbf{E}$ resulta,

$$\operatorname{div}\mathbf{E} = \frac{\rho}{\varepsilon_o} \tag{8.1d}$$

Como se pode ver, a divergência de campo elétrico é igualmente uma função pontual e, portanto, independe da forma ou tamanho do volume delineado e leva o sinal da carga elétrica envolvida. Assim sendo, se div **E** > 0, tem-se, ρ > 0, e dizemos que no ponto existe uma fonte de campo elétrico; porém, se div **E** < 0, tem-se, ρ < 0, e no ponto temos um sorvedouro.

Um exame mais atento aos argumentos usados na definição de divergência de campo elétrico, já se pode perceber que a div **E** pressupõe a derivação de **E** no ponto dado, processo este que passaremos a tratar.

Seja um ponto $P(x_1, x_2, x_3)$ de um sistema generalizado de coordenadas curvilíneas ortogonais, onde tem-se a densidade de fluxo elétrico, $\mathbf{D} = \mathbf{D}(x_1,x_2, x_3)$, fig.8.2, o qual, em componentes curvilíneas ortogonais, fica expresso por,

$$\mathbf{D} = D_1(x_1)\hat{\mathbf{e}}_1 + D_2(x_2)\hat{\mathbf{e}}_2 + D_3(x_3)\hat{\mathbf{e}}_3$$

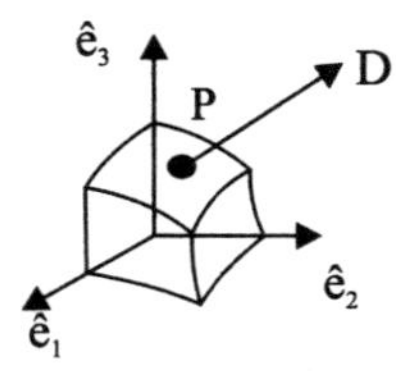

fig. 8.2

Seja um volume elementar, dv = $d\mathbf{L}_1$ x ($d\mathbf{L}_1.d\mathbf{L}_3$), que contém o ponto dado, onde se deseja calcular a variação do campo elétrico e cujas arestas principais do referido volume são dadas por, $dL_j = h_j\ dx_j$ (j = 1,2,3). A variação de **D**, tanto nas faces como no interior do volume elementar deve ser bem comportada, de modo a permitir o cálculo do fluxo elétrico pelo método aproximado da lei de Gauss.

Com efeito, segundo a direção e sentido do vetor unitário $\hat{\mathbf{e}}_1$, podemos destacar o fluxo elétrico elementar que entra, $d\Psi_1 en = -\ E_1 dL_2 dL_3$, e o fluxo elétrico que sai,

$$d\Psi_{1sai} = D_1 dL_2 dL_3 + \frac{\partial}{\partial x_1}\left(D_1 dL_2 dL_3\right)dx_1$$

substituindo os arcos pelos seus termos e fazendo a composição dos resultados, teremos o fluxo elétrico segundo a direção de $\hat{e}_1$:

$$d\Psi_1 = \frac{\partial}{\partial x_1}\left(D_1\ h_1 h_2 h_3\right)dx_1 dx_2 dx_3 \qquad (1)$$

Procedendo de forma análoga as demais faces, segundo as direções $\hat{\mathbf{e}}_2$ e $\hat{\mathbf{e}}_3$, encontramos:

$$d\Psi_2 = \frac{\partial}{\partial x_2}\left(D_2\ h_3 h_1\right)dx_1 dx_2 dx_3 \qquad (2)$$

$$d\Psi_3 = \frac{\partial}{\partial x_3}\left(D_3\ h_1 h_2\right)dx_1 dx_2 dx_3 \qquad (3)$$

Os resultados parciais podem ser ora reunidos compondo o fluxo elétrico total em trânsito no elemento de volume:

$$d\Psi = \left|\frac{\partial}{\partial x_1}\left(D_1\ h_2 h_3\right) + \frac{\partial}{\partial x_2}\left(D_2\ h_3 h_1\right) + \frac{\partial}{\partial x_3}\left(D_3\ h_2 h_1\right)\right| dx_1 dx_2 dx$$

Sendo a divergência, por definição, $d\Psi/dv$, e o volume elementar dado por $dv = h_1 h_2 h_3 dx_1\ dx_2\ dx_3$, o resultado acima simplifica-se para:

$$\text{div}\,\mathbf{D} = \frac{1}{h_1 h_2 h_3}\left|\frac{\partial}{\partial x_1}\left(D_1 h_2 h_3\right) + \frac{\partial}{\partial x_2}\left(D_2 h_3 h_1\right) + \frac{\partial}{\partial x_3}\left(D_3 h_2 h_3\right)\right| \qquad (8.2a)$$

Particularizando (8.2a) para os sistemas usuais de coordenadas, teremos:

[1] Em coordenadas cartesianas: D(x, y, z), com $h_1 = h_2 = h_3 = 1$:

$$\text{div}\,\mathbf{D}(x,y,z) = \frac{\partial D_x}{\partial x} + \frac{\partial D_y}{\partial y} + \frac{\partial D_z}{\partial z} \qquad (8.2b)$$

Neste caso é consagrado o uso do operador nabla, símbolo ∇ com o qual se anota a divergência de **E** pelo o produto escalar ∇.**E**, conferindo a lei da Gaus a forma diferencial conhecida,

$$\nabla \cdot \mathbf{E} = \frac{\rho}{\varepsilon_o} \qquad (8.2c)$$

onde, obviamente, o primeiro membro significa,

$$\nabla \cdot \mathbf{E} = \frac{\partial E_x}{\partial x} + \frac{\partial E_y}{\partial y} + \frac{\partial E_z}{\partial z} \qquad (8.2d)$$

[2] Em coordenadas cilíndricas: E(r, ϕ, z), $h_1 = h_3 = 1$ e $h_2 = r$:

$$\nabla \cdot \mathbf{E})_{cil} = \frac{1}{r}\frac{\partial}{\partial r}(r\,E_r) + \frac{1}{r}\frac{\partial E\phi}{\partial \phi} + \frac{\partial E_z}{\partial_z} \qquad (8.3a)$$

Em que a forma diferencial da lei de Gauss,

$$\nabla \cdot \mathbf{E})_{cil} = \frac{\rho}{\varepsilon_o} \qquad (8.3b)$$

[3] Em coordenadas esféricas: E(R , θ, ϕ); $h_1 = 1$, $h_2 = R$ e $h_3 = R\,\text{sen}\theta$:

$$\nabla \cdot \mathbf{E})_{esf} = \frac{1}{R^2}\frac{\partial}{\partial R}(R^2 E_R) + \frac{1}{R\,\text{sen}\theta}\frac{\partial}{\partial \theta}(\text{sen}\theta\, E_\theta) + \frac{1}{R\,\text{sen}\theta}\frac{\partial E_\phi}{\partial \phi} \qquad (8.3c)$$

E portanto,

$$\nabla \cdot \mathbf{E})_{esf} = \frac{\rho}{\varepsilon_o} \qquad (8.3d)$$

Exemplo 8.1

Achar a divergência do campo elétrico dado por $\mathbf{E} = x\,\hat{\mathbf{e}}_x - y\,\hat{\mathbf{e}}_y$.

Temos:

$$\nabla \cdot \mathbf{E} = \frac{\partial E_x}{\partial x} + \frac{\partial E_y}{\partial y} + \frac{\partial E_z}{\partial z} = 1 - 1 + 0 = 0$$

Exemplo 8.2

Achar a densidade de carga elétrica na região $0 < R \leq 1$ m, na qual tem-se $\mathbf{D} = \varepsilon_o/R\,\hat{\mathbf{e}}_r$ (C/m²).

Sendo $\nabla.\mathbf{D} = \rho$, teremos em coordenadas esféricas,

$$\rho = \frac{1}{R^2 \partial R} \frac{\partial}{\partial R}\left(R^2 \frac{\varepsilon_o}{R}\right) = \frac{\varepsilon_o}{R^2}\left(C / m^2\right)$$

Exemplo 8.3

Calcular a divergência de $\mathbf{D} = D_x\,\hat{\mathbf{e}}_x + D_y\,\hat{\mathbf{e}}_y + D_z\,\hat{\mathbf{e}}_z$, numa região delimitada por um paralelepípedo de volume $\Delta v = \Delta x \Delta y\, \Delta z$, fig. 8.3.

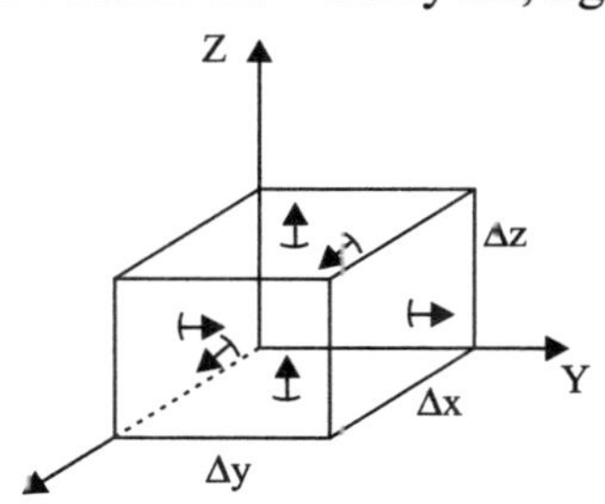

fig. 8.3

Na face x = 0, entrada, o fluxo elétrico é dado por $-\,D_x\;\Delta y \Delta z$, enquanto o que sai na face Δx será dado pelo desenvolvimento de Taylor, com a aproximação,

$$\left(D_x + \frac{\partial D_x}{\partial x}\Delta x\right)\Delta y\; \Delta z$$

De sorte que o fluxo elétrico que transita entre as duas faces será,

$$\Delta\Psi_x = \frac{\partial D_x}{\partial x}\Delta x\, \Delta y\, \Delta z$$

De modo análogo, para as demais faces nas direções de y e z , obtemos, respectivamente:

$$\Delta\Psi_v = \frac{\partial D_v}{\partial y}\Delta x\, \Delta y\, \Delta z \text{ e } \Delta\Psi_v = \frac{\partial D_z}{\partial z}\Delta x\, \Delta y\, \Delta z$$

E o fluxo elétrico total, $\Delta\Psi$, será a soma dos resultados encontrados:

$$\Delta\Psi = \left(\frac{\partial D_x}{\partial x} + \frac{\partial D_v}{\partial y} + \frac{\partial D_z}{\partial z}\right)\Delta x\, \Delta y\, \Delta z$$

Estabelecendo a razão de variação do fluxo elétrico, no volume Δv, virá,

$$\frac{\Delta\Psi}{\Delta v} = \left(\frac{\partial D_x}{\partial x} + \frac{\partial D_v}{\partial y} + \frac{\partial D_z}{\partial z}\right) \qquad (8.4a)$$

E tomando o limite quando $\Delta v \rightarrow 0$, vale concluir que,

$$\nabla \cdot \mathbf{D} = \frac{\partial D_x}{\partial x} + \frac{\partial D_v}{\partial y} + \frac{\partial D_z}{\partial z} \qquad (8.4b)$$

Exemplo 8.4

A intensidade de campo elétrico no interior de uma esfera eletrizada, de raio r, é dada por $\mathbf{E} = A\, R\, \hat{\mathbf{e}}_R$. Determinar o valor da constante arbitrária A, para $R \leq r$.

A expressão (8.3c) reduz-se ao termo em R , e portanto,

$$\frac{1}{R^2}\frac{\partial}{\partial R}\left(R^2 AR\right) = 3A$$

Identificando o resultado com segundo membro de (8.3d), obtemos,

$$A = \frac{\rho}{3\varepsilon_o}$$

8.3. Teorema de Gauss ou da Divergência

Seja um volume v que contém a distribuição de carga elétrica, delimitado pela superfície S, que oferece a divergência de **E** , conforme (8.1b); a integral do fluxo elétrico de **E**, sobre o volume v, será,

$$\int_v (\text{div}\,\mathbf{E})\,dv = \frac{1}{\varepsilon_o}\int_v \rho dv \qquad (8.5a)$$

E com o segundo membro vale, Q/ε_o, teremos,

$$\int_v (\text{div}\,\mathbf{E})\,dv = \int_S \mathbf{E}\cdot d\mathbf{S} \qquad (8.5b)$$

que é o teorema de Gauss ou da divergência. Identificando os segundos membros acima, reencontramos a equação (7.5d),

$$\int_S \mathbf{E}\cdot d\mathbf{S} = \frac{1}{\varepsilon_o}\int_v \rho dv$$

que será chamada de primeira equação de Maxwell na forma integral, capítulo 28.

Exemplo 8.5

Usando, $\mathbf{E} = AR\,\hat{\mathbf{e}}_R$, do ex. 8.4., comprovar o teorema da divergência.

Temos, por um lado:

$$\oint_S \mathbf{E}\cdot d\mathbf{S} = \int_0^{\pi}\int_0^{2\pi} AR\left(\hat{\mathbf{e}}_R\hat{\mathbf{e}}_R\right)R^2\,\text{sen}\theta\,d\theta\,d\phi = 4\pi\,A\,R^3$$

E por outro,

$$\int_v (\nabla\cdot\mathbf{E})dv = \int_0^{r}\int_0^{\pi}\int_0^{2\pi} 3AR^2\,dR\,\text{sen}\theta\,d\theta\,d\phi = 4\pi\,A\,R^3$$

os resultados idênticos, confirma o teorema em causa.

8.4. Equação de Poisson e Equação de Laplace

Introduzindo **E** = $-\nabla V$ na equação (8.2c) e deslocamento do sinal (-) para o segundo membro, obtemos,

$$\nabla \cdot \nabla V = -\frac{\rho}{\varepsilon_o} \tag{8.6a}$$

O produto escalar dos operadores, $\nabla \cdot \nabla$, é habitualmente simbolizado por ∇^2 e recebe o nome de operador laplaciano, com o qual o resultado acima passa a ser anotado como,

$$\nabla^2 V = -\frac{\rho}{\varepsilon_o} \tag{8.6b}$$

Esta equação é chamada de equação de Poisson [Denis Poisson (1781-1840), matemático e físico francês], aplicável a qualquer região com distribuição de carga elétrica. O laplaciano indica a operação reiterada – div sobre **grad** – o que torna a equação de Poisson uma equação diferencial parcial de segunda ordem. Sempre que o recinto de interesse não contiver cargas elétricas livres ou com $\rho = 0$, a equação (8.4a) se reduz à forma:

$$\nabla^2 V = 0 \tag{8.6c}$$

e passa a ser denominada de equação de Laplace em homenagem a Pierre Simon, Marquês de Laplace (1749 – 1827), astrônomo e matemático francês. Para efeito de cálculo, o operador laplaciano, representando o primeiro membro de(8.6c), assumirá a forma condizente com o sistema de coordenadas a ser adotado, de modo que teremos:

[1] Em coordenadas retangulares: com V = V(x, y, z),

$$\nabla^2 V = \frac{\partial^2 V}{\partial x^2} + \frac{\partial^2 V}{\partial y^2} + \frac{\partial^2 V}{\partial z^2} \tag{8.7a}$$

[2] Em coordenadas cilíndricas: com, V = V (r, ϕ, z),

$$\nabla^2 V)_{cil} = \frac{1}{r}\frac{\partial}{\partial r}\left(r\frac{\partial V}{\partial r}\right) + \frac{1}{r^2}\frac{\partial^2 V}{\partial \phi^2} + \frac{\partial^2 V}{\partial z^2} \tag{8.7b}$$

[3] Em coordenadas esféricas: com V = V(R, θ, ϕ),

$$\nabla^2 V)_{esf} = \frac{1}{R^2}\frac{\partial}{\partial R}\left(R^2\frac{\partial V}{\partial R}\right) + \frac{1}{R^2\,\text{sen}\theta}\frac{\partial}{\partial \theta}\left(\text{sen}\theta\frac{\partial V}{\partial \theta}\right) + \frac{1}{R^2\text{sen}^2\theta}\frac{\partial^2 V}{\partial \phi^2} \qquad (8.7c)$$

A aplicação de qualquer uma destas expressões constitui uma nova alternativa à determinação do campo elétrico. Para ressaltar o caráter metodológico que elas oferecem, vamos resolver alguns exemplos típicos.

Exemplo 8.6.

Seja uma esfera de raio R com a carga elétrica Q, distribuída uniformemente no seu volume v. Determinar **E** interna e externamente à esfera carregada.

Seja V_i o potencial elétrico interno à esfera, em que $r \leq R$; devido à simetria esférica, a equação de Poisson se reduz ao termo em r:

$$\frac{1}{r^2}\frac{\partial}{\partial r}\left(r^2\frac{\partial V_i}{\partial r}\right) = -\frac{\rho}{\varepsilon_o} \qquad (8.8a)$$

Integrando em r, obtemos,

$$r^2\frac{\partial V_i}{\partial r} = -\frac{\rho}{3\varepsilon_o}r^3 + A$$

sendo A uma constante arbitrária.

Tendo em conta que o campo elétrico interno é $E_i = -\,dV_i/dr$, obtemos,

$$E_i = \frac{\rho}{3\varepsilon_o}r - \frac{A}{r^2}$$

Como E_i não pode ser infinito dentro da esfera, A=0 , e temos,

$$E_i = \frac{\rho}{3\varepsilon_o} \qquad (8.8b)$$

Para pontos externos, r > R e ρ = 0; e sendo V_e o potencial elétrico externo à esfera, para $r \leq R$, a equação (8.8a), convertida à equação de Laplace oferece a integração imediata,

$$r^2 \frac{\partial V_e}{\partial r} = B$$

Da mesma forma, B é uma constante de integração arbitrária ou a determinar. E por ser $E_e = - dV_e /dr$, virá,

$$E_e = -\frac{B}{r^2} \tag{8.8c}$$

Na superfície da esfera carregada onde R = r, os campos elétricos interno e externo são iguais, $E_i = E_e$, de sorte que temos,

$$-\frac{B}{r^2} = \frac{\rho r}{3\varepsilon_o}$$

De onde, tiramos,

$$B = -\frac{\rho r^3}{3\varepsilon_o}$$

que substituído em (8.8c) com $r \geq R$, obtemos,

$$E = \frac{\rho\, r}{3\varepsilon_o} \tag{8.8d}$$

Introduzindo a carga elétrica total, $Q = \rho\,(4\pi\, r^3/3)$, obviamente, reencontramos a forma usual da lei de Coulomb, como era de se esperar:

$$E = \frac{1}{4\pi\varepsilon_o}\frac{Q}{r^2}\hat{\mathbf{e}}_r$$

Exemplo 8.7

Dois cilindros concêntricos, circulares retos, de raios r = 2 cm e r = 4 cm, estão a potenciais elétricos, $V_1 = 0$ e $V_2 = 220V$, fig.8.4. Calcular o potencial e a intensidade de campo elétrico na região interna entre eles.

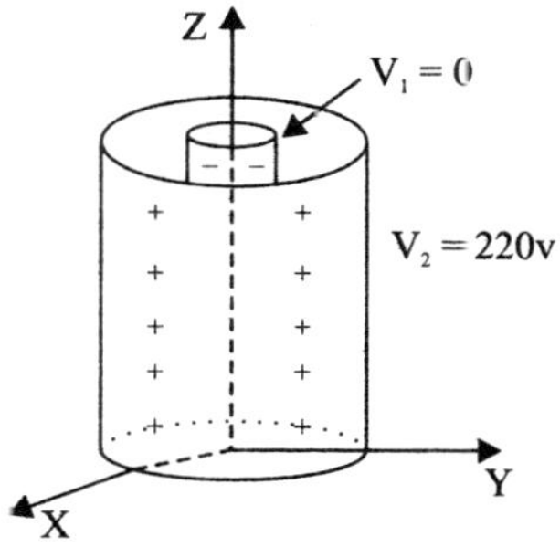

fig. 8.4

O potencial elétrico é constante com relação a φ e z; e como ρ = 0, entre os cilindros, a equação de Laplace, em coordenadas cilíndricas, que se reduz ao termo em r:

$$\frac{1}{r}\frac{d}{dr}\left(r\frac{dV}{dr}\right) = 0$$

Efetuando a primeira integração em r, virá,

$$r\frac{dV}{dr} = k_1 \tag{8.9a}$$

onde k_1 é uma constante arbitrária. A segunda integração proporciona,

$$V = k_1 \ln r + k_2$$

Para a determinação das constantes arbitrárias recorremos às condições de contorno, no caso :

$$0 = k_1 \ln(0{,}02) + k_2$$

$$220 = k_1 \ln(0{,}04) + k_2$$

Resolvendo este sistema de equações simultâneas, obtemos, k_1 = 317,4 (V) e k_2 = 1.241,5 (V), os quais levados a (8.9a), obtemos,

$$V(r) = 317{,}4 \ln r + 1.241{,}5 \text{ (V)} \tag{8.9b}$$

A intensidade de campo elétrico é, então,

$$E = -\frac{dV}{dr} = -\frac{d}{dr}(317{,}4 \ \ln \ r + 1.241{,}5) = -\frac{317{,}4}{r}$$

ou melhor,

$$\mathbf{E} = \frac{317{,}4}{r}(-\hat{\mathbf{e}}_r) \qquad (8.9c)$$

Exemplo 8.8.

Duas cascas esféricas concêntricas, eletrizadas, de raios respectivos, r_1 = 0,25 m e r_2 = 0,50 m , estão a potenciais elétricos $V_1 = 0$ e $V_2 = 120$ V, fig.8.5 . Achar o potencial elétrico e a intensidade de campo elétrico na região interna entre elas.

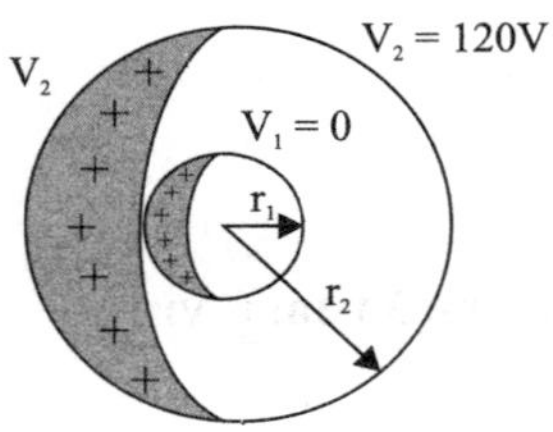

fig. 8.5

A simetria esférica requer a equação de Laplace reduzida ao termo r, uma vez que θ e φ se mantêm constantes:

$$\frac{1}{r^2}\frac{d}{dr}\left(r^2\frac{dV}{dr}\right) = 0$$

Efetuando sucessivamente as duas integrações requeridas, obtemos:

$$V = -\frac{K'}{r} + K''$$

em quek' e k" são as constantes de integração a determinar; usando as condições de contorno, encontramos k' = 60 V e k" = 240 V. E, portanto, o potencial elétrico interno vale,

$$V = -\frac{60}{r} + 240 \quad (V)$$

A intensidade de campo elétrico,

$$E = -\frac{dV}{dr} = -\frac{d}{dr}\left(-\frac{60}{r}\right) = \frac{60}{r^2}$$

ou melhor,

$$\mathbf{E} = \frac{60}{r^2}\hat{\mathbf{e}}_r \quad (V/m)$$

Exercício 8.1

Calcular a divergência do campo elétrico devido a carga elétrica puntual Q, distante R da origem.

R. $\nabla \cdot \mathbf{E}_r = 0$.

Exercício 8.2

Dois semiplanos com os potenciais elétricos V = 0, em $\phi = 0$, e V = 127V, em $\phi = \pi/2$, são isolados no eixo Z, fig.8.6. Achar o potencial elétrico e a intensidade de campo elétrico região entre os semiplanos carregados. Sugestão: usar a equação de Laplace em coordenadas cilíndricas em ϕ.

R. $V = 254\,\phi/\pi$ (V) e $\mathbf{E} = -254(\phi/\pi)\hat{\mathbf{e}}_\phi$ (V/m)

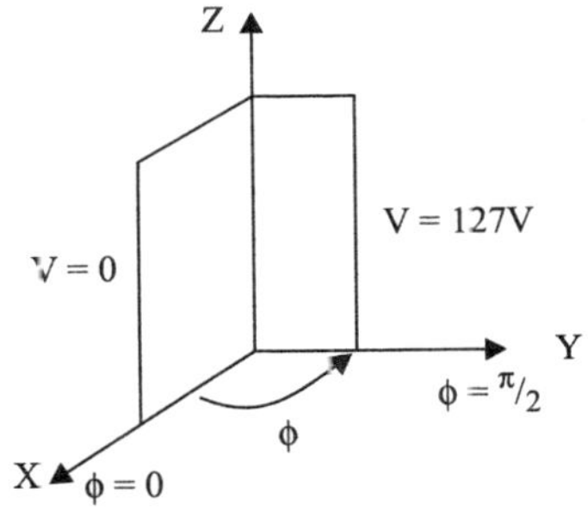

fig. 8.6

9. DIPOLOS ELÉTRICOS

9.1. Introito

Denomina-se dipolo elétrico a um par cargas elétricas iguais e heterônimas, sob a condição delas estarem muito próximas uma da outra e suficientemente afastadas de outros corpos eletrizados. Quando as duas cargas elétricas são puntiformes e solitárias, o dipolo elétrico é dito ideal. O dipolo elétrico é um tipo especial de configuração elétrica cujo estudo revela-se importante porque ela representa um modelo de comportamento de alguns átomos e/ou moléculas.

Seja o dipolo elétrico ideal formado pelo par de cargas elétricas – Q e +Q, separadas pela distância L e um ponto P (r, θ, φ), suficientemente afastado do ponto médio do dipolo elétrico, conforme a fig.9.1.

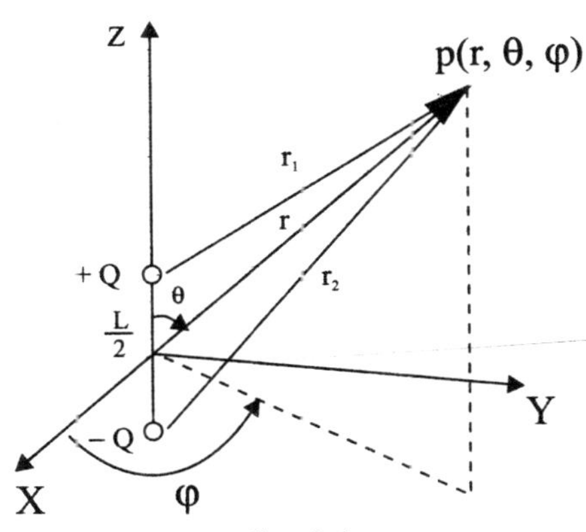

fig. 9.1

O ângulo φ é deixado fixo e as distâncias r_1 e r_2 são tomadas do ponto em referência às respectivas cargas elétricas pontuais. O potencial elétrico devido a esta configuração, conforme sabemos, é dado por,

$$V = K_o\left(\frac{Q}{r_1} - \frac{Q}{r_2}\right) \tag{9.1a}$$

ou sob forma mais conveniente,

$$V = K_o Q \frac{r_2 - r_1}{r_1 r_2} \tag{9.1b}$$

Da fig.9.1, deduzimos que $r_1 = r - L/2 \cos\theta$ e $r_2 = r + L/2 \cos\theta$; e com estas relações, podemos compor a diferença e o produto dos raios vetores indicados:

$$r_2 - r_1 = L\cos\theta \;\; \text{e} \;\; r_1 r_2 = r^2 - \left(\frac{L}{2}\right)^2 \cos^2\theta$$

que levados a (9.1b), podemos concluir que,

$$V = K_o \frac{QL\cos\theta}{r^2 - (L/2)^2 \cos^2\theta} \tag{9.1c}$$

Admitindo que $r >> L$ e tendo em conta que $\cos\theta \leq 1$, segue-se que o termo $L^2 \cos^2 \theta/4$ pode ser negligenciado diante de r^2, e a equação acima simplifica--se para,

$$V = K_o \frac{QL\cos\theta}{r^2} \tag{9.1d}$$

O produto QL que ora aparece nesta expressão tem uma interpretação física especial e recebe o nome de momento de dipolo elétrico, sendo habitualmente simbolizado por p; o $\cos\theta$ pode ser interpretado como decorrente do produto escalar $\hat{\mathbf{e}}_L \cdot \hat{\mathbf{e}}_r$ e o momento de dipolo elétrico pode ser revestido de forma vetorial, com a adoção do vetor deslocamento, $\mathbf{L} = L\,\hat{\mathbf{e}}_L$, que faculta a definição, $\mathbf{p} = Q\mathbf{L}$, com a qual se tem, $\mathbf{p} \cdot \hat{\mathbf{e}}_r = QL \cos\theta$. Fica, ademais, convencionado que o momento de dipolo elétrico terá sempre o sentido da carga elétrica negativa para a carga elétrica positiva. Por conseguinte, a equação (9.1d) fica reescrita como:

$$V = K_o \frac{\mathbf{P} \cdot \hat{\mathbf{e}}_r}{r^2} \tag{9.1e}$$

ou explicitando K_o,

$$V = \frac{1}{4\pi\varepsilon_o} \frac{\mathbf{P} \cdot \hat{\mathbf{e}}_r}{r^2} \tag{9.1f}$$

A unidade SI de momento de dipolo elétrico é o Coulomb x metro, abrevia--se por C.m. Dimensão: |p| = L Q .

A intensidade de campo elétrico, fig.9.2 ,é obtida mediante o cálculo de V em coordenadas esféricas indicadas.

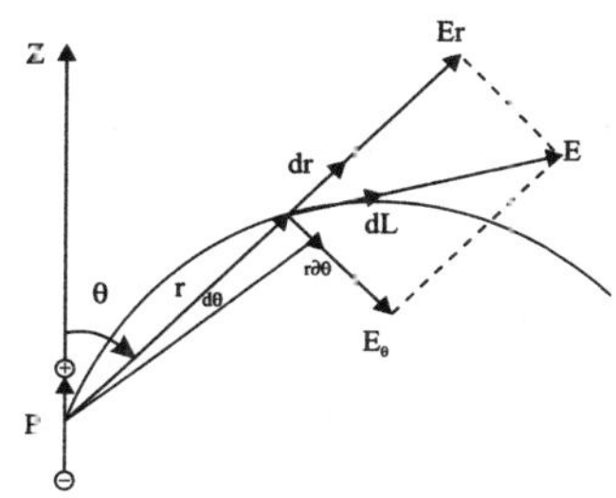

fig. 9.2

Para a componente radial, E_r, com dL_r = dr, temos,

$$E_r = -\frac{\partial V}{\partial r} = K_o \frac{2p}{r^3}\cos\theta \qquad (9.2a)$$

para componente transversal, E_θ, com $dL_\theta \cong r\, d\theta$, virá,

$$E_\theta = -\frac{1}{r}\frac{\partial V}{\partial \theta} = K_o \frac{p}{r^3}\text{sen}\theta \qquad (9.2b)$$

para sua parte a componente na direção ϕ, E_ϕ, não existe, uma vez que,

$$E_\phi = -\frac{\partial V}{\partial \phi} = 0 \qquad (9.2c)$$

Fazendo a composição vetorial, **E** (r,θ,0) = $\mathbf{E}_r$ + $\mathbf{E}_\theta$, aliada a fig.9.2, obtemos,

$$\mathbf{E} = K_o \frac{p}{r^3}\left(2\cos\theta\hat{\mathbf{e}}_r + \text{sen}\theta\hat{\mathbf{e}}_\theta\right) \qquad (9.2d)$$

Observando-se as equações (9.1f) e (9.2d) vemos que o dipolo elétrico tem um comportamento curioso: o seu potencial elétrico decresce segundo r^{-2}, enquanto que o campo elétrico passa a decair mais rapidamente com r^{-3} .

Exemplo 9.1.

Um dipolo elétrico de cargas elétricas -Q = - 1,5μC e +Q = 1,5μC, separadas de 1cm. Achar o momento de dipolo elétrico. E determinar, também, o potencial elétrico e a intensidade de campo elétrico num ponto distante 15cm do eixo do dipolo, com o qual forma um ângulo de 60°.

Temos:

$p = (1{,}5x10^{-6}\ C)\ (1{,}0x10^{-2}\ m) = 1{,}5x10^{-8}\ (C.m)$

Donde,

$$V = 9x10^9 Nm^2 / C^2 \frac{1{,}5x10^{-8}(C.m)\cos 60^\circ}{\left(10x10^{-2} m\right)^2} = 3x10^3 V$$

$$\mathbf{E} = 9x10^9 Nm^2 / C^2 \frac{1{,}5x10^{-8}(C.m)}{\left(15x10^{-2} m\right)^3}\left(2\cos 60^\circ \hat{\mathbf{e}}_r + \mathrm{sen}60^\circ \hat{\mathbf{e}}_\theta\right)$$

$$\mathbf{E} = 4{,}0x10^4 \hat{\mathbf{e}}_r + 3{,}46x10^4 \hat{\mathbf{e}}_\theta \left(V / m\right)$$

com módulo e direção:

$E = 5{,}29x10^4$ V/m e $\theta = 40{,}86°$

Exemplo 9.2.

Expressar a equação (9.2d) em função de p .

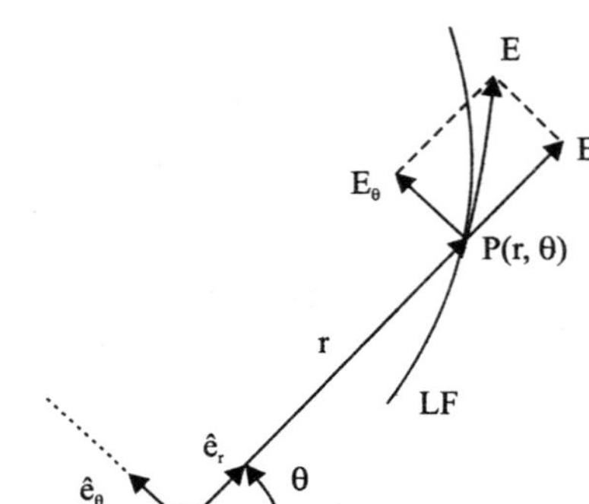

fig. 9.3

Com base na fig.9.3, tomando as projeções **p** nas direções $\hat{\mathbf{e}}_r$ e $\hat{\mathbf{e}}_\theta$,obtemos,

$\mathbf{p} = p\cos\theta\,\hat{\mathbf{e}}_r - p\,\text{sen}\theta\,\hat{\mathbf{e}}_\theta$, donde,

$p\,\text{sen}\theta\,\hat{\mathbf{e}}_\theta = p\cos\theta\,\hat{\mathbf{e}}_r - \mathbf{p}$

que, levado em (9.2d), após as simplificações necessárias, obtemos,

$$\mathbf{E} = K_o\frac{3p\cos\theta\,\hat{\mathbf{e}}_r - \mathbf{p}}{r^3} \qquad (9.2e)$$

mas, $p\cos\theta = \mathbf{p}\cdot\hat{\mathbf{e}}_r$, que possibilita a expressão final:

$$\mathbf{E} = K_o\frac{3(\mathbf{p}\cdot\hat{\mathbf{e}}_r)\hat{\mathbf{e}}_r - \mathbf{p}}{r^3} \qquad (9.2f)$$

9.2. Linhas de Força e Linhas de Equipotenciais

A equação de linhas de força do campo elétrico de um dipolo elétrico, referida a fig.9.4., temos um elemento de linha **dL** que passa pelo ponto $P(r,\theta)$, que é paralelo a **E**; projetadas as componentes de ambos os vetores nas direções respectivas, $\hat{\mathbf{e}}_r$ e $\hat{\mathbf{e}}_\theta$, temos a igualdade das razões:

$$\frac{dL_r}{dL_\theta} = \frac{E_r}{E_\theta} \qquad (9.3a)$$

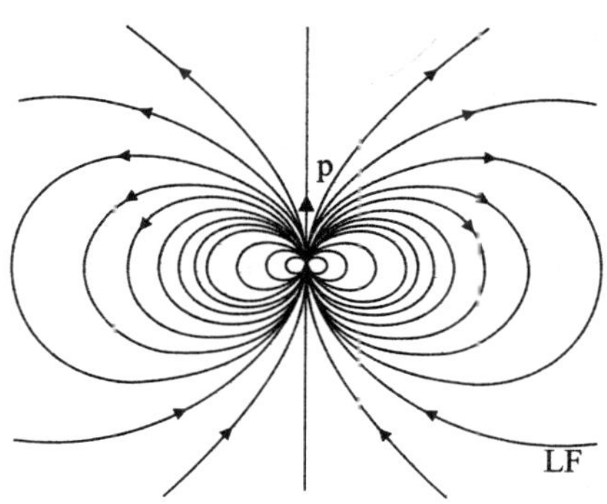

fig. 9.4

Tendo em conta os valores dos arcos, $dL_r = dr$ e $dL_\theta = rd\theta$, assim como os resultados (9.2a) e (9.2b), podemos concluir que:

$$\frac{dr}{rd\theta} = \frac{2\cos\theta}{\text{sen}\theta}$$

após simplificação,

$$\frac{dr}{r} = 2\cot g\theta\, d\theta \tag{9.3b}$$

que é uma equação diferencial de primeira ordem , cuja solução é $r = C\ \text{sen}^2\theta$, sendo C um parâmetro a determinar. A solução proporciona uma família de curvas, representativa das LF do dipolo elétrico, como ilustra a fig.9.4. Se desejarmos evidenciar também as linhas equipotenciais recorremos a equação (9.1d) que possibilita fazermos $K_o\ QL = 1$ e $\cos\theta = V\ r^2$. A fig.9.5 mostra simultaneamente as LF e as equipotenciais do dipolo elétrico.

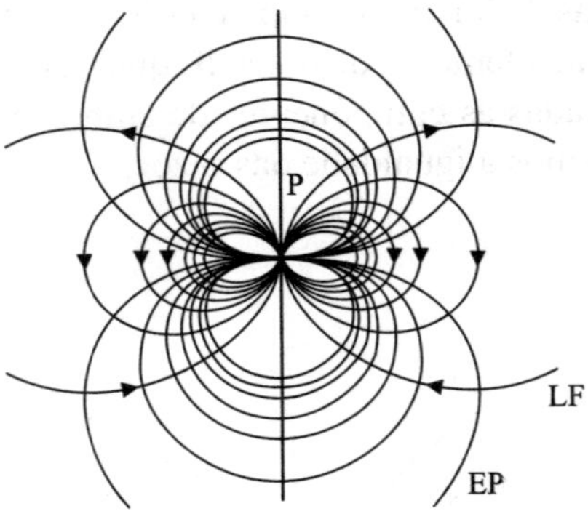

fig. 9.5

9.3. Dipolo Elétrico num Campo Elétrico Externo

Quando um dipolo elétrico é submetido a ação de um campo elétrico externo, ele tende a se alinhar com o referido campo. Seja um elétrico dipolo colocado num campo elétrico externo, uniforme e constante, que prevalece sobre o campo do dipolo elétrico, fig.9.6,

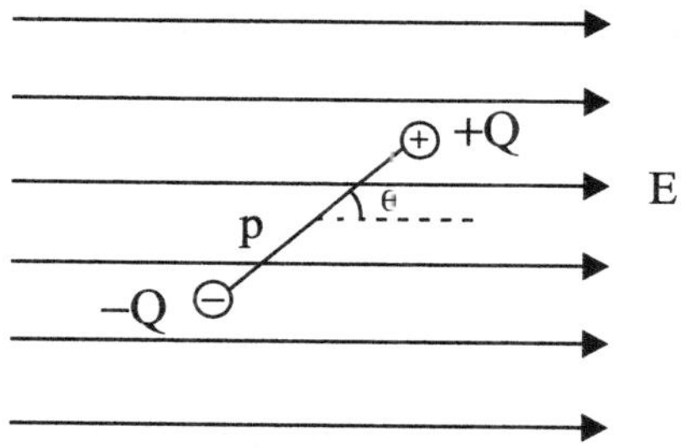

fig. 9.6

onde está assinalada a posição instantânea do mesmo, que forma o ângulo θ com a direção do referido campo. O dipolo elétrico está submetido a ação do binário, + F, − F, que tende a girá-lo segundo a orientação do campo, através do momento da força elétrica ou toque, em relação a um ponto ou eixo, símbolo τ , definido vetorialmente como,

$$\mathbf{t} = \mathbf{r} \times \mathbf{F} \tag{9.4a}$$

sendo a força elétrica, F = Q E e o momento da dipolo elétrico, p = Qr, resulta mais adequado escrever a equação acima como,

$$\mathbf{t} = \mathbf{p} \times \mathbf{E} \tag{9.4b}$$

de módulo,

$$\tau = p\,E\,\text{sen}\theta \tag{9.4c}$$

direção, perpendicular ao plano determinado por **p** e **E**, e sentido dado pelo parafuso de rosca direita.

Quando o dipolo elétrico efetua um deslocamento angular, dθ, o campo elétrico executa sobre ele o trabalho elétrico elementar, $dW = -\tau \cdot d\theta \hat{\mathbf{e}}_\theta$, onde o sinal (−) indica que o torque diminui a medida que o dipolo elétrico gira. Então, o trabalho em causa corresponde à energia potencial elétrica de orientação, dU = − dW , ou seja,

$$dU = t \cdot d\theta\ \hat{\mathbf{e}}_\theta = p\,E\,\text{sen}\theta\,d\theta \tag{9.5a}$$

De onde a energia potencial elétrica total,

$$U = \int_{\pi/2}^{\theta} p\,E\,\text{sen}\theta\,d\theta \tag{9.5b}$$

em que elegemos $\theta = \pi/2$ como referência zero do potencial, a integral oferece,

$$U = -\, p\, E \cos\theta \tag{9.5c}$$

ou sob forma de produto escalar,

$$U = -\, \mathbf{p} \cdot \mathbf{E} \tag{9.5d}$$

Observemos que, quando $\theta = 0$, o dipolo elétrico tem posição de equilíbrio estável, com **p** paralelo a **E**, que corresponde a uma energia potencial elétrica mínima, $U_{min} = -\, p\, E$; quando $\theta = \pi$, o dipolo elétrico tem posição de equilíbrio instável, com **p** antiparalelo a **E**, e corresponde à máxima energia potencial elétrico ou $U_{max} = +p\, E$; e como essa energia não se nula, o dipolo elétrico tende a girar para alcançar a posição de equilíbrio estável. Em resumo: o dipolo elétrico oscila, a guisa de um pêndulo, a menos que haja algum fator externo que consuma energia em causa.

Moléculas que detêm estrutura de dipolos elétricos se apresentam sob dois tipos característicos: moléculas polares, quando seus dipolos elétricos são permanentes, e moléculas não polares, quando seus dipolos elétricos só manifestam polarização durante a aplicação de campo elétrico externo, fenômeno este que será apreciado no item 12.2 .

Exemplo 9.3.

Expressar a energia potencial elétrica de um dipolo elétrico, em função de **p**.

Substituindo (9.2f) em (9.5d) virá,

$$U = -\mathbf{p} \cdot \mathbf{E} = -K \frac{3(\mathbf{p} \cdot \hat{\mathbf{e}}_r)(\mathbf{p} \cdot \hat{\mathbf{e}}_r) - \mathbf{p} \cdot \mathbf{p}}{r^3}$$

após as simplificações, encontramos:

$$U = -K \frac{2p^2}{r^3}$$

Exemplo 9.4.

Estudar o caso de um dipolo elétrico num campo elétrico não uniforme, tal como na fig.9.7.

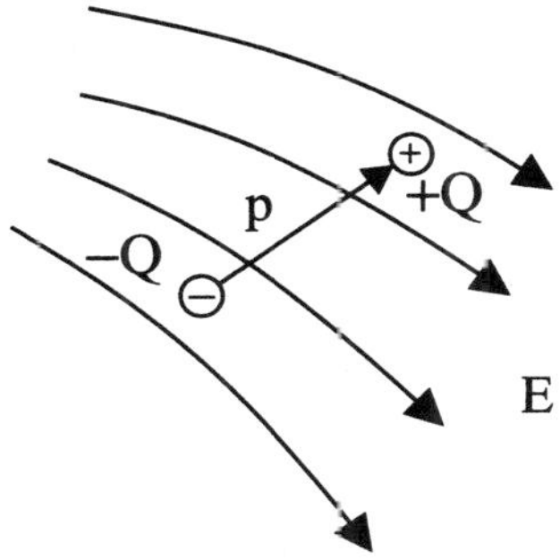

fig. 9.7

Sobre a carga elétrica –Q atua a força elétrica –Q**E**, enquanto que, sobre a carga elétrica +Q atua a força elétrica +Q**E**', de modo que sobre o dipolo elétrico, tem-se a resultante,

$$\mathbf{F} = Q\,(\mathbf{E}' - \mathbf{E}) \tag{9.6a}$$

Elegendo a direção do vetor **p** como base, do resultado acima podemos concluir a componente do campo elétrico, na direção L, como,

$$\left(E'\right)_L = E + \left(\frac{\partial E}{\partial L}\right) dL \tag{9.6b}$$

E, portanto,

$$F_L = Q\left(\frac{\partial E}{\partial L}\right) dL$$

ou melhor,

$$F_L = P\frac{\partial E}{\partial L} \tag{9.6c}$$

Este resultado último sugere o uso do gradiente de **E** como processo geral de obtenção das componentes da força resultante. Assim, se queremos as componentes segundo as direções x, y e z , estabelecemos que:

$$F_x = \mathbf{p}\cdot\nabla E_x;\quad F_y = \mathbf{p}\cdot\nabla E_y \quad \text{e} \quad E_z = \mathbf{p}\cdot\nabla E_z \tag{9.6d}$$

9.4. Múltiplos elétricos

O conceito de dipolo elétrico pode ser estendido para sistemas de cargas elétricas com 2^n pólos, n = 1, 2, ..., que passam a ser chamados de múltiplos elétricos, para os quais, tem-se $\sum Q_j = 0$. Na presente abordagem incluiremos apenas, a guisa de exemplo, o estudo do quadrupolo ou quadripolo elétrico linear, composto de três cargas elétricas, na sequência, +Q, -2Q e +Q, como na fig.9.8.

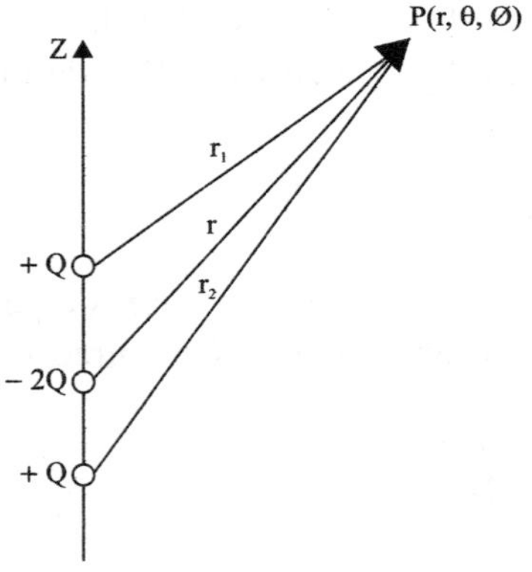

fig. 9.8

Neste quadripolo a carga elétrica total é zero, como já indicamos, bem como o seu momento de dipolo elétrico, como é fácil de se constatar.

O potencial elétrico do quadripolo elétrico, num ponto qualquer, P(r, θ, φ), afastado, é dado por,

$$V = K_o\left(\frac{Q}{r_1} - \frac{2Q}{r} + \frac{Q}{r_2}\right) \tag{9.7a}$$

ou melhor,

$$V = \frac{K_o Q}{r}\left(\frac{r}{r_1} + \frac{r}{r_2} - 2\right) \tag{9.7b}$$

A transformação do segundo membro para uma expressão mais conveniente requer a substituição das razões r/r_1 e r/r_2 pelos seus valores aproximados. E isto é feito de modo satisfatório com o auxílio do desenvolvimento binomial seguinte:

$$(1+x)^{-1/2} = 1 - \frac{1}{2}x + \frac{3}{8}x^2 - \ldots$$

Recorrendo a fig.9.8, podemos fazer a preparação que se segue, com o concurso da lei dos cossenos :

$$r_1^2 = r^2 + L^2 - 2r\,L\cos\theta$$

$$r_2^2 = r^2 + L^2 + 2r\,L\cos\theta$$

Compondo daí as razões pleiteadas, obtemos,

$$\frac{r}{r_1} = \left(1 + \frac{L^2}{r^2} - 2\frac{L}{r}\cos\theta\right)^{-1/2} \tag{9.8a}$$

$$\frac{r}{r_2} = \left(1 + \frac{L^2}{r^2} + 2\frac{L}{r}\cos\theta\right)^{-1/2} \tag{9.8b}$$

Aplicando em (9.9b) a lei binomial (9.9a), encontramos,

$$\frac{r}{r_1} = 1 - \frac{1}{2}\left(\frac{L^2}{r^2} - 2\frac{L}{r}\cos\theta\right) + \frac{3}{8}\left(\frac{L^2}{r^2} - \frac{L}{r}\cos\theta\right)^2 - \ldots$$

Por ser $L \ll r$, os termos superiores a L^2/r^2 são abandonados no desenvolvimento acima, afinal, obtemos,

$$\frac{r}{r_1} = 1 + \frac{L}{r}\cos\theta + \frac{L^2}{2r^2}(3\cos\theta - 1) \tag{9.8c}$$

Com procedimento análogo para (9.9c), achamos,

$$\frac{r}{r_2} = 1 - \frac{L}{r}\cos\theta + \frac{L^2}{2r^2}(3\cos\theta - 1) \tag{9.8d}$$

Levando estes dois resultados em (9.8a), após simplificação, encontramos:

$$V = K_o \frac{QL^2}{r^3}(3\cos\theta - 1) \tag{9.7c}$$

Definindo, porém, o momento de quadripolo elétrico linear por q = QL^2, chegamos à expressão procurada para o potencial elétrico,

$$V = K_o \frac{q}{r^3}(3\cos\theta - 1) \tag{9.7d}$$

No ponto em referência intensidade de campo elétrico, tem as componentes:

$$E_r = K_o \frac{3q}{r^4}(3\cos^2\theta - 1) \tag{9.9a}$$

$$E_\theta = K_o \frac{3q}{r^4}\,\text{sen}2\theta \tag{9.9b}$$

$$E_\phi = 0 \tag{9.9c}$$

Novamente notemos a peculiaridade do potencial elétrico variando com r^{-3} e o campo elétrico decaindo com r^{-4}.

9.5. Potencial Elétrico de uma Distribuição de Cargas

Seja uma carga elétrica Q distribuída num volume arbitrário v', conforme a fig.9.9.

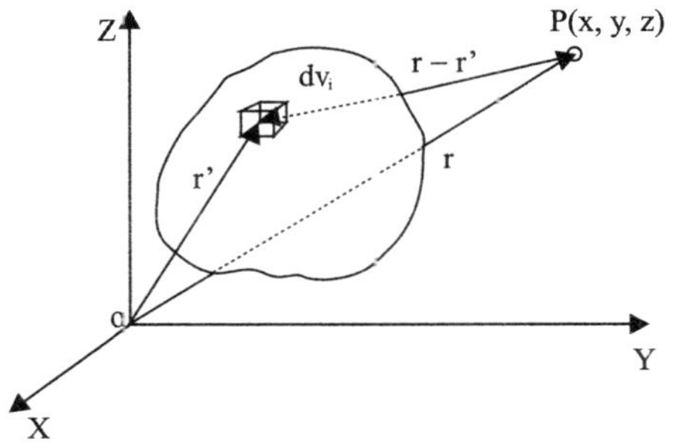

fig. 9.9

Nele delineamos um recinto elementar dv' que encerra a densidade volumétrica de carga elétrica ρ (r'). O potencial elétrico num ponto exterior ao volume, P(x, y, z), é dado por,

$$V(P) = \int_{v'} K_o \frac{\rho(r')}{|\mathbf{r} - \mathbf{r}'|} dv' \tag{9.10a}$$

Admitindo que |r| >> |r'|, podemos aplicar o método precedente ao denominador, que é desenvolvido em potências crescentes da razão r'/ r , como se segue:

$$|\mathbf{r} - \mathbf{r}'|^{-1} = (r^2 - 2r\, r' \cos\theta + r'^2)^{-1/2}$$

ou melhor,

$$|\mathbf{r} - \mathbf{r}'|^{-1} = \frac{1}{2}\left(-2\frac{r'}{r}\cos\theta + \frac{r'^2}{r^2}\right) + \frac{3}{8}\left(-2\frac{r'}{r}\cos\theta + \frac{r^2}{r^2}\right)^2 - \ldots$$

Neste último desenvolvimento, desprezando os termos maiores do que r'^2/r^2, obtemos, após as simplificações necessárias:

$$|r - r'|^{-1} = \frac{1}{r} + \frac{r'}{r^2}\cos\theta + \frac{r'^2}{2r^3}\left(3\cos^2\theta - 1\right)$$

Levando este resultado em (9.10a) e expandindo a integração a todos os termos, obtemos,

$$V(P)=K_o\left[\frac{1}{r}\int_{v'}\rho(r')dv'+\frac{1}{r^2}\int_{v'}r'\,\rho(r')\,dv+\frac{1}{r^3}\int_{v'}r'^2\,\rho(r')dv\frac{3\cos^2\theta-1}{2}\right]$$

onde r foi posto em evidência por não ser variável de integração - o ponto P(r) é fixo. Neste resultado cabe fazermos uma rápida análise, interpretando os seus termos. Denotando por V_1, V_2 e V_3 os termos respectivos do segundo membro, podemos simbolizar potencial elétrico total como a soma dos potenciais elétricos parciais, $V = V_1 + V_2 + V_3$, e daremos destaque ao significado de cada um:

$V_1 = K_o \frac{1}{r}\int_{v'} \rho(r')\,dv'$: a integral representa a carga elétrica total como se ela estivesse concentrada no centro do volume, cujo potencial elétrico varia com $^1/r$;

$V_2 = K_o \frac{1}{r^2}\int_{v'} \rho(r')\,dv'$: a integral representa o momento de dipolo elétrico da distribuição da carga elétrica, com o potencial elétrico variando segundo $^1/r^2$;

$V_3 = K_o \frac{1}{r^3}\int_{v'} \rho(r')\,dv'$: a integral é o momento de quadripolo elétrico, com o potencial elétrico variando segundo $^1/r^3$.

De uma forma mais sintética, designando as integrais respectivas por A, B e C (incluindo K_o) podemos compor o potencial elétrico da distribuição de carga elétrica num ponto P(r) segundo uma série de potência de 1/r, com coeficientes constantes:

$$V(P)=\frac{A}{r}+\frac{B}{r^2}+\frac{C}{r^3} \tag{9.10b}$$

A intensidade de campo elétrico no referido ponto será indicada por:

$$E=-\nabla V_1-\nabla V_2-\nabla V_3 \tag{9.10c}$$

10. ENERGIA POTENCIAL ELÉTRICA

[1] Distribuição Discreta de Carga Elétrica

Consideremos n cargas elétricas puntiformes, Q_1 , Q_2 , . . . , Q_n , que se encontram, inicialmente, numa referência na qual todas elas têm nulos os seus respectivos potenciais elétricos. Uma mudança de estado do conjunto das cargas elétricas pode ser obtido fazendo uma concentração dessas cargas numa região apropriada, onde, por hipótese, não há campo elétrico. Com esse intuito, vamos promover o transporte sucessivo de cada carga elétrica, da sua posição inicial para a posição final escolhida. Esta operação hipotética é iniciada trazendo-se a carga elétrica Q_1 da posição de referência, tomada no infinito para a posição r_1, como na fig.10.1;

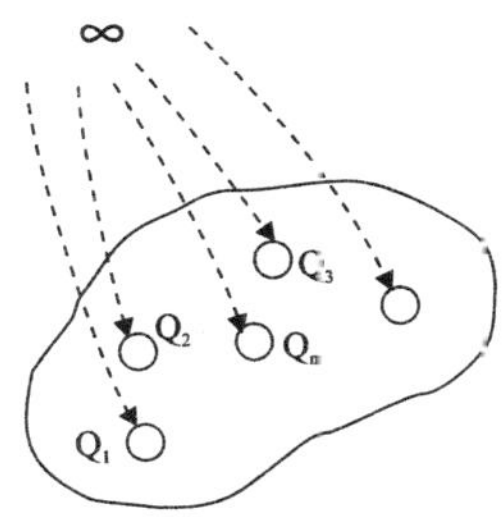

fig 10.1

Nesta primeira operação, o trabalho realizado não é levado em conta porque não existe campo elétrico na região de chegada da carga Q_1 , contudo, formalmente indicamos esse trabalho por $W_{\infty 1}$, que convém indicá-lo como $W_1 = Q_1 V_{1,1} = 0$, onde $V_{1,1}$ designa o potencial elétrico próprio da carga Q_1 , na posição r_1. A carga Q_2, igualmente transportada para a posição final r_2 , devido a presença da carga Q_1 , requereu o trabalho $W_2 = Q_2 V_{2,1} + Q_2 V_{2,2} = Q_2 V_{2,1} + 0$, já que $V_{2,2} = 0$ e $V_{2,1}$ fica identificado como o potencial elétrico mútuo que detém simetria, ou seja, $V_{2,1} = V_{1,2}$; em sequência, a carga Q_3 , trazida para a posição r_3 exigiu a realização do trabalho $W_3 = Q_3 V_{1,3} + Q_3 V_{3,2} + 0$, visto que $V_{3,3} = 0$. Em geral, cumprir-se-ão as propriedades, $V_{j,j} = 0$ e $V_{j,k} = V_{k,j}$. Reunindo os resultados, temos:

$$W_1 = 0$$

$$W_2 = Q_2 V_{2,1} + 0$$

$$W_3 = Q_3 V_{3,1} + Q_3 V_{3,2} + 0$$

$$\cdots\cdots\cdots\cdots\cdots\cdots$$

$$W_n = Q_n V_{n,1} + Q_n V_{n,2} + \ldots + 0$$

Somando ordenadamente membro a membro, obtemos:

$$\sum_{j=1}^{n} W_j = 0 + Q_2\left(V_{2,1} + 0\right) + Q_3\left(V_{3,1} + V_{3,2} + 0\right) + \\ \ldots + Q_n\left(V_{n,1} + V_{n,2} + \ldots + 0\right) \qquad (10.1a)$$

Para encontrarmos a equação adequada que expresse o trabalho total, usaremos o artifício matemático de realizar, na ordem inversa, as mesmas operações de transporte das cargas elétricas, começando por transportar a carga elétrica Q_n , que ocupará a sua posição final r_n , e finalizando com a fixação da carga elétrica $Q_{1,}$ que ocupando a sua posição final r_1. Como, obviamente, a mudança na ordem de transporte não influenciará no resultado (10.1a), concluímos que:

$$\sum_{j=1}^{n} W_j = 0 + Q_{n-1}\ (V_{n-1,n} + 0) + Q_{n-2}\ (V_{n-2,n} + \ldots + 0) + \ldots \\ + Q_1\ (V_{1,n} + V_{1,n-1} + \ldots + 0) \qquad (10.1b)$$

Somando (10.1a) e (10.1b) e feita a ordenação conveniente, obtemos:

$$2\sum_{j=1}^{n} W_j = Q_1\ \left(0 + V_{1,2} + V_{1,3} + \ldots + V_{1,n}\right) + Q_2\left(V_{2,1} + V_{2,3} + 0 + \ldots + V_{3,n}\right) + \\ Q_3\ \left(0 + V_{3,1} + V_{3,2} + 0 \ldots + V_{3,n}\right) + \ldots + Q_n\left(V_{n,1} + V_{n,2} + \ldots + 0\right) \qquad (10.1c)$$

Observemos que cada parêntese apresenta a soma dos potenciais mútuos das cargas elétricas, já que são nulos todos os seus potenciais próprios. Designando esses somatórios respectivamente por V_1 ,V_2 , ... ,V_n ,e pondo $W_E = \sum W_j$, a energia potencial eletrostática total armazenadas no sistema, podemos concluir que:

$$W_E = \frac{1}{2}(Q_1V_1 + Q_2V_2 + ... + Q_nV_n) \qquad (10.1d)$$

ou de forma compacta:

$$W = \frac{1}{2}\sum_{j=1}^{n} Q_jV_j \qquad (10.1e)$$

Este resultado, deduzido para um sistema de cargas pontuais, é geral e se aplica igualmente a condutores extensos, porém neste caso, o potencial elétrico fica na dependência da geometria do condutor, conforme veremos na seção 11.

Exemplo 10.1.

São reunidas três cargas elétricas pontuais, $Q_1 = -5{,}0$ nC, $Q_2 = 10$ nC e $Q_3 = -20/3$ nC , que ficam localizadas nos vértices de um triângulo isósceles de lado d =25cm. Achar a energia eletrostática armazenada no sistema.

Usando a equação (10.1d), temos:

$$W = \frac{1}{2}(Q_1V_1 + Q_2V_2 + Q_3V_3)$$

dando significado aos potenciais elétricos, obtemos:

$$V_1 = K_o\frac{Q_2 + Q_3}{d}; V_2 = K_o\frac{Q_1 + Q_3}{d} \quad e \quad V_3 = K_o\frac{Q_1 + Q_2}{d}$$

Intervindo com estes valores na expressão inicial estabelecida, obtemos:

$$W_E = K_o\frac{1}{d}(Q_1Q_2 + Q_1Q_3 + Q_2Q_3)$$

Substituindo os valores dados, virá,

$$W_E = \frac{9x10^9 Nm^2 / C^2}{25x10^{-2} m}\left[(-5)(10) + (-5)\left(\frac{20}{3}\right) + (10)\left(\frac{20}{3}\right)\right]x10^{-9} C^2 = -3x10^3 J$$

onde o sinal (-) é interpretado como a energia potencial eletrostática armazenada abaixo do nível de referência, que é o infinito; diz-se, então, que no infinito há necessidade de +3.000 J para se manter as três cargas elétricas separadas.

[2] Distribuição Contínua de Carga elétrica

Na distribuição contínua de carga elétrica Q = ρ(r') dv', num volume arbitrário, v', a energia potencial eletrostática é dada por:

$$W_E = \frac{1}{2} \;{}_{v} V \rho(r')\,dv' \tag{10.2a}$$

Analogamente, para caso da distribuição contínua de carga elétrica sobre uma superfície arbitrária, S , representada pela densidade superficial da carga elétrica, ρ_S , temos,

$$W_E = \frac{1}{2} \;{}_{S} V \rho_S'\,dS' \tag{10.2b}$$

Exemplo 10.2.

Uma casca esférica de raio a é eletrizada com densidade superficial de carga elétrica uniforme. Calcular a energia potencial eletrostática armazenada nas suas proximidades.

Considerando o potencial elétrico calculado no ex.7.7, $V = \rho_s a^2/\varepsilon_o r$, para r $\geq$ a, e sendo $dS = r^2 \text{sen}\theta\, d\theta d\varphi$, temos, por (10.2b) ,

$$W_E = \frac{1}{2}\frac{\rho_s^2}{\varepsilon_o r} a^2 r^2 \int_0^{\pi} \text{sen}\theta\; d\theta \int_0^{\pi} d\varphi$$

efetuando as integrações indicadas, obtemos,

$$W_E = \frac{2\pi\rho_S^2}{\varepsilon_o} a^2$$

10.2. Energia Potencial Eletrostática e Densidade de Energia

Seja uma distribuição contínua de carga elétrica, de densidade volumétrica $\rho(r')$, num volume dv'. Convindo que essa densidade seja dada por, $\rho = \varepsilon_o$ div **E**, obtida da equação (8.1c), a energia potencial eletrostática de (10.2a) passa a ser dada por,

$$W_E = \frac{1}{2}\int_{V'} V(\varepsilon_o \text{ div } \mathbf{E})dv' \qquad (10.3a)$$

Mas, como div E pode ser calculada para qualquer região fora da distribuição prescrita, podemos eleger uma superfície arbitrária S, de volume v, que açambarque o volume dado, cujo raio seja tão grande quanto desejamos, de sorte que podemos reescrever (10.3a), nesse novo limite:

$$W_E = \frac{1}{2}\varepsilon_o \int_V V \text{ div E dv} \qquad (10.3b)$$

Observando que o integrando V div **E** decorre da identidade vetorial:

$$\text{div }(V\mathbf{E}) = V \text{ div } \mathbf{E} + \mathbf{E}\cdot\mathbf{grad}\ V$$

a expressão (10.3b) desdobra-se em:

$$W_E = \frac{1}{2}\varepsilon_o\left[\int_V \text{div}(V\mathbf{E})\ dv - \int_V \mathbf{E}\cdot\mathbf{grad}\ V\ dv\right] \qquad (10.3c)$$

Transformando a primeira integral pelo teorema da divergência, obtemos:

$$W_E = \frac{1}{2}\varepsilon_o\left[\int_V V\ \mathbf{E}\cdot d\mathbf{S} - \int_V \mathbf{E}\cdot\mathbf{grad}\ V\ dv\right] \qquad (10.3d)$$

A primeira integral transformada oferece a seguinte interpretação: para uma distância muito grande de v', tal com $r \rightarrow \infty$, o recinto carregado pode ser tomado como se fosse uma carga elétrica pontual, para a qual **E** comportando-se segundo $^1/r^2$, enquanto que V, decai com $^1/r$. Desta forma, à medida que a superfície S cresce com r^2, a referida integral assume um valor arbitrariamente pequeno, tornando-se nula para r muito grande, que se expressa simbolicamente, como,

$$\lim_{S\to\infty} \oint V\, \mathbf{E} \cdot d\mathbf{S} = 0$$

E portanto, a expressão (10.3d) fica reduzida ao segundo termo do segundo membro, que por sua vez, E·(- grad V) = E^2, que conduz a expressão final,

$$W_E = \frac{1}{2} \int \varepsilon_0\, E^2\, dv \qquad (10.3e)$$

O fato deste resultado conter no integrando E^2, implica que W_E tem valor sempre positivo.

Exemplo 10.3.

Uma esfera condutora de raio a , tem a carga elétrica, Q , distribuída uniformemente na sua superfície. Qual é a energia potencial eletrostática nas proximidades da esfera?

Sabemos que $E = K_o\, Q/r^2 \hat{e}_r$, para $r \geq a$ e $dv = 4\pi\, r^2\, dr$; por (10.3e), virá,

$$W_E = \frac{1}{2} \int_a^\infty \varepsilon_0 \left(K_o \frac{Q}{r^2} \right)^2 4\, \pi\, r^2\, dr$$

A integral oferece,

$$W_E = \frac{2\pi\varepsilon_o K_o^2 Q^2}{a} \qquad (10.3f)$$

e substituindo K_o, obtemos finalmente,

$$W_E = \frac{Q^2}{8\pi\varepsilon_o a} \qquad (10.3g)$$

Retomando a equação (10.3e) mas na forma diferencial, virá,

$$d\, W_E = \frac{1}{2} \varepsilon_o\, E^2\, dv \qquad (10.3h)$$

Podemos concluir dela a energia eletrostática por unidade de volume, que se denomina de densidade de energia potencial eletrostática,

$$\frac{dW_E}{dv} = \frac{1}{2}\varepsilon_o E^2 \qquad (10.3i)$$

10.3. Pressão Eletrostática

Conforme vimos na item 7.4 , todo condutor eletrizado tem a carga elétrica distribuída na sua superfície. Em consequência, sobre a superfície tem-se uma distribuição de força elétrica que favorecerá à expulsão de portadores de carga elétrica para fora dela, caso o equilíbrio eletrostático não aconteça. Segundo tenhamos $\rho_s > 0$ ou $\rho_s < 0$, a força elétrica terá o mesmo sentido do campo elétrico ou sentido contrário, ficando salvaguardado que elas não podem ter componentes tangenciais, porque neste caso haveria deslocamento de portadores de carga elétrica sobre a superfície.

Para o caso, $\rho_s > 0$, a força elétrica tomada por unidade de área recebe o nome de pressão eletrostática. Essa situação é ilustrada na fig.10.2,

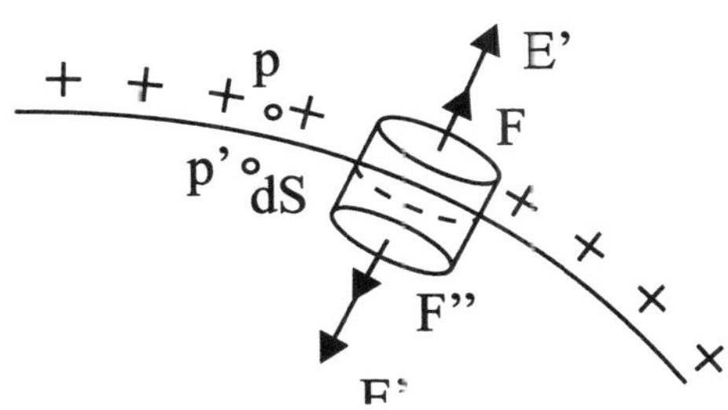

fig 10.2

onde estão assinalamos os pontos P e P', próximos da superfície; em P', interno, o campo elétrico total E é entendido como resultante da intensidade do campo elétrico **E''**, devido a carga elétrica superficial (excluída a carga elétrica contida no elemento de área, dS) e **E'** originado pela carga elétrica de dS, que dá a composição, **E** = **E'**+ **E''** = 0, e portanto, tem-se, E' = - E''. No ponto P, por sua vez, temos, E = E'+E'' = 2E', donde, E' = ½ E.

Se no ponto P temos a carga elétrica elementar, $dQ = \rho_s dS$, a força elétrica elementar, dela decorrente, vale,

$$dF = dQ\,E' = \frac{1}{2}\,Q\,E$$

ou em termos da densidade superficial de carga elétrica,

$$dF = \frac{1}{2}\rho_S\,E\,dS$$

De onde a pressão eletrostática:

$$\frac{dF}{dS} = \frac{1}{2}\rho_S\,E \tag{10.4a}$$

E em virtude de (7.7b),

$$\frac{dF}{dS} = \frac{\rho_S^2}{2}\,\varepsilon_o\,E^2 \tag{10.4b}$$

ou alternativamente,

$$\frac{dF}{dS} = \frac{1}{2}\,\varepsilon_o\,E^2 \tag{10.4c}$$

Observe-se que esta última equação guarda perfeita conformidade com a equação (10.3h). Se na superfície de área S, com ρ_s constante, o campo elétrico é uniforme, a pressão eletrostática passa a ser dada simplesmente por

$$p = F/S = \frac{1}{2}\,\varepsilon_o\,E^2$$

A unidade SI de pressão eletrostática é o Newton/metro^2 = Pascal , abrevia-se por Pa. Dimensão | p | = $L^{-1}M\,T^{-2}$.

Exemplo 10.4

Duas placas condutoras de áreas iguais a S , separadas pela distância d , estão carregadas com as densidades superficiais de cargas elétricas, $+\rho_s$ e $-\rho_s$, e perfeitamente isoladas, fig.10.3. Achar a pressão eletrostática que as placas exercem mutuamente entre si, se o potencial elétrico entre elas é de 120 V e d = 0,5cm , calcular a força mecânica que equilibra a força elétrica, se a placa comum tem área de 0,05m².

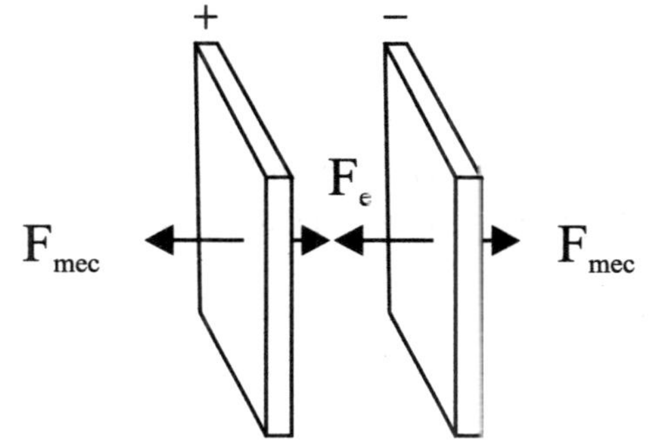

fig 10.3

Tendo em conta que E = Vd, de (10.4c), virá,

$$\frac{dF}{dS}=\frac{1}{2}\,\varepsilon_o\,\frac{V^2}{d^2}$$

Substituindo os valores dados:

$$\frac{dF}{dS}=\frac{1}{2}\left(8{,}854\ 2x10^{-12}C^2/Nm^2\right)\frac{(120\ V)^2}{\left(0{,}5x10^{-2}m\right)^2}=2{,}55x10^{-3}\ \ Pa$$

Por sua vez,

$$F_m=\left(\frac{dF}{dS}\right)_S=2{,}55x10^{-3}\left(N/m^2\right)\left(0{,}05m^2\right)=1{,}275x10^{-4}\ \ N$$

Exercícios

1) Dadas duas cargas elétricas pontuais de 4 nC separadas por 30 cm, calcular a energia potencial eletrostática do sistema que elas formam.

R. 480 nJ .

2) Quatro cargas elétricas pontuais iguais, de 2 nC cada, são dispostas nos vétices de um quadrado de lado 40 cm . Achar a energia potencial eletrostática do sistema constituído pela configuração dada.

R. 97,45 nJ

3) Uma casca esférica de raio 4,5 cm, encontra com potencial elétrico de 100 V. Achar a carga elétrica nela distribuída; o potencial elétrico a 1 m dela; e a energia potencial eletrostática que ela armazena.

R. 2 nC ; 4,5 V ; e 100 nJ.

11. CAPACITÂNCIA E CAPACITORES

11.1. Capacidade Eletrostática

Seja um condutor finito eletrizado com uma carga elétrica de valor absoluto $Q = |\pm Q|$, que detém o potencial elétrico V. Define-se capacidade eletrostática, símbolo C, como a relação entre estas duas quantidades,

$$C = \frac{Q}{V} \tag{11.1a}$$

Para o condutor em questão com a carga elétrica +Q, supõe-se que exista outro condutor ou superfície condutora infinitamente distante, a potencial elétrico nulo, na qual se induz a carga elétrica -Q, como na fig.11.1, onde LF chegam nela.

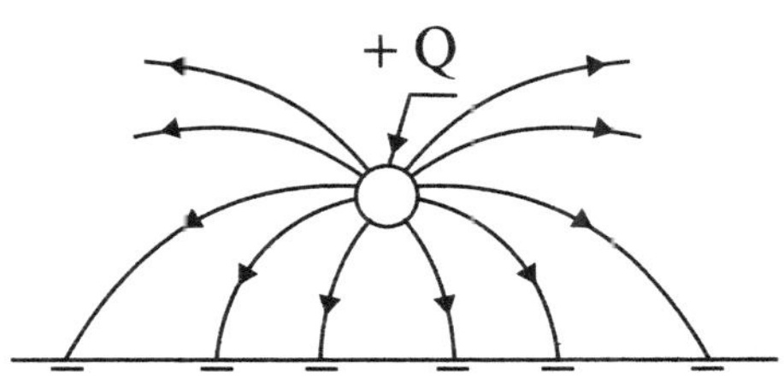

fig 11.1

Da definição acima segue-se,

$$Q = CV \tag{11.1b}$$

indicando que C é o coeficiente de proporcionalidade entre a carga e o potencial elétrico do condutor e, como se verá adiante, depende da geometria do condutor.

A unidade SI de capacidade eletrostática é o Farad = Coulomb/Volt = Ω^{-1}.s, abrevia-se por F, dada em homenagem a Faraday. Como o Farad é uma unidade muito grande, usam-se os submúltiplos seguintes: o micro-Farad, μF, 1μ F = 10^{-6} F ; o nano-Farad, nF, 1 nF = 10^{-9} F e o pico-Farad, pF, 1 pF = 10^{-12} F.

Dimensão: $| C | = L^{-2} M^{-1} T^2 Q^2 = L^{-2} M^{-1} T^4 I^2$. No CGSe, a unidade da capacidade elétrostática é o Stat-Farad, 1 Stast-F = $1{,}113 \times 10^{-12}$ F, já no CGSm a unidade é o ab-Farad, 1 ab-F = 10^9 F.

Exemplo 11.1.

Um disco condutor delgado, de raio a , tem nele a carga elétrica Q distribuída uniformemente. Achar a sua capacidade eletrostática .

Temos, $Q = \rho_S \pi a^2$ e $S = \pi a^2$; o potencial eletrostático é dado particularizando (5.4d), com h = 0, de modo a termos,

$$V = \frac{\rho_s a}{2\varepsilon_o}$$

De onde, a capacidade eletrostática,

$$C = \rho_S \left(\pi a^2\right) \frac{2\varepsilon_o}{\rho_S\, a} = 2\pi\, \varepsilon_o\, a$$

Exemplo 11.2

Supondo a Terra uma esfera de raio médio R = $6{,}37 \times 10^6$m, estimar a sua capacidade eletrostática.

Designando por Q_T a suposta carga elétrica da Terra, podemos dizer que o potencial elétrico nas suas proximidades vale:

$$V_T = K_o \frac{Q_T}{R}$$

De onde, segue-se que,

$$C_T = \frac{R}{K_o} \tag{11.2b}$$

E, substituindo os valores dados, temos,

$$C_T = \frac{6{,}37 \times 10^6\, m}{9 \times 10^9\, m / F} \cong 0{,}7078 \times 10^{-3}\ F = 707{,}8\ \mu\ F$$

Exercício 11.1

Um aro de raio a, de material condutor, tem a carga elétrica distribuída linearmente, ρ_L. Achar a capacidade eletrostática nas suas proximidades.

R. $C = 4\pi\varepsilon_o a$

Exercício 11.2

Uma esfera condutora de raio a tem a sua carga elétrica distribuída uniformemente, ρ. Calcular a capacidade eletrostática nas suas proximidades.

R. $C = 4\pi\varepsilon_o a$

11.2. Capacitor e Capacitância

[1] Capacitor

Sejam dois condutores de formas arbitrárias, separados por um meio isolante. Aplicando uma diferença de potencial entre os condutores aparecerão nas suas superfícies cargas elétricas iguais e opostas, distribuídas uniformemente, fig.11.2.

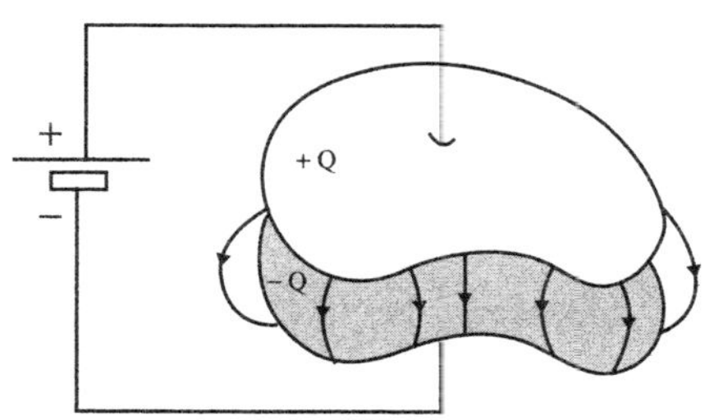

fig 11.2

O sistema assim constituído recebe o nome de capacitor[4] e os dois condutores integrantes são chamados de armaduras. A armadura que recebe a carga elétrica inicial é chamada coletora e a que porta a carga elétrica induzida, capacitora, que normamlente é ligada à terra. As cargas elétricas distribuídas, obviamente, estebelecem um campo eletrostático que armazena energia elétrica.

(4) Antigamente chamado de condensador, termo dado por Volta, porém, tem-se preferido o nome capacitor por ser mais adequado a sua função.

O capacitor tem a propriedade de manter armazenadas as cargas elétricas distribuídas, a baixa diferença de potencial, podendo ser devolvidas à fonte de potencial sem maiores perdas, propriedade esta de particular importância nas aplicações técnicas de capacitores. Num capacitor real, as LF do campo eletrostático espalham-se nas bordas das armaduras, detalhe este, chamado de efeito de bordas ou de espraiamento, cuja atenuação é feita reduzindo-se o espaçamento entre as armaduras ou usando-se recursos técnicos, como colocação de anéis protetores sobre elas. No presente estudo estaremos tratando apenas de capacitor ideal que é aquele tem o campo eletrostático uniforme e o espraiamento desprezado. Supõe-se, ademais, que ele está situado no vácuo e quando preenchido com material isolante, este será homogêneo, isotrópico e linear.

[2] Capacitância

No capacitor, a capacidade eletrostática é preferencialmente chamada de capacitância de capacitor, definida conforme a equação (11.1a).

Se +Q e -Q são as cargas elétricas respectivas das armaduras, a potenciais elétricos V_A e V_B, com $V_A > V_B$, então a capacitância do capacitor é definda por,

$$C = \frac{Q}{V_A - V_B} \tag{11.3a}$$

onde Q =| ±Q|.

11.3. Capacitor Plano-Paralelo

É o capacitor de uso mais frequente pela simplicidade da sua geometria e facilidade de cálculo de seus parâmetros. É constituído por duas placas condutoras planas, iguais e paralelas, com cargas elétricas iguais e opostas, distribuídas uniformemente e um espaçamento exíguo entre elas, fig.11.3(a).

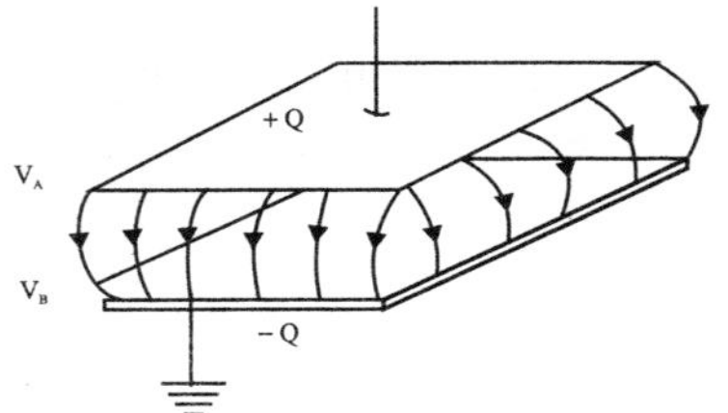

fig 11.3(a)

Seja um capacitor plano-paralelo cujas armaduras de área A detêm as cargas elétricas, +Q e -Q , distribuídas uniformemente sobre elas e separadas pela distância d , cujo meio é o espaço livre, fig.11.3(b). Nele, internamente, estabelece um campo elétrico uniforme, mas externamente, o campo elétrico é nulo, em decorrência do princípio de superposição.

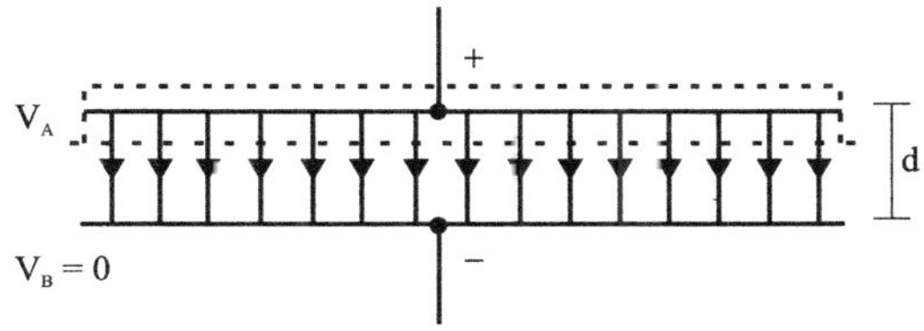

fig 11.3(b)

Delineando uma superfície gaussiana numa das armaduras, fig.11.3(b), a lei de Gauss oferece,

$$\frac{Q}{\varepsilon_0} = E\left(-\hat{e}_y\right) \cdot A\left(-\hat{e}_y\right) = +EA$$

E, portanto,

$$E = \frac{Q}{\varepsilon_0 A}$$

A ddp entre as armaduras é dada por:

$$V = \int_0^d \frac{Q}{\varepsilon_0 A}\, dy$$

cuja integração oferece:

$$V = \frac{Qd}{\varepsilon_0 A} \tag{11.4a}$$

De onde se segue a capacitância,

$$C_o = \frac{\varepsilon_o A}{d} \tag{11.4b}$$

Como A e d são arbitrários, vale concluir que a expressão (11.3b) é geral, qualquer que seja a forma da armadura.

11.4. Permissividade Relativa

Um capacitor de placas paralelas, no vácuo, carregado com carga elétrica Q_o, tem o potencial elétrico dado por,

$$V_o = \frac{Q_o d}{\varepsilon_o A}$$

Preenchendo o espaço entre as armaduras com um material isolante de permissividade (as vezes chamada de constante dielétrica) ε, o potencial elétrico diminui um pouco (fato este já observado por Faraday em 1837). Para manter constante o potencial elétrico estabelecido, devemos aumentar a carga elétrica, digamos, para Q, e temos,

$$V_o = \frac{Q_o d}{\varepsilon A}$$

Dos dois resultados, podemos concluir que,

$$\frac{\varepsilon}{\varepsilon_o} = \frac{Q}{Q_o} \tag{11.5a}$$

A razão do primeiro membro, anotada por $\varepsilon_r = \varepsilon/\varepsilon_o$, é chamada de permissividade relativa, sendo um número adimensional, e portanto, podemos reescrever (11.5a) como,

$$\varepsilon_r = \frac{Q}{Q_o} \tag{11.5b}$$

Por sua parte as cargas elétricas Q_o e Q podem ser estabelecidas com o concurso de um galvanômetro balístico, de modo que a permissividade relativa, ε_r, é obtida por via experimental e afinal tabelada, a exemplo da tabela 11.1, que faculta o cálculo da permissividade do meio, mediante o produto, $\varepsilon_o \, \varepsilon_r = \varepsilon$.

Tabela 11.1

Substância	ε_r	Substância	ε_r
(sólido a 20°C)		(Gás & Líquido)	
Alumínio	1,0	Ar (0°C, 1 atm)	1,00059
Âmbar	2,8	Ar (20°C, 1 atm)	1,0
Baquelite	4,7	Água (20°C, 1 atm)	1,0
Borracha	2,5-3,5	Água (0°C, 1 atm)	4,2
Cera	2,2	Água (110°C, 1atm)	1,0126
Cobre	1,0	Água destilada (20°C)	80,0
Cloreto de Sódio	6,1	Água do mar (20°C)*	80,0
Enxofre	4,0	Álcool Etílico (20°C)*	24,0
Ferro	1,0	Amazônia (-34°C)	22,00
Madeira	2,5-8,0	Benzeno (20°C)	2,28
Mica	4,0-7,0	Dióxido de Carbono*	1,0010
Neoprene	4,1	Glicerina (20°C)	40,0
Ouro	1,0	Óleo Mineral	2,24
Papel	2,0-3,7	Terebintina (20°C)	2,2
Parafina	2,1-2,5		
Polietileno	2,3		
Polipropileno	2,25		
Porcelana	6,0-8,0		
Prata	1,0		
Vidro	3,8-6,8		
Vidro Pirex	4,0		

Alternativamente a permissividade relativa pode ser definida com o concurso das capacitâncias do espaço livre, C_o e do meio isolante de capacitância C, sob as mesmas condições da questão em pauta, e temos,

$$\varepsilon_r = \frac{C}{C_o} \qquad (11.5c)$$

Donde,

$$C = \varepsilon_r C_o \tag{11.4b}$$

Introduzindo na equação supra, (11.4b) obtém-se a capacitância do capacitor plano-paralelo, de dielétrico de permissividade ε,

$$\frac{F_o}{F} = \frac{\varepsilon}{\varepsilon_o} = \varepsilon_1 \tag{11.4c}$$

onde A e d são os parâmetros geométricos do capacitor.

É interessante observar-se que a permissividade relativa pode ser concebida desde a lei de Coulomb como a razão das interações entre duas cargas elétricas pontuais, inicialmente, no espaço livre ou vácuo e, depois, imersas num meio isolante, mantidas, obviamente, a mesma distância de separação entre elas. Com efeito, representando, por F_0 e F, respectivamente, os módulos das forças coulombianas, para as condições a vácuo e de meio isolante de permissividade ε, podemos concluir que,

$$\frac{F_o}{F} = \frac{\varepsilon}{\varepsilon_o} = \varepsilon_r \tag{11.6a}$$

Donde,

$$F_o = \varepsilon_r F \tag{11.6b}$$

E, por consequência, teremos,

$$E_o = \varepsilon_r E \tag{11.6c}$$

A permissividade relativa é um parâmetro sempre maior que a unidade, exceto para espaço livre ou vácuo que vale 1. Isto significa que tanto a força elétrica como o campo elétrico de um meio distinto do vácuo tem valor sempre menor do que o seu correspondente do espaço livre.

Cabe agora uma ressalva: tomar ε como constante não é de todo correto, porque a permissividade pode variar com a temperatura, a pressão e a umidade. Nos capacitores reais, a variação dela ainda se dar com a ddp e a freqüência, como será visto mais adiante. Para as substâncias anisotrópicas, como os cristais (o NaCl fica excluído), a permissividade $\varepsilon = \varepsilon_r \varepsilon_o$, varia com a direção do eixo ótico do cristal, sem obedecer a direção do campo elétrico. Neste caso, a permissividade é definida coletivamente como um tensor de segunda ordem, ε_{ij}, que relaciona a densidade de campo elétrico com a intensidade de campo elétrico, pela expressão matricial, $D = [\varepsilon_{ij}]\, E$.

Exemplo 11.3

Um capacitor plano-paralelo, com armaduras de 9 cm x 6 cm, é preenchido com papel impregnado de parafina, que tem $\varepsilon_r = 2{,}2$. Determinar a espessura do isolante usado, para que a capacitância do capacitor seja de 5,25 pF.

Da equação, (11.3d), tiramos,

$$d = \frac{\varepsilon A}{C}$$

onde, $\varepsilon = (2{,}2)(8{,}8542\text{x}10^{-12}\ \text{F/m}) = 19{,}479\text{x}10^{-12}\ \text{F/m}$ e $A = (9{,}0\text{x}10^{-2}\ \text{m})\text{x}(6\text{x}10^{-2}\text{m}) = 54\text{x}10^{-4}\ \text{m}^2$. Substituindo os valores pertinentes na expressão supra, virá,

$$d = \frac{\left(19{,}479\text{x}10^{-12}\,\text{F/m}\right)\left(54\text{x}10^{-4}\,\text{m}^2\right)}{5{,}25\text{x}10^{-12}\ \text{F}} \cong 200\text{x}10^{-4}\,\text{m ou }20\text{mm}$$

Exercício 11.2

O capacitor do problema anterior é preenchido com uma lâmina de vidro de 6mm. Calcular a permissividade relativa do vidro, considerando que a capacitância passou a ser 30,2 pF. Compare o valor obtido para ε_r, usando a equação (11.5c).

R. $\varepsilon_{r\,vid} = 3{,}8$.

11.5. Capacitor de Esferas

É constituído por duas esferas concêntricas, isoladas uma da outra, conforme ilustra a fig.11.4.

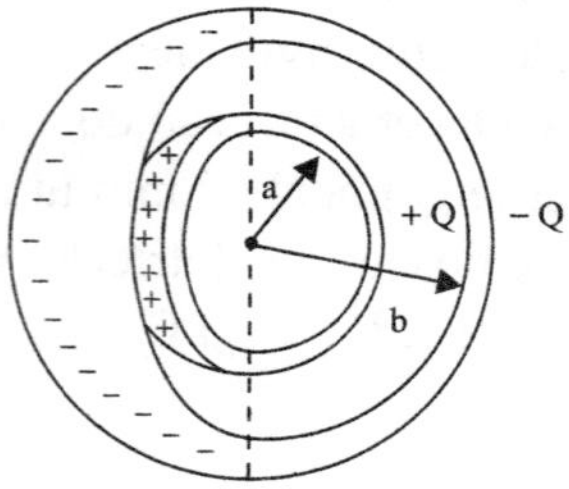

fig 11.4

Ao fornecermos a carga elétrica +Q à esfera interna, surgirá na esfera externa, a carga elétrica -Q. Adotando a e b para os raios respectivos das esferas, com a < r < b , podemos calcular o campo elétrico entre as armaduras, delineando uma superfície gaussiana de raio r ,que conduz ao valor já conhecido,

$$E = K\frac{Q}{r^2}\hat{e}_r$$

A ddp entre as superfícies das esferas, será,

$$V_{ab} = \int_a^b K_o \frac{Q}{r^2} dr$$

cuja integração oferece:

$$V_{ab} = K_o Q\left(\frac{1}{a} - \frac{1}{b}\right)$$

de onde o valor da capacitância,

$$C_o = \frac{1}{K_o}\frac{ab}{b-a} \qquad (11.7a)$$

ou também,

$$C_o = 4\pi\varepsilon_o \frac{ab}{b-a} \qquad (11.7b)$$

Este resultado, obtido para a condição de vácuo entre as esferas condutoras, aplica-se a um meio qualquer, bastando para isso recorrermos à equação (11.4b). Este tipo de capacitor é utilizado para a determinação da permissividade relativa de fluidos.

Exemplo 11.4

Um capacitor de esferas cujo meio é o ar tem a capacitância de 10 pF, e a esfera externa tem 9 cm de raio. Calcular o raio da esfera interna.

Da equação (11.7a), tiramos,

$$a = \frac{bK_oC_o}{b + K_oC_o}$$

Substituindo os valores dados, virá,

$$a = \frac{(9x10^{-2}\,m)(9x10^{9}\,m/F)(10x10^{-12}\,F)}{(9x10^{-2}\,m)+(9x10^{9}\,m/F)(10x10^{-12}\,F)} = 4,5x10^{-2}\,m \text{ ou } 4,5cm$$

11.6. Capacitor de Cilindros

É o formado por dois cilindros condutores coaxiais, isolados, fig.11.5.

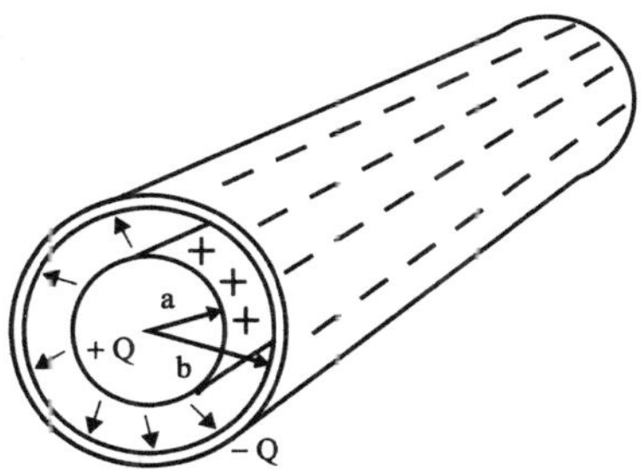

fig 11.5

Designando por L o comprimento comum dos cilindros e por a e b os seus raios respectivos, com a < r < b. Delineando entre eles uma gaussiana de raio r, a lei de Gauss oferece a intensidade de campo elétrico,

$$\mathbf{E} = \frac{1}{2\pi\varepsilon_o} \frac{Q}{rL} \hat{\mathbf{e}}_r \tag{11.8a}$$

Donde a ddp entre as superfícies dos cilindros,

$$V_{ab} = \int_a^b \frac{1}{2\pi\varepsilon_o} \frac{Q}{rL} dr$$

de cuja integração obtemos:

$$V_{ab} = \frac{Q}{2\pi\varepsilon_o L} \ln \frac{b}{a} \tag{11.8b}$$

E a capacitância,

$$C_o = 2\pi\varepsilon_o \frac{L}{\ln b/a} \tag{11.8c}$$

Exemplo 11.5

Achar a capacitância de um capacitor de cilindros, de raios respectivos, 0,5cm e 3cm, que tem 1,0m de comprimento e encontra-se preenchido com material isolante de $\varepsilon_r = 2,0$.

Usando a equação (11.6b), com a introdução da (11.4b) , temos:

$$C = 2\pi\varepsilon_o\varepsilon_r \frac{L}{\ln b/a}$$

Substituindo os dados e operando:

$$C = 2\pi\left(8,8542\text{x}10^{-12}\,\text{F/m}\right)(2,0)\frac{1,0\text{m}}{\ln(3,0/0,5)} = 620,98\text{x}10^{-12}\,\text{F}$$

$$C \cong 621\text{pF}$$

11.7. Capacitor de Cilindros Paralelos

Na fig.11.6 temos dois condutores cilíndricos, A e B, paralelos, de raios iguais, a, e comprimentos iguais, L , separados pela distância d, com densidades lineares de cargas elétricas iguais e opostas, $+\rho_L$ e $-\rho_L$ (cada uma representa uma fase de uma linha de transmissão de energia elétrica cujo cálculo da capacitância tem grande importância técnica).

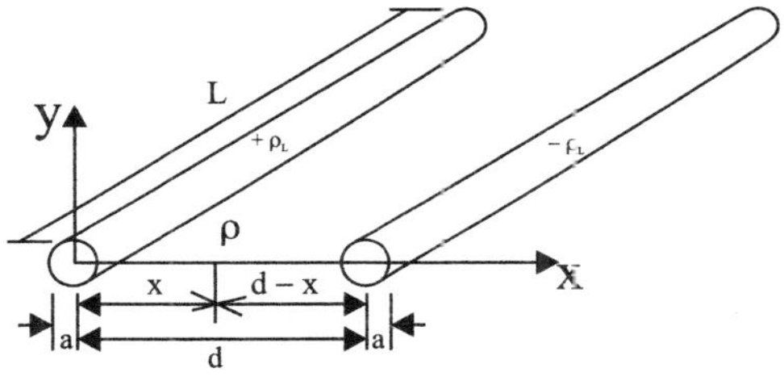

fig 11.6

Supõe-se, ademais que, d >> a , e recorrendo a lei de Gauss, a intensidade de campo elétrico no ponto x distante do condutor A, é $\mathbf{E}_A = (Q/2\pi\varepsilon_o L\ x)\ \hat{e}_x$; de modo similar, para a distância d-x ao condutor B, $\mathbf{E}_B = [-Q/2\pi\varepsilon_o L\ (d-x)]\ \hat{e}_x$; mas como ambos têm o mesmo sentido, a intensidade de campo elétrico total será,

$$E = \frac{Q}{2\pi\varepsilon_o L}\left(\frac{1}{x} + \frac{1}{d-x}\right)\hat{e}_x \tag{11.9a}$$

Segue-a diferença de potencial entre os condutores cilíndricos,

$$V_{AB} = \int_a^{d-a} \frac{Q}{2\pi\varepsilon_o L}\left(\frac{1}{x} + \frac{1}{d-x}\right)dx$$

Onde,

$$V_{AB} = \frac{Q}{2\pi\varepsilon_o L}\left[\ln - x - \ln(d-x)\right]_a^{d-a}$$

operando, encontramos,

$$V = \frac{Q}{\pi\varepsilon_o L}\ln\frac{d-a}{a} \tag{11.9b}$$

Onde a capacitância,

$$C_o = \frac{\pi\varepsilon_o L}{\ln[(d-a)/a]} \tag{11.9c}$$

Como d >> a , podemos negligenciar o a do numerador da fração, sem erro significativo, e escrever, de forma aproximada, a capacitância por unidade de comprimento, $C_o/L = C'$,

$$C' = \frac{\pi\varepsilon_o}{\ln\, d/a} \tag{11.9d}$$

Na técnica é usual expressar (11.9d) em logaritmos decimais e em μF/km; para isto são feitas as substituições: ln d/a = 2,3026 log d/a, $\pi\varepsilon_o = 1/36 \times 10^9$ F/m, 1 F = 10^6 μF e 1 m = 10^{-3} km, e encontramos,

$$C' \cong 0{,}012\ 06 \frac{1}{\log d/a} (\mu F/km) \tag{11.9e}$$

11.8. Energia Eletrostática no Capacitor

Para carregarmos um capacitor necessitamos de um agente externo, que pode ser, por exemplo, uma bateria. Esta fonte externa realiza o trabalho de transferência de cargas elétricas para a armadura coletora. Tendo o capacitor alcançado as condições desejadas, a fonte é desligada e o capacitor passa a deter a energia eletrostática adquirida no processo.

Consideremos um capacitor plano-paralelo, de capacitância C, com a carga elétrica Q', geradora de potencial elétrico V = Q'/C. Para trazermos uma carga elétrica adicional, dQ', do infinito para a armadura coletora, realiza-se o trabalho elementar, dW_E, equivalente ao acréscimo de energia potencial elétrica, que vale,

$$dW_E = VdQ' = \frac{Q'dQ'}{C}$$

O transporte de toda carga elétrica, Q , do infinito à armadura coletora, será dada pela integral:

$$W_E = \int_o^a \frac{Q'}{C} dQ'$$

onde,

$$W_E = \frac{1}{2}\frac{Q^2}{C} \qquad (11.10a)$$

Em vista da definição de C, a equação acima pode também ser escrita de forma alternativa, como função de QV ou CV^2, ou seja,

$$W_E = \frac{1}{2} QV \qquad (11.10b)$$

$$W_E = \frac{1}{2} CV^2 \qquad (11.10c)$$

Vale notar que (11.10b) vem corresponder ao caso particular de (10.1e).

É interessante notarmos que (11.10a) guarda perfeita correspondência com a equação da energia potencial mecânica de uma mola, dada por $U = 1\ k\ x^2$, onde k é a constante elástica que corresponde, no caso elétrico, ao recíproco da capacitância. Por esta razão, costuma-se introduzir o conceito de elastância, S , definida por:

$$S = \frac{1}{C} = \frac{V}{Q} \qquad (11.10d)$$

A unidade S I de elastância, é Farad inverso, F^{-1}, as vezes abreviado por daraF, que é a palavra Farad, escrita de modo invertida.

Dimensão: $|S| = L^2\ M\ T^{-2}\ Q^{-2}$.

Exemplo 11.6

Encontrar a densidade de energia de um capacitor plano-paralelo, preenchido com um isolante de constante dielétrica ε , em função dela e do campo elétrico existente.

O diferença de potencial entre as armaduras é V = E d e a energia eletrostática armazenada na região entre elas é dada por (11.10c), ou seja,

$$W_E = \frac{1}{2}\left(\frac{\varepsilon A}{d}\right)(E\ d)^2 = \frac{1}{2}\varepsilon\ E^2\,(Ad)$$

sendo (A.d) = volume v , podemos concluir a energia eletrostática armazenada por unidade de volume, que passa a ser chamada de densidade de energia eletrostática, é dada por,

$$\frac{W_E}{V} = \frac{1}{2}\varepsilon\ E^2 \qquad (11.11)$$

Este resultado esperado, obviamente se compatibiliza com aquele já formalizados na equação (10.2h), e a presença de E^2 firma o ponto de vista de que a energia eletrostática armazenada no sistema é devida ao campo elétrico.

Exemplo 11.7

Seja uma esfera condutora de raio a , com a carga elétrica Q , uniformemente distribuída. Achar a expressão da energia eletrostática armazenada nas suas proximidades.

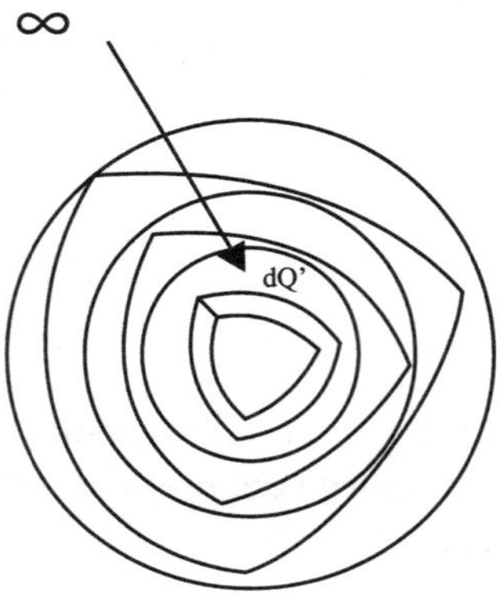

fig 11.7

Um recurso engenhoso é supor a esfera condutora composta por sucessivas camadas concêntricas, fig11.7, às quais se pode adicionar, sucessivamente, a carga elétrica elementar dQ' , trazida do infinito a cada camada, onde ele se distribuirá uniformemente. A energia eletrostática despendida em cada etapa do processo, é então,

$$dW_E = V\,dQ'$$

Para uma camada concêntrica arbitrária, tem-se dQ'em função da carga elétrica total Q, ou seja,

$$dQ' = \frac{3Qr^3}{a^3}dr$$

E o potencial elétrico, com $r \geq a$, é dado por,

$$V = K_o \frac{Q'}{r} = K_o \frac{Qr^2}{a^3} \qquad (11.11a)$$

Deste modo, a energia eletrostática dispendida para a adição de carga dQ' a camada concêntrica escolhida, vale,

$$dW_E = \left(K_o \frac{Qr^2}{a^3}\right)\left(\frac{3Qr^2}{a^3}dr\right) = K_o \frac{3Q^2R^4}{a^6}dr$$

E a energia eletrostática gasta na distribuição da carga elétrica total, é dada por via integral,

$$W_E = \int_o^a K_o \frac{3Q^2r^4}{a^6}dr$$

$$W_E = K_o \frac{3}{5}\frac{Q^2}{a} \qquad (11.11b)$$

Este problema tem grande importância porque historicamente possibilitou o cálculo aproximado do núcleo atômico, no qual supunha-se que os prótons estariam uniformemente distribuídos com $Q = +Ze$, tendo $a = 0{,}5x10^{-15}$ m ; e (b) permitiu a avaliação do tamanho da região onde um elétron está distribuído, frequentemente chamado raio clássico do elétron.

Exemplo 11.8

Achar a energia potencial elétrica nas vizinhanças do núcleo do átomo do hidrogênio, de raio $r = 0{,}5x10^{-15}$ m. Supor o próton distribuído uniformemente no núcleo.

Usando a equação (11.1lb), com Q = +e, temos,

$$W_E = \frac{3}{5}\left[8{,}987\ 551\ 787\text{x}10^9\ \text{Nm}^2/\text{C}^2\right]\frac{\left(1{,}602\ 177\ 33\text{x}10^{-19}\text{C}\right)^2}{0{,}5\text{x}10^{-15}\,\text{m}} \cong 2{,}768\ 5\text{x}10^{-13}\,(\text{J})$$

Exemplo 11.9

Estimar o raio clássico do elétron.

Para uma aproximação adequada despreza-se o fator 3/5 e iguala-se a energia potencial elétrica a expressão eisteniana da energia de repouso do elétron, e tem-se,

$$K_o\frac{e^2}{r_e} = m_e c^2$$

De onde, tiramos,

$$r_e = K_o\frac{e^2}{m_e c^2}$$

E, substituindo os valores indicados, virá:

$$r_e = \frac{\left(8{,}987\,551\,787\text{x}10^9\,\text{Nm}^2/\text{C}^2\right)\left(1{,}602\,177\,33\text{x}10^{-19}\text{C}\right)^2}{\left(9{,}109\,389\,7\text{x}10^{-31}\text{kg}\right)\left(2{,}99\,792\,458\text{x}10^8\,\text{m/s}\right)^2} \cong 2{,}817\,409\text{x}10^{-15}\,\text{m}$$

Este resultado é chamado de raio clássico do elétron. Surpreendentemente, é da mesma ordem de grandeza do núcleo atômico de elementos leves, 10^{-15}m. E sugere o elétron como um grânulo esférico de eletricidade.

11.9. Associação de Capacitores

Dois ou mais capacitores podem ser reunidos formando uma associação ou banco de capacitores. As principais modalidades de associações são reunidas em série, em paralelo, mista e em rede. Na associação o capacitor é representado pelo símbolo ⊣ ⊢ ou –) ⊢, para a armadura fixa, e ⊣⊬ ou –)⊬, para a armadura móvel.

Dado um banco de capacitores é sempre possível determinar um capacitor equivalente, cujos parâmetros são também equivalentes aos dos capacitores associados. Vejamos as principais associações.

[1] Capacitores em Paralelos:

Capacitores associados em paralelo ficam submetidos à mesma ddp e a carga elétrica equivalente, Q_p , é a soma das cargas elétricas individuais dos capacitores componentes. O paralelismo de três capacitores é ilustrado na fig.11.8, onde as armaduras coletoras estão no potencial elétrico $V_A = V$, e as capacitoras, no potencial elétrico $V_B = 0$. Com efeito, a equivalência fica estabelecida pela soma das cargas elétricas,

$$Q_p = Q_1 + Q_2 + Q_3 \tag{11.12a}$$

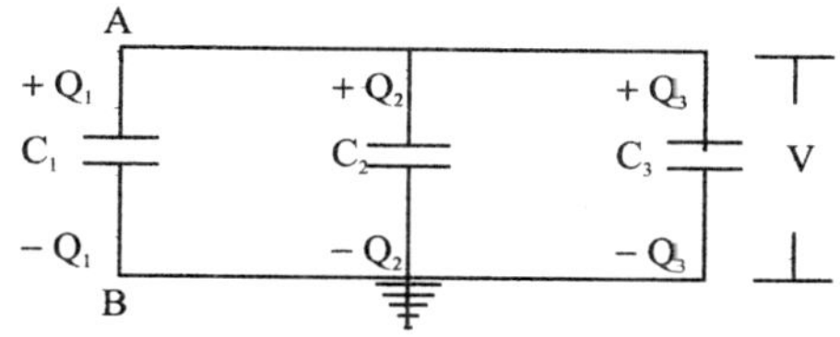

fig 11.8

Designando a capacitância equivalente por C_p , e por C_1 , C_2 e C_3 as capacitâncias dos capacitores individuais dados, temos,

$$\frac{Q_p}{C_p} = \frac{Q_1}{C_1} = \frac{Q_2}{C_2} = \frac{Q_3}{C_3} = V \tag{11.12b}$$

Tirando os valores das cargas elétricas acima, e levando-as em (11.12a), obtemos,

$$C_p V = C_1 V + C_2 V + C_2 V$$

E portanto a capacitância equivalente,

$$C_p = C_1 + C_2 + C_3 \tag{11.12c}$$

Generalizando este resultado para n capacitores, temos,

$$Q_P = \sum_{j=1}^{n} Q_j \tag{11.12d}$$

$$C_P = \sum_{j=1}^{n} C_j \tag{11.12e}$$

Significando que a capacitância equivalente é a soma das capacitância dos capacitores componentes da associação.

Exemplo 11.10

Três capacitores de cargas elétricas respectivas, $Q_1 = 100\mu C$, $Q_2 = 200\mu C$ e $Q_3 = 500\mu C$, estão associados em paralelo e submetidos a uma d.d.p de 200V. Determinar a capacitância equivalente da associação e a energia armazenada no banco.

Da definição de capacitância, temos,

$$C_1 = \frac{100\mu C}{200V} = 0,5\mu F$$

$$C_2 = \frac{200\mu C}{200V} = 1,0\mu F$$

$$C_3 = \frac{500\mu C}{200V} = 2,5\mu F$$

Então,

$$C_p = 0,5\mu F + 1,0\mu F + 2,5\mu F = 4,0\mu\ F$$

E a energia armazenada no banco do banco é dada por:

$$W_E = \frac{1}{2}(Q_1 + Q_2 + Q_3)V$$

Substituindo os valores dados e operando, encontramos:

$W_E = 4x10^{-4}$ J

[2] Capacitores em Série

Na associação de capacitores em série, os capacitores componentes detêm a mesma carga elétrica. No processo de eletrização, entregamos a carga elétrica, +Q na armadura livre do primeiro capacitor que induz a carga elétrica -Q, na armadura oposta e esta, por sua vez induz a carga elétrica, +Q na armadura do segundo capacitor, e assim sucessivamente até a última armadura do capacitor, com a carga elétrica -Q. A fig.11.9 ilustra uma associação em série com três capacitores com a carga elétrica comum, Q, e as capacitâncias respectivas, C_1, C_2 e C_3.

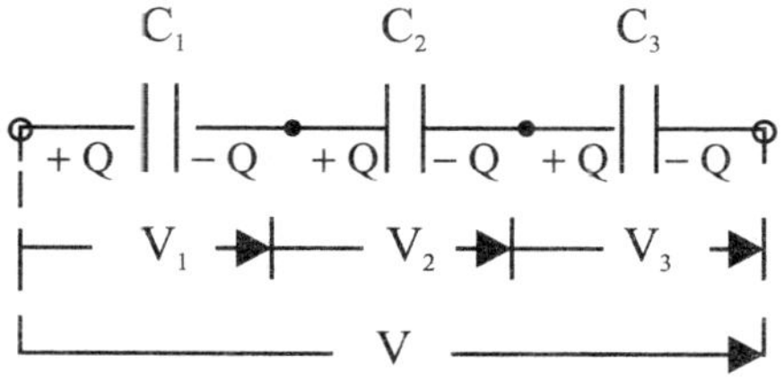

fig 11.9

Designando a capacitância equivalente por C_s e a tensão elétrica total V do banco, teremos,

$$V = V_1 + V_2 + V_3 \tag{11.13a}$$

E, por substituição,

$$\frac{Q}{C_s} = \frac{Q}{C_1} + \frac{Q}{C_2} + \frac{Q}{C_3} \tag{11.13b}$$

Como se pode notar, as capacitâncias atuam como divisoras de potenciais elétricos.

Eliminando Q da igualdade acima, virá,

$$\frac{1}{C_S} = \frac{1}{C_1} + \frac{1}{C_2} + \frac{1}{C_3} \tag{11.13c}$$

Generalizando o problema para n capacitores em série, teremos:

$$V = \sum_{j=1}^{n} V_j \tag{11.13d}$$

$$\frac{1}{C_S} = \sum_{j=1}^{n} \frac{1}{C_j} \tag{11.13e}$$

ficando evidente que o inverso da capacitância equivalente, de capacitores em série, é igual a soma dos inversos das capacitâncias individuais dos capacitores associados.

Exemplo 11.11

Dados três capacitores associados em série, de capacitâncias respectivas, $C_1 = 1{,}0\mu F$, $C_2 = 4{,}0\mu F$ e $C_3 = 0{,}8\ \mu$ F. Submetendo o banco a d.d.p. de 120V, determinar (a) a carga elétrica comum; (b) a ddp. nos bornes de cada capacitor; e (c) a energia potencial elétrica armazenada no sistema.

Temos:

$$\frac{1}{C_S} = \frac{1}{1\mu F} + \frac{1}{4\mu F} + \frac{1}{0{,}8\mu F}$$

Operando e tirando o valor da capacitância equivalente, obtemos,

$$C_s = 0{,}4\ \mu\ F$$

(a) $$Q = (\ 0{,}4\ \mu F)(120V) = 48\mu C$$

(b) $$V_1 = \frac{48\mu C}{1\mu F} = 48V;\ V_2 = \frac{48\mu C}{4\mu F} = 12V;\ V_3 = \frac{48\mu C}{0{,}8\mu F} = 60V$$

(c) $$W = \frac{1}{2}\left(48x10^{-6}C\right)\left(120V\right) = 2{,}88x10^{-3}J$$

[3] Associação Mista

Esse tipo de associação é a combinação das duas primeiras. A fig.11.10(a) é um exemplo típico, cuja capacitância equivalente é dada por,

$$C = \frac{1}{\dfrac{1}{C_1} + \dfrac{1}{C_2 + C_3}} \qquad (11.14a)$$

Donde,

$$C = \frac{C_1\left(C_2 + C_3\right)}{C_1 + C_2 + C_3} \qquad (11.14b)$$

e na fig.11.10(b), a representação da capacitância equivalente da associação em causa.

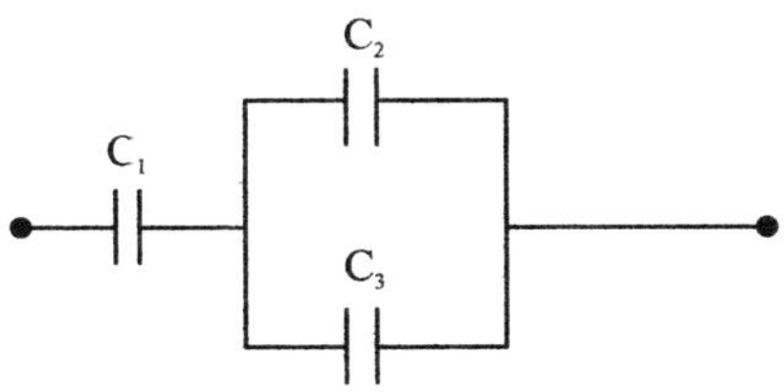

fig 11.10(a)

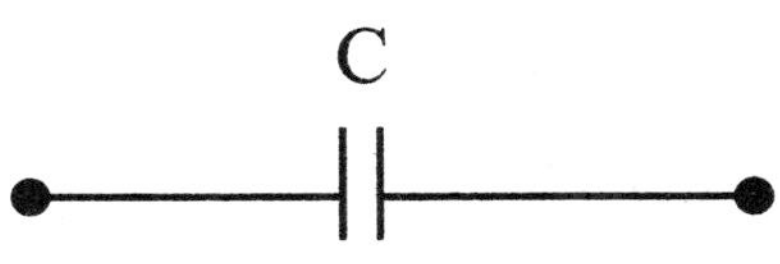

fig 11.10(b)

[4] Associação em Rede

A associação em rede apresenta configuração em malha. Uma malha é um caminho fechado, contendo elementos capacitores, no presente caso. Ao percorrermos a malha no sentido horário, distinguimos os ramos - que contêm elementos capacitores - e os nós que são os pontos de interligação de dois ou mais ramos. Vejamos um exemplo típico desta modalidade de associação.

Exemplo 11.12

Dada a rede da fig.11.11(a), com os valores figurados em micro-Farad, determinar a sua capacitância equivalente.

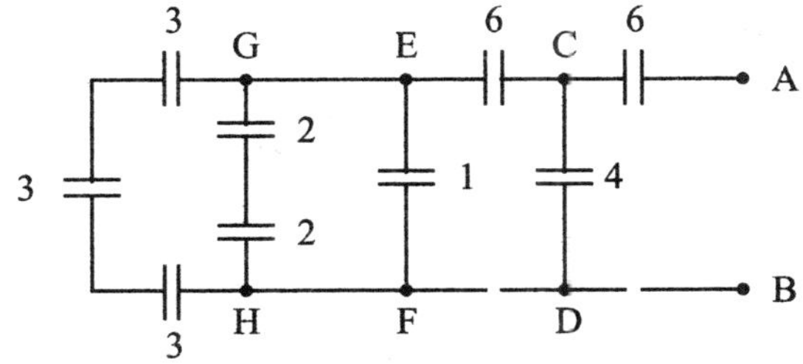

fig 11.11(a)

A capacitância equivalente da rede é obtida pela aplicação sucessiva do princípio de equivalência da associação série e/ou paralela em cada ramo, até obtermos o ramo final com a capacitância equivalente.

A capacitância equivalente do ramo EF:

$$C_S(3,3,3) = \frac{1}{\frac{1}{3}+\frac{1}{3}+\frac{1}{3}} = 1\mu F$$

$$C_S(2,2) = \frac{1}{\frac{1}{2}+\frac{1}{2}} = 1\mu F$$

$$C_P(1.1.2,1) = 1+1+1 = 3\mu F$$

A configuração resultante é dada na fig.11.11(b).

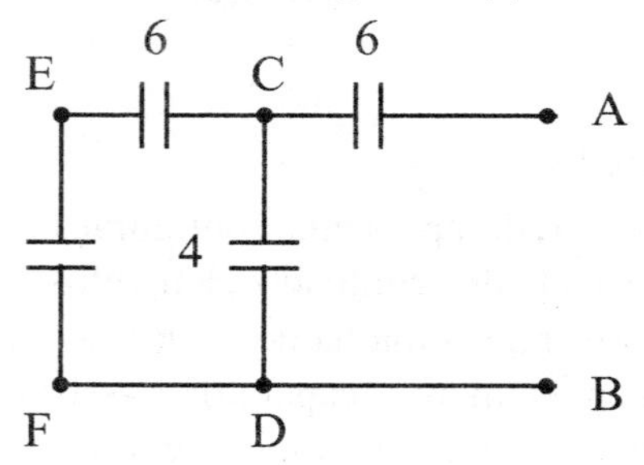

fig 11.11(b)

A capacitância equivalente do ramo CD:

$$C_S(3,6) = \frac{1}{\frac{1}{3}+\frac{1}{6}} = 2\mu F$$

$$C_P(2,4) = 2+4 = 6\mu F$$

A configuração anterior converte-se na da fig.11.11(c).

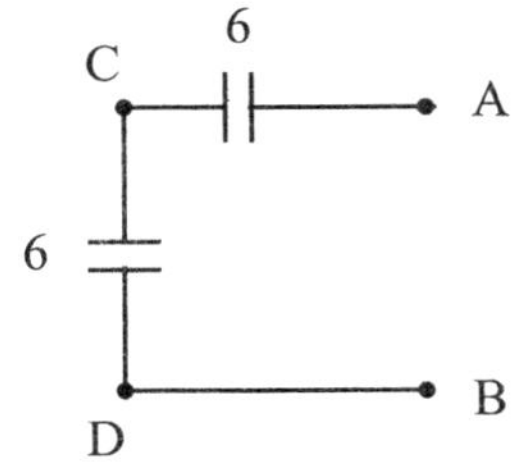

fig 11.11(c)

A capacitância equivalente da rede:

$$C_S(6,6) = \frac{1}{\frac{1}{6}+\frac{1}{6}} = 3\mu F$$

E, portanto,

$$C(3) = C_{AB} = 3\mu F$$

que tem a configuração final dada na fig11.11(d).

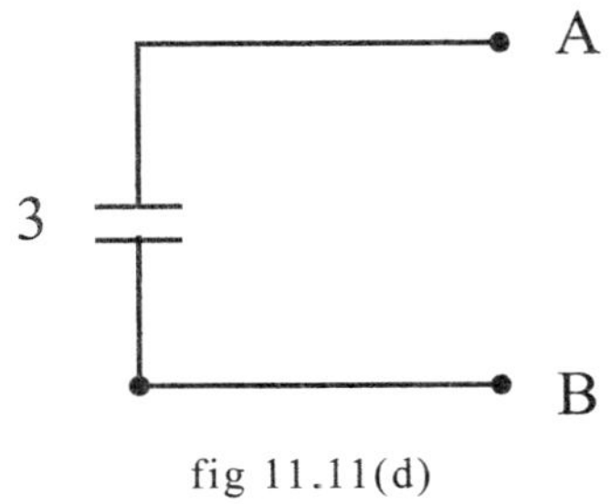

fig 11.11(d)

[5] Conexão Rede com Ponte

Trata-se de um caso especial, cuja ponte é o ramo contendo o capacitor C_2, tal como na fig.11.12(a).

Para a solução devemos converter o triângulo ABC , na configuração estrela OA-OB-OC da fig.11.12(b). Esta operação será dada no exemplo a seguir.

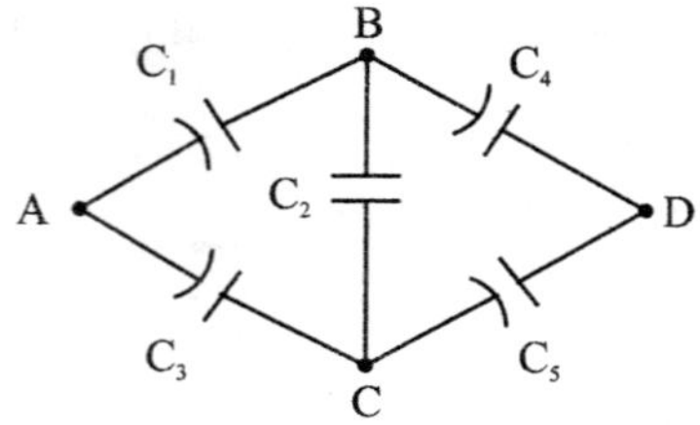

fig 11.12(a)

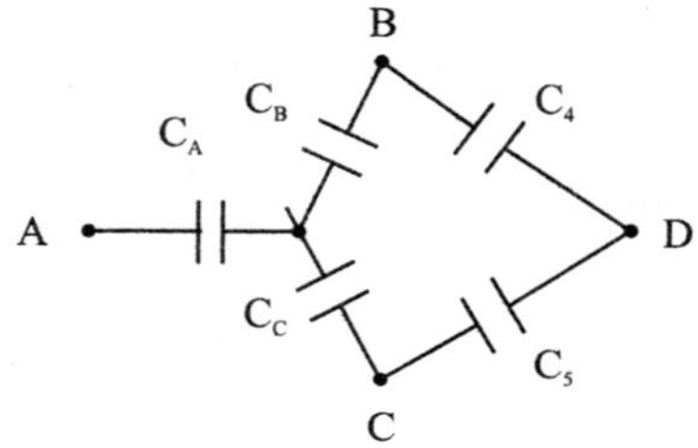

fig 11.12(b)

Exemplo 11.13

Dada a conexão da capacitores em triângulo, fig.11.13(a), convertê-la na equivalente disposição em estrela, fig.11.13(b).

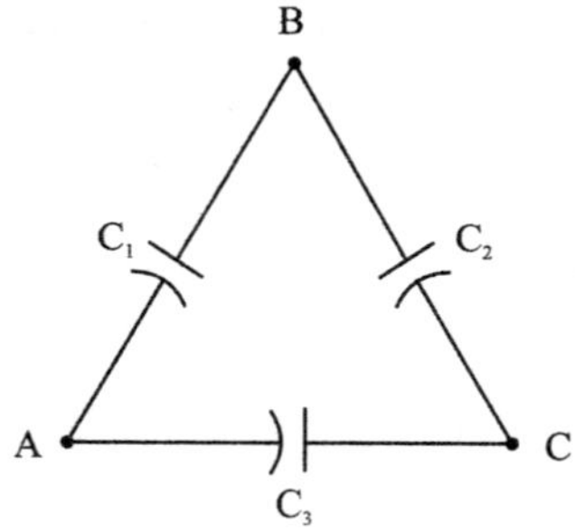

fig 11.13(a)

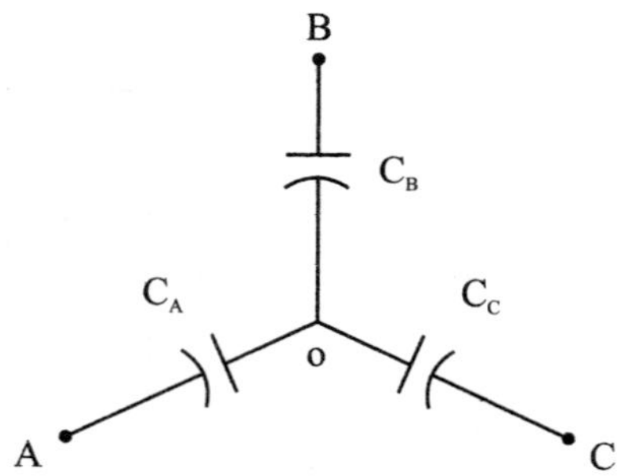

fig 11.13(b)

A equivalência entre as duas configurações é feita expressando as capacitâncias da conexão em estrela em função das capacitâncias da conexão em triângulo ou delta, como também se denomina.

(1) Na conexão triângulo: a capacitância entre os pontos A e B é,

$$C_{AB} = C_1 + C_{23} = C_1 + \frac{1}{\dfrac{1}{C_2} + \dfrac{1}{C_3}}$$

Efetuadas as operações de modo convenientes, encontramos:

$$C_{AB} = \frac{C_1C_2 + C_1C_3 + C_2C_3}{C_2C_3}$$

Para economizar labor, ponhamos, $s = C_1C_2 + C_1C_3 + C_2C_3$, de modo a reescrevemos o resultado acima como,

$$C_{AB} = \frac{S}{C_2C_3} \qquad (1)$$

(2) Na conexão estrela: a capacitância entre os pontos A e B é:

$$\frac{1}{C_{AB}} = \frac{1}{C_A} + \frac{1}{C_B}$$

A vista do resultado (1) , concluímos:

$$\frac{1}{C_A} + \frac{1}{C_B} = \frac{C_2 + C_3}{s} \qquad (2)$$

Com procedimento análogo, obtemos expressões análogas para B e C e para C e A, dadas a seguir:

$$\frac{1}{C_B} + \frac{1}{C_C} = \frac{C_1 + C_3}{s} \qquad (3)$$

$$\frac{1}{C_A} + \frac{1}{C_C} = \frac{C_1 + C_2}{s} \qquad (4)$$

Somando ordenadamente os resultados (2), (3) e (4) e eliminando o fator comum 2, obtemos:

$$\frac{1}{C_A}+\frac{1}{C_B}+\frac{1}{C_C}=\frac{C_1+C_2+C_3}{s} \tag{5}$$

De (5) subtraindo (3), encontramos, após as devidas simplificações:

$$\frac{1}{C_A}+\frac{C_2}{S}$$

De onde, concluímos que,

$$C_A=\frac{C_1C_2+C_1C_3+C_2C_3}{C_2} \tag{11.15a}$$

De (5) subtraindo (4), e efetuando as demais operações e usando do procedimento já visto, obtemos:

$$C_B=\frac{C_1C_2+C_1C_3+C_2C_3}{C_3} \tag{11.15b}$$

Finalmente, de (5) subtraindo (2) e procedendo de modo similar, achamos,

$$C_C=\frac{C_1C_2+C_1C_3+C_2C_3}{C_1} \tag{11.15c}$$

Exemplo 11.14

Dados corpos condutores A e B com cargas elétricas Q_A e Q_B, iniciais, e capacitâncias respectivas, C_A e $C_{B.}$ Se A é posto em contato com B e depois eles são separados, qual é a carga elétrica que cada um passa a deter?

Quando os corpos entram em contato, a carga elétrica passa do corpo de maior potencial elétrico para o menor potencial elétrico, até dar-se a equalização dos potenciais. Sendo V esse potencial equalizado, então temos, antes do contato:

$$Q_A=C_AV \text{ e } Q_B=C_BV \tag{11.16a}$$

E, no contato:

$$Q_A+Q_B=V(C_A+C_B) \tag{11.16b}$$

donde se segue que,

$$V = \frac{Q_A + Q_B}{C_A + C_B}$$

Sejam Q_A' e Q_B' as cargas elétricas dos condutores após a separação; então,

$$\frac{Q_A + Q_B}{C_A + C_B} = \frac{Q_A'}{C_A} = \frac{Q_B'}{C_B}$$

que nos permite concluir que:

$$Q_A' = \left(\frac{Q_A + Q_B}{C_A + C_B}\right) C_A \qquad (11.16c)$$

$$Q_B' = \left(\frac{Q_A + Q_B}{C_A + C_B}\right) C_B \qquad (11.16d)$$

Estes resultados, em particular, vêm esclarecer o aspecto quantitativo da eletrização por contato, abordada no item 1.7.

11.10. Forças Sobre Capacitores

O fato das armaduras de um capacitor terem polaridades opostas significa que elas são mutuamente atraídas por forças elétricas. Então, a estrutura do capacitor deverá contrabalançar tais forças com forças mecânicas que se manifestam nela. A análise das forças agentes nas placas de um capacitor é feita sob duas condições: [1ª] com carga elétrica constante, Q = cte; e [2ª] com diferença de potencial constante ou V = constante.

[1ª] Capacitor com Q = cte.

Num capacitor com as armaduras em equilíbrio tem-se a igualdade das forças elétricas, F, e mecânicas, $F_m = -F$. Admitindo que uma das placas sofra um deslocamento infinitesimal, dL, podemos definir o trabalho elementar realizado pela força externa, que causará um aumento de energia potencial elétrica do capacitor, ou seja:

$$dW = -\,dU = -\,F_c \cdot dL = -\,FdL$$

de onde, a componente da força elétrica na direção L :

$$F_L = -\left.\frac{dU}{dL}\right]_{Q} \quad (11.17a)$$

Mas pela equação (11.10b), temos,

$$dU = \frac{1}{2} Q\, dV \quad (11.17b)$$

E por sua vez, $dV = -Q\, dC/C^2$, de onde se segue que,

$$dU = \frac{1}{2} Q^2 \frac{dC}{C^2} = \frac{1}{2} V^2 dC \quad (11.17c)$$

E portanto,

$$F_L = \frac{1}{2} V^2 \frac{dC}{dL} \quad (11.17d)$$

Particularizando para um capacitor plano-paralelo (sem a bateria), para o qual temos, $V = E\, L$ e $dC/dL = -\varepsilon_o S/L^2$, podemos concluir que,

$$F = -\frac{1}{2} \varepsilon_o E^2 S \quad (11.17e)$$

ou também, em termos de pressão eletrostática,

$$\frac{F}{S} = -\frac{1}{2} \varepsilon_o E^2 \quad (11.17f)$$

O sinal (-) indica a atração das armaduras. Note a compatibilidade deste resultado com a equação (10.3h), do ex.10.3.

[2ª] Capacitor com V = cte.

Para termos o capacitor com a ddp constante devemos ligá-lo a uma bateria, fig.11.15, ficando agora o sistema capacitor-bateria.

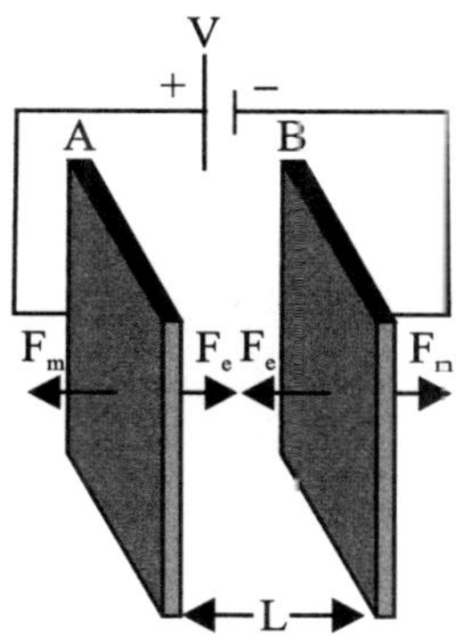

fig 11.15

O trabalho realizado pela bateria, redunda em perda de energia elétrica, – dU , do sistema, de modo que agora a expressão (11.14a) passa a ser,

$$F_L = -\left.\frac{dU}{dL}\right|_V$$

Tendo em conta agora que, –dU = – ½ VdQ e dQ = VdC, podemos concluir, analogamente, que:

$$F = +\frac{1}{2}\varepsilon_o E^2$$

Instrumentos de medidas elétricas, como o voltímetro eletrostático e o eletrômetro de disco atraído são construídos levando em conta estes princípios.

11.11. Coeficientes de Capacitância e de Potenciais

Seja um sistema eletrostático com n condutores de cargas elétricas, Q_1 , Q_2, ..., Q_n e potenciais elétricos respectivos conhecidos, V_1 , V_2 . . . V_n . Então, podemos colocar a carga elétrica de cada um deles em função linear de seu próprio potencial elétrico e dos potenciais elétricos dos demais condutores, conforme se segue:

$$
\begin{aligned}
Q_1 &= C_{11}V_1 + C_{12}V_2 + \ldots + C_{1n}V_n \\
Q_2 &= C_{21}V_2 + C_{22}V_2 + \ldots + C_{2n}V_n \\
&\ldots\ldots\ldots\ldots\ldots\ldots\ldots\ldots\ldots \\
Q_n &= C_{n1}V_2 + C_{n2}V_2 + \ldots + C_{nn}Vn
\end{aligned}
\qquad (11.18a)
$$

ou, de forma compacta:

$$Q_j = \sum_{j=1}^{n} C_{ij}V_j \qquad (11.18b)$$

onde os Cij recebem o nome de coeficientes de capacitância e dependem apenas da configuração geométrica dos condutores. Os Cii são chamados de capacitâncias próprias enquanto que os Cij , de capacitâncias mútuas, e satisfazem as propriedades seguintes: (a) $C_{ii} = C_{jj}$; (b) $C_{ij} = C_{ji}$; (c) $C_{ii} > 0$; e (d) $C_{ij} < 0$. O sistema de equações (11.18a) pode ser posto sob forma de matriz quadrada, ora simbolizada por:

$$|Q| = |C||V| \qquad (11.18c)$$

O problema também pode ser equacionado de maneira alternativa, colocando-se os potenciais elétricos como funções lineares das cargas elétricas, através de novos coeficientes de potenciais, p_{ij}. Para o mesmo sistema de condutores, temos:

$$
\begin{aligned}
V_1 &= p_{11}Q_1 + p_{12}Q_2 + \ldots + p_{1n}Q_n \\
V_2 &= p_{21}Q_1 + p_{22}Q_2 + \ldots + p_{2n}Q_n \\
&\ldots\ldots\ldots\ldots\ldots\ldots\ldots\ldots\ldots \\
V_n &= p_{n1}Q_1 + p_{n2}Q_2 + \ldots + p_{nn}Q_n
\end{aligned}
\qquad (11.19a)
$$

ou, sucintamente,

$$Vj = \sum_{j=1}^{n} p_{ij}Q_j \qquad (11.19b)$$

De igual modo o sistema (11.19a) pode ser apresentado sob forma matricial, como:

$$|V| = |P||Q| \tag{11.19c}$$

onde | P | é a matriz inversa de | C |, sendo também simétrica. Designando por Δ o determinante formado pelos elementos P_{ij} , os elementos C_{ij} estão relacionados com aqueles mediante,

$$C_{ij} = \frac{(\text{adjunto } P_{ij})}{\Delta} \tag{11.19d}$$

Exemplo 11.15

Para três condutores constituindo um sistema eletrostático isolado, conforme a fig.11.16. , obter as equações lineares das cargas elétricas, Q_1 , Q_2 e Q_3 em função dos potenciais elétricos respectivos, V_1 , V_2 , V_3 e das capacitâncias indicadas.

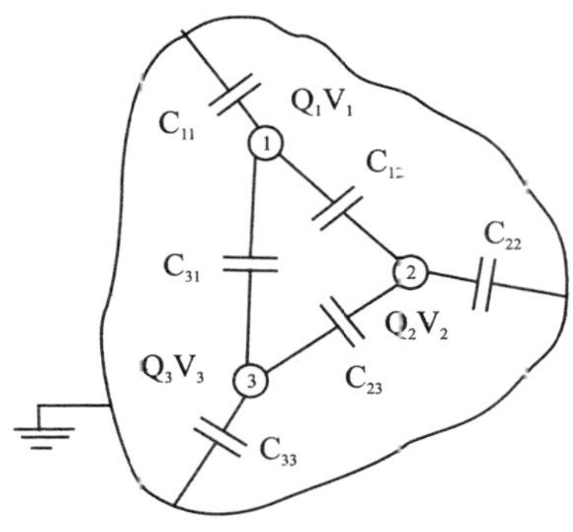

fig 11.16

Admitamos que os potenciais elétricos dados são unívocos com referência ao sistema dos condutores. Então, podemos estabelecer um primeiro estado de equilíbrio eletrostático do sistema em que $V_1 \neq 0$, com $V_2 = 0$ e $V_3 = 0$. As relações entre as cargas elétricas dos condutores e V_1 , são :

$$Q_1 = C_{11}V_1 \; ; \; Q_2 = C_{21}V_1 \quad \text{e} \quad Q_3 = C_{31}V_1$$

Um segundo estado de equilíbrio eletrostático possível é aquele em que $V_2 \neq 0$, tendo , $V_1 = 0$ e $V_3 = 0$, facultando que se tenham:

$$Q_1 = C_{12}V_2 \; ; \; Q_2 = C_{22}V_2 \quad e \quad Q_3 = C_{32}V_2$$

Um terceiro estado de equilíbrio eletrostático do sistema é aquele em que $V_3 \neq 0$, quando temos $V_1 = 0$ e $V_2 = 0$, possibilitando que tenhamos:

$$Q_1 = C_{13}V_3 \; ; \; Q_2 = C_{23}V_3 \quad e \quad Q_3 = C_{33}V_3$$

Fazendo, agora, a superposição dos três estados, que é também um estado possível, obtemos:

$$\begin{aligned} Q_1 &= C_{11}V_1 + C_{12}V_2 + C_{13}V_3 \\ Q_2 &= C_{21}V_1 + C_{22}V_2 + C_{23}V_3 \\ Q_3 &= C_{31}V_1 + C_{32}V_2 + C_{33}V_3 \end{aligned} \qquad (11.20a)$$

Observemos que no caso especial de um capacitor que tem $C_{11} = -C_{12}$, quando fazemos $V_2 = 0$, a equação linear pertinente é:

$$Q_1 = C_{11}V_1 + C_{12}V_2 = C_{11}(V_1 - V_2) \qquad (11.20b)$$

onde reencontramos daí, a definição de capacitância do capacitor:, como:

$$C_{11} = \frac{|Q_1|}{V_1 - V_2} \qquad (11.20c)$$

Exercício 11.5

Achar a capacitância equivalente do banco da fig.11.14, onde os valores indicados estão em μ F.

R. 6,25 μF

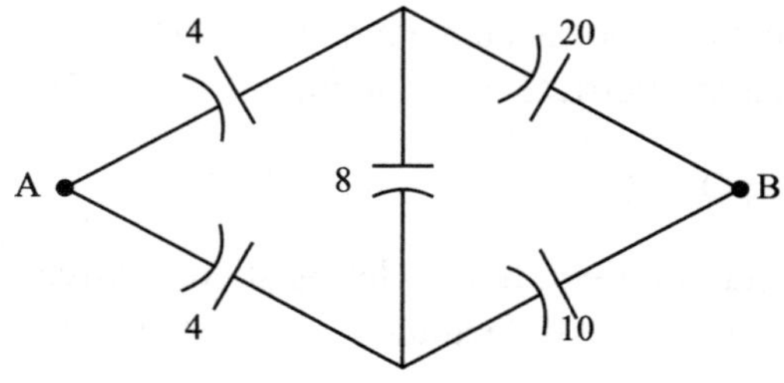

fig 11.14

Exercícios

1) Um capacitor plano-paralelo, com armaduras de 200 cm2 e separadas de 5mm está submetido a uma ddp de 120 V. Calcular a capacitância eletrostática e a carga eléterica nela acumulada.

R. 35,4 pF; 4,25 nC.

2) Um capacitor plano-paralelo, com armaduras de 12 cm2 e separadas de 4mm por uma placa de vidro de $\varepsilon r = 4$. Se a carga elétrica da armadura é de 2,12 nC, determinar a capacitância eletrostática e a ddp a que ele está submetido.

R. 10,6 pF; 200 V.

3) Um aro de raio 13,5 cm, de material condutor, tem a carga elétrica distribuída linearmente. Achar a capacitância eletrostática nas suas proximidades.

R. 15 pF.

4) Uma esfera condutora de raio 5,4 cm e tem a sua carga elétrica distribuída uniformemente. Calcular a capacidade eletrostática nas suas proximidades.

R. 6 pF.

5) Achar a capacitância equivalente do banco da fig.11.14, onde os valores indicados estão em μF.

R. 6,25 μF.

12. POLARIZAÇÃO DE DIELÉTRICOS

12.1. Introito

O dielétrico, ao contrário do condutor, não possui cargas elétricas livres, mas ligadas. A aplicação de um campo elétrico externo numa amostra de um material dielétrico provoca neleo fenômeno de polarização elétrica, como já frisamos no item 1.5, que é a separação das suas cargas elétricas negativas e positivas, convertendo-o num grande dipolo elétrico induzido, fig.12.1. Na polarização elétrica não são criadas novas cargas elétricas, já que material dielétrico permanece eletricamente neutro e o efeito coletivo ou macroscópico que manifesta na superfície, é resultante do processo de superposição de polarização que acontece de forma microscópica .

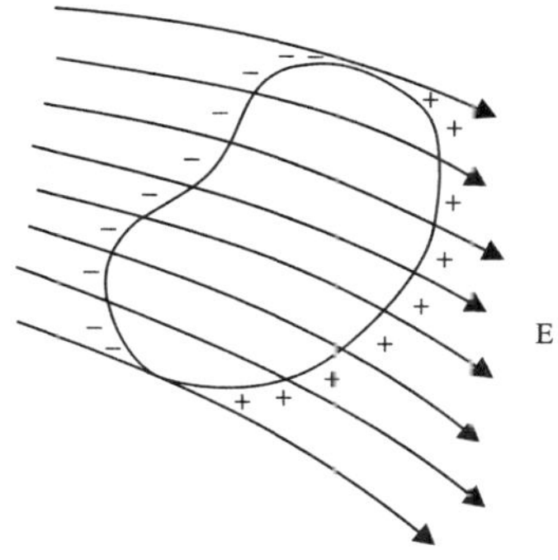

fig 12.1

Nesta seção estudaremos os dielétricos chamados ideais, que são aqueles que gozam de homogeneidade, isotropia e linearidade. E as moléculas que neles se apresentam são de dois tipos: moléculas não polares, em geral monoatômicas, e moléculas polares.

[1].Dielétrico de Moléculas Não-Polares:

Dielétrico de moléculas nãopolares são constituídos por moléculas monoatômicas que apresentam simetria esférica, a exemplo do hidrogênio, do oxigênio ou dos gases nobres, nas quais o centro de distribuição de carga eletrônica coincide com o centro elétrico de distribuição da carga positiva ou núcleo, conforme ilustrado na fig.12.2(a). Neste modelo, a molécula não polar não apresenta polarização elétrica espontânea ou natural. Quando um dielétrico da espécie é submetido a ação de um campo elétrico externo, cada molécula tem o seu centro elétrico das cargas negativas deslocado relativamente do centro elétrico das cargas positivas, resultando na polarização por deslocamento, como a ilustrada na fig.12.2(b), onde as cargas elétricas se deslocam ligeiramente do centro elétrico, convertendo a molécula num dipolo elétrico induzido, que permanece nesse estado até que o campo elétrico seja removido, quando, então, cada molécula recuperará o seu estado de origem. Este comportamento elétrico da molécula não polar, torna-a similar a um diminuto sistema elástico que se deforma pela ação do campo elétrico aplicado e recupera a sua configuração original, pela ação de forças restauradoras, internas, oriundas do enlace químico. A fig.12.2(c) ilustra a representação de uma amostra de um dielétrico com a polarização induzida, cujas moléculas comportam-se como diminutas molas.

Cabe observar que o deslocamento em questão é pequeno em relação ao tamanho da molécula, e que o trabalho realizado sobre a molécula fica armazenado sob a forma de energia potencial. A polarização por deslocamento é também chamada de eletrônica e quando acontece com íons é denominada de iônica.

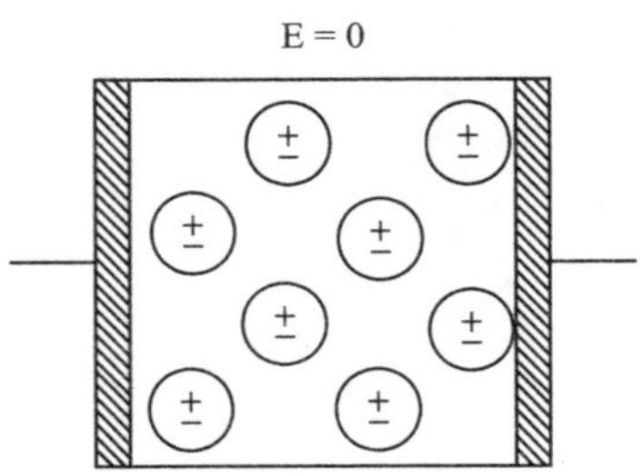

fig 12.2(a)

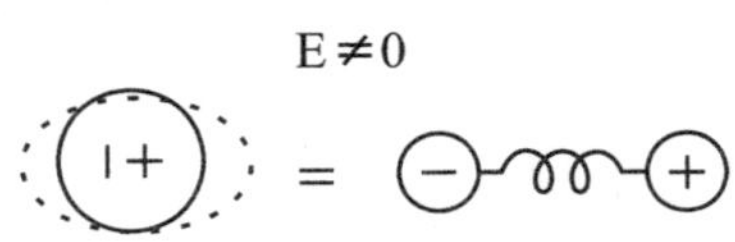

fig 12.2(b)

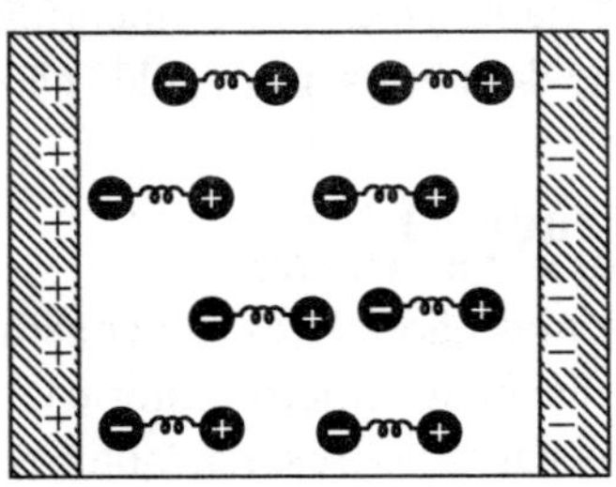

fig 12.2(c)

[2] Dielétrico de Moléculas Polares:

O dielétrico de moléculas polares é assim chamado porque as suas moléculas são normalmente dipolos elétricos permanentes, a exemplo da água e do monóxido de carbono. No seu estado natural as moléculas polares não apresentam qualquer efeito coletivo de polarização, já que elas estão orientadas ao acaso e em movimento constante, portanto sob agitação térmica. Obviamente, neste tipo de molécula não há a coincidência dos centros elétricos das cargas negativas e positivas.

Na fig.12.3(a) representamos uma amostra de dielétrico de moléculas polares, na ausência de campo elétrico; e na fig.12.3(b) a mesma amostra representada, alternativamente, pelos seus dipolos elétricos permanentes, onde a separação das cargas elétricas é indicada por uma haste rígida e não por uma mola, como no caso anterior. A aplicação do campo elétrico externo, sobre ela faz com que as moléculas polares sofram rotações (devido a torques) que tendem alinhá-las na direção do campo - o que equivale ao alinhamento dos momentos de dipolos elétricos permanentes no sentido concordante com ele, como ilustrado. A polarização elétrica resultante, chamada de polarização de orientação, exerce certo controle sobre a agitação térmica do dielétrico, já que se observa uma diminuição de temperatura durante o processo da polarização. Obviamente, nesse tipo de polarização também tem-se o efeito de deformação na molécula polarizada, já que este fato é uma propriedade geral da matéria polarizada.

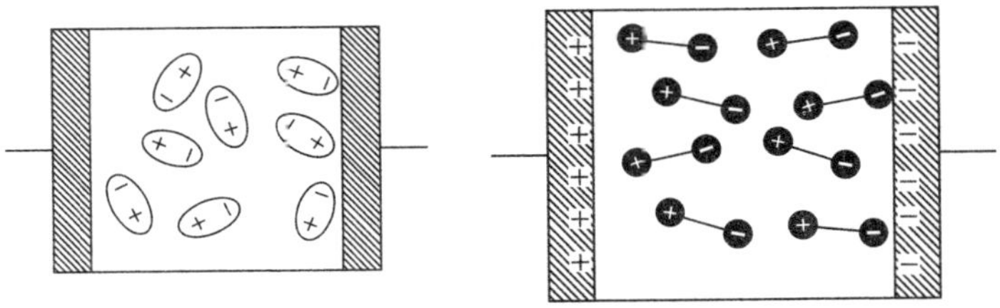

fig 12.3(a) fig 12.3(b)

12.2. Vetor Polarização Elétrica

Os aspectos qualitativos de polarização elétrica dados a conhecer até agora, completar-se-ão com tratamento quantitativo. Para esse escopo vamos considerar uma porção de dielétrico polarizado, onde delineamos um volume elementar Δv, que contém um número muito grande de dipolos elétricos individuais, p_i, cujo momento de dipolo elétrico total seja $\Delta p = \sum p_i$. Então, define-se polarização elétrica média, P_{med}, como a relação entre a quantidade de momento de dipolo elétrico total pelo volume que o encerra,

$$P_{med} = \frac{\Delta p}{\Delta v} \tag{12.1a}$$

Do ponto de vista macroscópico, define-se para cada ponto do meio dielétrico, a função pontual, $\mathbf{P} = \mathbf{P}(x, y, z)$, denominada vetor polarização elétrica, mediante,

$$\mathbf{P} = \lim_{\Delta \to 0} \frac{\Delta p}{\Delta v} = \frac{dp}{dv} \tag{12.1b}$$

onde **P** tem o mesmo sentido do campo elétrico aplicado. Neste aspecto coletivo, o vetor polarização elétrica sofre flutuações no espaço e no tempo, mas que serão afinal negligenciadas sempre que se considera um volume macroscopicamente pequeno.

Do ponto de vista microscópico da matéria polarizada, designado por $\mathbf{p}_m$, o momento dipolar médio de uma molécula, e representando por N o número de moléculas polarizadas por unidade de volume, tem-se a definição alternativa do vetor polarização elétrica como sendo:

$$\mathbf{P} = N\, \mathbf{p}_m \tag{12.1c}$$

Numa situação mais geral a polarização elétrica de um material dielétrico é dada pela composição da polarização de deslocamento, ora designada por $\mathbf{P}_\alpha$, e da polarização de orientação, $\mathbf{P}_\theta$, isto é,

$$\mathbf{P} = \mathbf{P}_\alpha + \mathbf{P}_\theta \tag{12.1d}$$

A unidade SI de polarização elétrica é o Coulomb/metro quadrado, abrevia-se C/m^2. Dimensão: $|P| = L^{-2} Q$

É interessante termos em mente que: (1) um volume macroscopicamente pequeno é considerado da ordem de $(10^{-5}cm)^3$; (2) N é da ordem de 10^{28} átomos/m^3 para sólidos e líquidos em geral, e 10^{25}átomos/m^3, para gases em CNTP; (3) e **p** é da ordem 10^{-30}C.m (=carga do elétron, 10^{-19}C vezes a ordem da dimensão da molécula 10^{-10} m).

Exemplo 12.1.

Uma placa de material dielétrico é polarizada uniformemente, mediante a aplicação de um campo elétrico externo perpendicular a ela, fig.12.4. Sendo ρ_{SP} a densidade superficial de carga elétrica induzida, mostrar que a polarização elétrica é a medida dessa quantidade.

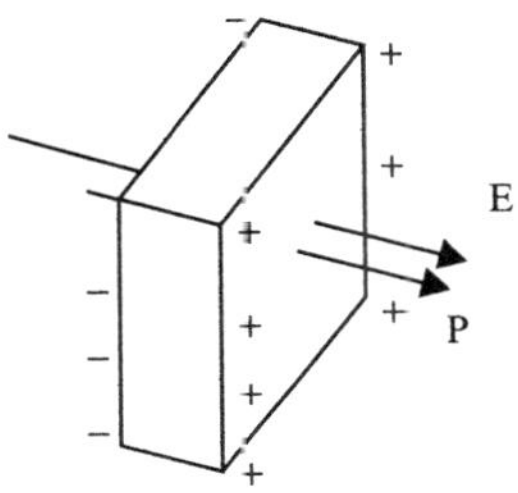

fig 12.4

Temos, em qualquer ponto da placa, em módulo,

$$P = \frac{dp}{dv} = cte$$

Para o elemento de volume tomado na placa, dv = L dS, tem-se dp = L dQ. Então,

$$P = \frac{LdQ}{LdS}$$

$$\mathbf{P} = \rho_{SP}\hat{\mathbf{e}}_n \qquad (12.1e)$$

Observe-se que este resultado não depende da forma do material polarizado, nem de suas dimensões. Do ponto de vista microscópico, também temos, NpdS = PdS, de onde se segue que $P_n = \rho_{SP}$.

Exemplo 12.2

Uma placa de material dielétrico, submetida a um campo elétrico, apresenta polarização elétrica não uniforme, com densidade de carga de polarização, ρ_P. Mostrar que ρ_P = - div P.

Destaquemos um elemento de volume dv, do material dielétrico polarizado, como se vê ampliado na fig.12.5. Admitindo que as moléculas contidas no volume selecionado cruzem a interface S, na mesma direção do campo elétrico aplicado, detendo a carga elétrica +Q, e temos,

$+Q = \int_s \mathbf{P} \cdot \mathbf{dS}$

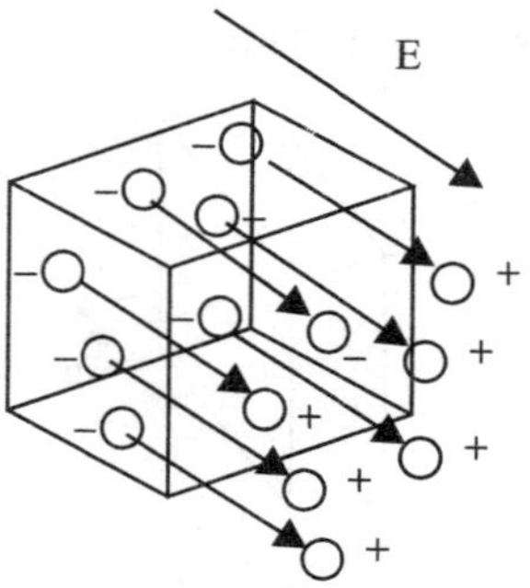

fig 12.5

Em contrapartida, no interior do mesmo volume, tem-se, em média, a carga elétrica – Q, mensurada por,

$-Q = -\int_v \rho_P \, dv$

Como para a amostra tem-se (+Q) + (-Q) = 0, podemos concluir que,

$$\int_v \rho_P \, dv = \int_s \mathbf{P} \cdot \mathbf{dS} \qquad (12.2a)$$

A aplicação do teorema da divergência ao segundo membro da equação acima, faculta a transformação desejada que é:

$\int_v \rho_P \, dv = \int_v (-\,\text{div } P) \, dv$

Por ser o volume v arbitrário, podemos concluir que:

$$\rho_P = -\,\text{div } \mathbf{P} \qquad (12.2b)$$

Exemplo 12.3.

Confinado num recinto, temos N moléculas monoatômicas de hidrogênio por unidade de volume. Submetendo-as a um campo elétrico uniforme, E_o, determinar, numa primeira aproximação, a polarização elétrica decorrente.

Consideremos o modelo do átomo de hidrogênio com a carga do elétron distribuída uniformemente, constituindo uma nuvem eletrônica. Sobre cada átomo estão presentes duas forças: a força do campo elétrico, eE_o , que causa um deslocamento x , relativo dos centros de cargas que é igual a força Coulombiana, dada conforme (7.11c), de módulo,

$$eE_o = \frac{1}{4\pi\varepsilon_o}\frac{e^2 x}{a^3} \qquad (12.3a)$$

(há ainda a força restauradora, – kx , não será analisada). O centro de cargas de cada átomo, sofrerá o deslocamento,

$$x = \frac{4\pi\varepsilon_o a^3 E_o}{e}$$

O momento de dipolo elétrico induzido de cada átomo, tem módulo,

$$p = e\,x = 4\pi\varepsilon_o\, a^3\, E_o \qquad (12.3b)$$

De onde a polarização elétrica,

$$\mathbf{P} = N\mathbf{p} = (N\,4\pi\varepsilon_o\, a^3)\mathbf{E}_o \qquad (12.3c)$$

O fator entre parênteses tem dimensão de ε_o; e se fizermos, $\alpha = N4\pi\varepsilon_o\, a^3$, podemos realçar a relação de proporcionalidade entre **P** e $\mathbf{E}_o$, escrevendo,

$$\mathbf{P} = \alpha\,\mathbf{E}_o \qquad (12.3d)$$

12.3. Campo Elétrico Exterior de um Dielétrico Polarizado

Seja um meio dielétrico qualquer, polarizado, de volume v e superfície S, que o limita. Tomemos no seu interior um volume diferencial dv' , locado por r' , o qual está associado o momento de dipolo elétrico dp = P(r') dv', onde P(r') é suposto conhecido. A polarização elétrica responde pela existência de um campo elétrico no interior do dielétrico, cujo cálculo, para pontos exteriores, convém ser feito por via potencial elétrico, fig.12.6, que ilustra uma situação típica.

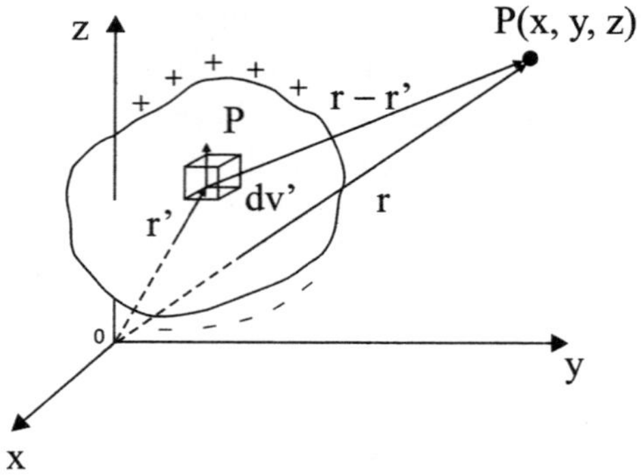

fig 12.6

Consideremos o potencial elétrico, dV, no ponto (x, y, z), produzido pelo momento de dipolo elétrico, **dp** do referido volume infinitesimal. Esse potencial elétrico, diferencial, é dado por:

$$dV = K_o \frac{\mathbf{dp}.\hat{\mathbf{e}}_{r'r}}{|\mathbf{r} - \mathbf{r}'|^2} = K_o \frac{\mathbf{P}.\hat{\mathbf{e}}_{r'r}}{|\mathbf{r} - \mathbf{r}'|^2} dv' \qquad (12.4a)$$

onde a distância |**r** - **r'**| é admitida muito maior que a dimensão linear do volume escolhido. A última expressão pode ser convenientemente substituída pelo gradiente de 1/ |**r** - **r'**|, referido a **r'**, ou seja:

$$\frac{\hat{\mathbf{e}}_{r'r}}{|\mathbf{r} - \mathbf{r}'|^2} = \nabla'\left(\frac{1}{|\mathbf{r} - \mathbf{r}'|}\right) \qquad (12.4b)$$

Introduzindo este recurso em (12.4a), virá,

$$dV = K_o \mathbf{P} \cdot \nabla'\left(\frac{1}{|\mathbf{r} - \mathbf{r}'|}\right) dv' \qquad (12.4c)$$

Por sua vez, o produto escalar indicado é termo da identidade:

$$\nabla'\left(\frac{1}{R}\mathbf{P}\right) = \left(\frac{1}{R}\right)\nabla' \cdot \mathbf{P} + \mathbf{P} \cdot \nabla'\left(\frac{1}{R}\right)$$

onde fizemos R = |r - r'| para melhor apresentação da identidade; substituindo na expressão acima e integrando, obtemos,

$$V = K_o \int_V \nabla' \left(\frac{\mathbf{P}}{|\mathbf{r} - \mathbf{r}'|} \right) dv' + K_o \int_V - \frac{1}{|\mathbf{r} - \mathbf{r}'|} (\nabla' \cdot \mathbf{P}) dv' \tag{12.4d}$$

Notadamente o 1° termo do 2° membro pode ser transformado em integral de superfície, pelo teorema da divergência. Isto feito, obtemos:

$$V = K_o \int_S \frac{\mathbf{P} \cdot dS'}{|\mathbf{r} - \mathbf{r}'|} + K_o \int_V \frac{-\nabla' \cdot \mathbf{P}}{|\mathbf{r} - \mathbf{r}'|} dv' \tag{12.4e}$$

onde, na 1° integral, o numerador é a densidade superficial de carga latente, ρ_{SP}, conforme (12.1e); enquanto que na 2ª integral o numerador é a densidade volumétrica de carga de polarização, ρ_P, conforme (12.2b), de modo que em resumo temos,

$$\rho_{SP} = \mathbf{P} \cdot \hat{\mathbf{e}}_n = P_n \tag{12.5a}$$

$$\rho_P = - \nabla \cdot \mathbf{P} \tag{12.5b}$$

Estes dois resultados são importantes porque mostram que um dielétrico polarizado pode ser substituído por suas distribuições de cargas de polarização e cargas latentes; introduzindo-as na equação (12.4d), obtemos,

$$V = K_o \int_S \frac{\rho_{SP}}{|\mathbf{r} - \mathbf{r}'|} dS' + K_o \int_V \frac{\rho_S}{|\mathbf{r} - \mathbf{r}'|} dv' \tag{12.5c}$$

Sob esta forma o potencial elétrico fica evidenciado pelas suas fontes geradoras: as cargas latentes e as de polarização, que se excedem na superfície, compondo duas regiões opostas e as que se acumulam no seio do dielétrico polarizado.

Para o cálculo da intensidade de campo elétrico a partir do potencial elétrico de (12.5c), convém tomarmos a seguinte transformação do gradientes,

$$-\nabla \left(\frac{1}{|\mathbf{r} - \mathbf{r}'|} \right) = \nabla \left(\frac{1}{|\mathbf{r} - \mathbf{r}'|^2} \right)$$

E aplicar sobre (12.4c), de modo a obtermos,

$$\mathbf{E} = K_o \int_S \frac{\rho_{SP}}{|\mathbf{r} - \mathbf{r'}|^2}\, dS + K_o \int_V \frac{\rho_{SP}}{|\mathbf{r} - \mathbf{r'}|^2} \qquad (12.5d)$$

Este resultado é geral e válido igualmente para pontos internos do meio dielétrico polarizado. Para tornar clara esta afirmação, vamos considerar alguns casos particulares e depois retornamos ao aspecto geral.

12.4. Campo Elétrico Interno num Dielétrico Polarizado

Admite-se que uma molécula não modifica o estado de polarização da sua vizinha e, portanto um possível campo elétrico de interação entre as moléculas é ignorado. Contudo cada molécula polarizada detém um campo elétrico próprio que tende a se opor ao campo elétrico aplicado. Então, do ponto de vista macroscópico, um dielétrico polarizado, fig.12.7(a), está presente o campo elétrico aplicado, E_o , e opondo-se a ele, o campo elétrico despolarizante, E_d , devido às cargas latentes da superfície externa do dielétrico, cujo campo elétrico resultante, E_i , é chamado de campo interno,

$$\mathbf{E}_i = \mathbf{E}_o - \mathbf{E}_d \qquad (12.6a)$$

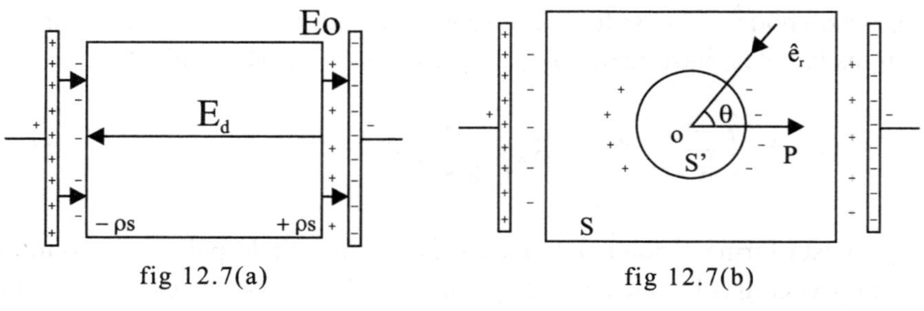

fig 12.7(a) fig 12.7(b)

É evidente que $E_i < E_o$ e tem o mesmo sentido de E_o ; e em virtude de (11.6b), temos, $\varepsilon_r = E_o/E_i$ e também podemos concluir que $E_d = - P/\varepsilon_o$.

Na realidade, quando se considera o ponto de vista microscópico e se quer definir campo elétrico interno ou sobre uma molécula, o conceito de força por carga deixa de ser adequado, já que a molécula tendo movimento incessante, o seu campo elétrico varia a cada instante e em cada ponto. Para contornar esta dificuldade, define-seum campo elétrico interno ou molecular, $\mathbf{E}_i$', mediante o concurso de uma cavidade imaginária, tomada no interior do dielétrico, de raio suficientemente grande para que um ponto interno dela possa ser considerado como exterior ao dielétrico, fig.12.7(b), e na qual se tenha um grande número de moléculas polarizadas. Por conseguinte, o campo elétrico interno, $\mathbf{E}_i$', será a composição do campo elétrico externo, $\mathbf{E}_o$, campo elétrico gerado pelas cargas latentes da superfície da cavidade, $\mathbf{E}_{S'}$, e campo elétrico dos dipolos elétricos dentro da cavidade, $\mathbf{E}_P$,ou seja,

$$\mathbf{E}_i' = \mathbf{E}_o + \mathbf{E}_{S'} + \mathbf{E}_P \qquad (12.6b)$$

Na polarização de dielétrico gasoso ou líquido as moléculas polarizadas têm suas interações mútuas desprezadas ou nulas, o que resulta em termos $\mathbf{E}_P = 0$, e a equação acima se reduz para,

$$\mathbf{E}_i' = \mathbf{E}_o + \mathbf{E}_{S'} \qquad (12.6c)$$

supondo $\mathbf{E}_o$ conhecido, o cálculo de $\mathbf{E}_{S'}$ será feito no exemplo a seguir.

Exemplo 12.4.

Dado um dielétrico polarizado uniformemente pelo campo elétrico externo, E_o , calcular o campo elétrico devido às cargas latentes na superfície de uma cavidade esférica de raio r suficientemente grande e estabelecer o campo elétrico interno, no seu centro.

Na cavidade esférica S', fig. 12.7(b), a densidade superficial de carga de polarização, é $\rho_{SP} = P_n = -\mathbf{P}\cos\theta$, por (12.5a), e o campo elétrico decorrente de cargas latentes contido em dS', vale,

$$d\mathbf{E}_{s'} = K_o \frac{-P\cos\theta}{r^2} dS'(-\hat{\mathbf{e}}_r)$$

Devido a simetria esférica, apenas as componentes de $\mathbf{E}_{S'}$ paralelas ao vetor polarização **P** serão consideradas, já que nas outras direções elas são mutuamente canceladas, ou seja, $(dE_S')_{\|} = dE_S'\cos\theta$, de modo que temos, em módulo,

$$\left(d\mathbf{E}_{s'}\right)_{\|} = K_o \frac{P\cos^2\theta}{r^2} dS'$$

sendo $dS' = r^2 \operatorname{sen}\theta \, d\theta \, d\varphi$, a integração sobre toda a superfície esférica é,

$$E_{S'} = K_o P \int_o^{2\pi} d\varphi \int_o^{\pi} \cos^2\theta \operatorname{sen}\theta \, d\theta$$

As integrais indicadas dão, respectivamente, 2π e 2/3; e substituindo K_o , obtemos,

$$E_{S'} = \frac{P}{3\varepsilon_o} \qquad (12.7a)$$

onde, por simplicidade, abandonamos o subscrito ($_{\|}$). É interessante observar que este resultado não depende da cavidade esférica arbitrada; e tendo em conta (12.6c), temos para o campo elétrico interno,

$$\mathbf{E}_i' = \mathbf{E}_o + \frac{\mathbf{P}}{3\varepsilon_o} \qquad (12.7b)$$

Exemplo 12.5.

A maneira usual de polarizar de um dielétrico sólido é feita colocando-o entre as placas de um capacitor plano-paralelo, fig.12.8, e submetendo-o a um campo elétrico uniforme sob a condição de carga elétrica fixa. Encontrar a relação entre as densidades superficiais de carga de polarização e carga livre, em função da constante dielétrica do material.

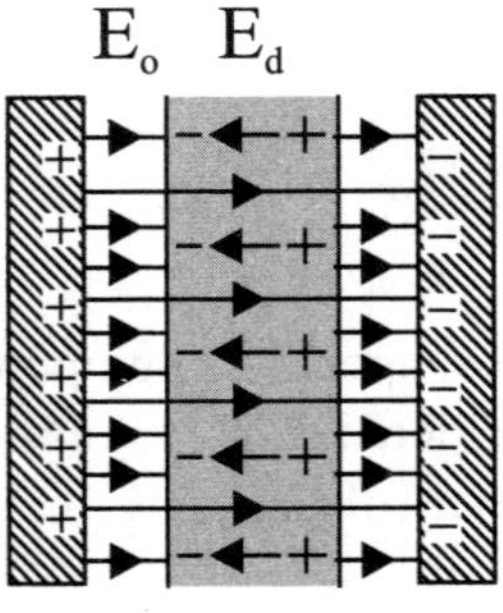

fig 12.8

Dividindo ordenadamente (12.6a) por E_o, obtemos,

$$\frac{E_i}{E_o} = 1 - \frac{E_d}{E_o}$$

fazendo as substituições adequadas, virá,

$$\frac{1}{\varepsilon_r} = 1 - \frac{\rho_{SP} / \varepsilon_o}{\rho_{SP} / \varepsilon_o} \qquad (12.8a)$$

De onde a relação buscada,

$$\frac{\rho_{SP}}{\rho_S} = \frac{\varepsilon_r - 1}{\varepsilon_r} \qquad (12.8b)$$

12.5. Lei de Gauss para Dielétricos

A lei de Gauss estabelecida na seção 7.2, equação (7.5a), relaciona o fluxo de campo elétrico com cargas livres inscritas num volume isolado. Em princípio, não há aplicação lei de Gauss para um meio dielétrico, contudo, se relacionarmos o meio dielétrico com outro que contenha cargas livres (tal como um capacitor) ou se, deliberadamente introduzimos no meio dielétrico algumas delas, então, a lei de Gauss se tornará aplicável a tais situações.

Seja um meio dielétrico polarizado com carga de polarização Q_P e no qual se inclui a carga elétrica livre, Q. Delineando uma gaussiana S , que açambarque ambas as cargas elétricas, a lei de Gauss passa a ser formulada como,

$$\oint_S \mathbf{E} \cdot d\mathbf{S} = 1/\varepsilon_o \left(Q + Q_P\right) \qquad (12.9a)$$

ou de forma alternativa,

$$\oint_S \mathbf{E} \cdot d\mathbf{S} = 1/\varepsilon_o \int_v \left(\rho + \rho_P\right) dv \qquad (12.9b)$$

onde **E** é o campo elétrico total e qualquer destas equações representa lei de Gauss na sua forma mais geral.

Pelo teorema da divergência podemos transformar o 1° membro de (12.9b) na integral de volume correspondente,

$$\int_v \text{div } \mathbf{E} \, dv = \frac{1}{\varepsilon_o} \int_v \left(\rho + \rho_P\right) dv \qquad (12.9c)$$

Como o volume v é arbitrário, vale concluir que:

$$\text{div } \mathbf{E} = \frac{1}{\varepsilon_o}(\rho + \rho_P) \tag{12.9d}$$

E tendo em conta que $\rho_P = -\text{ div } \mathbf{P}$, podemos concluir que,

$$\text{div } (\varepsilon_o \mathbf{E} + \mathbf{P}) = \rho \tag{12.9e}$$

Neste ponto tem-se a definição geral do vetor indução elétrica ou deslocamento elétrico, D , como o termo entre parênteses:

$$\mathbf{D} = \varepsilon_o \mathbf{E} + \mathbf{P} \tag{12.10a}$$

conforme já aludimos no item 7.3, de modo que, (12.9e) converte-se em,

$$\text{div } \mathbf{D} = \rho \tag{12.10b}$$

Esta equação é a forma diferencial àalternativa da lei de Gauss que decorre da forma integral,

$$\oint_S \mathbf{D} \cdot d\mathbf{S} = \int_V \rho dv \tag{12.10c}$$

É interessante observar que o vetor deslocamento elétrico é independente do meio e tem dimensão de densidade de carga elétrica: $| D | = L^{-3}Q$ e $L^{-2}Q$.

Exemplo 12.6.

Seja um dielétrico polarizado uniformemente por um capacitor plano-paralelo, fig.12.9. Obter os valores das grandezas **E** e **D**, dentro e fora do dielétrico.

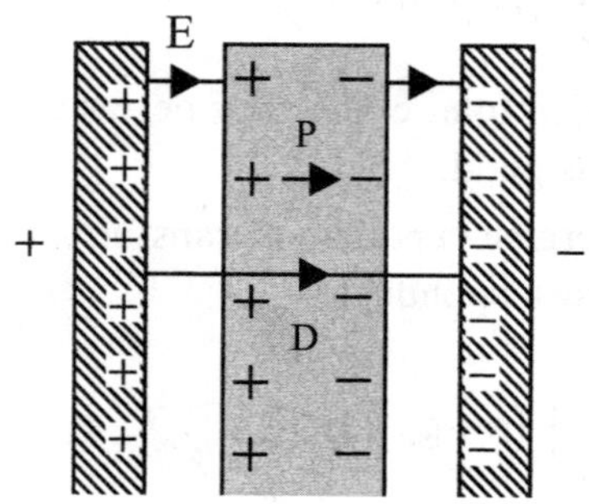

fig 12.9

Temos:

1) fora do dielétrico, onde $P = 0$,

$$E = E_o = \frac{\rho_s}{\varepsilon_o}$$
$$D = D_o = \varepsilon_o E_o = \rho_S \tag{12.11c}$$

dentro do dielétrico:

$$E_i = E_o - E_d = \frac{1}{\varepsilon_o}(\rho_S - \rho_{SP})$$
$$D_i = P + \varepsilon_o E_i = \rho_S + (\rho_S - \rho_{SP}) \tag{12.11d}$$
$$D_i = \rho_S$$

Ficando evidenciado que o vetor deslocamento elétrico tem o mesmo valor dentro e fora do dielétrico, significando que ele depende apenas das cargas livres (equivale dizer que a sua componente normal é contínua ao passar de um meio para o outro) e as suas linhas de força começam e terminam nas cargas livres; já o vetor intensidade de campo elétrico é função de todas as cargas livres e de polarização

Exemplo 12.7.

Um dielétrico polarizado apresenta as densidades volumétricas de carga ρ_f, devido às cargas livres, e densidade volumétrica de polarização, ρ_P , devido às cargas latentes. Sendo a densidade volumétrica total, $\rho_t = \rho_f + \rho_P$, mostrar que a relação entre a densidade de carga livre e a total é igual a permissividade relativa do meio. Usar o divergente na equação (12.9e), como sugestão.

Temos,

div $\mathbf{D}$ = div($\varepsilon_o \mathbf{E}_i + \mathbf{P}$)

Mas, div (ε_o $\mathbf{E}_i$) = div $\mathbf{D}/\varepsilon_r$ e div $\mathbf{P} = -\rho_P$; e, por conseguinte,

$\rho_f = \rho_f / \varepsilon_r - \rho_P$

De onde se segue a relação pleiteada,

$$\frac{\rho_f}{\rho_t} = \varepsilon_r$$

ou também,

$$\rho_f = \varepsilon_r \, \rho_t \tag{12.12e}$$

Este resultado mostra que a densidade de carga total é menor do que a densidade de carga livre, já que a densidade de polarização anula parte daquela. Ademais, quando a polarização elétrica é uniforme, $\rho_P = 0$, e tem-se div **P** = 0, ficando as cargas de polarização distribuídas sobre a superfície do material dielétrico, conforme já vimos.

Exemplo 12.8.

Estabelecer a equação de Poisson para meios dielétricos polarizados.

Como base em (12.9d) temos:

$$\nabla \cdot \mathbf{E} = \frac{\rho_f}{\varepsilon_o}$$

Tendo em conta (12.12e) e que $\varepsilon = \varepsilon_o \, \varepsilon_r$, virá,

$$\nabla \cdot \mathbf{E} = \frac{\rho_f}{\varepsilon} \tag{12.13a}$$

que é a equação de Poisson buscada. Por outro lado, como $\mathbf{E} = -\nabla$ V, também podemos concluir que,

$$\nabla^2 V = -\frac{\rho_f}{\varepsilon} \tag{12.13b}$$

12.6. Suscetibilidade Elétrica

Vimos que a polarização elétrica é função do campo elétrico, **P** = P(**E**), uma vez que ela aumenta ou diminui quando o campo elétrico aumenta ou diminui e cessa quando o campo elétrico se anula. Por conseguinte, a polarização elétrica mantém com o campo elétrico uma relação de proporcionalidade, que recebe o nome de suscetibilidade elétrica do dielétrico, simbolizada por X_e, e que se que se define como,

$$P = f \, X_e \, E \tag{12.14a}$$

onde E é o campo elétrico total e f é um fator de adaptação, que, no SI tem o valor $f = \varepsilon_o$, a fim de tornar$_e$ adimensional, e portanto, passamos ter,

$$\mathbf{P} = \varepsilon_o X_e \mathbf{E} \tag{12.14b}$$

Para campos elétricos não muito intensos, a suscetibilidade elétrica se comporta como uma constante do meio dielétrico. E, como vimos, a permissividade elétrica sendo uma característica do meio é de se esperar que ela esteja intrinsecamente relacionada com a suscetibilidade elétrica, fato este confirmado, quando introduzimos (12.14b) em (12.10a), resultando:

$$\mathbf{D} = \varepsilon_o (1 + X_e) \mathbf{E} \tag{12.15a}$$

A expressão entre parênteses é identificada como sendo a permissividade relativa, ou seja,

$$\varepsilon_r = 1 + X_e \tag{12.16a}$$

desta sorte o vetor deslocamento elétrico passa a ser,

$$\mathbf{D} = \varepsilon \mathbf{E} \tag{12.15b}$$

De (12.16a) tiramos,

$$X_e = \varepsilon_r - 1 \tag{12.16b}$$

que possibilita a determinação da suscetibilidade elétrica conhecendo-se a permissividade relativa. Introduzindo este resultado em (12.14b), também tem-se,

$$\mathbf{P} = \varepsilon_o (\varepsilon_r - 1)\mathbf{E} \tag{12.14c}$$

12.7. Polarizabilidade. Equação de Clausius-Mossotti

No exame microscópico de polarização elétrica com moléculas não polares ficou evidenciado no ex.12.3, equação (12.3d), que o momento de dipolo elétrico induzido, **p**, mantém relação de proporcionalidade com o campo elétrico polarizante, **E**, através da constante característica da molécula ou átomo, simbolizada por α, ora chamada de polarizabilidade molecular ou atômica , que cumpre a definição:

$$\mathbf{p} = \alpha\, \mathbf{E} \tag{12.17a}$$

A polarizabilidade é uma constante microscópica confirmada pela experiência, que possibilita que se tenha uma noção da estrutura molecular ou atômica da substância em exame, já que, além de informar o grau de deformação que sofre uma molécula polarizada, também dar conta da força de enlace, nela agente. Uma amostra de um dielétrico com N moléculas ou átomos por unidade de volume, a polarização elétrica é dada por,

$$\mathbf{P} = N\alpha\, \mathbf{E} \tag{12.17b}$$

Comparando (12.17b) com a definição (12.14b), segue-se que $N\alpha = \varepsilon_{oe}$, e tem-se assim a relação entre as duas grandezas, microscópica e macroscópica do dielétrico polarizado. Introduzindo (12.14c) e (12.7b) equação acima, virá,

$$(\varepsilon_r - 1)\varepsilon_o E = N\alpha\left[E + \frac{1}{3\varepsilon_o}\varepsilon_o(\varepsilon_r - 1)E\right]$$

Após simplificação, podemos concluir que,

$$\frac{\varepsilon_r - 1}{\varepsilon_r + 2} = \frac{\alpha N}{3\varepsilon_o} \tag{12.18a}$$

Este resultado é conhecido como equação Clausius-Mossotti [Rudolf Julius Emmanuel Clausius (1822-1888), físico alemão] e [...Mossotti...], do qual podemos tirar o valor da polarizabilidade:

$$\alpha = \frac{\varepsilon_o}{N}\frac{\varepsilon_r - 1}{\varepsilon_r + 2} \tag{12.18b}$$

12.8. Moléculas Polares. Equação de Debye

Vimos que num dielétrico de moléculas polares os dipolos elétricos permanentes estão em constante movimento e ao acaso, devido à agitação térmica reinante, não havendo qualquer efeito coletivo de polarização elétrica. Também ficou assente que a energia eletrostática necessária à polarização elétrica é a fornecida pelo campo elétrico polarizante. Constata-se, microscopicamente, que não são todos os dipolos elétricos que se alinham na direção do campo polarizante, mas apenas uma fração da totalidade deles, a qual pode ser calculada de forma probabilística.

Designando $p_o = p\cos\theta$, o momento de dipolo elétrico alinhado com o campo elétrico polarizante, a termodinâmica estatística prescreve que a probabilidade de encontrá-lo efetivamente alinhado na direção do campo elétrico é dado pela função $J(\theta) = \exp(-W/kT)$, onde $W = -\mathbf{p}.\mathbf{E}_i = -pE_i\cos\theta$, k é constante de Boltzmann [Ludwig Edward Boltzmann (1844-1906), físico austríaco] e T a temperatura absoluta com que ocorre a polarização elétrica . Então, o efeito macroscópico esperado para que se tenha o momento de dipolo elétrico em alinhamento é dado pelo valor médio, que se denota por, $<p\cos\theta>$ e define-se por,

$$< p\cos\theta >= \frac{\int_V p\cos\theta\, J(\theta)\, d\Omega}{\int_V J(\theta)\, d\Omega} \tag{12.19a}$$

Sendo, $d\Omega = d\varphi\, \mathrm{sen}\theta\, d\theta$, passamos a ter ,

$$< p\cos\theta >= \frac{\int_o^{\pi} d\varphi \int_o^{2\pi} p\cos\theta\, e^{+pE_i\cos\theta}\mathrm{sen}\theta\, d\theta}{\int_o^{\pi} d\varphi \int_o^{2\pi} e^{+pE_i\cos\theta}\, \mathrm{sen}\theta\, d\theta} \tag{12.19b}$$

Efetuando as integrações indicadas, obtemos,

$$<p\cos\theta> = p\,[\,\mathrm{ctgh}\,(pE_i/kT) - kT/pE_i\,] \tag{12.19c}$$

Para maior simplicidade, ponhamos $y = pE_i/kT$, e temos,

$$<p\cos\theta> = p\,[\mathrm{ctgh}\, y - {}^1/y] \tag{12.19d}$$

onde o termo entre colchetes é identificado como função de Langevin, representa-se por L(y). Comprova-se que, em geral $y << 1$, o que nos permite fazer o desenvolvimento:

$$\mathrm{ctgh}\ y = \frac{1}{y} + \frac{y}{3} - \frac{y^3}{45} - \ \dots$$

e tomar a sua aproximação,

$$\text{ctgh } y = \frac{1}{y} + \frac{y}{3}$$

que, levada em (12.19d), podemos concluir que,

$$< p\cos\theta > = p\,\frac{y}{3} \qquad (12.19e)$$

onde L(y) = y/3 dá a percentagem de dipolos elétricos alinhados. Substituindo y na expressão acima, obtemos,

$$< p\cos\theta > = \frac{p^2 E_i}{3kT} \qquad (12.19f)$$

E daí concluir a polarização de orientação:

$$P_\theta = N < p\cos\theta > = N\frac{p^2 E_i}{3kT} \qquad (12.20a)$$

bem como a polarização elétrica total $P = P_\alpha + P_\theta$:

$$P = N\left(\alpha + N\frac{p^2 E_i}{3kT}\right)E_i \qquad (12.20b)$$

Usando procedimento análogo, introduzindo (12.1c) e (12.7b), na expressão acima, obtemos,

$$\frac{\varepsilon_r - 1}{\varepsilon_r + 2} = \frac{N}{3\varepsilon_o}\left(\alpha + \frac{p^2}{3kT}\right) \qquad 12.20c)$$

resultado este conhecido como equação de Debye [Peter Joseph Wilhelm Debye (1884-1966) físico-químico holandês-norte-americano] a qual, por sua vez, inclui a equação de Claussius-Mossotti.

Exemplo 12.9

Um dielétrico de moléculas polares, polarizado pelo campo elétrico polarizante de 3 kV/cm e na temperatura ambiente (300°K) tem $p = 3\text{x}10^{-29}$ C.m .

Calcular o número de dipolos elétricos alinhados na direção do campo elétrico, bem como o valor médio dos dipolos elétricos orientados. Dado: constante de Boltzmann, $k = 1{,}380658 \times 10^{-23}$ J/K .

Sendo $y = pE_i/kT$, temos,

$$y = \frac{\left(30 \times 10^{-29}\,\mathrm{C.m}\right)\left(3 \times 10^{3} \times 10^{2}\,\mathrm{V/m}\right)}{\left(1{,}380658 \times 10^{-23}\,\mathrm{J/^{\circ}K}\right)\left(300^{\circ}\mathrm{K}\right)} \cong \frac{3}{1380}$$

ficando evidenciado que $y << 1$, conforme previsto. Calculando L, virá,

$$L = \frac{1}{3} y = \frac{1}{1380} \cong 7{,}2 \times 10^{-4}$$

deste resultado indica que se tem cerca de 7 moléculas polares alinhadas em cada 10.000 delas.

E o valor médio dos dipolos elétricos orientados:

$\langle p \cos\theta \rangle = p\,L = (3 \times 10^{-29}\,\mathrm{C.m})\,(7{,}2 \times 10^{-4}) = 2{,}16 \times 10^{-32}\,\mathrm{C.m}$

12.9. Dielétricos Especiais

[1] Ferroeletricidade

Algumas substâncias, como o sal de Rochelle de fórmula $NaK(C_4H_4O_6)\,4H_2O$, os titanatos de Bário, $BatiO_3$ e de Lítio, $LitiO_3$, apresentam polarização espontânea, sendo chamadas de substâncias ferroelétricas. Como nelas os dipolos elétricos estão naturalmente alinhados, por isso, dipolo elétrico permanente, existe no seio delas, um campo elétrico interno próprio.

Designando por p_o o momento de dipolo elétrico permanente, quando não existe campo elétrico externo, o campo elétrico interno virá dado pela equação (12.7b), ora adequada:

$$E_i = \frac{P_o}{3\varepsilon_o} \tag{12.21a}$$

Por ser $P_o = N\alpha E_i$, podemos concluir que a condição para a substância ter ferroeletricidade é que,

$$\frac{N\alpha}{3\varepsilon_o} = 1 \qquad (12.21b)$$

[2] Piezoeletricidade

Certas substâncias anisotrópicas, das quais o quartzo é o exemplo mais representativo, possuem a propriedade de ficar polarizadas quando, sobre elas se exerce uma tensão mecânica. Tais substâncias são chamadas de piezoeletricas.

12.10. Rigidez Dielétrica. Efeito Corona

[1] Rigidez dielétrica de uma substância dielétrica: é definida como a máxima ddp de que ela pode suportar, sem que nela se produza uma corrente elétrica variável; ultrapassada essa máxima ddp ocorrerá uma descarga disruptiva no material dielétrica indicando que o campo elétrico sobre ele se tornou suficiente intenso a ponto de romper o limite das forças coercitivas de sua estrutura molécular. O conhecimento da rigidez dielétrica de cada material dielétrica é um dado técnico de interesse para se poder projetar materiais isolantes. A tabela 12.1 apresenta a rigidez dielétrica de algumas substâncias.

Tabela 12.1

Substância	Rigidez Dielétrica
Ar	$3{,}0\text{x}10^6$ V/m
Óleo	30,0
Baquelite	25,0
Ebonite	20,0
Mica	200,0
Papel	40,0
Parafina	40,0
Porcelana	11,0
Vidro	30,0

[2] Efeito Corona: quando o potencial elétrico de um condutor eleva-se a valores próximos dos da rigidez dielétrica do ar, a circunvizinhança dele fica ionizada pela atração dos íons próximos e produção de novos íons através de choques, até atingir certo grau de saturação, quando então torna-se visível um eflúvio luminoso, em torno do condutor, que é chamado de efeito corona. O ar nesse estado torna-se parcialmente condutor, havendo produção apreciável de ozônio em torno do condutor.

O efeito corona é danoso para as linhas de transmissão de energia elétrica porque o ozônio originado, produz, na presença de umidade, substâncias ácidas que deterioram os condutores.

12.11 Condições de Contorno para Dielétricos Polarizados

Quando dois meios estão em contato, configura-se entre eles uma superfície de separação comum que recebe o nome de fronteira ou contorno.

Esses meios podem ser formados de dois dielétricos ou um condutor e um dielétrico. É de interesse examinar-se os comportamentos dos vetores **E** e **D** quando atravessam uma dessas fronteiras. Nas fronteiras ou contornos são impostas, às componentes dos campos e/ou potenciais elétricos, certas condições de contorno, que abreviamos por cdc,

Sejam dois meios quaisquer, designados por 1 e 2, de permissividades respectivas, ε_1 e ε_2 , tendo presente na fronteira a densidade de carga livre, ρ_S , suscetível de variar de ponto a ponto. Traçando em torno da fronteira uma superfície gaussiana, cilíndrica, de altura dh e bases dS_1 e dS_2, fig.11.12(a). A lei de Gauss, temos pela lei de Gauss:

$$\int_{S1} \mathbf{D} \cdot d\mathbf{S}_1 + \int_{S2} \mathbf{D} \cdot d\mathbf{S}_2 = \int_S \rho_S \, dS$$

como, $d\mathbf{S}_1 = -\,\hat{\mathbf{e}}_n\, d\mathbf{S}$ e $d\mathbf{S}_2 = \hat{e}_n\, d\mathbf{S}$, e sendo dS arbitrária, a expressão acima oferece:

$$(\mathbf{D}_2 - \mathbf{D}_1) \cdot \hat{e}_n = \rho_S \qquad (12.22a)$$

ou, em termos de suas componentes normais,

$$D_{2n} - D_{1n} = \rho_S \qquad (12.22b)$$

Este resultado informa que em geral o vetor **D** sofre descontinuidade ao atravessar a fronteira, onde existe a densidade de carga livre. Contudo, se os dois meios são dielétricos ideais, não há cargas livres na superfície, e temos,

$$D_{1n} = D_{2n} \qquad (12.22c)$$

significando que para meios dielétricos as componentes normais de **D** são contínuas ao atravessarem a fronteira. Se o meio 1 é um condutor, $D_{1n} = 0$, mas $D_{2n} = \rho_s$.

Em temos de **E**, passamos a ter,

$$\varepsilon_1 \; E_{1n} = \varepsilon_2 \; E_{2n} \tag{12.23a}$$

De onde se segue que,

$$\frac{E_{1n}}{E_{2n}} = \frac{\varepsilon_2}{\varepsilon_1} \tag{12.23b}$$

indicando, por sua parte, que as componentes normais de **E** sofrem descontinuidade ao passar do meio 1 para o meio 2.

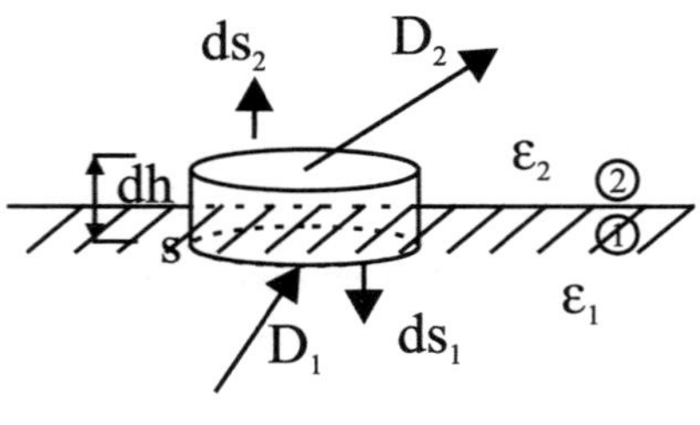

fig 12.10(a)

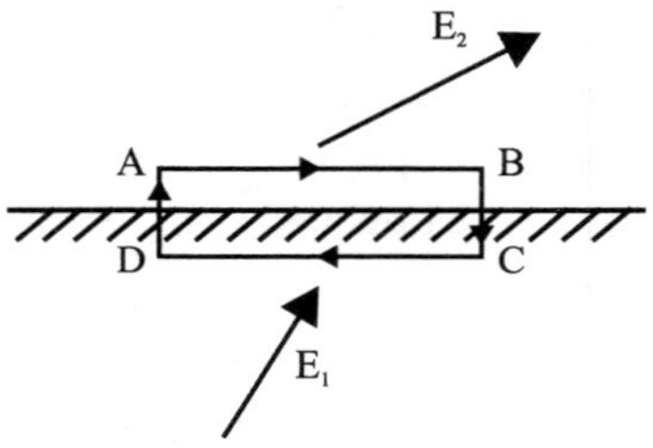

fig 12.10(b)

Para estabelecer as cdc da variação de **E** através de suas componentes tangenciais, tomamos a integral de linha sobre o trajeto ABCDA, fig.12.10(b), onde os lados AD e BC do retângulo, por exíguos, têm as suas contribuições negligenciadas e considera-se apenas as integrações nos percursos AB e CD, ou seja,

$$\int_{AB} \mathbf{E}_1 \cdot d\mathbf{L}_1 + \int_{CD} \mathbf{E}_2 \cdot d\mathbf{L}_2 = 0$$

como $d\mathbf{L}_1 = \hat{\mathbf{e}}_t \cdot d\mathbf{L}$ e $d\mathbf{L}_2 = -\,\hat{\mathbf{e}}_t \cdot d\mathbf{L}$, resulta que,

$$E_{1t} = E_{2t} \tag{12.24a}$$

conferindo a continuidade das componentes tangenciais de **E** na fronteira. Se o meio 1 é um condutor, não haverá componentes tangenciais e **E**, já que ele será sempre normal à sua superfície.

Em termos de D, temos,

$$\frac{D_{1t}}{D_{2t}} = \frac{\varepsilon_2}{\varepsilon_1} \tag{12.24b}$$

indicando a descontinuidade das suas componentes tangenciais na fronteira.

Exemplo 12.10

Dados dois meios dielétricos polarizados, de permissividades respectivas, ε_1 e ε_2, fig.12.11, achar a relação das tangentes dos ângulos que D faz com o plano normal à fronteira.

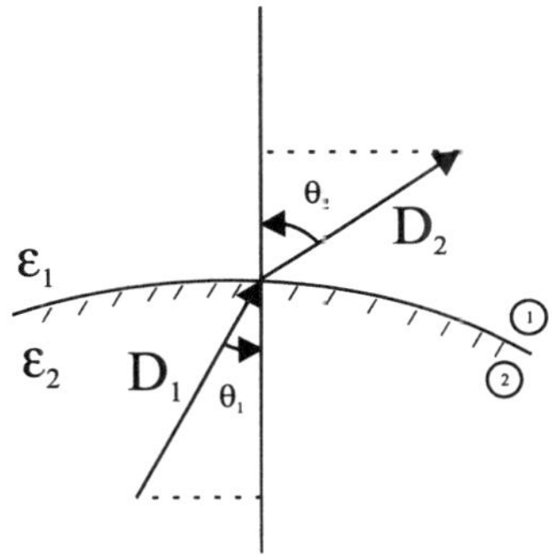

fig 12.11

As componentes normais de **D**, por (12.22c), são:

$$D_1 \cos\theta_1 = D_2 \cos\theta_2 \tag{12.25a}$$

E também, as componentes tangenciais:

$$\frac{D_1 \,\text{sen}\theta_1}{D_2 \,\text{sen}\theta_2} = \frac{\varepsilon_1}{\varepsilon_2}$$

De onde,

$$D_1 \,\text{sen}\theta_1 = \frac{\varepsilon_{r1}}{\varepsilon_{r2}} D_2 \,\text{sen}\theta_2 \tag{12.25b}$$

Dividindo ordenadamente os dois resultados, virá,

$$\text{tg}\theta_1 = \frac{\varepsilon_{r1}}{\varepsilon_{r2}} \text{tg}\theta_2$$

ou melhor,

$$\frac{tg\theta_1}{tg\theta_2} = \frac{\varepsilon_{r1}}{\varepsilon_{r2}} \qquad (12.25c)$$

Cabe aqui uma breve análise: se $\theta_1 > \theta_2$, segue-se que ε_{r1}>ε_{r2}; em consequência, no meio dielétrico de maior permissividade, **D** é maior, salvo em particular, se $\theta_1 = \theta_2 = 0$, quando ele permanecerá constante. Também, **E** é maior no meio de maior permissividade, exceto se, $\theta_1 = \theta_2 = \pi/2$, quando **E** permanece invariável em magnitude.

Outras relações de interesse podem ser colhidas combinando as equações (12.25a) e (12.25b), por exemplo, elevando cada uma ao quadrado e depois somando ordenadamente, obtemos as expressões:

$$D_1 = D_2 \sqrt{\cos^2\theta_1 + (\varepsilon_{r1}/\varepsilon_{r2})^2 \text{sen}^2\theta_2} \qquad (12.26a)$$

$$E_1 = E_2 \sqrt{\text{sen}^2\theta_1 + (\varepsilon_{r2}/\varepsilon_{r1})^2 \cos^2\theta_1} \qquad (12.26b)$$

O comportamento de dois ou mais dielétricos num mesmo capacitor será estudado nos exemplos que se seguem.

Exemplo 12.11

Sejam dois dielétricos polarizados, justapostos, com a interface paralela à direção das LF do campo elétrico, fig.12.12, estão inseridos num capacitor com V. Determinar a sua capacitância equivalente.

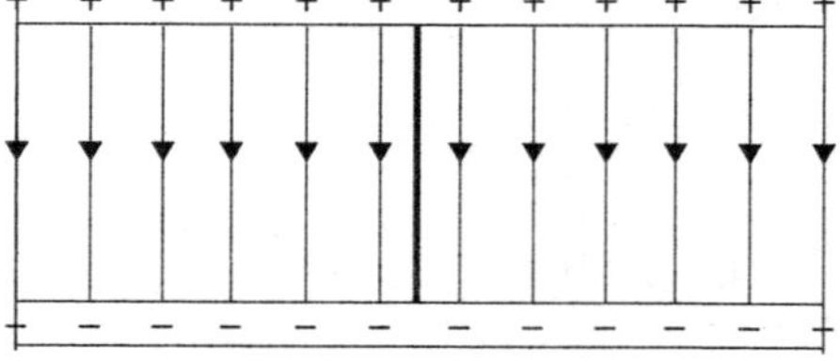

fig 12.12

Na interface, temos:

$$E_{1t} = E_{2t} = \frac{V}{d}$$

ou também,

$$\frac{D_{1t}}{\varepsilon_1} = \frac{D_{2t}}{\varepsilon_2} = \frac{V}{d}$$

mas, $D_{1t} = \rho_{S1}$ e $D_{2t} = \rho_{S2}$; de onde, substituindo,

$$\frac{\rho_{S1}}{\varepsilon_1} = \frac{\rho_{S2}}{\varepsilon_2} = \frac{V}{d} \qquad (12.27a)$$

Designando por A_1 e A_2, respectivamente as áreas das faces dos dielétricos, d a espessura comum, então a carga elétrica total distribuída, será:

$$Q = \rho_{S1} A_1 + \rho_{S2} A_2 \qquad (12.27b)$$

Tirando os valores de ρ_{S1} e ρ_{S2} de (12.27a) e substituindo acima, virá,

$$Q = V\left(\frac{\varepsilon_1 A_1}{d} + \frac{\varepsilon_2 A_2}{d}\right) \qquad (12.27c)$$

ou seja,

$$Q = V\ (C_1 + C_2) \qquad (12.27d)$$

E pondo, $C_{eq} = Q/V$,

$$C_{eq} = C_1 + C_2 \qquad (12.27e)$$

Exemplo 12.12

Dois dielétricos polarizados, justapostos, com interface perpendicular a direção das LF do campo elétrico, fig.12.13, estão inseridos num capacitor com V. Achar a sua capacitância equivalente.

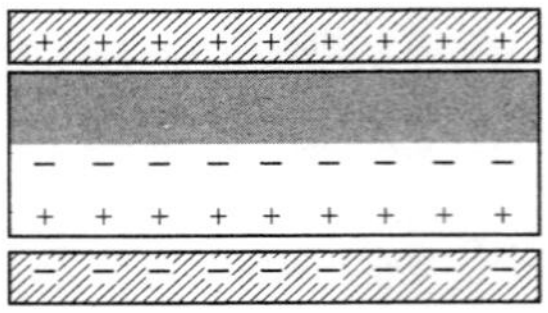

fig 12.13

Designando por A a área comum da face do dielétrico, d_1 a d_2 as espessuras respectivas, e Q a carga elétrica numa das faces, virá,

$$D_{1n} = D_{2n} = \rho_S = \frac{Q}{A}$$

ou também,

$$E_{1n} = \frac{Q}{\varepsilon_1 A} \text{ e } E_{1n} = \frac{Q}{\varepsilon_1 A}$$

Sendo V_1 a V_2 as ddp respectivas sobre os dielétricos, temos,

$$V_1 = E_{1n}\ d_1 = \frac{Qd_1}{\varepsilon_1 A}$$

$$V_2 = E_{2n}\ d = \frac{Qd_2}{\varepsilon_2 A}$$

E, por ser, $V = V_1 + V_2$, concluímos:

$$V = Q\left(\frac{d_1}{\varepsilon_1 A} + \frac{d_2}{\varepsilon_2 A}\right) \tag{12.28a}$$

pondo $V/Q = 1/C_{eq}$, passamos a ter,

$$\frac{1}{C_{eq}} = \frac{1}{C_1} + \frac{1}{C_2} \tag{12.28b}$$

13. MÉTODO DAS IMAGENS ELÉTRICAS

A determinação do potencial elétrico (e do campo elétrico), em muitos casos de configurações especiais, pode ser obtido pelo método que passaremos a tratar, denominado de método das imagens elétricas. Este método consiste na substituição de um ou mais elementos condutores (que juntamente com uma carga elétrica formam um sistema eletrostático), por uma ou mais cargas imagens de cargas reais. Para melhor compreensão do método, passaremos a resolver alguns problemas típicos, mais frequentes.

Exemplo 13.1.

Seja um plano condutor extenso, a potencial zero, e a distância d , normal a ele, colocamos uma carga elétrica pontual, Q = +Q, fig.13.1(a). Achar o potencial elétrico e o campo elétrico para todos os pontos externos, bem como a densidade de carga elétrica na superfície do plano condutor.

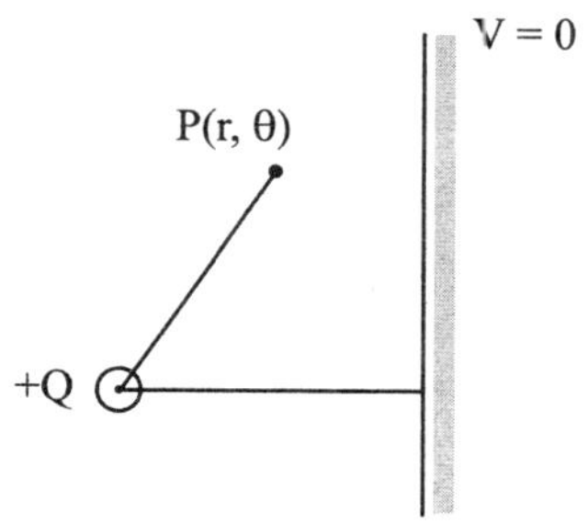

fig 13.1(a)

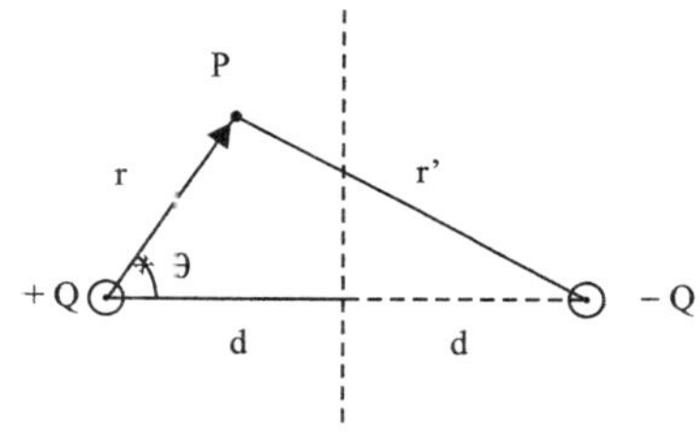

fig 13.1(b)

A carga elétrica, +Q induz no plano condutor a correspondente carga elétrica, -Q, e pelo método em causa, ele é substituído pela carga imagem, Q' = -Q , equidistante de Q, a guisa da imagem num espelho plano, fig.13.1(b). Para um ponto de qualquer, P(r, θ), o potencial elétrico vale,

$$V = K_o Q\left(\frac{1}{r} - \frac{1}{r'}\right) \tag{13.1a}$$

onde, $r' = (r^2 + 4d^2 - 4\,r\,d\cos\theta)^{1/2}$.

A intensidade de campo elétrico é $\mathbf{E} = E_r\,\hat{\mathbf{e}}_r + E_\theta\,\hat{\mathbf{e}}_\theta$, cujas componentes são dadas por:

$$E_r = -\frac{\partial V}{\partial r} = K_o Q\left(\frac{1}{r^2} - \frac{r - 2d\ \cos\theta}{r'^3}\right) \tag{13.2a}$$

$$E_\theta = -\frac{1}{r}\frac{\partial V}{\partial r} = -K_o Q\frac{2\ d\ \text{sen}\theta}{r'^3} \tag{13.2b}$$

Em particular, para r = r', $\mathbf{E} = \mathbf{E}_n$, e da fig.13.2(c) podemos concluir que,

$$E_n = E_r\ \cos\theta\ -\ E_\theta\ \text{sen}\theta \tag{13.2c}$$

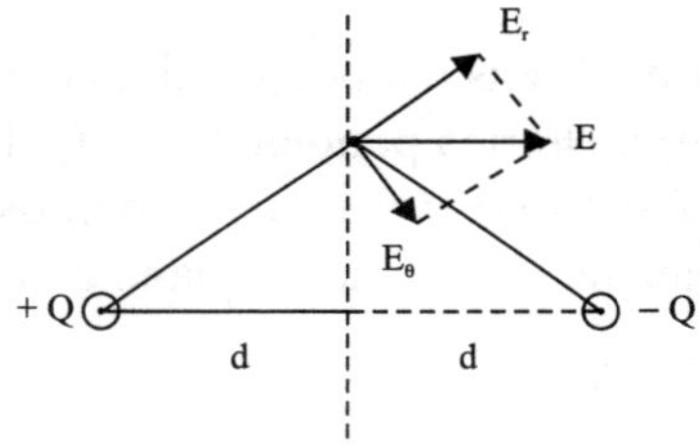

fig 13.1(c)

Substituindo os valores das componentes e simplificando, obtemos:

$$\mathbf{E}_n = K_o Q\frac{2\ d}{r^3}\hat{\mathbf{e}}_n \tag{13.2d}$$

Por outro lado, na superfície do plano condutor temos, $E_n = -\rho_S/\varepsilon_o$, de onde a densidade superficial de carga,

$$\rho_S\ =\ -\ \varepsilon_o\ E_n \tag{13.3a}$$

De onde se segue que,

$$\rho_S = -\frac{Qd}{2\pi r^3} \tag{13.3b}$$

Na fig.13.2, na parte anterior do plano condutor estão indicadas, em traços contínuos, algumas linhas de força que saem da carga elétrica positiva, juntamente com as curvas das superfícies equipotenciais, as quais são traçadas como linhas interrompidas na carga imagem, completando-se a configuração do conjunto.

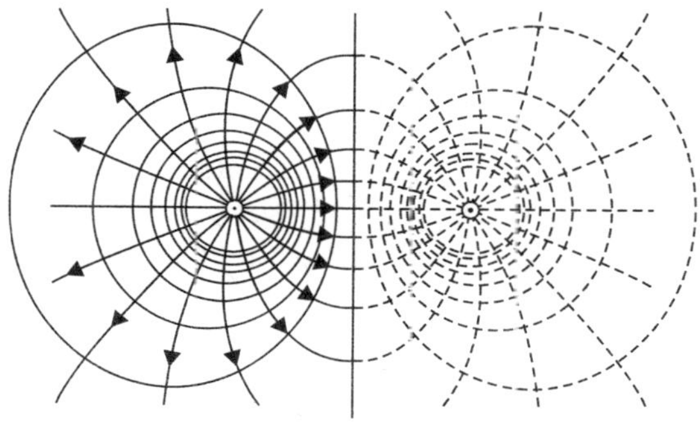

fig 13.2

A força elétrica entre a Q e o plano condutor é a mesma que entre Q e a carga imagem, Q', ou seja, $F = -K_o\, Q^2/4d^2$.

Exercício13.1

Seja um diedro reto formado por dois semiplanos condutores, a potencial zero e, entre eles coloca-se uma carga elétrica Q = +Q no ponto a , equidistante dos semiplanos. Calcular a intensidade de campo elétrico no ponto P , equidistante a/2 de ambos os semiplanos, fig.13.3.

R. $E \cong 2{,}136\, K_o\, Q/a^2$ e direção, $\theta \cong 63{,}43°$.

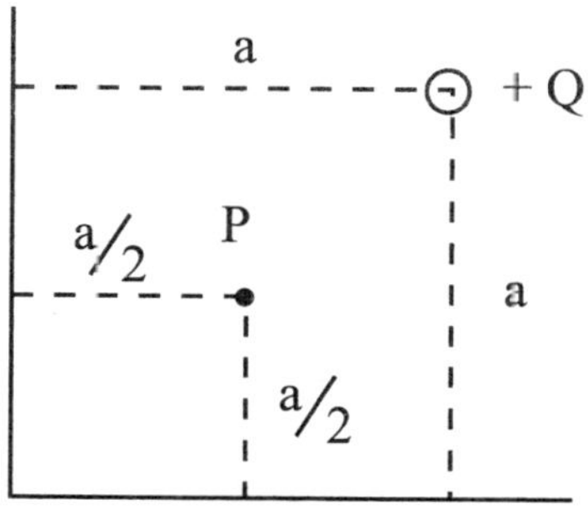

fig 13.3

Exemplo 13.2

Sejam dois meios dielétricos, designados por 1 e 2, extensos e contíguos, de permissividades ε_1 e ε_2. Colocando no meio 1 uma carga pontual, Q, à distância a da superfície de separação de ambas, fig.13.4(a), calcular o potencial elétrico em todo o espaço ocupado pelos dielétricos, a densidade superficial de carga de polarização e a força coulombiana decorrente.

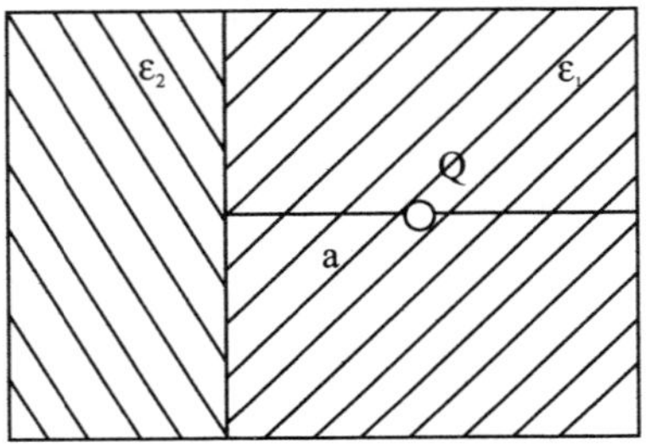

fig 13.4(a)

A aplicação do método consiste na substituição dos dielétricos por cargas imagens, observadas as cdc do novo sistema. Assim sendo, temos:

Sistema equivalente (1): substituindo o dielétrico 2 pela carga imagem Q'= –Q, fig.13.4(b), o potencial elétrico para todos os pontos do semiespaço 1, para o qual, y > o, vale,

$$\rho_S = -\frac{Qd}{2\pi r^3} \tag{13.4a}$$

onde, $r = [z^2 + (y - a)^2]^{1/2}$ e $r' = [z^2 + (y + a)^2]^{1/2}$.

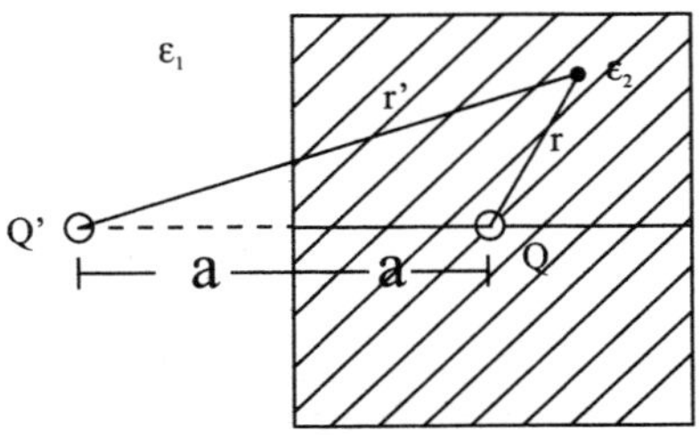

fig 13.4(b)

Sistema equivalente (2): na região em que y < o, faz-se suposição de colocar a carga Q", no lugar da carga Q, fig.13.4(c) e o potencial elétrico em todo o semiespaço 2, virá dado por,

$$V_2 = K_2 \frac{Q''}{r''} \tag{13.4b}$$

onde, $r'' = [z^2 + (a + y)^2]^{1/2}$.

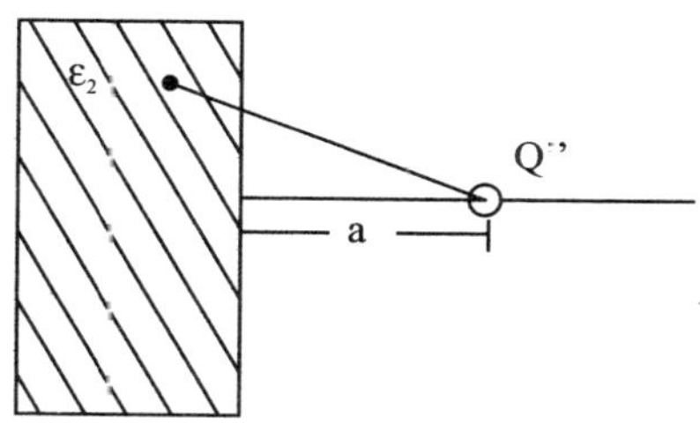

fig 13.4(c)

A continuidade do potencial elétrico na interface de separação dos dielétricos, y = 0 , requer que tenhamos $V_1|_{y=o} = V_2|_{y=o}$, com r' = r = a, ou seja,

$$K_2 \frac{Q''}{a} = K_1 \frac{Q}{a} + K_1 \frac{Q'}{a} \tag{13.4c}$$

Substituindo K_1 e K_2 , e simplificando, obtemos,

$$\varepsilon_1 \; Q'' = \varepsilon_2 \; (Q + Q') \tag{1}$$

E na interface, y = 0 , temos, $D_{1n} = \varepsilon_1 E_{1n} = \varepsilon_1 K_1 (Q''/r_s^2)\cos\alpha$ e $D_{2n} = \varepsilon_2 E_{2n} = \varepsilon_2 K_2 (Q - Q'/r_s^2) \cos\alpha$; e como se requer a continuidade da componente normal do vetor **D** em todos os pontos da superfície de separação, $D_{1n} = D_{2n}$, de onde resulta,

$$Q'' = Q - Q' \tag{2}$$

Resolvendo o sistema de equações (1) e (2), obtemos:

$$Q' = \frac{\varepsilon_1 - \varepsilon_2}{\varepsilon_1 + \varepsilon_2} Q \tag{13.5a}$$

$$Q'' = \frac{2\varepsilon_1}{\varepsilon_1 + \varepsilon_2} Q \tag{13.5b}$$

Estes valores substituídos nas equações (13.4a) e (13.4b), os potenciais elétricos assumem as expressões respectivas:

$$V_1 = \frac{2Q}{4\pi r''} \frac{1}{\varepsilon_1 + \varepsilon_2} \tag{13.4c}$$

$$V_2 = \frac{2Q}{4\pi\varepsilon_1} \left[\frac{1}{r} - \frac{\varepsilon_2 - \varepsilon_1}{\varepsilon_1 + \varepsilon_2} \frac{1}{r'} \right] \tag{13.4d}$$

No seio do dielétrico, a densidade de carga de polarização, como vimos, é dada por, $-\nabla \cdot \mathbf{P} = 0$, exceto em torno da carga elétrica Q que produz a densidade superficial de carga de polarização:

$$\rho_{SP} = -(\mathbf{P}_2 - \mathbf{P}_1) . \hat{e}_n \tag{13.6a}$$

Mas em 2, $\mathbf{P}_2 = 0$, e em 1, $\mathbf{P}_1 = -(\varepsilon_2 - \varepsilon_1)\mathbf{E}_{1n}$, e portanto,

$$\rho_{SP} = -(\varepsilon_2 - \varepsilon_1) E_{1n} \tag{13.6b}$$

onde, E_{1n} é dado de (13.4c) para y = 0 e tomando-se $r'' = r_s = [z^2 + a^2)]^{1/2}$,

$$E_{1n} = \frac{2Qa}{4\pi(\varepsilon_2 + \varepsilon_1) r_s^2} \tag{13.7a}$$

substituindo em (13.6b), virá,

$$\rho_{SP} = -(\varepsilon_2 - \varepsilon_1) \frac{2Q}{(\varepsilon_2 + \varepsilon_1) r_s^2} \tag{13.6c}$$

Entre Q e Q' a força coulombiana é atrativa e de módulo:

$$F = \frac{1}{4\pi\varepsilon_1} \frac{QQ'}{(2a)^2} = \frac{Q^2(\varepsilon_2 - \varepsilon_1)}{8\pi\varepsilon_1(\varepsilon_2 - \varepsilon_1) a^2} \tag{13.7b}$$

Exemplo 13.3.

Nas proximidades de uma esfera condutora de raio a, a potencial elétrico zero, é colocada uma carga elétrica Q = +Q, pontual, fig.13.5(a). Determinar o potencial e o campo elétrico para pontos exteriores à esfera condutora, a densidade de carga induzida na superfície da esfera e a força elétrica entre esta e a carga elétrica dada.

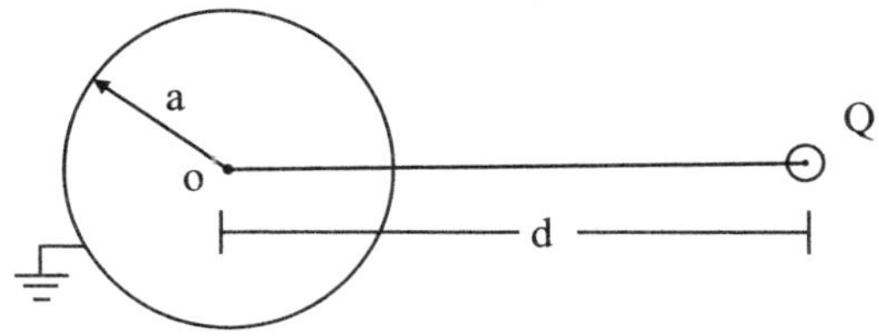

fig 13.5(a)

Consideremos o centro da esfera condutora como origem do referencial. Podemos substituí-la pela carga imagem Q'= –Q , em oposição a carga Q, distante b do seu centro, fig.13.5(b).

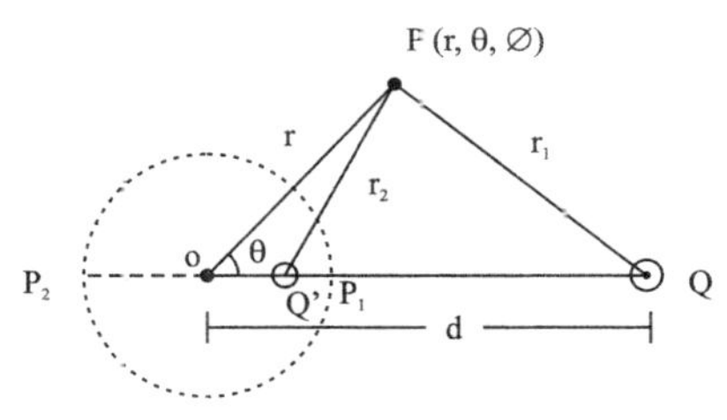

fig 13.5(b)

O potencial elétrico num ponto arbitrário exterior à esfera, é dado por,

$$V = K_o\left(\frac{Q}{r_1}+\frac{Q'}{r_2}\right) \tag{13.8a}$$

onde, $r_1 = (r^2 + d^2 - 2\,r\,d\cos\theta\,)^{1/2}$ e $r_2 = (r^2 + b^2 - 2\,r\,b\cos\theta\,)^{1/2}$.

Como Q' é desconhecida e b arbitrário, torna-se necessário estabelecer as suas relações com as quantidades conhecidas, Q, a e d. Isto é conseguido usando as cdc para os potenciais elétricos nos pontos P_1 e P_2 , que fornecem, respectivamente:

$$0 = K_o\left(\frac{Q}{d-a} + \frac{Q'}{a-b}\right) \tag{1}$$

$$0 = K_o\left(\frac{Q}{a+d} + \frac{Q'}{a+b}\right) \tag{2}$$

Resolvendo este sistema (1) e (2) em relação a Q' e b, obtemos,

$$Q' = -\frac{a}{d}Q \tag{3}$$

$$b = \frac{a^2}{d} \tag{4}$$

Levando estes valores ao 2º termo de (13.8a), obtemos:

$$V = K_o \frac{Q}{\left(r^2 + d^2 - 2rd\cos\theta\right)^{1/2}} - \frac{aQ}{\left[r^2 d^2 + a^4 - 2ra^2 d\cos\theta\right]^{1/2}}$$

A intensidade de campo elétrico no ponto P(r, θ, ϕ) é obtido, por via gradiente, cujas componentes não nulas são:

$$E_r = K_o Q\left[\frac{r - d\cos\theta}{\left(r^2 + d^2 - 2rd\cos\theta\right)^{3/2}} + \frac{ard^2 - a^2 d\cos\theta}{\left(r^2 d^2 + a^4 - 2r\,a^2 d\cos\theta\right)^{3/2}}\right] \tag{13.9a}$$

$$E_\theta = K_o Q\left[\frac{d\,\text{sen}\theta}{\left(r^2 + d^2 - 2rd\cos\theta\right)^{3/2}} + \frac{a^3\text{sen}\theta}{\left(r^2 d^2 + a^4 - 2ra^2 d\cos\theta\right)^{3/2}}\right] \tag{13.9b}$$

Na fig.13.6 estão esboçadas algumas linhas de força juntamente com as superfícies equipotenciais.

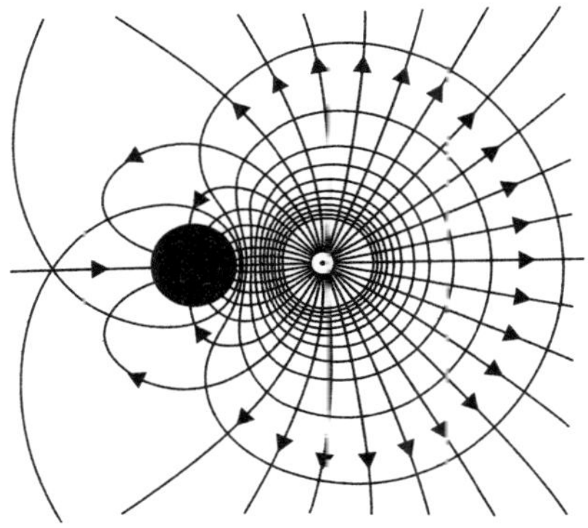

fig 13.6

A densidade superficial de carga elétrica é dada por, $\rho_S' = -\varepsilon_o E_r|_{r=a}$, ou seja,

$$\rho_S' = -\frac{Q}{4\pi}\frac{a^2+d^2}{a\left(a^2+d^2-2ad\cos\theta\right)^{3/2}} \tag{13.9c}$$

A força eletrostática entre a carga elétrica Q e a esfera condutora é, obviamente, atrativa e dada pela lei de Coulomb:

$$F = -K_o Q^2 \frac{a\,d}{\left(d^2-a^2\right)^2} \tag{13.9d}$$

Exercício13.2

Sejam duas cargas elétricas positivas, iguais, Q, separadas pela distância 2d, e entre elas coloca-se uma esfera condutora de raio a , a potencial zero, de modo que o seu centro coincida com o ponto médio da reta que une as cargas, fig.13.7. Determinar o raio da esfera para a qual a força elétrica sobre as cargas é nula.

R. $a \cong d/8$.

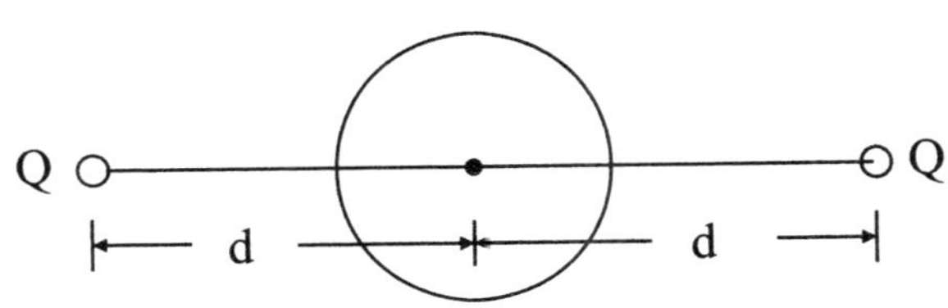

fig 13.7

14. MÉTODO DE SEPARAÇÃO DE VARIÁVEIS

14.1. Teorema da Unicidade

Neste tópico vamos retomar a questão das equações de Poisson e Laplace introduzidas no item 8.4, abordadas nas equações (8.5a) e (8.b), ora sob um método geral de solução para qualquer delas. Antes, porém, convém conhecermos o chamado teorema da unicidade.

O teorema da unicidade visa demonstrar que, se V_1 e V_2 são duas soluções possíveis da equação de Poisson (ou de Laplace) que satisfazem as condições de contorno, então, $V_1 = V_2$, ou diferem apenas de uma constante aditiva.

Suponhamos que num mesmo ponto tenhamos as intensidades de campo elétrico, $\mathbf{E}_1 = -\nabla V_1$ e $\mathbf{E}_2 = -\nabla V_2$; supondo que para cada ponto V_1 e V_2 satisfazem a equação de Laplace, devemos ter separadamente,

$\nabla^2 V_1 = 0$ e $\nabla^2 V_2 = 0$

Estas duas equações diferenciais parciais de 2ª ordem podem ser reunidas como,

$$\nabla^2 (V_1 - V_2) = 0 \qquad (14.1a)$$

ou, para maior simplicidade, façamos $V = V_1 - V_2$, e então,

$$\nabla^2 V = 0 \qquad (14.1b)$$

A demonstração se segue com o auxilio da identidade:

$$\nabla \cdot (V \nabla V) = V(\nabla^2 V) + (\nabla V)^2 \qquad (14.2a)$$

Integrando-a num volume v que açambarque todos os condutores envolvidos, sendo S a sua superfície limitadora, temos,

$$\int_v \nabla \cdot (V \nabla V)\, dv = \int_v V(\nabla^2 V)\, dv + \int_v (\nabla V)^2\, dv \qquad (14.2b)$$

Aplicando o teorema da divergência no 1° membro acima, virá,

$$\int_v \nabla \cdot (V \nabla V)\, dv = \oint_S (V \nabla V)\, dS \qquad (14.3c)$$

conforme vimos no item 10.2, uma superfície muito grande, a medida que o raio dela cresce, a integral do 2° membro se anula, de modo que (14.3b) passa a ser,

$$\int_v V(\nabla^2 V)\, dv + \int_v (\nabla V)^2\, dv = 0$$

Em vista da condição (14.1b), a 1ª integral acima se anula para todo ponto de v , e a equação em causa fica reduzida para,

$$\int_v (\nabla V)^2\, dv = 0 \qquad (14.3d)$$

Como o integrando é necessariamente positivo, podemos concluir que:

$$(\nabla V).(\nabla V) = 0 \qquad (14.3e)$$

onde pelo menos um dos fatores tem que ser nulo, neste caso, temos,

$$\nabla (V_1 - V_2) = 0 \qquad (14.3f)$$

Uma função cujo gradiente é zero para todos os pontos do volume v, na fronteira, $\partial V/\partial n = 0$, o que resulta em termos, $V_1 - V_2 = \text{cte}$ ou $V_1 - V_2 = 0$, e portanto, $V_1 = V_2$, isto é, o potencial elétrico é único.

Outra importante propriedade da função potencial elétrico será ora apresentada sob a forma de teorema: dados $V_1, V_2, \ldots, V_n$ como soluções da equação de Laplace, então, a solução mais geral é a combinação linear das soluções encontradas, isto é,

$$V = \sum c_j V_j \qquad (14.4a)$$

onde os c_j representam as constantes arbitrárias decorrentes. A comprovação desta afirmação é simples, bastante fazermos a expansão dos termos da série indicada e aplicar o laplaciano a ambos os membros, ou seja,

$$\nabla^2 V = \nabla^2 c_1 V_1 + \nabla^2 c_2 V_2 + \ldots + \nabla^2 c_n V \qquad (14.4b)$$

Pondo em evidência cada constante, por (14.1b) podemos concluir que,

$$\nabla^2 V = 0 \qquad (14.4c)$$

Em alguns casos particulares a resolução da equação de Poisson ou de Laplace é feita diretamente pelos métodos ordinários de integração. Contudo, nas situações mais gerais em que V é função de várias variáveis, a resolução de qualquer delas requer a aplicação do método mais geral conhecido como de separação de variáveis. Para algumas configurações especiais com simetria geométrica, o método alternativo de imagens elétricas, para o cálculo do potencial elétrico, revela-se mais adequado, evitando-se o labor matemático requerido à resolução das referidas equações.

Exemplo 14.1.

Um capacitor plano-paralelo, de armaduras separadas por d e densidade de carga elétrica livre ρ, é preenchido com um dielétrico de permissividade ε. Achar o potencial e o campo elétrico no seu interior sob as condições: V(0) = 0, em x = 0 e V(d) = V_o, em x = d.

O potencial elétrico dependendo apenas de x, reduz a equação de Poisson (12.13b) à forma,

$$d\left(\frac{dV}{dx}\right) = -\frac{\rho_f}{\varepsilon}dx \tag{14.5a}$$

Após a 1° integração, obtemos,

$$\frac{dV}{dx} = -\frac{\rho_f}{\varepsilon}dx + A \tag{13.5b}$$

Efetuando a 2° integração, virá,

$$V = -\frac{\rho_f}{2\varepsilon}x^2 + Ax + B \tag{14.5c}$$

Aplicando as cdc ao resultado acima, teremos:

Com x = 0, V = 0, implica em termos B = 0;

Com x = d,V = 0, resulta $A = \dfrac{\rho_f d}{2\varepsilon}$

De onde o potencial elétrico procurado:

$$V(x) = \frac{\rho_f}{2\varepsilon}\left(xd - x^2\right) \tag{14.5d}$$

E a intensidade de campo elétrico, decorrente:

$$\mathbf{E}(x) = \frac{\rho_f}{2\varepsilon}(2x - d)\hat{\mathbf{e}}_x \qquad (14.5e)$$

14.2. Método de Separação de Variáveis

Este método se baseia na possibilidade de poder- expressar uma função de várias variáveis como o produto de funções que depende cada uma, de apenas uma variável independente. Com efeito, se V = V (x, y, z) podemos expressá--la por

$$V(x, y, z) = X(x)Y(y)Z(z) \qquad (14.6a)$$

E de modo análogo:

$$V(r, \varphi, z) = R(r)\,S(\varphi)\,Z(z) \qquad (14.6b)$$

$$V(r, \theta, \varphi) = R(r)\,S(\theta)\,T(\varphi) \qquad (14.6c)$$

[1] Resolução da Equação de Laplace em Coordenadas Cartesianas.

Com o concurso de (8.7a), a equação de Laplace tem a forma:

$$\frac{\partial^2 V}{\partial x^2} + \frac{\partial^2 V}{\partial y^2} + \frac{\partial^2 V}{\partial z^2} = 0 \qquad (14.7a)$$

Substituindo V dado em (14.6a), encontramos:

$$YZ = \frac{d^2X}{dx^2} + XZ\frac{d^2Y}{dy^2} + XY\frac{d^2Z}{dz^2}$$

onde passamos a usar derivadas totais em lugar das parciais, porque cada função depende apenas de uma variável. Dividindo a equação em tela por XYZ, obtemos:

$$\frac{1}{X} = \frac{d^2X}{dx^2} + \frac{1}{Y}\frac{d^2Y}{dy^2} + \frac{1}{Z}\frac{d^2Z}{dz^2} = 0 \qquad (14.7b)$$

Convindo isolar o 1° termo do 1° membro , virá,

$$-\frac{1}{X}=\frac{d^2X}{dx^2}+\frac{1}{Y}\frac{d^2Y}{dy^2}+\frac{1}{Z}\frac{d^2Z}{dz^2} \tag{14.7c}$$

Ficando evidenciado que 1° membro de (14.7c) só depende de x ; então, para que a igualdade dos membros se verifique, cada termo deve ser igual a uma constante. Designando tais constantes por k_1 , k_2 e k_3, usualmente chamadas de constantes de separação de variáveis, que convém tomar o quadrado de cada uma delas a fim de evitar que elas apareçam negativas sob raiz quadrada. Então, passando a identificar cada termo com sua constante quadrada respectiva, teremos,

$$-\frac{1}{X}\frac{d^2X}{dx^2}=k_1^2 \tag{14.8a}$$

$$-\frac{1}{Y}\frac{d^2Y}{dy^2}=k_2^2 \tag{14.9a}$$

$$-\frac{1}{Z}\frac{d^2Z}{dz^2}=k_3^2 \tag{14.10a}$$

sob a condição de termos, $k_1^2 = k_2^2 + k_3^2$. Pondo (14.8a) sob a forma homogênea, encontramos,

$$\frac{d^2X}{dx^2}+k_1^2X=0 \tag{14.8b}$$

Esta equação tem solução geral típica dada pelas funções circulares:

$$X(x) = A_1 \cos k_1 x + A_2 \operatorname{sen} k_1 x \tag{14.8c}$$

ou alternativamente, por funções exponenciais:

$$X(x) = A_1 e^{jk_1x} + A_2 e^{-jk_1x} \tag{14.8d}$$

De modo similar, obtemos de (14.9a),

$$\frac{d^2Y}{dy^2}-k_2^2Y=0 \tag{14.9b}$$

com solução geral típica dada por funções hiperbólicas,

$$Y(y) = B_1 \cosh k_2 y + B \operatorname{senh} k_2 y \qquad (14.9c)$$

ou, alternativamente, por funções exponenciais,

$$Y(y) = B_3 e^{k_2 y} + B_4 e^{-k_2 y} \qquad (14.9c)$$

E finalmente, da (13.7c) chegamos à forma homogênea:

$$\frac{d^2Z}{dz^2} - k_3^2 Z = 0 \qquad (14.10b)$$

que admite a solução geral em funções hiperbólicas,

$$Z(z) = C_1 \cosh k_3 z + C_2 \operatorname{senh} k_3 z \qquad (14.10c)$$

ou com funções exponenciais:

$$Z(z) = C_3 e^{k_3 z} + C_4 e^{-k_3 z} \qquad (14.10d)$$

Então, para o 1° caso o potencial elétrico tem como solução geral:

$$V(x,y,z) = (A_1 \cos k_1 x + A_2 \operatorname{sen} k_1 x)(B_1 \cosh k_2 y + B_2 \operatorname{senh} k_2 y)(C_1 \cosh k_3 z + C_2 \operatorname{senh} k z) \qquad (14.8e)$$

ou, alternativamente,

$$V(x,y,z) = (A_3 e^{jk_1 x} + A_4 e^{-jk_1 x})(B_3 e^{k_2 y} + B_4 e^{-k_2 y})(C_3 e^{k_3 z} + C_4 e^{-k_3 z}) \qquad (14.8f)$$

Exemplo 14.2

Determinar a função potencial elétrico no interior da região limitada por duas placas condutoras, paralelas e semi-infinitas, com origem comum, x = 0 e posições y = 0 e y = b, ambas a potenciais zero, e V_o = cte., entre os pontos das ordenadas, fig.14.1.

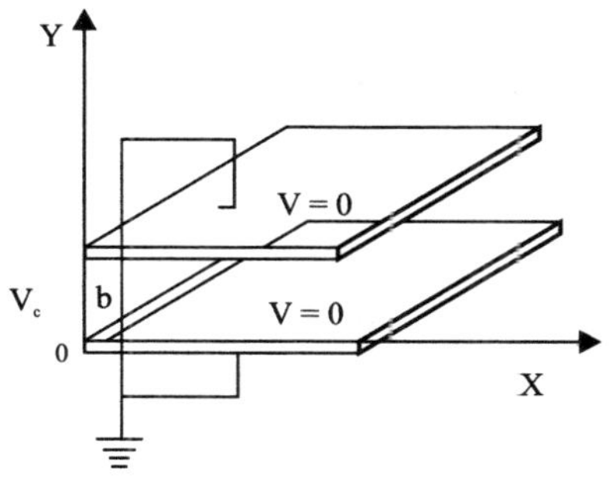

fig 14.1

Observemos que o potencial elétrico é independente de z, o que reduz a função potencial elétrico para V = V(x,y). Para a solução de Y = Y(y), tomemos, $k_1^2 = -k^2$ e $k_2^2 = k^2$, já que $k_3 = 0$, donde as equações diferenciais ordinárias pertinentes:

$$\frac{d^2X}{dx^2} - k^2x = 0$$

$$\frac{d^2Y}{dy^2} + k^2y = 0$$

Seguindo o roteiro traçado, uma solução geral, pode ser dada por,

$$V(x,y) = (A\,e^{kx} + B\,e^{-kx})\,(C\cos ky + D\,\text{sen}\,ky) \qquad (1)$$

A determinação das constantes arbitrárias é feita a partir das condições de contorno, ou seja, em y = 0, V = 0 e a equação (14.11c) oferece:

$0 = (A\,e^{kx} + B\,e^{-kx})\,C$

Como o 1º fator do 2º membro deve ser diferente de zero, implica em C = 0 e o resultado (1) se converte em:

$$V(x,y) = (A\,e^{kx} + B\,e^{-kx})\,(D\,\text{sen}\,ky) \qquad (2)$$

Intervindo com a condição, y = b e V = 0, a equação cima proporciona,

$0 = (A\,e^{kx} + B\,e^{-kx})\,(D\,\text{sen}\,kb)$

por sua vez, a nulidade do 2º fator se cumpre para $kb = n\pi$, onde, $k = n\pi/b$, com n = 1, 2, 3, ... ; consequentemente o potencial elétrico é dado por,

$$V(x,y) = (A\,e^{n\pi x/b} + B\,e^{-n\pi x/b})\,(D \operatorname{sen} n\pi\, y/b) \tag{3}$$

A análise desta solução é feita com as condições impostas a x. Como não podemos ter potencial infinito quando x → 0 , impõe-se que A = 0 , ficando a equação acima, reduzida para,

$$V(x,y) = C\,e^{-n\pi x/b} \operatorname{sen}(n\pi/b)y \tag{4}$$

onde fizemos, A.D =C. Como podemos constatar $V = V_o$ não se cumpre para a condição x = 0, em (4), de modo que a solução possível deve estar na série infinita que contém todas as soluções possíveis e a solução (4) pode ser posta como,

$$V(x,y) = \Sigma\, C_n\, e^{-n\pi x/b} \operatorname{sen}(n\pi/b)y \tag{5}$$

onde C_n é a nova constante arbitrária a determinar. Sob a última cdc a solução (4) se converte em,

$$V_o = \sum_{n=1}^{\infty} C_n \operatorname{sen}\frac{n\pi}{b}y \tag{6}$$

onde o 2° membro é uma de série de Fourier com termos em senos[Jean Baptista, Barão de Fourier (1768-1830)), matemático francês].

O método de Fourier requer a multiplicação de ambos os membros de (6) por sen(mπ/b)y , com m = 1,2,3,..., e a integração do resultado, nos limites y = 0 e y = b, oferece,

$$\int_o^b V_o \operatorname{sen}\frac{m\pi}{b}y\,dy = \int_o^b C_n \operatorname{sen}\frac{b\pi}{b}y \operatorname{sen}\frac{m\pi}{b}y\,dy \tag{7}$$

A integração do 1° membro é imediata e oferece:

$$\int_o^b V_o \operatorname{sen}\frac{m\pi}{b} = \begin{cases} \dfrac{2bv_o}{m\pi} & \text{, se m é impar} \\ 0 & \text{. se m é par} \end{cases} \tag{8}$$

A integração do 2º membro é feita por partes e proporciona:

$$\int_0^b C_o \operatorname{sen}\frac{n\pi}{b} y \operatorname{sen}\frac{m\pi}{b} - y\, dy = \begin{cases} C_n \dfrac{b}{2} & , \text{se } m = n \\ 0 & , \text{se } m \neq n \end{cases} \tag{9}$$

Combinando os resultados significativos, obtém-se o coeficiente $C_n = 4V_o/n\pi$, $n = 1,3,5,\ldots$, que substituído na solução (4) tem-se determinado o potencial elétrico para qualquer ponto entre as placas:

$$V(x,y) = \frac{4V_o}{\pi} \sum_{\text{ímpar}} \frac{1}{n} \operatorname{sen}\frac{n\pi}{b} y\, e^{-n\pi x/b} \tag{10}$$

Na fig.14.2 e, as curvas A e B são, respectivamente, os dois 1ºs termos da série acima, enquanto que a curva C, representa a composição dos dez termos seguintes.

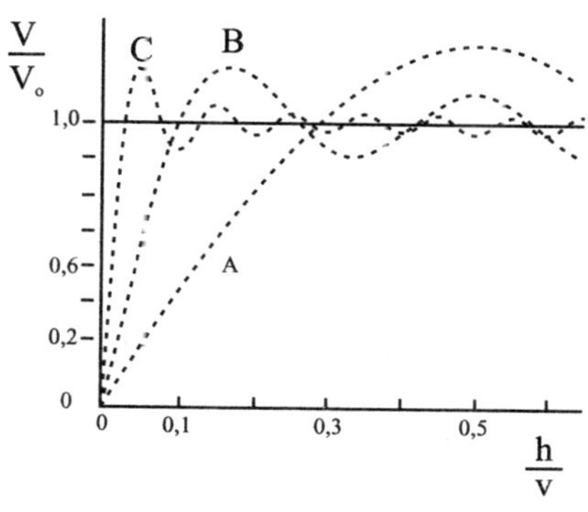

fig 14.2

[2] Resolução de Equação de Laplace em Coordenadas Cilíndricas

Aplicando (8.7b) a função potencial $V = R(r)\, F(\varphi)\, Z(z)$, que representa a situação geral, com assimetria total, virá a equação de Laplace,

$$\frac{1}{2}\frac{\partial}{\partial r}\left(r\frac{\partial V}{\partial r}\right) + \frac{1}{r^2}\frac{\partial^2 V}{\partial \varphi^2} + \frac{\partial^2 V}{\partial z^2} = 0 \tag{14.9a}$$

A resolução desta equação é feita pelo método geral de separação de variáveis. Contudo, primeiramente vamos resolvê-la para dois casos particulares de simetrias especiais, e no final, para a situação geral.

(1) Simetria axial: V(r,z) = R(r)Z(z)

Neste caso, a equação (14.9a) perde o termo em φ = cte , ficando:

$$\frac{1}{2}\frac{\partial}{\partial r}\left(r\frac{\partial V}{\partial r}\right)+\frac{1}{r^2}\frac{\partial^2 V}{\partial z^2}=0 \qquad (14.9b)$$

Substituindo V e dividindo ordenadamente por RZ, obtemos:

$$\frac{1}{rR}\frac{d}{dr}\left(r\frac{dR}{dr}\right)+\frac{1}{Z}\frac{d^2Z}{dz^2} \qquad (14.9c)$$

Com procedimento análogo, igualemos, respectivamente, os termos do 1° membro a - b^2 e + b^2 , que oferecem as duas equações:

$$\frac{1}{rR}\frac{d}{dr}\left(r\frac{dR}{dr}\right)+b^2R=0 \qquad (14.10a)$$

$$\frac{d^2Z}{dz^2}-b^2Z=0 \qquad (14.10b)$$

São ambas equações diferenciais homogêneas e para a solução da 2ª equação elegemos a solução em funções hiperbólicas,

$$Z(z) = A_1\cosh(b\,z) + A_2\text{senh}(b\,z) \qquad (14.10c)$$

enquanto que a 1ª equação, após o desenvolvimento que cabe, resulta :

$$\frac{d^2R}{dr^2}+\frac{1}{r}\frac{dR}{dr}+b^2R=0 \qquad (14.11a)$$

Esta equação tem a solução dada por intermédio de funções de Bessel [Friedrich Wilhelm Bessel (1846-1884), matemático e astrônomo alemão], havendo, portanto, necessidade de expressá-la sob forma mais adequada, que consiste em fazermos a mudança da variável r por v/b, ou melhor, por br = v, e praticar as derivações em cadeia implicadas que dão:

$$\frac{dR}{dr}=\frac{dR}{dv}\frac{dv}{dr}=b\frac{dR}{dv} \quad e \quad \frac{d^2R}{dr^2}=b^2\frac{d^2R}{dv^2}$$

Levando estes resultados à equação (14.10d) e eliminando b^2, obtemos,

$$\frac{d^2R}{dv^2}+\frac{1}{v}\frac{dR}{dv}+R=0 \tag{14.11b}$$

que é a forma usual da equação de Bessel de ordem zero. A solução geral dela é dada pela combinação linear das funções de Bessel, $J_o(v)$ e $N_o(v)$, respectivamente, chamadas de primeira e de segunda espécie,

$$R(r) = B_1\ J_o(v) + B_2\ N_o(v) \tag{14.11c}$$

A função de Bessel de primeira espécie e ordem zero é dada pela série de potências,

$$J_o(v)=1-\frac{v^2}{2^2}+\frac{v^4}{2^2 4^2}-\frac{V^6}{2^4 4^2 6^2}+\ldots \tag{14.12a}$$

e de ordem n, pela expressão:

$$J_n(v)=\sum_{m=0}^{\infty}\frac{(-1)^m (v/2)^{n+2m}}{m!(n+m)!} \tag{14.12b}$$

com m = 0,1,2,3, ..., enquanto que a função de segunda espécie é dada pela expressão:

$$N_n(v)=\frac{J_n(v)\cos n\pi - J_{-n}(v)}{\text{sen}\, n\pi} \tag{14.12c}$$

As funções de Bessel comportam-se como senoides atenuadas, como se pode ver nas fig.14.3 (a), onde estão traçadas J_o, J_1 e J_3, e fig.14.3(b), onde estão assinaladas as funções N_o, N_1 e N_3; para estas vemos que, quando $r \to 0$, $N_o \to \infty$, ou seja, $N_n(v)$ comporta-se como ln r e nas vizinhanças de 0. Com (14.10c), (14.12b) e (14.12c) podemos compor a função potencial elétrico procurada:

$$V(r,z) = (A_1 \cosh bz + A_2 \operatorname{senh} bz)[(B_1 J_o(v) + B_2 N_o(v)] \tag{14.13a}$$

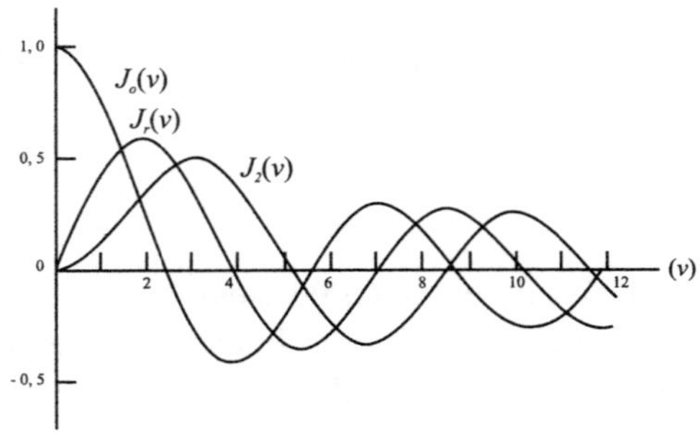

fig 14.3(a)

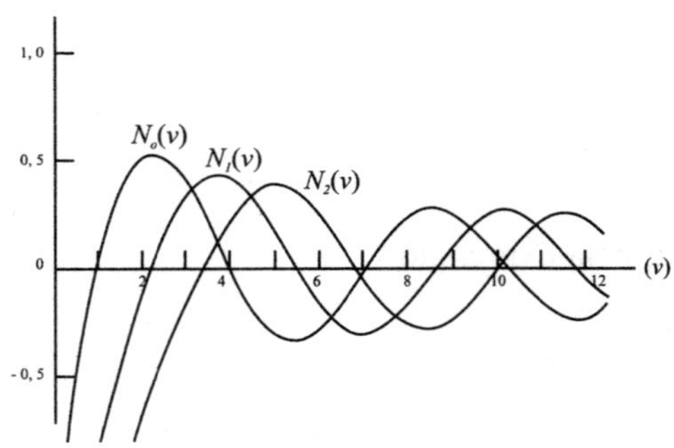

fig 14.3(b)

Em particular, quando, V = V(r), a função potencial tem simetria axial com invariança longitudinal e a equação de Laplace reduzida à forma:

$$\frac{1}{r}\frac{d}{dr}\left(r\frac{dv}{dr}\right) = 0 \tag{14.14a}$$

de solução imediata, como no ex.8.7,

$$V = k_1 \ln r + k_2 \tag{13.14b}$$

Exemplo 14.3

Um condutor cilíndrico, de seção circular reta, raio a e comprimento L, tem potencial elétrico zero na sua superfície lateral. As suas bases estão nos planos normais ao eixo z; e em z = 0, tem-se $V = V_o$. Calcular a função potencial elétrico no interior do condutor cilíndrico, fig.14.4.

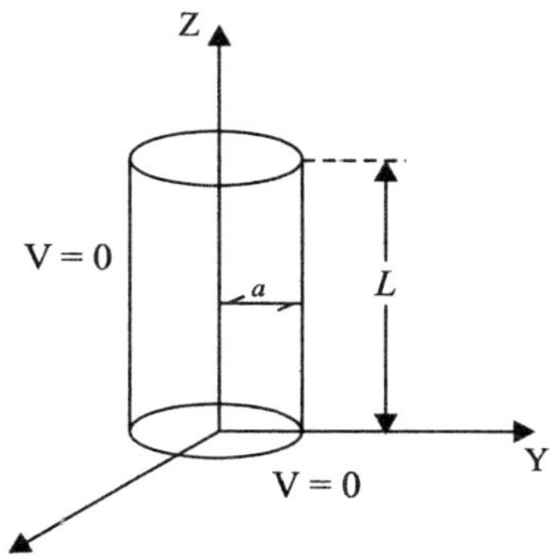

fig 14.4

Sendo potencial elétrico, reduz-se a V = R(r)Z(z), por ser independente de φ, e a equação de Laplace tem a solução dada por (14.13a), ora repetida:

$V(r,z) = (A_1 \cosh bz + A_2 \operatorname{senh} bz)(B_1 J_o(br) + B_2 N_o(br))$

as vizinhanças de 0 , $N_o(0) \rightarrow \infty$, condição esta que leva $B_2 = 0$. Então, a solução dada converte-se em:

$$V(r, z) = (A_1 \cosh bz + A_2 \operatorname{senh} bz) B_1 J_o(br) \qquad (14.15a)$$

Usando as cdc , temos: em z = 0, V = 0, e o que leva $A_1 = 0$, e a equação acima, reduz-se para,

$$V(r,z) = (A_2 \operatorname{senh} bz) B_1 J_o(br) \qquad (14.15b)$$

Em r = a, V = 0, e portanto,

$$0 = (A_2 \operatorname{senh} bz) B_1 J_o(br) \qquad (1)$$

Esta equação deve ser satisfeita para raízes de $J_o(br) = 0$. Contudo, sabemos que J_o tem uma infinidade de raízes, por exemplo, dadas por $p_m = b_m a$. Em consequência, podemos ensaiar à solução geral,

$$V(r,z)=\sum_{m=1}^{\infty}B_m \operatorname{senh}\left(\frac{P_m}{a}z\right)J_o\left(\frac{P_m}{a}r\right) \tag{2}$$

A última condição, z = L, com $V = V_o$, aplicada a solução geral acima, oferece:

$$V_o=\sum_{m=1}^{\infty}B_m \operatorname{senh}\left(\frac{P_m}{a}\right)J_o\left(\frac{P_m}{a}r\right) \tag{3}$$

Como as funções de Bessel gozam de ortogonalidade, para toda $f(r) = V_o$, em $0 < r < a$, podemos desenvolvê-la em série de ordem zero:

$$V_o=\sum_{m=1}^{\infty}B_m\, J_o\left(\frac{P_m}{a}r\right) \tag{4}$$

Para a determinação do coeficiente $B_{m,}$ multiplicamos ambos os membros de (5) por $r\,J_o(p_m r/a)$ e integramos de 0 a a, ou seja,

$$\int_0^a r\,V_o\,J_o\left(\frac{p_m}{a}r\right)dr=\int_0^a\sum_{m=1}^{\infty}B_m\left[J_o\left(\frac{p_m}{a}r\right)\right]dr \tag{5}$$

O 2° membro, oferece, como resultado,

$$\frac{a^2}{2}J_1^2\left(\frac{p_m}{a}\right)B_m \tag{6}$$

de sorte que o coeficiente procurado virá dado por:

$$B_m=\frac{2}{a^2J_1^2\left(p_m r/a\right)}\int_0^a r\,V_o\,J_o\left(\frac{p_m}{a}r\right)dr \tag{7}$$

Levando este resultado na equação (4) temos, o potencial elétrico buscado:

$$V=\sum_{m=1}^{\infty}\left\{\frac{2\operatorname{senh}\left(p_m L/a\right)}{a^2\operatorname{senh}\left(p_m L/a\right)}\left[\int_0^a r\,V_o\,J_o\left(\frac{p_m}{a}r\right)dr\right]J_o\left(\frac{p_m}{a}r\right)\right\} \tag{14.15c}$$

(2) Invariança longitudinal: com $V(r, \varphi) = R(r)\,F(\varphi)$

Neste caso, (14.9a) perde o termo em Z, fig. 14.5, e temos,

$$\frac{1}{r}\frac{\partial}{\partial r}\left(r\frac{\partial r}{\partial r}\right)+\frac{1}{r}\frac{\partial V}{\partial \varphi^2}=0 \qquad (14.16a)$$

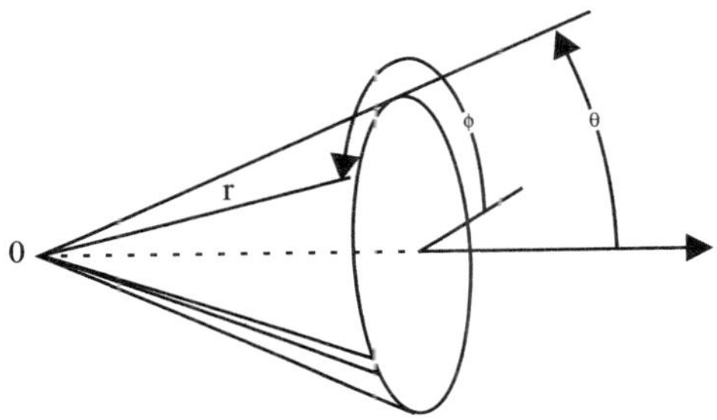

fig 14.5

Substituindo V e efetuando a divisão ordenada por RF, obtemos:

$$\frac{1}{rR}\frac{d}{dr}\left(r\frac{dR}{dr}\right)+\frac{1}{r^2R}\frac{d^2F}{d\varphi^2}=0 \qquad (14.16b)$$

Conferindo ao termo em F o valor $-k^2$ e o termo em R , k^2 , teremos:

$$\frac{d^2F}{d\varphi^2}+k^2\,F=0 \qquad (14.16c)$$

que adotamos para solução:

$$F(\varphi) = B_1 \cos k\varphi + B_2 \operatorname{sen} k\varphi \qquad (14.17a)$$

bem como,

$$\frac{d^2R}{dr^2}+r\frac{dR}{dr}-k^2\,R=0 \qquad (14.16d)$$

que optamos pela solução na forma:

$$R(r) = A_1\, r^k + A_2\, r^{-k} \qquad (14.17b)$$

Reunindo os resultados, temos para o potencial elétrico:

$$V(r,\varphi) = (A_1\, r^k + A_2\, r^{-k})(B_1 \cos k\varphi + B_2 \operatorname{sen} k\varphi) \tag{14.17c}$$

Uma solução mais geral que se compartibilize com as cdc para V, será dada por uma série infinita, conforme ficou assente.

Exemplo 14.4.

Dois semiplanos, com origem comum em $x = 0$, isolados, e formam entre si o ângulo φ , fig.14.6, tendo como condições de contorno: $V = 0$, em $\varphi = 0$ e $\varphi = \pi/2$; $V = V_o$, em $r = a$ e $r = b$. Calcular o potencial elétrico no interior dos semiplanos.

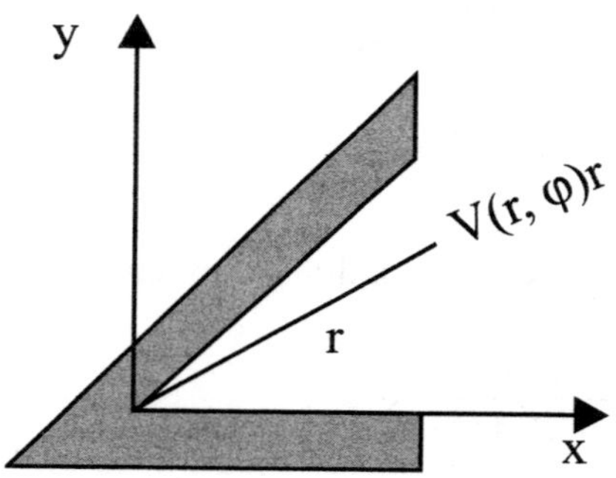

fig 14.6

O potencial elétrico a determinar tem a forma $V(r,\varphi) = R(r)F(\varphi)$, que levado à equação de Laplace pertinente, oferece a solução já conhecida:

$$V(r, \varphi) = (A_1\, r^k + A_2\, r^{-k})(B_1 \cos k\varphi + B_2 \operatorname{sen} k\varphi) \tag{14.18a}$$

Intervindo com as cdc, $V = 0$, em $\varphi = 0$, virá,

$$0 = (A_1\, r^k + A_2\, r^{-k})\, B_1$$

que implica em $B_1 = 0$; então, a equação (14.17a) converte-se para,

$$V(r, \varphi) = R(r)\, B_2 \operatorname{sen} k\varphi \tag{14.18b}$$

Para $\varphi = \pi/2$ e $V = 0$, temos,

$$0 = R(r) B_2 \operatorname{sen} k\frac{\pi}{2}$$

para a qual o seno será nulo para k = 2n , n = 1,2,3, ... , de modo que reescrevemos (14.17b) como,

$$V(r,\varphi) = (A_1\, r^{2n} + A_2\, r^{-2n})\, B_2 \text{ sen } 2n\varphi \tag{14.19a}$$

Para r = a e r = b , $V_o = V$, teremos:

$$V_o = (A_1\, a^{2n} + A_2\, a^{-2n})\, B_2 \text{ sen } 2n\varphi \tag{1}$$

$$V_o = (A_1\, b^{2n} + A_2\, b^{-2n})\, B_2 \text{ sen } 2n\varphi \tag{2}$$

Uma solução mais geral é dada pela superposição linear seguinte:

$$V(r,\varphi) = \sum_{n=0}^{\infty}\left(A_n r^{2n} + B_n r^{-2n}\right) \text{sen } 2n\varphi \tag{14.19b}$$

E deverá satisfazer V_o , ou seja,

$$V_o = \sum_{n=0}^{\infty}\left(A_n a^{2n} + B_n a^{-2n}\right) \text{sen } n\alpha \tag{14.19c}$$

fazemos a mudança de ângulo, pondo $\alpha = 2\varphi$ e $-\pi < \alpha < \pi$.

A determinação dos coeficientes A_n e B_n, feita pela técnica de Fourier, requer a multiplicação de sen $n\alpha$ por ambos os membros de (14.19c),

$$\int_{-\pi}^{\pi} V_o \text{ sen } n\alpha\, d\alpha = \sum_{n=0}^{\infty}\,^{\pi}\left(A_n a^{2n} + B_n a^{-2n}\right) \text{sen } n\alpha\, d\alpha \tag{1}$$

Do 1° membro, temos,

$$\int_{-\pi}^{\pi} V_o \text{ sen } n\alpha\, d\alpha = -\frac{2V_o}{n} \tag{2}$$

E o 2° membro, fornece,

$$R(r) \int_{-\pi} \text{sen}^2\, n\alpha\, d\alpha = R(r)\, \pi \tag{3}$$

Identificando os resultados, obtemos,

$$R(r) = -\frac{2V_o}{n\pi} \tag{4}$$

e particularizando R(r) para r =a e r =b, virão:

$$A_n a^{2n} + B_n a^{-2n} = -\frac{2V_o}{n\pi} \tag{5}$$

$$A_n b^{2n} + B_n b^{-2n} = -\frac{2V_o}{n\pi} \tag{6}$$

Resolvendo este sistema, encontramos:

$$A_n = -\frac{2V_o}{n\pi}\frac{1}{a^{2n} + b^2} \tag{7}$$

$$B_n = -\frac{2V_o}{n\pi}\frac{1}{a^{2n} + b^{2n}} \tag{8}$$

Substituindo A_n e B_n em (14.18a), temos a solução procurada:

$$V(r,\varphi) = -\frac{2V_o}{\pi}\sum_{n=o}^{\infty}\frac{1}{n}\left(\frac{r^{2n} + r^{-2n}a^{2n}b^{2n}}{a^{-2n} + b^{2n}}\right)\text{sen}\,2n\varphi \tag{14.19d}$$

Exemplo 14.5.

Um capacitor de cilindros, de raios a e b, extenso, preenchido com um dielétrico de permissividade ε com a carga elétrica distribuída uniformemente em todo o volume. Calcular o potencial e o campo elétricos na região entre as superfícies cilíndricas, sob a condição de $V = 0$, em $r = a$ e $r = b$.

O equacionamento do problema leva a equação de Poisson em coordenadas cilíndricas, independente de ϕ, com referência a (14.9a):

$$\frac{1}{n}\frac{d}{dr}\left(r\frac{dV}{dr}\right) = -\frac{\rho}{\varepsilon} \tag{14.20a}$$

por comodidade, façamos m = - ρ/ε . Efetuando a 1ª integração, temos:

$$r\frac{dV}{dr}=\frac{mr^2}{2}+A$$

onde A é a constante de integração. Realizando a 2ª integração, achamos:

$$V=\frac{mr^2}{4}+A\ln r+B \tag{14.20b}$$

Intervindo com a cdc, V = 0, em r = a e r = b, determinaremos as constantes arbitrárias:

$$A=-\frac{m}{4}\frac{a^2-b^2}{\ln a/b} \tag{1}$$

$$B=-\frac{m}{4}\frac{b^2\ln a-a^2\ln b}{\ln a/b} \tag{2}$$

Levando estes resultados, inclusive de m , na equação (14.20b) , encontramos o potencial elétrico buscado:

$$V(r)=-\frac{\rho}{\varepsilon}r^2+\frac{\rho}{\varepsilon}\left(\frac{a^2-b^2}{\ln a/b}\right)\ln r+\frac{\rho}{\varepsilon}b^2\frac{\ln a-\ln b}{\ln a/b} \tag{14.20c}$$

A intensidade de campo elétrico, obtido por via gradiente, vale:

$$\mathbf{E}(r)=-\frac{\rho}{2\varepsilon}\left[r-\frac{a^2-b^2}{2r\ln a/b}\right]\hat{\mathbf{e}}_r \tag{14.20d}$$

(3) Assimetria Total: Efetuando a divisão ordenada dos membros de (14.9a), por RFZ, como de praxe, virá a equação de Laplace na forma geral:

$$\frac{1}{rR}\frac{d}{dr}\left(\frac{dR}{dr}\right)+\frac{1}{r^2F}\frac{d^2F}{d\varphi^2}+\frac{1}{Z}\frac{d^2Z}{dz^2}=0 \tag{14.21a}$$

Pondo b^2 igual ao termo em Z, resulta a equação,

$$\frac{d^2Z}{dz^2} - b^2 Z = 0 \tag{14.21b}$$

cuja solução já conhecida é dada por:

$$Z(z) = A_1 \cosh(bz) + A_2 \operatorname{senh}(bz) \tag{14.22a}$$

A equação original, tornar-se-á, então:

$$\frac{1}{rR}\frac{d}{dr}\left(r\frac{dR}{dr}\right) + \frac{1}{r^2F}\frac{d^2F}{d\varphi^2} + b^2 = 0 \tag{14.21c}$$

A separação do termo em F, da variável r, é obtida efetuando a multiplicação de ambos os membros da equação acima por r^2; após a expansão do termo em R, virá,

$$\frac{r^2}{R}\frac{d^2R}{dr^2} + \frac{r}{R}\frac{dR}{dr} + \frac{1}{F}\frac{d^2F}{d\varphi^2} + b^2r^2 = 0 \tag{14.21d}$$

Igualando o termo em F a $-k^2$, obtemos a equação desejada:

$$\frac{d^2F}{d\varphi^2} + k^2F = 0 \tag{14.21e}$$

cuja solução, já conhecida, reproduzimos:

$$F(\varphi) = B_1 \cos(k\varphi) + B_2 \operatorname{sen}(k\varphi) \tag{14.22b}$$

Em consequência a equação (14.21d) toma a forma:

$$r^2\frac{d^2R}{dr^2} + r\frac{dR}{dr} - \left(k^2 - b^2r^2\right)R = 0 \tag{14.23a}$$

A seguir façamos a mudança da variável r por v/b ou br = v, e eliminando b^2, encontramos:

$$v^2\frac{d^2R}{dv^2}+v\frac{dR}{dv}+\left(v^2-k^2\right)R=0 \tag{14.23b}$$

que resulta na forma diferencial da equação de Bessel.

Como já vimos, a solução desta equação é dada pela função de Bessel de primeira espécie, de ordem n, $J_n(v)$, referida em (14.12b) e a outra, pela função de Bessel de segunda espécie e ordem n, $N_n(v)$, apresentada em (14.19c); esta função, entretanto, revela-se indeterminada quando n é inteiro, convindo porisso redefini-la como limite da expressão em (14.19c), elegendo-se um p, tal que, $n \rightarrow p$, para compor a solução do potencial elétrico buscado.

Observe-se que, se tivéssemos tomado o termo em Z igual a $-b^2$, chegaríamos a equação de Bessel modificada de ordem n :

$$\frac{d^2R}{dr^2}+\frac{1}{r}\frac{dR}{dr}-\left(b^2-\frac{n^2}{r^2}\right)R=0 \tag{14.23c}$$

cuja solução é a combinação linear das funções de Bessel modificadas, que no presente estudo não é de interesse aprofundarmos mais no assunto.

[3] Resolução da Equação de Laplace em Coordenadas Esféricas:

A função potencial elétrico, $V = V(r, \theta, \varphi)$, apresentando assimetria total, levada em de (8.7c) fornece a equação de Laplace:

$$\frac{1}{r^2}+\frac{\partial}{\partial r}\left(r^2\frac{\partial V}{\partial r}\right)+\frac{1}{r^2 \operatorname{sen}\theta}\frac{\partial}{\partial}\left(\operatorname{sen}\theta\frac{\partial V}{\partial \theta}\right)+\frac{1}{r^2\operatorname{sen}^2\theta}\frac{\partial^2 V}{\partial \varphi^2}=0 \tag{14.24a}$$

A resolução desta equação é igualmente obtida pelo método de separação de variáveis e as soluções decorrentes são chamadas de harmônicos esféricos. Deixaremos a resolução geral desta equação para mais adiante, sendo de interesse resolvê-la para os casos que apresentam simetrias, a seguir analisadas.

(1) Simetria azimutal

A equação de Laplace acima perde termo em φ = cte convertendo-se em:

$$\frac{1}{r^2}+\frac{\partial}{\partial r}\left(r^2\frac{\partial V}{\partial r}\right)+\frac{1}{r^2 \operatorname{sen}\theta}\frac{\partial}{\partial}\left(\operatorname{sen}\theta\frac{\partial V}{\partial \theta}\right)=0 \tag{14.24b}$$

Para $V(r,\theta) = R(r)S(\theta)$, após seguir o procedimento de praxe, estabelecido, obtemos,

$$\frac{1}{rR}\frac{d}{dr}\left(r^2\frac{dR}{dr}\right)+\frac{1}{r^2\text{sen}\theta\ S}\frac{d}{d\theta}\left(\text{sen}\theta\frac{dS}{d\theta}\right)=0 \qquad (14.24c)$$

Igualando o termo em R a k^2 e o termo em S a $-k^2$, estabelecermos as equações diferenciais seguintes:

$$\frac{1}{r}\frac{d}{dr}\left(r\frac{dR}{dr}\right)-k^2R=0 \qquad (14.24d)$$

$$\frac{d}{d\theta}\left(\text{sen}\theta\frac{dS}{d\theta}\right)+k^2S=0 \qquad (14.24e)$$

Para a 1ª equação, elegemos a solução:

$$R(r) = A_1\, r^n + A_2\, r^{-(n+1)} \qquad (14.25a)$$

convindo fazer-se $k = n(n+1)$; e a 2ª equação virá dada por:

$$\frac{d}{d\theta}\left(\text{sen}\theta\frac{dS}{d\theta}\right)+\text{sen}\theta\, n(n+1)S=0$$

ou melhor,

$$\frac{d^2S}{d\theta^2}+\frac{\cos\theta}{\text{sen}\theta}\frac{dS}{d\theta}+n(n+1)S=0 \qquad (14.24f)$$

A resolução desta equação requer que façamos a mudança da variável θ por $x = \cos\theta$; e isto é feito através da derivação em cadeia:

$$\frac{dS}{d\theta}=\frac{dS}{dx}\frac{dx}{d\theta}=-\text{sen}\theta\frac{dS}{dx}=-\left(1-x^2\right)^{1/2}\frac{dS}{dx}; \quad \text{e}$$

$$\frac{d^2S}{d\theta^2}=\left(1-x^2\right)\frac{d^2S}{dx^2}-x\frac{dS}{dx}$$

Levando estes resultados na equação (14.24f), obtemos a equação de Legendre de ordem n [A. M. Legendre (1752-1833) matemático francês], que assume a forma,

$$\left(1-x^2\right)\frac{d^2S}{dx^2}-2x\frac{dS}{dx}+n\left(n+1\right)S=0 \qquad (14.26a)$$

e tem como solução geral,

$$S(\theta) = B_1 \; P_n \; (x) + B_2 \; Q_n \; (x) \qquad (14.25b)$$

onde os $P_n(x) = P_n(\cos\theta)$ são funções representativas dos polinômios de Legendre de primeira espécie; e $Q_n(x)$ simbolizam os polinômios de Legendre de segunda espécie, conhecidos como harmônicos esféricos que são funções que contêm termos em ln(1+x/1-x) com pontos singulares em $x = \pm 1$ ($\theta = 0$ e $\theta = \pi$). Tomando-se o eixo z como azimute, tem-se $B_2 = 0$ e a solução acima reduz-se para,

$$S(\theta) = B_1 \; P_1 \; (x) \qquad (14.25c)$$

Os polinômios de Legendre de primeira espécie são calculados de forma cômoda, por meio da fórmula de Rodrigues,

$$P_n\left(x\right)=\frac{1}{2^n\,n!}\frac{d^n}{dx^n}\left(x^2-1\right)^n \qquad (14.26b)$$

Tabela 14.1

n	$P_n(\cos\theta)$
0	1
1	$\cos\theta$
2	$\frac{1}{2}(3\cos^2\theta - 1)$
3	$\frac{1}{2}(5\cos^2\theta - 3\cos\theta)$
4	$\frac{1}{8}(35\cos^4\theta - 30\cos^2\theta + 3)$

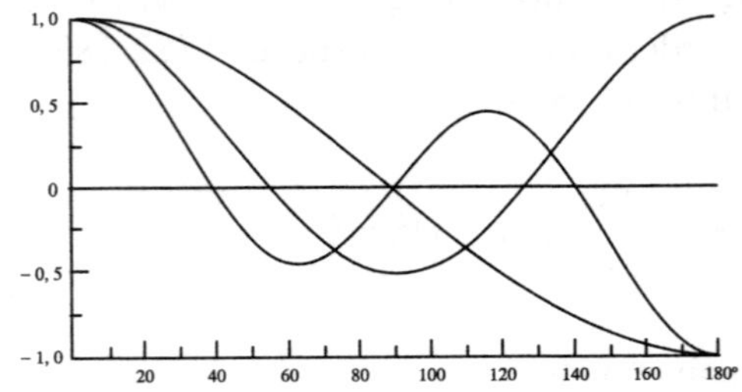

fig 14.7

Na tabela 14.1 relacionamos os 5 primeiros polinômios de Legendre e na fig.14.7 estão representados os três primeiros.

Com os resultados (14.25a) e (14.25b) podemos compor a solução geral da equação de Laplace como:

$$V(r,\theta)=\sum_{n=0}^{\infty}A_n r^n P_n(\cos\theta)+\sum_{n=0}^{\infty}B_n r^{(n+1)}P_n(\cos\theta) \qquad (14.25d)$$

Os polinômios de Legendre formam um conjunto ortogonal, completo, no intervalo, $-1 \leq x \leq 1$; se temos $P_n(x)$ e $P_m(x)$ então,

$$\int_{-1}^{1}P_n(x)P_m(x)dx=\begin{cases} 0 \\ \dfrac{2}{2n+1} \end{cases} \qquad (14.25e)$$

Esta propriedade é frequentemente usada para o cálculo dos coeficientes A_n e B_n. A solução (14.25d) particularizada para n = 0, fornece o potencial elétrico em r^{-1}, como de uma carga pontual; e para n = 1, produz o termo $r^{-2}\cos\theta$, como no caso do potencial elétrico de um dipolo elétrico.

Exemplo 14.6.

Uma esfera condutora de raio a , isolada, é colocada num campo elétrico uniforme. Admitindo que V = 0 , em r = a , calcular o potencial elétrico para pontos exteriores à esfera, bem como o campo elétrico, deles decorrentes.

Devido à indução na esfera condutora (de carga elétrica total induzida zero), o campo elétrico é a soma do campo elétrico aplicado, E_o, mais o campo elétrico devido às cargas induzidas, cujas linhas de força, apresentam-se distorcidas nas suas cercanias, como na fig.14.8. Obviamente, no interior da esfera o campo elétrico total é nulo.

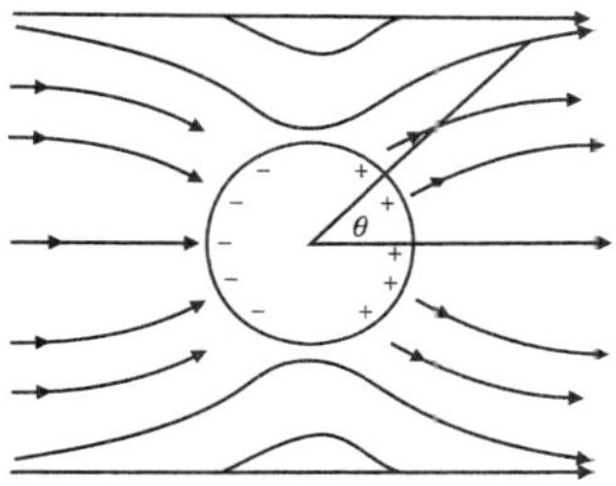

fig 14.8

Para pontos exteriores, com o centro da esfera condutora como origem e o eixo Z como eixo polar, a função potencial elétrico independe do ângulo φ e é dado pela solução geral, ora repetida,

$$V(r,\theta)=\sum_{n=0}^{\infty} A_n r^n P_n(\cos\theta)+\sum_{n=0}^{\infty} B_n r^{(n+1)} P_n(\cos\theta) \qquad (14.25d)$$

Intervindo com as cdc, V = 0, em r = a, tem-se,

$$0=\sum_{n=0}^{\infty} A_n r^n P_n(\cos\theta)+\sum_{n=0}^{\infty} B_n a^{(n+1)} P_n(\cos\theta)$$

Para a determinação dos coeficientes A_n e B_n recorremos à propriedade de (14.25e) com m = n:

$$0=\sum_{n=0}^{\infty}\int_{-1}^{1} A_n a^n P_n^2(\cos\theta)d(\cos\theta)+\sum_{n=0}^{\infty}\int_{-1}^{1} B_n a^{-(n+1)} P_n^2(\cos\theta)d(\cos\theta)$$

onde as integrais proporcionam:

$$0=A_n a^n\left(\frac{2}{2n+1}\right)+B_n a^{-(n+1)}\left(\frac{2}{2n+1}\right)$$

de onde,

$$B_n = - A_n\, a^{2n+1} \qquad (14.27a)$$

Para r→∞ os termos com potências inversas de r tendam a zero, e (14.25d) reduz-se para,

$$V(r,\theta)\big|_{r\to o} = \sum_{n=0}^{\infty} A_n r^n P_n(\cos\theta)$$

Por outro lado, o potencial elétrico sobre ao eixo polar, vale:

$$V(r,\theta) = -E_o\, z = -\, E_o\, r\, \cos\theta \qquad (14.27b)$$

De onde,

$$-E_o r\cos\theta = \sum_{n=0}^{\infty} A_n r^n P_n(\cos\theta) \qquad (14.27c)$$

Da identidade dos membros podemos concluir que todos os termos da série do 2º membro são nulos exceto para $n = 1$, que oferece, $A_1 = -E_o$, que levado em (14.27a) resulta,

$$B_1 = - A_1\, a^3 = E_o\, a^3 \qquad (14.27d)$$

com base em (14.25d), virá o potencial elétrico,

$$V(r,\theta) = -E_o r\cos\theta\left(1-\frac{a^3}{r^3}\right) \qquad (14.27d)$$

A intensidade de campo elétrico, obtida por via gradiente, $-\partial V/\partial r$ e $-\partial V/\partial\theta$, tem as componentes:

$$E_r = E_o\left(1-\frac{2a^3}{r^3}\right)\cos\theta \qquad (14.28a)$$

$$E_\theta = -E_o\left(1-\frac{2a^3}{r^3}\right)\text{sen}\theta \qquad (14.28b)$$

Exemplo 14.7.

Uma esfera dielétrica de raio a e permissividade ε é colocada num campo elétrico uniforme E_o , conforme a fig.14.9. Determinar o potencial elétrico para pontos exteriores e interiores à esfera dielétrica, bem como o campo elétrico interno no dielétrico. Também estabelecer a densidade superficial de carga de polarização.

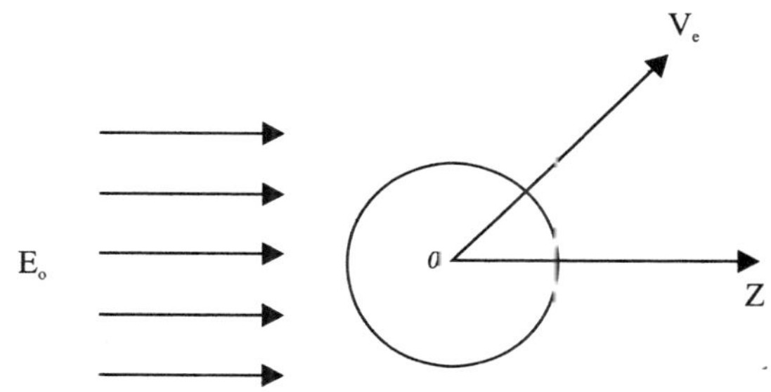

fig 14.9

Tomemos a origem do referencial no centro da esfera dielétrica, tendo que o eixo polar concorde com a direção do campo elétrico E_o. Designemos por, V_e e V_i respectivamente os potenciais elétricos para pontos exteriores e interiores à esfera.

Da solução geral, dada por (14.25d) virão,

$$V_e = \sum_{n=0}^{\infty}\left(A_n r^n + B_n r^{(n+1)}\right)P_n\left(\cos\theta\right) \qquad (14.29a)$$

$$V_i = \sum_{n=0}^{\infty} C_n r^n P_n\left(\cos\theta\right) \qquad (14.29b)$$

Para pontos afastados da esfera dielétrica, o campo elétrico mantém-se uniforme, de sorte que o único termo não nulo em (14.29a) é A_1 , de onde,

$$A_1 = - E_o\, z = - E_o\, r \cos\theta$$

De onde,

$$V_e = -E_o r\cos\theta + \sum_{n=0}^{\infty} r^{-(n+1)} P\left(\cos\theta\right) \qquad (14.29c)$$

Na fronteira, os potenciais elétricos são iguais ou, $V_e|_{r=a} = V_i|_{r=a}$, de modo que fazendo a expansão dos somatórios a eles referidos, teremos:

$$-E_o a\cos\theta + \frac{B_o}{a} + \frac{B_1 P_1(\cos\theta)}{a^2} + \frac{B_2 P_2(\cos\theta)}{a^3} + \ldots = C_o + C_1 a P_1(\cos\theta)$$

$$+C_2 a^2 P_2(\cos\theta) + \ldots \qquad (14.30a)$$

Identificando os termos correlatas do 1° membro com os do 2° membro, obtemos,

$$\begin{cases} \dfrac{B_o}{a} = C_o \\ -E_o a + \dfrac{B_1}{a^2} = C_1 a \\ \dfrac{B_2}{a^3} = C_2 a^2 \\ \ldots\ldots\ldots\ldots\ldots \end{cases} \qquad (14.30b)$$

Por outro lado, sendo a componente normal de **D** contínua na fronteira, teremos,

$$-\varepsilon \frac{\partial V_e}{\partial r}\Big|_{r=a} = -\varepsilon \frac{\partial V_i}{\partial r}\Big|_{r=a} \qquad (14.31a)$$

De onde se segue que :

$$E_o P_1(\cos\theta) + \frac{B_o}{a^2} + \frac{2B_1 P_1(\cos\theta)}{a^4} + \frac{3B_2 P_2(\cos\theta)}{a^4} + \ldots =$$

$$-\varepsilon_r C_1 P_1(\cos\theta) - 2\varepsilon_r C_2 a\, P_2(\cos\theta) - \ldots \qquad (14.31b)$$

Com a identidade dos termos correspondentes em ambos os membros, obtemos:

$$\begin{cases} \dfrac{B_o}{a^2} = 0 \\ E_o + \dfrac{2B_1}{a^3} = -\varepsilon_r C_1 \\ \dfrac{3B_2}{2} = -2\varepsilon_r C_2 a \\ \cdots\cdots\cdots\cdots \end{cases} \tag{14.31c}$$

Combinando duas a duas as equações obtidas, encontramos:

$$\begin{cases} B_o = C_o = 0 \\ B_1 = \dfrac{\varepsilon_r - 1}{\varepsilon_r + 2} E_o a^3 \\ C_1 = -\dfrac{3}{\varepsilon_r + 2} E_o \end{cases} \tag{14.31d}$$

Os demais coeficientes, $n \neq 1$, são todos nulos, ou seja, $n = 0$, descartam o harmônico r^{-1} que representa uma carga elétrica livre no seio da esfera dielétrica; $n = 2$, indicaria a presença de multipolos, que não é o caso. Em suma, os potenciais elétricos ficam reduzidos às expressões:

$$V_e = - E_o\, r \cos\theta + B_1\, r^{-2}\, P_1(\cos\theta) \tag{14.29c}$$

$$V_i = C_1\, r\, P_1(\cos\theta) \tag{14.29d}$$

Substituições as constantes indicadas, encontramos:

$$V_e = -\left[1 - \left(\frac{\varepsilon_r - 1}{\varepsilon_r + 2}\right)\frac{a^3}{r^3}\right] E_o r \cos\theta \tag{14.32a}$$

$$V_i = -\frac{3}{\varepsilon_r + 2} E_o Z \tag{14.31b}$$

onde $z = r \cos\theta$; o campo elétrico no interior da esfera dielétrica é obtido, via gradiente, tomando-se, $- \partial V/\partial z$,

$$E_i = \frac{3}{\varepsilon_r + 2} E_o \qquad (14.32c)$$

onde vemos que $\mathbf{E}_i$ tem a mesma direção e sentido de $\mathbf{E}_o$ mas módulo menor.. O vetor **D** é continuo ao atravessar a esfera dielétrica e na fig.14.10(a) estão representadas algumas de suas linhas de força juntamente com as superfícies equipotenciais; por sua parte, o vetor $\mathbf{E}_o$ é descontínuo ao atravessar a referida superfície. No interior da esfera dielétrica a densidade das linhas de força torna-se menor, fig.14.10(b) indicando essa descontinuidade.

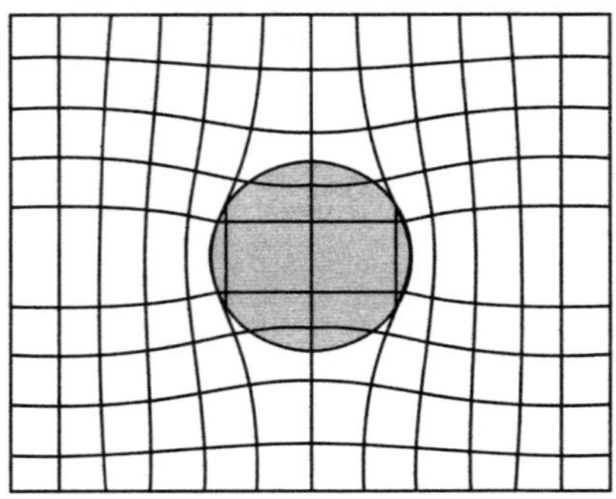

fig 14.10(a)

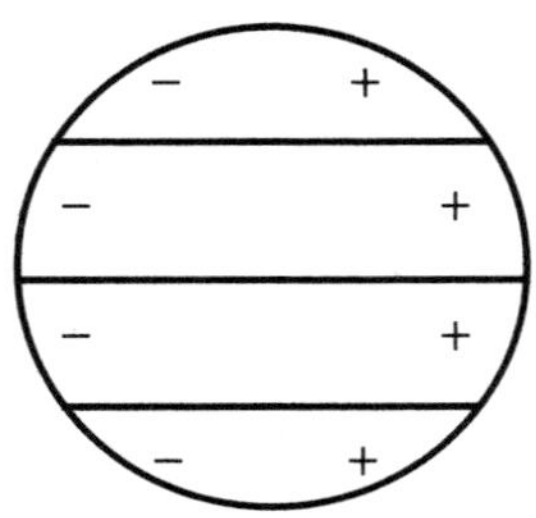

fig 14.10(b)

O vetor polarização elétrica na esfera é constante em todo o volume, com mesma direção e sentido do campo elétrico aplicado, cujo valor virá dado por:

$$P = (\varepsilon - \varepsilon_o) E_i = 3\varepsilon_o \left(\frac{\varepsilon_r - 1}{\varepsilon_r + 2} \right) E_o \qquad (14.32d)$$

introduzindo (14.32c).

(2) Assimetria Total:

Retomemos a equação (14.24b) e para a separação do último termo efetuamos a multiplicação de ambos os membros por r^2 sen$^2\theta$, ficando ela convertida à forma:

$$\text{sen}^2\theta\frac{\partial}{\partial r}\left(r^2\frac{\partial r}{\partial r}\right)+\text{sen}\theta\frac{\partial}{\partial\theta}\left(\text{sen}\theta\frac{\partial V}{\partial\theta}\right)+\frac{\partial^2 V}{\partial\varphi^2}=0 \qquad (14.33a)$$

Dividindo ordenadamente esta equação por $R(r)S(\theta)T(\varphi)$ e fazendo as simplificações que cabem, encontramos:

$$\frac{\text{sen}^2\theta}{R}\frac{d}{dr}\left(r^2\frac{dR}{dr}\right)+\frac{\text{sen}\theta}{S}\frac{d}{d\theta}\left(\text{sen}\theta\frac{dS}{d\theta}\right)+\frac{1}{T}\frac{d^2T}{d\varphi^2}=0 \qquad (14.33b)$$

Igualando o termo em T a $-m^2$, temos a equação diferencial:

$$\frac{d^2T}{d\varphi^2}+m^2T=0 \qquad (14.33c)$$

cuja solução é dada por funções circulares já conhecida:

$$T(\varphi\ ) = A\cos(m\varphi) + B\,\text{sen}(m\varphi) \qquad (14.34a)$$

Para a separação do termo em R procedemos a divisão ordenada da equação (14.33b) por sen$^2\theta$, que nos leva à forma:

$$\frac{1}{R}\frac{d}{dr}\left(r^2\frac{dR}{dr}\right)+\frac{1}{\text{sen}\theta\, S}\frac{d}{d\theta}\left(\text{sen}\theta\frac{dS}{d\theta}\right)-\frac{m^2}{\text{sen}^2\theta}=0 \qquad (14.35a)$$

Convindo igualar o termo em R a $n(n+1)$, conforme já procedemos, encontraremos a equação desejada:

$$\frac{d}{dr}\left(r^2\frac{dR}{dr}\right)-n(n+1)R=0 \qquad (14.35b)$$

cuja solução já conhecida é:

$$R(r) = C\ r^n + D\ r^{-(n+1)} \qquad (14.34b)$$

Colocando (14.33c) em função de S(θ), obtemos:

$$\frac{d^2S}{d\theta^2}+\frac{1}{\text{sen}\theta}\frac{dS}{d\theta}+\left[n(n+1)-\frac{m^2}{\text{sen}^2\theta}\right]S=0 \tag{14.35c}$$

Para convertê-la à forma de Legendre, devemos proceder a mudança de variável, cosθ = x, seguindo os procedimentos feitos para obter (14.26a) que a forma:

$$\left(1-x^2\right)\frac{d^2S}{dx^2}-2x\frac{dS}{dx}+\left[n(n+1)-\frac{m^2}{1-x^2}\right]S=0 \tag{14.35d}$$

cuja solução é dada por:

$$S(\theta) = G\ P_n^{\,m}(x) + H\ N_n^{\,m}(x) \tag{14.34c}$$

onde $N_n^{\,m}(x)$ representam os polinômios de Legendre de segunda espécie, que tem pontos singulares para as raízes x = ± 1, já que seus termos contém 1n(1+x/1-x) ; e os $P_n^{\,m}$ (x) simbolizam os polinômios de Legendre de primeira espécie, já tratados. A composição dos resultados (14.34a), (14.34b) e (14.34c), fornecerá a solução completa para o potencial elétrico buscado.

ELETRODINÂMICA

15. CORRENTE ELÉTRICA CONTÍNUA

15.1. Introito

Cargas elétricas em movimento num condutor constituem uma corrente elétrica. Historicamente, a corrente elétrica (não transitória) foi descoberta pelo físico italiano Alessandro Giuseppe Volta (1745-1827) quando em 1800 inventa o gerador eletroquímico que passou a ser chamado de pilha de Volta, depois aperfeiçoada na bateria ou acumulador.

Com uma bateria elétrica, pode-se estruturar um circuito elétrico simples, bastando ligar aos seus terminais um condutor sólido, filiforme, tal como um fio de cobre, compondo, como ela, um caminho fechado, fig.15.1(a). Sem entrar nos detalhes construtivos e princípios intrínsecos de seu funcionamento (teoria das bandas), pode-se dizer que um gerador eletroquímico é o dispositivo que tem a capacidade de fornecer a energia potencial elétrica necessária às cargas elétricas pré-existentes no condutor e de pô-las em movimento no circuito elétrico. Ele é representado pelo símbolo, $\overset{-}{—}\!\!|\!\!\overset{+}{—}$, que é um bipolo, no qual convenciona-se que as cargas elétricas "saem" pelo polo positivo, que detém o potencial elétrico mais elevado, e "entram" pelo polo negativo, fig.15.1(b), que é a representação esquemática de um circuito elétrico simples, onde distingue-se a parte "externa", representada pelo fio condutor, de comprimento AB, e a parte "interna", limitada pelos terminais B e A. Nestes terminais estão disponíveis os potenciais elétricos V_A e V_B, que provocam a circulação das cargas elétricas, no caso, os elétrons do condutor.

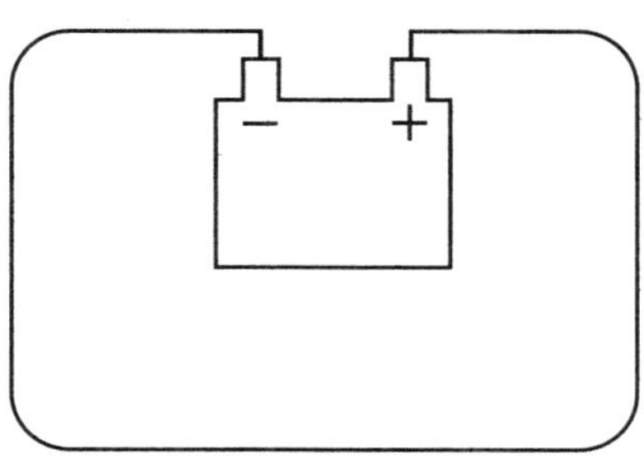

fig 15.1(a)

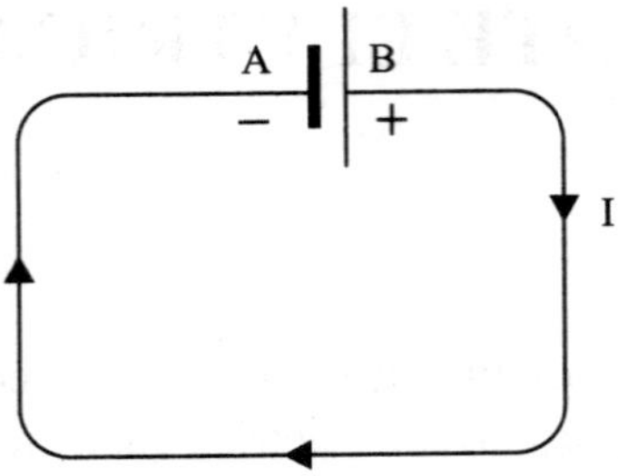

fig 15.1(b)

[1] Definição de Corrente Elétrica

Consideremos um trecho de um circuito elétrico em que a carga elétrica, ΔQ, travessa uma seção reta de dado condutor, no intervalo de tempo Δt. Do ponto de vista macroscópico, define-se intensidade de corrente elétrica média ou apenas corrente elétrica média, símbolo, I_m , como a razão da variação da carga elétrica, no trecho, pelo tempo necessário para tal,

$$I_m = \frac{dQ}{dt} \tag{15.1a}$$

E define-se a corrente elétrica instantânea, I, como o limite da relação incremental $\Delta Q/\Delta t$, que se supõe existir, quando $\Delta t \rightarrow 0$, de modo a se ter,

$$I = \frac{dQ}{dt} \tag{15.1b}$$

O uso do símbolo I é devido ao vocábulo francês intensité. Em especial, quando a corrente elétrica permanece constante no tempo, qualquer que seja a seção transversal, tem-se, $I_m = I$, e ela recebe o nome de corrente elétrica constante ou corrente continua , abrevia-se CC e fica dada por,

$$I_{CC} = \frac{Q}{t} \tag{15.1c}$$

E fica reservada a notação $i = i(t)$, para o caso mais geral da corrente elétrica variável no tempo, a exemplo da corrente alternada, que se abrevia por AC.

A unidade SI de corrente elétrica é o Ampère = Coulomb/segundo, símbolo A, em homenagem a André Marie Ampère, conforme proposto, em 1883, pelo físico e matemático escocês, William Thonsom (1824-1907), conhecido como Lord Kelvin. São submúltiplos usuais do Ampère: o miliampère, mA, 1mA = 10^{-3} A e o microampère, μA, 1 μA = 10^{-6} A; o múltiplo mais freqüente é o quiloampère, kA, 1 kA = 10^{3} A. A partir de agora passaremos a adotar a intensidade de corrente elétrica como grandeza de base, que tem a dimensão: $[I] = QT^{-1} = I$.

A definição do Ampère é baseada no efeito magnético da corrente elétrica ,conforme será visto no item 23.6, e tem o enunciado seguinte: 1 Ampère é a corrente elétrica constante que, mantida entre dois condutores retilíneos e paralelos infinitamente longos, separados pela distância de 1 m e no vazio, produz entre eles a força elétrica de $2x10^{-7}$ N , por metro de comprimento (9ª CGPM, Resolução 7, 1948).

Nas fig. 15.2(a) e (b) temos, respectivamente, a atração e a repulsão entre dois fios condutores, quando as correntes elétricas são do mesmo sentido e sentidos opostos.

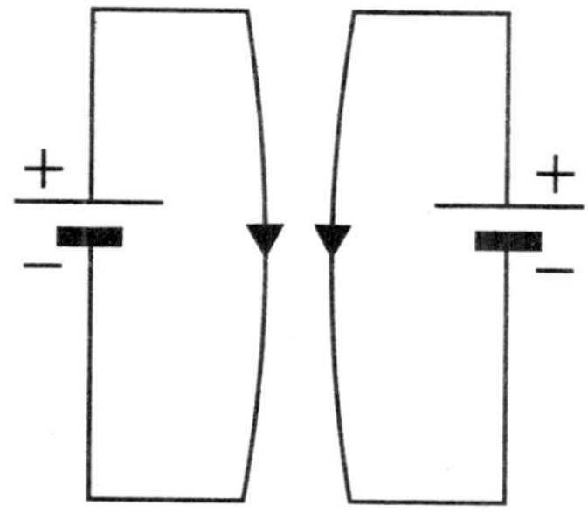

fig 15.2(a)

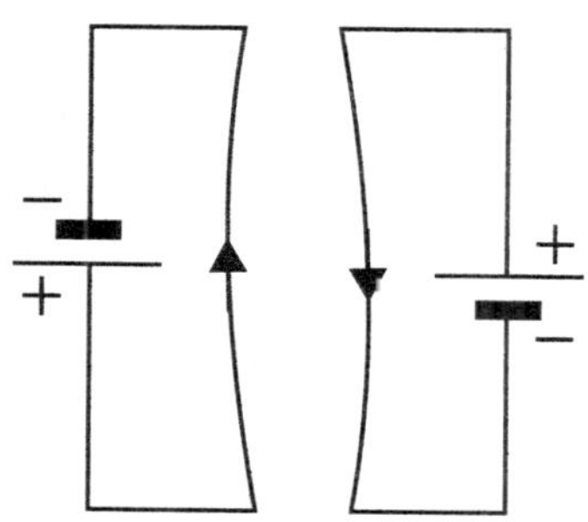

fig 15.2(b)

É interessante observar que fluxo de corrente elétrica de 1 Ampère que atravessa uma seção transversal qualquer corresponde ao movimento médio de cerca de 6,241506363x10^{18} elétrons/segundo (=^{1}/1,602 177 33x10^{-19} C/s).

Resulta conveniente associar-se à corrente elétrica um sentido convencional de deslocamento de cargas elétricas: as cargas positivas (hipotéticas) saindo do polo positivo A , e negativas, chegando no polo negativo B. Esta convenção ora adotada foi sugerida por Ampère em 1820, inspirada na tradição do fluido elétrico proposto por Franklin.

Deve-se evitar o emprego do termo amperagem como sinônimo de corrente elétrica ou como referência de uma característica de equipamento ou de circuito elétrico; por exemplo, é incorreto dizer lei de amperagem, mas sim de lei de corrente elétrica, ou perguntar qual é a amperagem de tal equipamento ou de uma carga elétrico e sim qual é a corrente elétrica etc. uma vez que Ampère é a unidade de medida da corrente elétrica do SI.

O instrumento que mede a corrente elétrica é o amperímetro, símbolo —(A)— e é instalado em série no circuito elétrico.

A equação de definição de corrente elétrica, (15.1b), representa um conceito fundamentado no pressuposto macroscópico, em queela pode ser entendida como um fluxo de cargas elétricas no tempo, que acontece sempre que entre dois pontos do circuito exista uma ddp, a guisa do fluxo de energia térmica, em que o calor se desloca sempre do ponto de maior temperatura para o de menor temperatura.

[2] Efeitos da Corrente Elétrica

No fenômeno de condução de cargas elétricas num condutor, a corrente elétrica manifesta macroscopicamente: (a) efeito térmico, decorrente das colisões dos elétrons entre si ; (b) efeito magnético, aludido na definição do Ampère; e se no circuito existe um componente eletrolítico, teremos (c) o efeito químico (dissolução iônica). Além destes efeitos principais, temos ainda os efeitos luminoso (iluminação) e fisiológico (sensação de choque) causados pela passagem de corrente elétrica. É interessante notar que a corrente elétrica num condutor metálico, tal como um fio de cobre, não provoca nele qualquer reação química,mantém-se intacto indefinidamente a menos que um agente externo o agrida.

[3] Aspectos Microscópicos da Corrente Elétrica

Com o advento da teoria atômica da matéria, o fenômeno de condução da eletricidade passa a ter interpretação microscópica que passaremos a examinar.

Um condutor sólido, como um fio de cobre, detém estrutura cristalina, reticulada, com íons positivos regularmente espaçados e em posições fixas, circundados por um número muito grande de elétrons livres em movimento caótico, devido à agitação térmica reinante entre eles, já que os laços de valência desses elétrons mais exteriores estão rompidos, mesmo à temperatura ambiente. Desse modo, um condutor isolado é eletricamente neutro ou tem corrente elétrica nula, já que os seus elétrons livres encontram-se com movimentos desordenados, como ficou assente. Contudo, quando o condutor passa a ser parte integrante de um circuito elétrico, os seus elétrons livres ordenam-se, devido à ação de um campo elétrico reinante, que os impelem com certa velocidade média, produzindo corrente elétrica não nula.

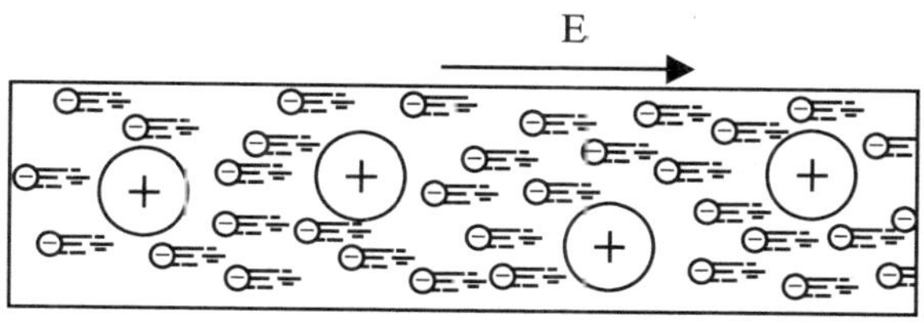

fig 15.3(a)

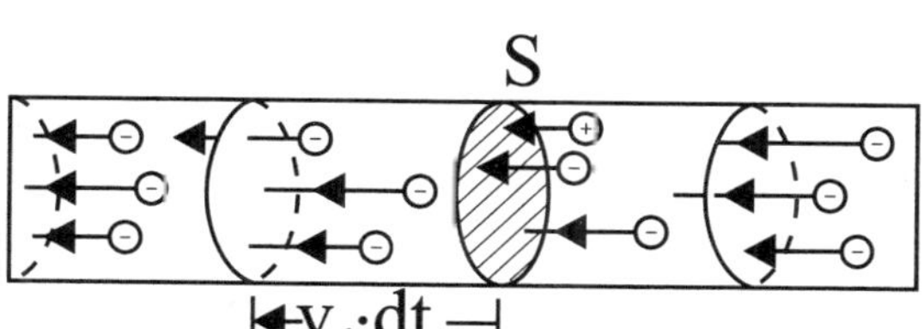

fig 15.3(b)

Para a análise microscópica da corrente elétrica vamos considerar um pequeno trecho reto de um circuito elétrico, fig.15.3(a), de seção circular reta uniforme, homogêneo e isotrópico, no qual estão individualizados alguns elétrons livres deslocando-se à esquerda sob a ação do campo elétrico uniforme aplicado **E**. Nesse modelo os íons positivos são fixos e cada elétron move-se por ação da força elétrica -e**E** que o acelera no sentido oposto ao do campo elétrico, cuja velocidade decorrente tem direção aleatória porque ele estará colidindo com os demais elétrons num processo de acelerações e desacelerações. Contudo, num regime estacionário, tem-se a corrente elétrica no condutor constituída do fluxo de cargas eletrônicas com velocidade média, v_d , na direção axial, (chamada de velocidade de deslocamento, de arraste ou de migração dos elétrons livres ao longo do condutor) de modo que as demais componentes de velocidade nas outras direções, cancelar-se-ão mutuamente.

Na fig.15.3(b) assinala-se a seção transversal reta, de área S , hachuriada, onde o número de elétrons livres que passam por ela no lapso de tempo dt , é igual ao número dos elétrons livres contidos no volume $S.v_d.dt$. Designando por N o número de elétrons livres deslocados por unidade de volume e por dQ, a carga elétrica total que atravessa a referida área no mesmo lapso de tempo, podemos igualar os dois argumentos e teremos:

$$dQ = N(-e)(-v_d)Sdt = N\,e\,v_d\,S\,dt$$

E daí concluir a intensidade de corrente elétrica no trecho referido:

$$I = N\,e\,v\,S \qquad (15.1d)$$

onde omitimos o índice "d" da velocidade média de deslocamento para maior simplicidade.

Para se ter a corrente elétrica constante conforme (15.1d) impõe-se que exista uma compensação entre v e S, ou seja, se aumentarmos a área da seção reta, correspondente haverá diminuição da velocidade de migração e vice-versa.

A propósito observe-se que um portador de carga elétrica -e , movendo-se com velocidade -v a dado referencial, é equivalente ao portador de carga elétrica +e , movendo-se com a velocidade +v no mesmo referencial, de forma que o sentido real de deslocamento de tais portadores deixa de ser relevante na análise do circuito elétrico. Por outro lado, como nos gases ionizados e nos eletrólitos, tem-se a corrente elétrica iônica, constituída de íons positivos e negativos que se deslocam ao mesmo tempo em sentidos opostos, deixa de ser prática a adoção do sentido verdadeiro da corrente elétrica. Por consequência, na análise de circuitos elétricos, adota-se o sentido convencional da corrente elétrica, estabelecido por razão histórica, que é o sentido das cargas elétricas positivas deslocando-se no circuito externo no mesmo sentido do campo elétrico aplicado. Contudo, no âmbito interno do gerador, as cargas elétricas positivas são deslocadas do polo negativo para o seu polo positivo, onde são abastecidas de energia potencial elétrica e postas novamente. Só em casos especiais é que esta convenção poderá ser mudada.

O resultado (15.1d) pode ser generalizado para a situação em que se tem vários portadores de carga elétrica, denotados por Q_1, Q_2, Q_3 , ... , que se movem com as respectivas velocidades de arraste, v_1, v_2, v_3, ... , nas quantidades respectivas, N_1, N_2, N_3, ...; e, designando por dQ a carga elétrica total que atravessa a seção, S , no lapso de tempo dt , podemos concluir que,

$$dQ = [\, N_1 Q_1 v_1 + N_2 Q_2 v_2 + N_3 Q_3 v_3 + \ldots \,]\, S\, dt$$

De onde se segue a intensidade de corrente elétrica,

$$I = S\left(\sum_{j=1}^{n} N_j Q_j v_j \right) \qquad (15.1e)$$

15.2. Tipos de Corrente Elétrica

O tipo de corrente elétrica é determinado pela natureza do condutor que lhe serve de veículo e, por conseguinte, temos a seguinte classificação:

[1] Corrente elétrica de condução ou eletrônica, que acontece nos condutores dito de 1ª classe que são os metais e a grafite: neles as cargas elétricas móveis são unicamente elétrons. Em especial, temos a corrente eletrônica num tubo a vácuo, constituindo-se num feixe de raios catódicos, sem que tenhamos o fio condutor como suporte da condução.

[2] Corrente elétrica de convecção ou iônica, que aparece nos condutores de 2ª classe, que são as soluções eletrolíticas, onde os íons em movimento constituem a corrente elétrica que também transportam a massa da substância que o compõe; nos gases ionizados, eles são chamados de condutores de 3ªclasse, e a corrente elétrica resulta de descargas elétricas, a exemplo da lâmpada fluorescente; esse tipo de corrente elétrica também ocorre na natureza através das descargas atmosféricas.

[3] Corrente elétrica de deslocamento que ocorre, em particular, nos materiais dielétricos polarizados, conforme será introduzida no item 15.7.

Exemplo 15.1.

O cobre tem número de prótons (ex- número atômico) $Z = 29$, e admite-se por isso que exista nele um elétron livre por cada átomo de cobre. Sendo a sua massa molar, $M = 63,54$ g/mol, e a densidade absoluta, $d = 9,0$ g/cm^3, calcular o número de elétrons livres por unidade de volume, N , no condutor da espécie. Dado adicional: número de Avogadro, $N_A = 6,0221\text{x}10^{23}$ átomos/mol.

As quantidades dadas estão relacionadas na proporção $N/N_A = d/M$, de modo que temos,

$$N = N_A \frac{d}{M} = \left(6,0221\text{x}10^{23} \text{ átomo / mol}\right)\frac{9,0\text{g / cm}^3}{63,54\text{g / mol}}\left(1 \text{ elétron / átomo}\right)$$

$$N = 8,53\text{x}10^{22} \text{ elétron / cm}^3$$

Exemplo 15.2

Para uma corrente elétrica de 10 A , num fio de cobre de 1,5mm^2 de seção reta, achar (a) a velocidade de deslocamento dos elétrons; e, (b) o tempo necessário para um elétron percorrer 1 cm do fio cobre.

Da equação (15.1d) e tendo em conta o resultado precedente, temos,

$$v = \frac{I}{NeS} = \frac{10\text{C / s}}{\left(8,53\text{x}10^{22}\text{elet.. / cm}^3\right)\left(1,6021\text{x}10^{-19}\text{C}\right)\left(1,5\text{x}10^{-2}\text{cm}^2\right)}$$

Para um deslocamento de 1 cm, o tempo necessário é,

$$t = \frac{d}{v} = \frac{1\text{cm}}{0,049\text{cm / s}} \cong 20,4\text{s}$$

Este exercício teve por fim mostrar que a velocidade de deslocamento dos elétrons livres num fio condutor é relativamente pequena; contudo ela não deve ser confundida com a velocidade de propagação do campo elétrico que é bem próxima da velocidade da luz no vácuo.

Exemplo 15.3

O elétron do átomo de hidrogênio, entendido como uma caga elétrica "e" girando em torno do núcleo, comparta-se evidentemente como uma corrente elétrica, I = e/T, onde T é o período de revolução. Determinar essa corrente eletrônica em função do raio da órbita. Usar, $v_e = 2{,}188x10^6$ m/s.

Sendo $T = 2\pi a_o/v$, temos,

$$I = \frac{ev}{2\pi a_o} = \frac{\left(1{,}6021x10^{-19}\,C\right)\left(2{,}188x10^{6}\,m/s\right)}{2\pi\left(0{,}53x10^{-10}\,m\right)} \cong 1{,}05x10^{-3}\,A$$

15.3. Lei de Ohm. Resistividade

O estudo das propriedades elétricas de um material condutor submetido a uma tensão elétrica teve início com as pesquisas de George Simon Ohm (1787-1854), físico alemão, cujo trabalho publicado em 1827 apresenta o conceito de resistência elétrica num condutor como a relação simples entre a sua tensão e sua corrente elétrica entre dois pontos, estabelecendo a lei básica da eletrodinâmica, que passou a ter o seu nome.

Ohm

Ohm verificou que submetendo fios condutores de mesma seção, a tensão elétrica, V, e a corrente elétrica I, a resistência elétrica R_j decorrente é proporcional ao comprimento ℓ_j , ou seja, $R_j \propto 1/S$, enquanto que para fios condutores de seções distintas S_j e mesmos comprimentos ℓ, R_j μ $1/S_j$, de modo que a relação entre a tensão e a corrente elétrica num fio condutor é proporcional aos parâmetros geométricos do condutor, ou seja,

$$\frac{V}{I} \mu \frac{l}{S} \qquad (15.2a)$$

Esta relação é convertida na equação subsequente introduzindo do coeficiente de proporcionalidade, ρ, chamada de resistividade elétrica, que representa o grau de dificuldade da passagem da corrente elétrica no condutor, de modo a termos:

$$\frac{V}{I} = \rho\,\frac{\ell}{S} \qquad (15.2b)$$

que é a expressão analítica do experimento de Ohm, que passou a ser chamada de lei de Ohm. Se o condutor é mantido em condições físicas invariáveis (temperatura, pressão, etc.), o 2º membro da equação em pauta ganha maior simplicidade com a introdução da nova constante, $R = \rho\, \ell/S$, que recebeu o nome de resistência elétrica de Ohm ou ôhmica do material condutor, e a lei de Ohm toma a forma,

$$\frac{V}{I} = R \qquad (15.2c)$$

ou, como mais frequentemente é conhecida:

$$V = RI \qquad (15.2d)$$

As quantidades arroladas, V, I e R são obviamente macroscópicas e portanto podem ser mensuradas diretamente por instrumentos de medidas elétricas. A lei de Ohm dada em (15.2d) pode ser representada graficamente mediante o diagrama da fig.15.4(a), onde R é o coeficiente angular e o produto RI é chamado de queda de tensão, abreviamos por qdt, termo este preferido ao termo queda de potencial.

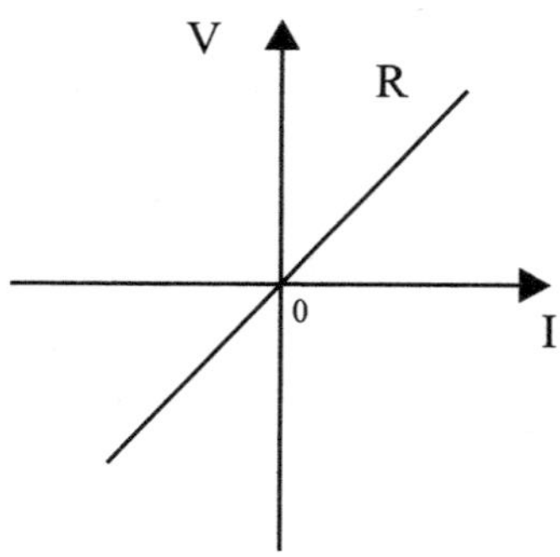

fig 15.4(a)

É interessante observar que a lei de Ohm dada na forma habitual da equação (15.2d), na verdade, é devido a Gustav Robert Kirchhoff (1824-1887), físico alemão, que assim formulou-a em 1849. Não obstante a formulação em causa ser de uso consagrado, devemos ter em mente o fato físico que estabelece que é a corrente elétrica que é função da tensão elétrica, de modo que devemos sempre aplicar esta para obtermos a subsequente corrente elétrica.

Originalmente foi esta a proposição de Ohm intuindo que a condução da eletricidade num material condutor era perfeitamente similar à condução do calor, e portanto, o fluxo elétrico deveria ser análogo ao fluxo térmico. Sob este aspecto, se definirmos o recíproco da resistência elétrica, como G = l/R , que se denomina condutância, a lei de Ohm tem a forma original:

$$I = G\,V \tag{15.2e}$$

cujo comportamento é dado no gráfico da fig.15.4(b). Não obstante, tal formulação só será utilizada em situações especiais.

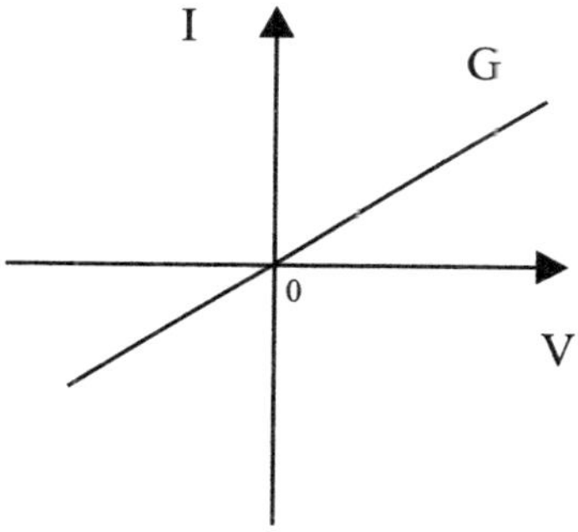

fig 15.4(b)

A resistência elétrica é uma propriedade da natureza do material condutor e da sua forma, enquanto que a resistividade depende apenas da natureza do material condutor. Por conseguinte, a lei de Ohm deixa de ser uma propriedade geral da matéria para ser uma propriedade peculiar de uma classe de substâncias condutoras de eletricidade, chamadas de ôhmicas[(1)] ou lineares, para as quais, tanto R quanto ρ não são funções da corrente elétrica. Como os metais são por excelência bons condutores, eles bem representam essa classe de substâncias, para a qual a lei de Ohm é satisfeita com bastante precisão. Contudo, há materiais que conduzem e não obedecem a lei de Ohm, sendo por isso chamados de não ôhmicos ou não lineares, a exemplo do díodo semicondutor, cuja curva característica tensão-corrente é dada na fig.15.4(c).

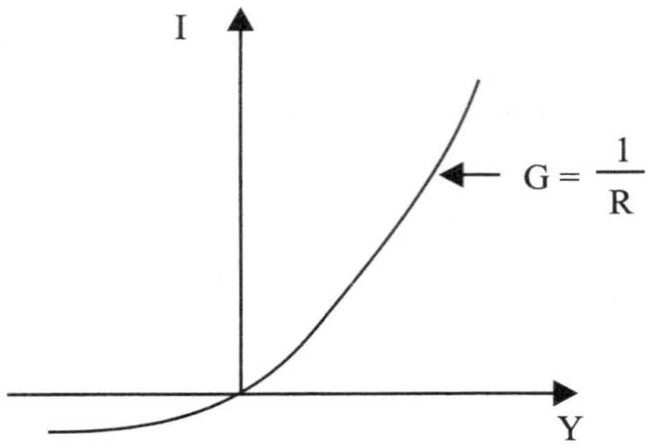

fig 15.4(c)

A resistência elétrica se distribui ao logo de todo o condutor que compõe o circuito elétrico externo ao longo do qual a energia elétrica recebida é transformada em energia térmica. Não obstante, na análise de circuito elétrico convém muitas vezes que ela seja apresentada como concentrada num ponto ou num pequeno trecho quando é então simbolizada por , denominado de resistor. Se eventualmente a resistência é desprezível, o símbolo anterior se converte num segmento de reta. Por outro lado, se a resistência é variável, acrescenta-se sobre o símbolo dado uma seta, 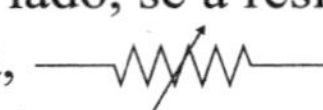 ou 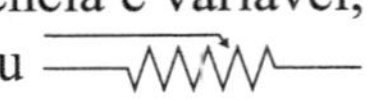 que representa o reostato de contatos deslizantes.

Como agora estamos tomando a intensidade de corrente elétrica como grandeza fundamental, a tensão elétrica, V, tem Dimensão: $|V| = L^2 M I^{-1} T^{-3}$.

A unidade SI de resistência elétrica é o Ohm = Volt/Ampère = V/A, símbolo, Ω; 1 Ohm é definido como a resistência elétrica entre dois pontos de um condutor que, tendo uma queda de tensão de 1 V produz, no trecho, um corrente elétrica de 1A . Dimensão: $| R | = L^2 M I^{-2} T^{-3}$.

Na prática usa-se medir a alta resistência elétrica com o múltiplo, mega--ohm, MΩ, $1\ M\Omega = 10^6\ \Omega$; e a baixa resistência elétrica com os submúltiplos usuais: o mili-ohm, mΩ, $1 m\Omega = 10^{-3}\ \Omega$ e o micro-ohm, μΩ, $1\ \mu\Omega = 10^{-6}\ \Omega$.

A unidade SI da condutância é Siemens[(5)], S, que substitui o mho, Ω^{-1}. Dimensão: $[G] = L^{-2} M^{-1} I^2 T^3$.

A unidade SI da resistividade é o Ohm-metro²/metro, abrevia-se, Ω.m, e tem a dimensão: $| \rho | = L^3 M I^{-2} T^{-3}$.

---

(5) a unidade Siemens é a recomendada pela Comissão Geral de Pesos e Medidas (CGPM) em homenagem a Sir William Siemens[Karl Wilheln Von Siemens] (1823-1883), inventor alemão naturalizado cidadão inglês em 1859.

Em eletrodinâmica costuma-se usar o termo tensão elétrica de preferência ao termo potencial elétrico e queda de tensão, qdt, em lugar de diferença de potencial, ddp, procedimento adotado a que já aludimos. Também deve-se evitar o emprego do termo voltagem como sinônimo de tensão elétrica, quer com referência ao um circuito elétrico ou a equipamento, por razão óbvia. A tensão elétrica é medida por meio de voltímetro que é sempre intercalado em paralelo (shunt) no circuito elétrico, símbolo —(V)—.

Exemplo 15.4

Calcular a resistência elétrica da placa de cobre, fig.15.5, segundo as direções x, y e z. Dado: $\rho_{Cu} = 1{,}72 x 10^{-8}\ \Omega.m$.

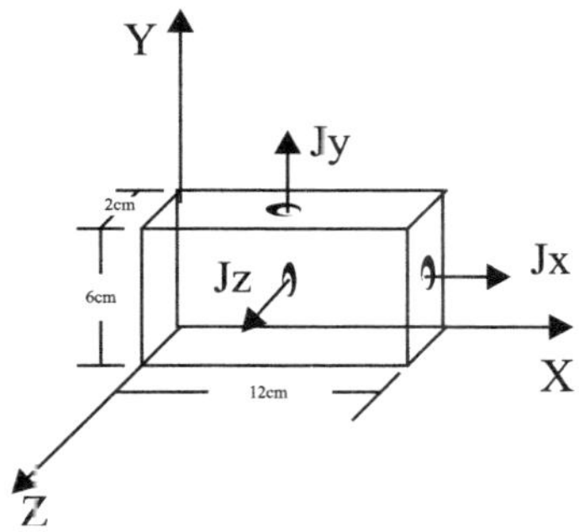

fig 15.5

Usando a definição de $R = \rho\ell/S$, virá,

$$R_x = 1{,}72x10^{-8}\,\Omega.m\frac{12x10^{-2}\,m}{(2x6)x10^{-4}\,m^2} = 1{,}72x10^{-6}\,\Omega$$

De modo análogo, obtemos, $R_y = 0{,}43x10^{-6}\ \Omega$ e $R_z \cong 0{,}05x10^{-6}\ \Omega$; logo, a placa tem maior resistência na sua maior dimensão linear.

15.4. Variação da Resistência e Resistividade com a Temperatura

É um fato experimental, já observado por Heirich Friedrich Emil Lenz (1804-1865), físico eslavo, que a resistência elétrica altera-se com a temperatura. O comportamento da resistência elétrica obedece lei empírica muito similar à da dilatação térmica, que no caso é desprezível e que tem a forma geral seguinte:

$$R_f = R_i\,[\,1 + \alpha(\theta_f - \theta_i) + \beta(\theta_f - \theta_i)^2 + \ldots]\qquad(15.3a)$$

onde os índices i e f assinalam os estados inicial e final, respectivamente da resistência e da temperatura, em graus celsius; α e β são os coeficientes de temperaturas, medidos em graus celsius recíprocos.

Para uma faixa apreciável de temperatura, entre -50 °C a 600 °C , a resistência elétrica varia linearmente com ela, de modo que possamos considerar com boa aproximação o termo linear da expressão acima, que se reduz para,

$$R_f = R_i\,[1 + \alpha(\theta_f - \theta_i)]\qquad(15.3b)$$

Sendo $R_f = \rho_f\,\ell/S$ e $R_i = \rho_i\,\ell/S$, virá para a resistividade a expressão similar:

$$\rho_f = \rho_i\,[1 + \alpha(\theta_f - \theta_i)]\qquad(15.4a)$$

Vale observar que, para os principais condutores metálicos, o coeficiente de temperatura tem o valor típico, $\alpha = 1/234{,}5/°C \cong 0{,}004/°C$. Na tabela 15.1 relacionamos algumas substâncias condutoras com as suas resistividades elétricas pertinentes e os seus coeficientes de temperatura, a temperatura de 20°C, onde se vê que um bom condutor tem para ρ o valor da ordem de $10^{-8}\ \Omega.m$. Na Tabela 15.2 estão listadas algumas substâncias isolantes, para as quais $\rho \sim 10^{15}\Omega.m$. Extrapolando estes limites, podemos dizer que para o condutor perfeito teríamos, $\rho = 0$ (na temperatura próxima de zero absoluto, aparece o fenômeno de supercondutividade, vide adiante), assim como para o isolante perfeito, $\rho = \infty$, os quais, obviamente, não existem. Para os semicondutores mais frequentes, como o germânio e o silício, tem-se respectivamente, $\rho = 0{,}47\Omega.m$ e $\rho = 2{,}3x10^3\ \Omega.m$, para aos quais, curiosamente, seus coeficientes de temperatura diminuem com a elevação da temperatura. Observe ainda, na referida tabela, que são negativos os coeficientes de temperatura da grafite e da liga constantan.

De forma alternativa, a equação (15.3b) pode ser expressa sob a forma de incrementos,

$$\Delta R = R_i\ \alpha.\Delta\theta\qquad(15.3c)$$

E analogamente, para a resistividade, considera-se um coeficiente médio de temperatura, $\overline{\alpha}$, e temos,

$$\Delta\rho = \rho_i\ \overline{\alpha}\ \Delta\theta\qquad(15.4b)$$

Onde,

$$\bar{\alpha} = \frac{1}{\rho_i} = \frac{\Delta\rho}{\Delta\theta} \qquad (15.5a)$$

E tomando-se o limite quando $\Delta\theta \rightarrow 0$, virá,

$$\alpha = \frac{1}{\rho_i} = \frac{d\rho}{d\theta} \qquad (15.5b)$$

Como veremos adiante, a resistividade é uma grandeza microscópica.

Exemplo 15.5.

Com base no diagrama da fig.15.6, deduzir a equação (15.3b).

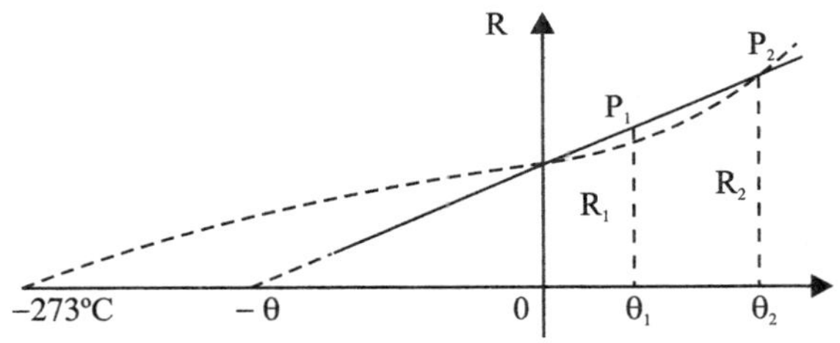

fig 15.6

Da semelhança dos triângulos $\theta P_2 \theta_2$ e $\theta P_1 \theta_1$, podemos concluir que,

$$\frac{R_2}{R_1} = \frac{\theta_2 + \theta}{\theta_1 + \theta}$$

E, usando propriedade das proporções, obtemos:

$$\frac{R_2 - R_1}{R_1} = \frac{\theta_2 - \theta}{\theta_1 + \theta}$$

Definindo o coeficientes de temperatura por $\alpha = 1/(\theta_1 + \theta)$ e operando as transformações convenientes, encontramos (15.3b):

$$R_2 = R_1 \, [1 + \alpha(\theta_2 - \theta_1)]$$

O Ohm internacional foi definido em 1908, com base numa sugestão dada por Siemens em 1860, como a resistência elétrica de uma coluna de mercúrio contida num tubo de vidro de 1,063 m de comprimento e de 1 mm^2 de seção reta interna, correspondendo à massa de 14,4521 g e à temperatura de 0°C. O Ohm definido no texto é chamado de Ohm absoluto, cujo padrão é a resistência elétrica de um resistor no qual passa a corrente elétrica invariável de 1 A , quando o mesmo é submetido a uma tensão elétrica de 1 V. Recorrendo a tabela 15.1 , é fácil verificar que $1\Omega_{(\text{internacional})} = 1{,}0002273\ \Omega_{(\text{abs})}$, significando que ambos são praticamente iguais.

Exemplo 15.6.

Uma lâmpada incandescente de filamento de tungstênio de $2\text{x}10^{-4}$ mm^2 de seção reta, tem R_i a 20 °C, e quando ligada, $R_f = 144\ \Omega$, cuja temperatura eleva-se para 2.520 °C. Calcular o comprimento do filamento de tungstênio. Da tabela 15.1: $\rho = 5{,}1\text{x}10^{-8}\ \Omega.\text{m}$ e $\alpha = 0{,}0045/°\text{C}$.

Admitindo válida (15.3b), virá,

$144\ \Omega = R_i\ [1+ (0{,}0045/°\text{C})(2.520\text{-}20)°\text{C}] \cong 12{,}25$

De onde, $R_i \cong 11{,}755\ \Omega$

De $R = \rho\ \ell/S$, tiramos,

$$l = \frac{R.S}{\rho} = \frac{(11{,}755\Omega)(2\text{x}10^{-10}\text{m}^2)}{2} \cong 0{,}046\text{m}$$

Tabela 15.1

Substância condutora	ρ_{20} ($10^{-8}\Omega$.m) (a 20 °C)	α (°C^{-1})
Aço	15,3	0,004
Alumínio	2,8	0,004
Chumbo	22,0	0,004
Cobre	1,7	0,004
Estanho	13,0	0,0045
Ferro	9-15	0,0045
Mercúrio	95,8	0,0009
Níquel	12-19	0,0045
Prata	1,65	0,004
Platina	10,8	0,004
Tungstênio	5,1	0,0045
Ouro	2,4	0,0034
Zinco	6,0	0,004
Constantan (60% Cu, 40%, Ni)	49,0	–0,00004
Latão	7-9	0,0015
Manganina (86% Cu, 12% Mn, 2% Ni)	42,0	0,00003
Niquelina (55% Cu, 45% Ni)	40,0	0,00002
Nicromo	100	0,00017
Grafite	4.000	–0,00005

Tabela 15.2

Substância Isolantes	ρ_{20} ($10^{-15}\Omega$.m) (a 20 °C)
Âmbar	0,5
Baquelite	0,2
Borracha	1,0 a 10
Ebonite	0,01 a 10
Mica	0,01 a 1,0
Porcelana	0,003
Parafina	50,0
Quartzo	750,0
Vidro	0,001-0,10
Óleo Mineral	0 00001

15.5. Condutividade Elétrica. Supercondutividade

Assim como a resistividade elétrica foi concebida como a medida do grau de oposição à passagem da corrente elétrica à guisa de atrito, concebeu-se a alternativa de se especificar uma quantidade que traduza, de modo inverso, o grau de facilidade da condução elétrica num condutor ôhmico: a condutividade elétrica, simboliza-se por σ, que é definida como o recíproco da resistividade elétrica, ou seja,

$$\sigma = \frac{1}{\rho} \qquad (15.6a)$$

Por conseguinte, para obtermos a condutividade elétrica de um metal condutor basta tomarmos na tabela 15.1, o valor recíproco, da resistividade correspondente. Por exemplo, da resistividade do cobre, podemos concluir imediatamente a sua condutividade que é $\sigma = 5{,}8 \times 10^{7}\ \Omega^{-1}/m$. Mais adiante será mostrado que a condutividade elétrica, para a condução em geral, é função do campo elétrico aplicado ao condutor, ou seja,

$$\sigma = \sigma\,(\mathbf{E}) \qquad (15.6b)$$

A unidade SI da condutividade é siemens/metro, S/m , que substitui o mho/metro, Ω^{-1}/m. Dimensão: $[\sigma] = L^{-3}\, M^{-1}\, I^{2}\, T^{3}$.

A análise mais aprofundada do fenômeno de condução elétrica conclui por comprovar que tanto σ como ρ são grandezas microscópicas. Nos metais, ρ é independente do campo elétrico presente, enquanto σ está a ele relacionado, tornando-se portanto uma quantidade deveras importante no estudo do comportamento elétrico da matéria eletrizada.

É oportuno mencionarmos aqui o fenômeno da supercondutividade elétrica descoberto por Heike Kamerling-Onnes (1853-1926), físico holandês, quando realizava pesquisa no campo do ultrafrio. Observou Onnes, por volta de 1911, que a temperatura próxima de zero absoluto, -273,16 °C, em que $\alpha = 1/273{,}16/°C$, certos materiais, como os metais, perdem a resistência elétrica. Por exemplo, um fio de chumbo de $0{,}5\ mm^{2}$ de seção circular reta, em condições normais, funde-se ao ser percorrido por uma corrente de 2 A ; contudo, em condições de supercondutividade, ele não se aquece, mesmo se nele mantivermos uma corrente elétrica de 100 A, o que comprova que sob tal condição, o trabalho resistente interno se torna nulo.

15.6. Densidade de Corrente Elétrica. Mobilidade

Para a análise microscópica do fenômeno de condução elétrica é útil relacionarmos a corrente elétrica com a área da seção transversal por onde ela passa. Com efeito, seja um meio condutor e nele assinalamos uma área elementar de seção reta ΔS, na qual passa a corrente elétrica ΔI; então, define-se densidade de corrente elétrica, média, símbolo $\overline{J}$, como a relação entre as quantidades selecionadas, ou seja,

$$\overline{J} = \frac{\Delta I}{\Delta S} \tag{15.7a}$$

A partir daí, podemos estabelecer a densidade de corrente elétrica num ponto do meio condutor, tomando-se o limite da relação incremental, $\Delta I/\Delta S$, quando $\Delta S \to 0$, de modo a obtermos:

$$J = \frac{dI}{dS} \tag{15.7b}$$

Revela-se conveniente revestirmos esta equação à forma vetorial e para isso fazemos, $\mathbf{J} = J\,\hat{\mathbf{e}}_n$, de modo a termos:

$$\mathbf{J} = \frac{dI}{dS}\hat{\mathbf{e}}_n \tag{15.7c}$$

Por outro lado, como o elemento de área pode ser interpretado como o vetor, $dS = dS\,\hat{e}_n$, vale concluirmos que a corrente elétrica no referido elemento de área passa a ser dada por:

$$dI = \mathbf{J} \cdot dS \tag{15.8a}$$

E corrente elétrica total que atravessa a área S, será dada por:

$$I = \oint_S \mathbf{J} \cdot dS \tag{15.8b}$$

Se em especial, a corrente elétrica I está em regime estacionário, teremos em qualquer ponto do condutor de seção reta invariável, S, uma densidade de corrente elétrica constante,

$$J = \frac{I}{S} \tag{15.7d}$$

A unidade SI de densidade de corrente elétrica é o Ampère/metro-quadrado, abrevia-se A/m^2. Dimensão: $| J | = I L^{-2}$.

Quando se consideram portadores discretos de carga elétrica (elétrons ou íons), a densidade de corrente elétrica, a equação (15.7c) converte-se em:

$$J = n Q v \qquad (15.7e)$$

em que v é a velocidade de migração ou de arraste dos portadores. É lícito fazermos a generalização desta proposição para um fluxo com distintas cargas elétricas discretas, Q_j, com velocidades v_j e quantidades respectivas, como,

$$\mathbf{J} = \sum_{j=1}^{n} N_j Q_j \mathbf{v}_j \qquad (15.7f)$$

A equação (15.7e) pode ser também expressa em função da densidade volumétrica de carga elétrica, já que $\rho_v = NQ$ (para não confundir com o símbolo da resistividade), e temos,

$$J = \rho_v\, v \qquad (15.7g)$$

E significa que ρ_v circulando com **v** produz **J**.

De forma análoga para (15.7f):

$$\mathbf{J} = \sum \rho_{vj}\, \mathbf{v}_j \qquad (15.7h)$$

A densidade de corrente elétrica, com efeito, aplica-se a qualquer tipo de corrente elétrica seja o meio condutor sólido, líquido ou gasoso.

Por outro lado, verifica-se experimentalmente que a densidade de corrente elétrica é proporcional ao campo elétrico presente no seio condutor, segundo a relação:

$$\mathbf{J} = \sigma\, \mathbf{E} \qquad (15.7i)$$

em que **J** e **E**, obviamente, têm o mesmo sentido. Esta importante proposição é usualmente chamada de lei de Ohm microscópica, já que ela se aplica à condução elétrica em geral, independente da geometria de material. Para condutores metálicos σ não depende de **J**, já que ele foi definido como o inverso da resistividade. Contudo, para grande parte de substâncias condutoras, aplicando-se um campo elétrico **E**, σ varia com **J**.

Exemplo 15.7

Achar a densidade de corrente elétrica fio de cobre de 2,5 mm² de seção reta, que conduz a corrente elétrica de 30 A, bem como o campo elétrico. Dado: $\sigma = 5{,}8\text{x}10^7$ S/m.

Por (15.7d), temos,

$$J = \frac{30\text{A}}{2{,}5\text{x}10^{-6}\,\text{m}^2} \cong 1{,}2\text{x}10^7\,\text{A/m}^2$$

Donde,

$$E = \frac{1{,}2\text{x}10^7\,\text{A}/\text{m}^2}{5{,}8\text{x}10^7\,\text{S}/\text{m}} \cong 0{,}207\text{V/m}$$

Exemplo 15.8

Deduzir a equação (15.7i) para um trecho ℓ de um fio condutor de seção reta S, conduzindo a corrente elétrica I , submetido a tensão elétrica V .

De (15.7d), temos,

$$J = \frac{V}{RS} = \left(\frac{\ell}{RS}\right)\frac{V}{\ell}$$

Como, ℓ/RS = σ e V/ℓ = E, podemos concluir a relação buscada,

J = σ **E**

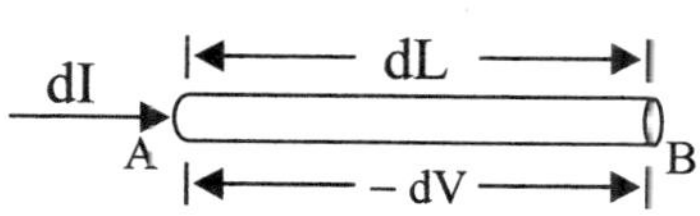

fig 15.7

Exemplo 15.9

A fig. 15.7 é um trecho reto de um condutor de comprimento dL e de seção circular reta dS, no qual passa a corrente elétrica dI devido a - dV. Usar a lei de Ohm microscópica para achar V_{AB}.

Considerando em módulo (15.7i) e substituindo cada membro pelos seus respectivos valores, obtemos:

$$\frac{\mathbf{dI}}{dS} = \sigma\left(-\frac{\mathbf{dV}}{dL}\right)$$

fazendo a reordenação que convém, obtemos,

$$-dV = dI\left(\frac{1}{\sigma} - \frac{dL}{dS}\right)$$

Como a expressão entre parênteses é por definição R, virá,

- dV = dI R

Integrando entre os pontos A e B, virá finalmente,

$V_{AB} = I\, R_{AB}$

Define-se mobilidade elétrica, símbolo, μ , como a relação entre a velocidade média de arraste, v , e o campo elétrico, E , aplicado, isto é,

$$\mu = \frac{v}{E} \tag{15.9a}$$

ou seja,

$$\mathbf{v} = \mu\, \mathbf{E} \tag{15.9b}$$

Na corrente eletrônica, v opõe-se a **E**; por outro lado, sendo, $\mathbf{J} = \rho_v\, \mathbf{v} = \sigma\, \mathbf{E}$, da equação supra, podemos concluir que,

$$\sigma = \rho_v\, \mu \tag{15.9c}$$

A unidade SI de mobilidade elétrica é o metro²/Volt.segundo, $m^2/V \cdot s$; e dimensão: $[\mu] = M^{-1}\, I\, T^{4}$.

Exemplo 15.10

Achar a mobilidade elétrica no fio condutor do ex.15.7, para o qual, v = 8,87x10^{-4} m/s e E = 0,207 V/m .

Temos,

$$\mu = \frac{8,87x10^{-4}\,m/s}{0,207V/m} \cong 4,29x10^{-3}\,m^2/V \cdot s$$

15.7. Densidade de Corrente de Deslocamento

É interessante introduzirmos desde já o conceito de corrente elétrica de deslocamento, bem como a densidade de corrente de deslocamento, denominações estas introduzidas por James Clerk Maxwell (1831-1870), físico e matemático escocês, para explicar a continuidade da corrente elétrica, cujo conceito será retomado no Capítulo 28, no estudo de propagação de ondas eletromagnéticas.

Para o nosso propósito inicial vamos considerar um capacitor de capacitância C, separação d , armadura S, submetido a tensão elétrica variável, v(t) .

Sendo Q = C v(t) , a corrente elétrica que entra e sai do capacitor é,

$$i = C\frac{dv}{dt} \tag{15.10a}$$

Entre as armaduras do capacitor tem-se a corrente elétrica de deslocamento, i_D, tal que, $i_D = i$, definida como,

$$i_D = \varepsilon_o \frac{d\mathbf{E}(t)}{dt} S \tag{15.10b}$$

substituindo $C = \varepsilon_o S/d$ em (15.10a) e tendo em conta que dv = E(t) d · E em consequência virá a densidade de corrente de deslocamento, $\mathbf{J}_D$,

$$\mathbf{J}_D = \varepsilon_o \frac{d\mathbf{E}}{dt} \tag{15.10c}$$

15.8. Equação de Continuidade

Como vimos, se uma dada região condutora tem a densidade de volumétrica de carga, $\rho_v = \rho_v(r,t)$, variando pontualmente, quando as cargas elétricas são postas em movimento, o fluxo delas na unidade de área proporciona o vetor $\mathbf{J}$, indicando que as duas quantidades estão relacionadas entre si, através do princípio da conservação da carga elétrica, que é a afirmação de que a carga elétrica não pode ser criada nem destruída, mas se conserva nos processos elétricos.

Seja um meio condutor qualquer, de volume v e contorno S , no qual se estabelece um fluxo de carga elétrica, dQ , entrando num ponto da superfície. A corrente elétrica total, que entra na superfície, é dada por:

$$I = -\oint_S \mathbf{J} \cdot dS \tag{15.11a}$$

Concomitantemente, a carga elétrica, dQ, é acumulada no interior do volume na taxa líquida,

$$\frac{dQ}{dt} = \frac{d}{dt}\int_v \rho_v dv = \int_v \frac{\partial \rho_v}{\partial t} \tag{15.11b}$$

Como a superfície não varia, podemos identificar os últimos membros das duas equações acima , de modo a termos:

$$\int_v \frac{\partial \rho_x}{\partial t} dv = -\oint_S \mathbf{J} \cdot d\mathbf{S} = -\int_v \text{div } J \, dv$$

onde a última transformação decorre da aplicação do teorema da divergência. E o resultado em causa pode ser posto sob a forma:

$$\int_v \left(\frac{\partial \rho_v}{\partial t} + \text{div } \mathbf{J} \right) dv = 0$$

E por ser o volume v arbitrário, o integrando é identicamente nulo, ou seja,

$$\frac{\partial \rho_v}{\partial t} + \text{div } \mathbf{J} = 0 \tag{15.11c}$$

Este resultado é chamado de equação de continuidade entre a carga elétrica e a densidade de corrente elétrica. Em particular, quando a corrente elétrica está em regime estacionário, não haverá acumulação de carga em nenhum ponto, o que torna nulo o 1° termo do 1° membro equação acima fica reduzida para,

$$\text{div}\,\mathbf{J} = 0 \tag{15.11d}$$

ou em coordenadas cartesianas,

$$\nabla \cdot \mathbf{J} = 0 \tag{15.11e}$$

É interessante notar que, combinando este resultado com (15.7i), obtemos $\nabla \cdot (\sigma\,\mathbf{E}\,) = 0$ e, portanto ,

$$\nabla \cdot \mathbf{E} = 0 \tag{15.12a}$$

onde podemos interpretar esta indicação formal como **E** existindo num meio condutor homogêneo, sem fonte de tensão elétrica; e como ele deriva de um potencial escalar, como sabemos, $\mathbf{E} = -\nabla V$, também concluirmos que,

$$\nabla^2\,V = 0 \tag{15.12b}$$

Este resultado é chamado de equação de Laplace. Aqui, obviamente, deparamos com o fato de que há uma forte analogia de métodos entre a resolução de problemas de condução elétrica em regime estacionário e o de resolução de problemas da eletrostática. Exemplificando: quando a densidade de corrente elétrica atravessa uma superfície de separação entre dois meios condutores, digamos 1 e 2 , tem-se a continuidade da componente normal de J , mediante a indicação de que,

$$J_{1n} = J_{2n} \tag{15.13a}$$

ou intervindo com (15.7i), resulta,

$$\sigma_1 E_{1n} = \sigma_2 E_{2n} \tag{15.13b}$$

o que mostra que as componentes normais de **E** são descontínuas ao atravessarem a interface. Contudo, as componentes tangenciais são continuas, quando **E** transpõe o limite de separação dos meios, ou seja,

$$E_{1t} = E_{2t} \tag{15.13c}$$

Exercícios

1) Calcular a seção reta de um fio de cobre que apresenta a resistência elétrica de $6,8x10^{-3}$ Ω/m. R. 2,5 mm^2 .

2) Achar o comprimento do fio de zinco de 0,40 mm^2 de seção reta que tem a resistência elétrica de 15 Ω. R. 80m .

3) Um fio de tungstênio em espirais tem resistência elétrica de 200 Ω a 20 °C. Achar a sua resistência elétrica à temperatura invariável de 2.520 °C.

R. 2.250 Ω .

4) Um condutor de platina tem resistência elétrica de 30 Ω a 20 °C; quando introduzido num alto forno, a sua resistência elétrica quadruplica. Achar a temperatura do forno. R. 770 °C .

5) Para a maioria dos metais $\alpha = 1/234,5 + \theta_i$. Comprovar a relação: $R_f/R_i = (234,5 + \theta_f/(234,5 + \theta_i)$.

16. FORÇA ELETROMOTRIZ. POTÊNCIA ELÉTRICA

16.1. Força Eletromotriz e Gerador

No circuito elétrico inicialmente dado, fig.15.1(b), a bateria figura como a fonte química que fornece a energia elétrica continuamente para manter a circulação de cargas elétricas. Analisando o gerador eletroquímico em si, verifica-se que no processo da reação química que ocorre no seu seio, as cargas elétricas positivas são esperadas das cargas elétricas negativas, dando origem a um campo elétrico interno, também chamado de campo impresso, $\mathbf{E}_i$, que tem sentido do polo positivo ou A para o polo negativo ou B e manifesta uma tensão elétrica, ε , que recebe o nome de força eletro-motriz, abrevia-se por fem e é definida por,

$$\varepsilon = \oint_C \mathbf{E}_i \cdot ds \qquad (16.1a)$$

cuja integral curvilínea depende do percurso. Note-se que o 2º membro desta equação de definição é dimensionalmente uma tensão elétrica e por conseguinte, a designação de fem não é de todo apropriada; contudo o seu uso está consagrado e não convém mudar tal designação.

Quando o circuito elétrico externo é conectado a uma fonte de fem, as cargas elétricas são postas em movimento pela ação de um campo eletrodinâmico **E**, e a integração num caminho fechado é não nula, ou seja,

$$\oint \mathbf{E} \cdot ds \neq 0 \qquad (16.1.b)$$

Fora do gerador dominam forças conservativas, portanto, no circuito elétrico externo atuará um campo eletrostático, E_s , que respondem pela distribuição das cargas elétricas no condutor, o qual deriva do potencial escalar, V, cuja integração sobre um caminho fechado é nula, como sabemos. Deste modo, vemos que o campo eletrodinâmico em causa será dado pela composição dos campos, $\mathbf{E}_i$ e $\mathbf{E}_s$, ou seja, $\mathbf{E} = \mathbf{E}_i + \mathbf{E}_s$.

Quando o gerador está desconectado do circuito externo, $\mathbf{E} = 0$, e no seu interior temos a condição de equilíbrio, $\mathbf{E}_i + \mathbf{E}_s = 0$, de onde, $\mathbf{E}_i = -\mathbf{E}_s$, fig.16.1, onde estão traçadas algumas LF, que assinalam os caminhos internos de $\mathbf{E}_i$ e de $\mathbf{E}_s$.

No caminho interno de A e B do gerador, temos,

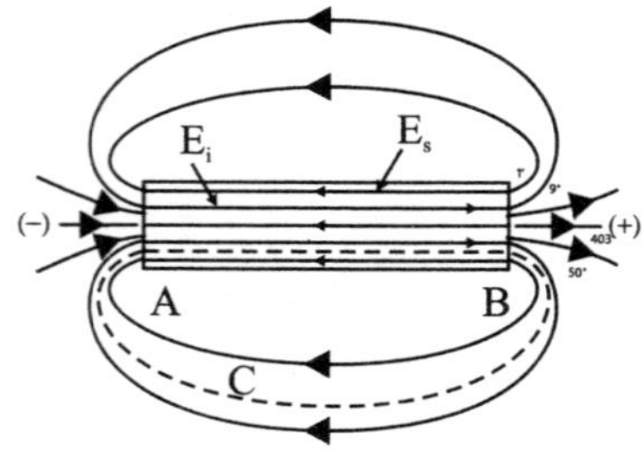

fig 16.1

$$\varepsilon = \int_A^B -\mathbf{E}_s.d\mathbf{s} = \int_A^B dV$$

cuja integração oferece,

$$\varepsilon = V_B - V_A \tag{16.1c}$$

indicando que nos bornes do gerador a fem é constante igual a diferença de potencial elétrico entre seus terminais (em circuito aberto). Por analogia, diz-se que a fem é um pseudo potencial elétrico que gera o campo elétrico impresso $\mathbf{E}_i$, assim como V gera E_s, através do gradiente de potencial. A função do gerador é fornecer a energia potencial elétrica as cargas elétricas pré-existentes.

Embora a fem seja uma grandeza escalar é usual atribuir-lhe um sentido no âmbito do gerador, que vai do polo negativo para o polo positivo, que constitui o referencial de tensão elétrica, às vezes indicada também pela seta, o⟶, colocada sobre o símbolo do gerador eletroquímico, fig.16.2.

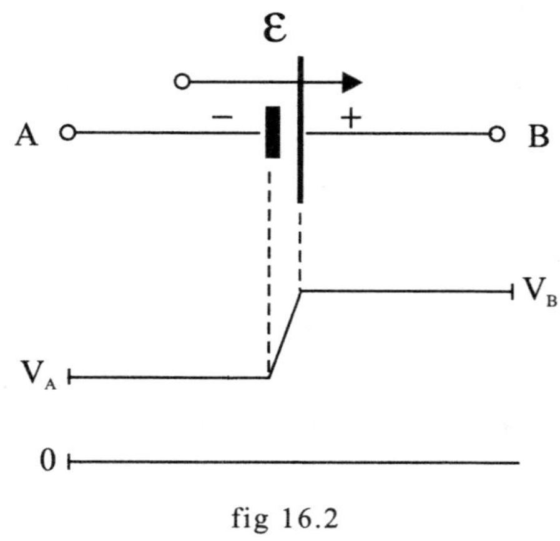

fig 16.2

Como já se fez notar, a fem tem a dimensão de tensão elétrica e, portanto, é medida em Volt. No presente caso, temos ε = cte ; contudo, num caso mais geral, a exemplo de tensão alternada, teremos $\varepsilon = \varepsilon\ (t)$.

Um gerador elétrico ideal não tem perdas internas, mas um gerador elétrico real sempre consome alguma fração da energia elétrica gerada, o que significa que ele possui sempre perdas intrínsecas que não podem ser eliminadas, representadas pela resistência interna. Na análise teórica, muitas vezes a resistência interna é negligenciada ou incluída na resistência geral e o gerador em si é tratado como ideal .

16.2. Equação do Gerador. Receptor

Seja o gerador de fem constante e resistência interna r que produz a corrente elétrica I, fig.16.3. Experimentalmente traça-se o comportamento do gerador mediante a sua curva característica, no gráfico corrente-tensão, fig.16.4(a), de onde tiramos, tg $\alpha = \Delta V/I$; e sendo tg $\alpha = r$ (numericamente), segue-se que, $\Delta V = r\ I$, e portanto,

$$\varepsilon = V + \Delta V$$

o que nos leva a equação do gerador,

$$V = \varepsilon - r\ I \qquad (16.2a)$$

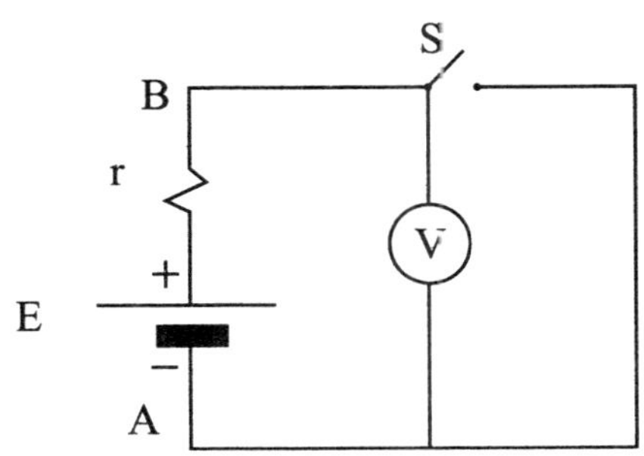

fig 16.3

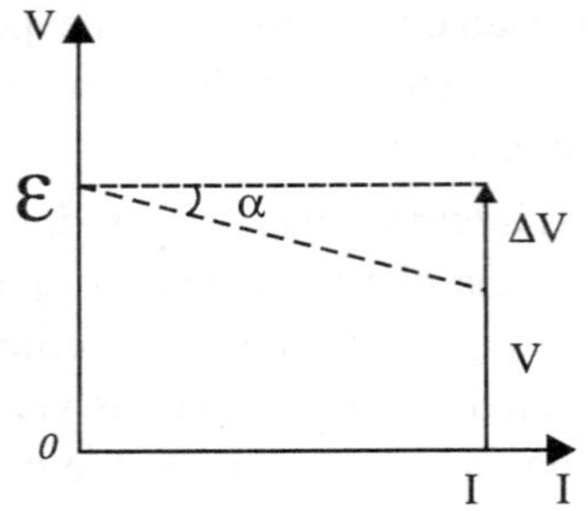

fig 16.4(a)

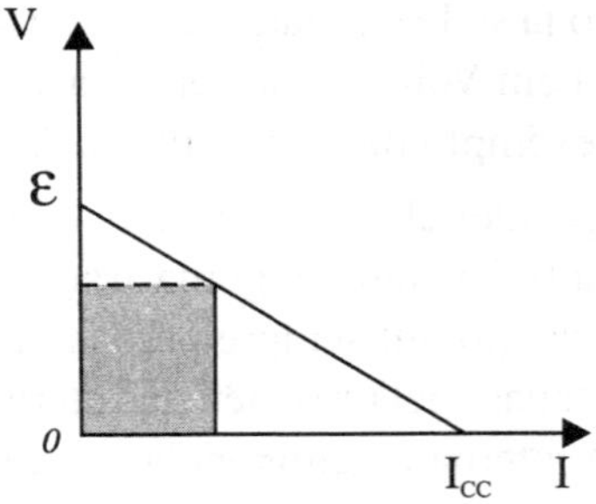

fig 16.4(b)

O gerador possui duas situações peculiares a saber: (1ª) em vazio, I = 0, quando detém máxima tensão elétrica entre seus terminais, V = ε , contudo não transfere potência elétrica já que, $P_g = 0$; e a (2ª) em curto-circuito, com a V = 0, quando o gerador fornece a máxima corrente elétrica, $I_{CC} = \varepsilon/r$, ao circuito externo, mas não fornece potência elétrica externa, já que R = 0, fig.16.4(b). Sobre a 2ª curva característica do gerador, considera-se um ponto de funcionamento do gerador, a partir do qual delimita-se a potência elétrica disponível, V. I, na área hachurada.

A contrapartida do gerador elétrico é o receptor elétrico, fig. 16.5(a) que transforma a energia elétrica recebida em energia não elétrica, sendo o motor elétrico o tipo mais importante.

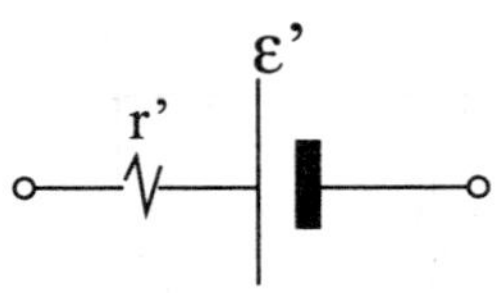

fig 16.5(a)

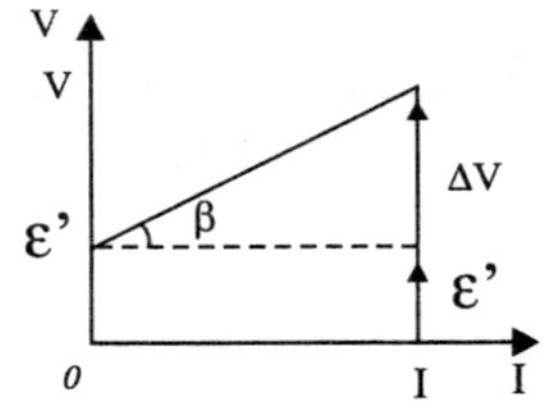

fig 16.5(b)

No receptor elétrico define-se a força contraeletromotriz (= qdt não ôhmica) abrevia-se fcem, representa-se por, ε', e resistência interna, r'. A sua curva característica é dada na fig.16.5(b), onde temos, $\Delta V = I \text{ tg } \beta = I r'$, sendo, $r' = \text{tg } \beta$ (numericamente), e portanto,

$$V = \varepsilon' + \Delta V$$

de onde se segue a equação do receptor elétrico,

$$V = \varepsilon' + r'I \tag{16.2b}$$

Um gerador eletroquímico, como a bateria ou acumulador [este inventado 1859 por Gaston Planté (1834-1889), físico francês], tem por finalidade o fornecimento contínuo de energia elétrica ao circuito elétrico externo ao qual está ligado. Contudo, o gerador, por sua parte, possui perdas internas e necessitará, com o tempo, de ser reabastecido, como previsto pelo princípio de conservação da energia. A restauração da composição química original de um gerador é feita por meio de processo dito reversível, que consiste na passagem de uma corrente elétrica no sentido oposto ao de operação. Nesse processo, tem-se a conversão de energia elétrica em não elétrica e o efeito joule fica excluído, por razão óbvia. De um modo geral, qualquer dispositivo que transforma (reversivelmente ou não) energia não elétrica em energia elétrica é denominado de gerador elétrico.

Além de geradores eletroquímicos , que são reversíveis, existem geradores não reversíveis, como os termoelétricos (transforma energia térmica diretamente em elétrica) e geradores eletromecânicos (transforma energia mecânica em elétrica), que funcionam com base no princípio de indução eletromagnética e são de dois tipos principais: os dínamos, os que geram corrente contínua e os alternadores, que produzem corrente alternada, que são, em geral, geradores de grande porte.

16.3. Potência Elétrica. Lei de Joule

Seja o gerador elétrico conectado ao circuito elétrico externo, fig.16.6. No gerador elétrico a fem, ε , realiza, internamente, o trabalho elétrico elementar, dW_g , para elevar a carga elétrica dQ do polo negativo ao pólo positivo, que é dado por, $dW_g = \varepsilon\, dQ = \varepsilon\, I\, dt$; sendo, $dW_d = r\, I^2\, dt$, a energia dissipada internamente no grerador, e dW_u a energia elétrica útil ou entregue ao circuito externo, pelo princípio da conservação da energia elétrica, temos,

$$dW_g = dW_d + dW_u \tag{16.3a}$$

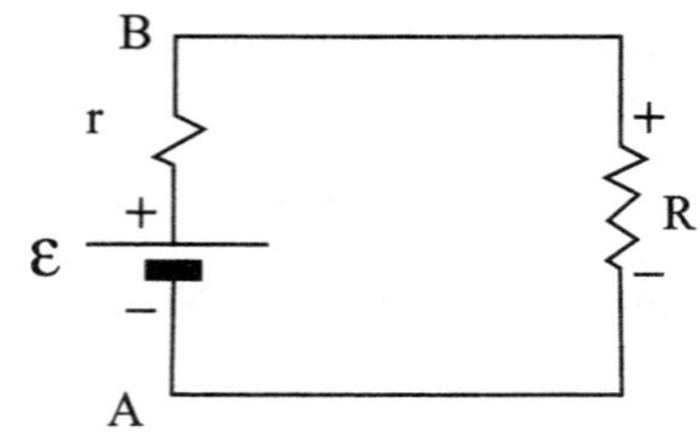

fig 16.6

Dividindo esta equação por dt , resulta para o 1º membro, $dW_g/dt = P_g$, a potência elétrica instantânea produzida pelo gerador, que é igual (2º membro) à potência elétrica dissipada, instantânea, $dW_u/dt = P_d$, mais a potência elétrica útil, instantânea, $dW_u/dt = P_u$, fornecida ao circuito externo, ou seja,

$$P_g = P_d + P_u \tag{16.3b}$$

Explicitando cada termo acima, teremos,

$$\varepsilon I = r I^2 + V \cdot I \tag{16.3c}$$

Simplificando e reordenando os termos, reencontramos a equação do gerador,

$$V = \varepsilon - r I$$

Se no circuito externo existe apenas o resistor, R , a potência elétrica instantânea , dissipada ou convertida em calor, $P = V \cdot I$ será dada por,

$$P = R I^2 = \frac{V^2}{R} \tag{16.4a}$$

Qualquer uma das duas formas acima recebem a denominação de Lei de Joule e expressa a razão de aquecimento do condutor pela passagem da corrente elétrica. Esta lei foi descoberta 1840 por James Prescott Joule (1818-1889), físico inglês, que igualmente estabeleceu o equivalente mecânico do calor: 1 caloria ≅ 4,186 Joule.

Como se sabe, o feito térmico ou efeito Joule, microscopicamente, decorre dos choques dos elétrons livres dentro da estrutura do condutor, produzindo calor, manifestado pelo aumento de temperatura, que por sua vez dissipa-se para o exterior.

A unidade SI de potência elétrica é o Watt = Joule/segundo (=Volt.Ampère), símbolo W, dada em homenagem a James Watt (1736-1819), engenheiro escocês. Dimensão: $[P] = L^2 M T^{-3}$. São múltiplos usuais o quilowatt, kW, 1 kW = 10^3 W e o mega-Watt, MW, 1 MW = 10^6 W.

JamesWatt1(1736-1819), engenheiro escocês, foi o aperfeiçoador da máquina a vapor que data de 1769, ocasião em que ele estabeleceu a unidade de potência chamada de cavalo-vapor, abrevia-se, cv , que equivale a 735,5 W .

O efeito Joule é presença indesejável tanto para as linhas de transmissão de energia elétrica como para as máquinas elétricas (geradores, transformadores, etc.), já que ele representa perda de energia e/ou desgastes de suas partes; contudo ele é desejável em aparelhos e dispositivos que funcionam aproveitando dito efeito térmico, a exemplo de ferros de passar, secadores, aquecedores, chuveiros elétricos, etc.

A energia elétrica dissipada, ΔW, no lapso de tempo Δt, é ΔW = P.Δt, e portanto,

$$\Delta W = V \cdot I\Delta t = R \cdot I^2 \Delta t \qquad (16.4b)$$

É habitual expressar-se a energia elétrica consumida em kWh, sendo 1 kWh = 10^3 W(3600s) = $3{,}6 \times 10^6$ J. A energia elétrica dissipada em Joule eqüivale a quantidade de calor produzido, W = Q ; para a conversão pertinente, temos, 1k W h = $3{,}6 \times 10^3$ k J (kcal/4,186 k J) ≅ 860 kcal.

Exemplo 16.1.

Em equipamentos e dispositivos elétricos são obrigatórias as especificações da tensão elétrica de operação e da potência de consumo (e da frequência). É útil o cálculo da corrente elétrica a partir deles. Numa lâmpada incandescente estão estampadas 75 W e 127 V. Qual é o valor nominal da corrente elétrica?

Usando (16.4e), temos,

$$I = \frac{\Delta W}{V\Delta t} = \frac{75\text{w}}{127\text{V}(1\text{s})} \cong 0{,}59\text{A}$$

Numa situação mais geral em que se tem um meio condutor de forma qualquer, de volume v, contorno S, e com a densidade de corrente elétrica **J**, em regime estacionário, a potência elétrica é dada por,

$$P = - V\mathbf{J} \cdot d\mathbf{S} \qquad (16.4c)$$

onde o sinal (-) decorre da convenção de fluxo de carga elétrica entrando num ponto da superfície condutora.

Obviamente, o princípio da conservação da energia elétrica vale para qualquer circuito elétrico. E em particular para um circuito elétrico de resistência R, podemos concluir de (16.3b),

$$\varepsilon I = r I^2 + VI \tag{16.5a}$$

Dividindo por I , obtemos,

$$\varepsilon = r I + V$$

E supondo que V = R I, podemos concluir a equação do circuito elétrico ,

$$\varepsilon = (r + R)I \tag{16.5b}$$

conhecida como equação de Pouillet. Segue-se a corrente elétrica,

$$I = \frac{\varepsilon}{r + R} \tag{16.5c}$$

16.4. Rendimento do Gerador

O rendimento elétrico do gerador elétrico (também chamado de desempenho ou performance), símbolo, η, é definido como a relação entre a potência útil, P_u , de saída, e a potência gerada ou total, P_g , isto é,

$$\eta = \frac{P_u}{P_g} \tag{16.6a}$$

E por ser, $P_u = P_g - P_d$, termos, alternativamente,

$$\eta = 1 - \frac{P_d}{P_g} \tag{16.6b}$$

Para o gerador, tendo em conta (16.2a) temos,

$$\eta = \frac{V}{\varepsilon} = 1 - \frac{r \cdot I}{\varepsilon} \tag{16.6c}$$

E para o receptor, por (16.2b) virá,

$$\eta = \frac{\varepsilon'}{V} = 1 - \frac{r \cdot I}{V} \qquad (16.6d)$$

Exemplo 16.2

Para uma carga elétrica externa R variável, determinar sob que condição o gerador fornecerá a ela a máxima potência elétrica útil.

Introduzindo (16.5c) em (16.4a), a potência elétrica útil é dada por,

$$P = R\frac{\varepsilon^2}{(r+R)^2} \qquad (1)$$

E como R é a variável, tomamos a derivada de P em relação a ele, ou seja,

$$\frac{dP}{dR} = \varepsilon^2 \frac{(r+R)^2 - 2R(r+R)}{(r+R)^4}$$

Igualando-a a zero e tirando o valor de R, obtemos, $R_{max} = r$; isto é, a resistência de carga deve ser igual à resistência interna da fonte, para que se tenha a potência elétrica máxima. Substituindo esta conclusão na equação (16.6d), encontramos:

$$I = \frac{\varepsilon^2}{2r} \qquad (2)$$

onde se vê que a corrente elétrica em causa vale a metade da corrente de curto-circuito, ε/r, como já aludimos. Introduzindo (2) e (1) e levando os resultados em (16.6a), após simplificações, obtemos,

$$\eta = \frac{1}{2}$$

ou seja, o rendimento elétrico é de 50% .

16.5. Associação de Geradores

Os geradores em estudo podem ser associados em série e em paralelo, observadas algumas peculiaridades do âmbito da eletroquímica.

[1] Associação em Série:

Utiliza-se esta modalidade sempre que se quer obter tensão elétrica mais elevada nos bornes dos geradores associados. Compõe-se a associação de dois ou mais geradores, conectando-se ao polo positivo do 1° gerador, o polo negativo do 2° gerador, e assim sucessivamente, conforme a fig.16.7(a). Os geradores associados em série podem ser substituídos por um gerador equivalente, cuja fem é a soma das fem dos geradores associados e cuja resistência interna equivalente é também a soma das resistências internas dos mesmos, isto é,

$$\varepsilon_S = \sum \varepsilon_j \quad \text{e} \quad r_S = \sum r_j$$

cuja queda de tensão elétrica nos terminais, vale,

$$V_A - V_B = -\varepsilon_s + r_s.I \qquad (16.7a)$$

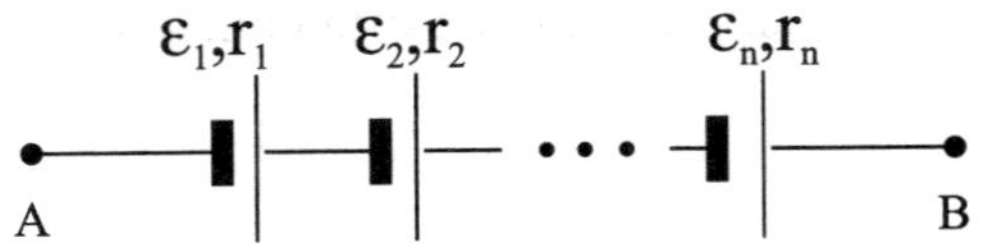

fig 16.7(a)

A associação de geradores da espécie compõe uma bateria, fig.16.7(b). Note que, quando os dois símbolos de geradores estão em oposição ou mesma polaridade, como na fig.16.7(c), o que consome energia elétrica é o receptor, de ε' ou fcem.

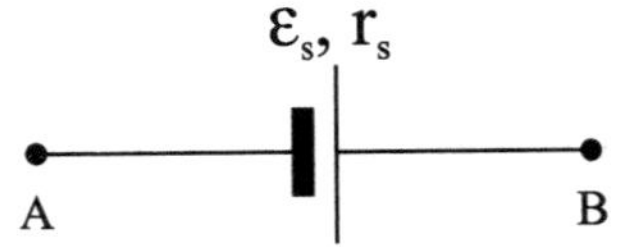

fig 16.7(b)

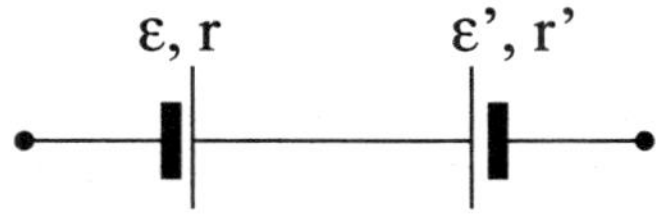

fig 16.7(c)

[2] Associação em Paralelo:

Nesta modalidade de associação somente convém ser realizada com geradores idênticos, caso contrário, surgem alguns problemas técnicos, como grande efeito joule, sobrecarga nos terminais, etc.

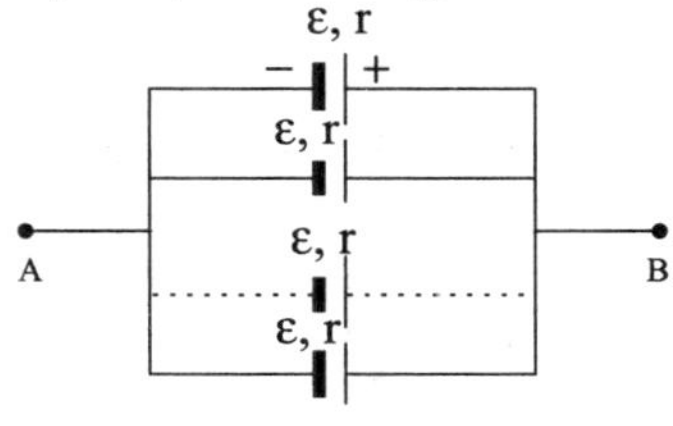

fig 16.8(a)

Seja a associação em paralelo, tal como a da fig.16.8(a), onde são reunidos polos homônimos de um mesmo lado, de modo que a corrente elétrica total, I_t , na saída ,seja a soma das correntes elétricas dos geradores associados, ou seja, $I_t = n\ I$, supondo que temos n deles. De forma análoga a anterior, os geradores associados em paralelo podem ser substituídos por um único gerador equivalente cuja fem é aproximadamente igual à fem de um dos geradores associados e cuja resistência interna equivalente é a resistência interna, r, de um gerador individual associada dividida por n, número deles, ou seja:

$$\varepsilon_p \cong \varepsilon \qquad \text{e} \qquad r_p = r/n$$

A tensão elétrica entre os terminais, fig 16.8(b), é,

$V_A - V_B = - \varepsilon + r\,I$

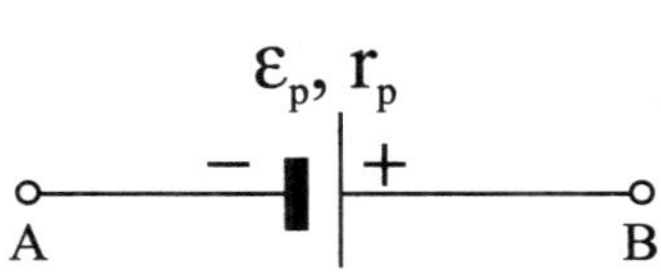

fig 16.8(b)

[3] Associação Mista:

É a reunião das duas modalidades anteriores.

Seja a associação de s geradores em série, de idênticas características e p geradores associados em paralelo, como na fig.16.9(a); na fig.16.9(b) a 1ª equivalência do gerador e na fig.16.9(c), a equivalência final, cujos parâmetros equivalentes são:

$$\varepsilon_{eq} = s\,\varepsilon \quad e \quad r_{eq} = r\,(s/p)$$

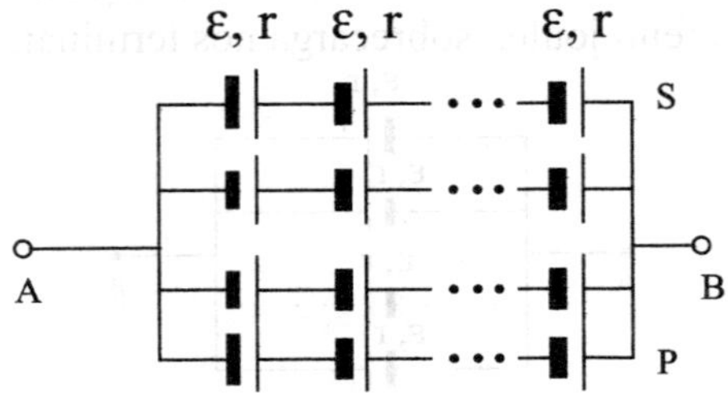

fig 16.9(a)

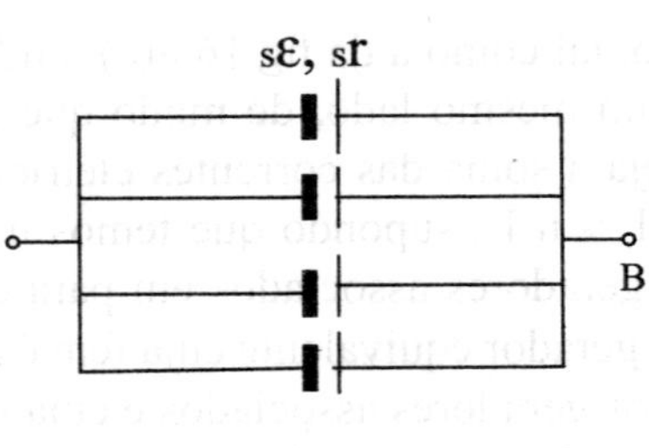

fig 16.9(b)

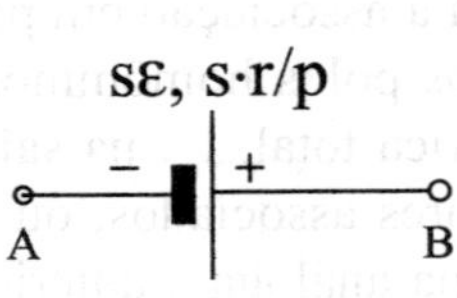

fig 16.9(c)

16.6. Associação de Resistores

No circuito elétrico cada resistor é um bipolo passivo, de polaridade (+) para (-), referido ao sentido da passagem da corrente elétrica. Os resistores podem ser associados de várias modalidades a saber: em série, em paralelo, de forma mista e de forma especial.

[1] Associação em Série

Dados n resistores, R_1, R_2, . . . , R_n, associados em série, conforme a fig.16.10(a), percorridos pela mesma corrente elétrica I. Designando respectivamente as tensões elétricas nos seus bornes por, V_1, V_2, . . . ,

V_n, podemos concluir que:

$$V_1 + V_2 + \ldots + V_n = R_1 I + R_2 I + \ldots - R_n I \qquad (16.8a)$$

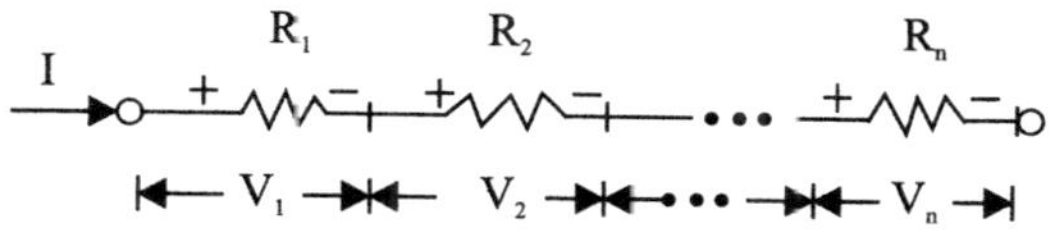

fig 16.10(a)

Pondo $V_s = V_1 + V_2 + \ldots + V_n$ e colocando I em evidência, virá ,

$$V_s = I(R_1 + R_2 + \ldots - R_n) \qquad (16.8b)$$

E sendo o resistor equivalente, $R_s = V_s/I$, podemos concluir que:

$$R_s = R_1 + R_2 + \ldots + R_n \qquad (16.9a)$$

que ele é a soma dos resistores um série, fig.16.10(b); este resultado pode ser colocado de forma sucinta, como:

$$R_S = \sum_{j=1}^{n} R_j \qquad (16.9b)$$

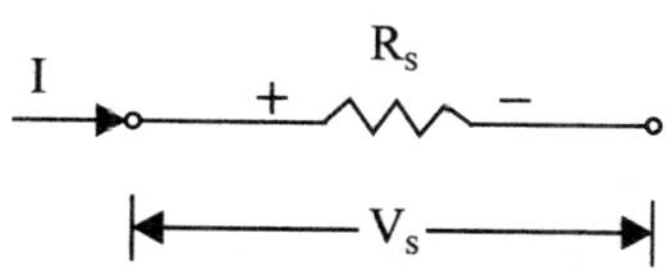

fig 16.10(b)

• Divisor de Tensão:

Para se calcular a tensão elétrica, V_k, sobre um resistor, R_k, da associação em série, em função da tensão elétrica total, V_s, e dos demais resistores, basta ter em conta que $I = V_k/R_k = V_s/R_s$, o que leva ao resultado,

$$V_k = \frac{R_k}{R_s} V_s \qquad (16.8c)$$

procedimento este frequentemente chamado de divisor de tensão. Em particular para R_1 e R_k , fig.16.10(c), virá,

$$V_2 = \frac{R_2}{R_1 + R_2} V_s \qquad (16.8d)$$

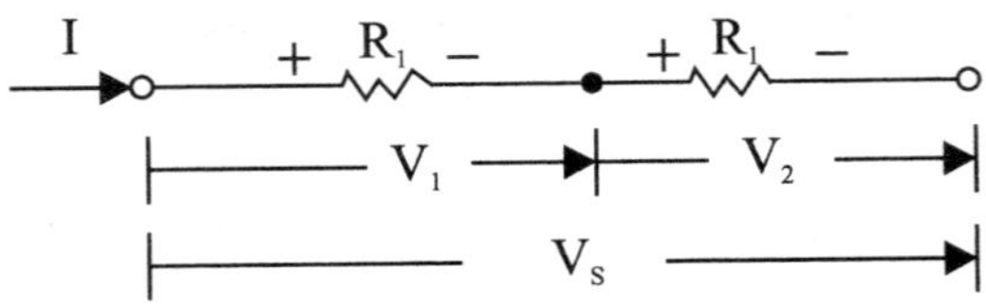

fig 16.10(c)

Usando a equação (15.2e), $I = G_k V_k = G_s V_s$, e portanto, $V_k = (G_s/G_k)V_s$. Tendo em conta que $V_s = V_1 + V_2 + ... + V_n$ segue-se que a potência elétrica total, dissipada nesta associação série, será, $P = P_1 + P_2 + ... + P_n$.

[2] Associação em Paralelo

Seja um circuito com n resistores, R_1, R_2, ... , R_n , dispostos em paralelo e submetidos à tensão elétrica comum V, fig.16.11(a); sendo I_1 , I_2 , ... , I_n as correntes elétricas respectivas nos resistores associados, segue-se que a corrente elétrica total será,

$$I_t = I_1 + I_2 + \ldots + I_n \qquad (16.10a)$$

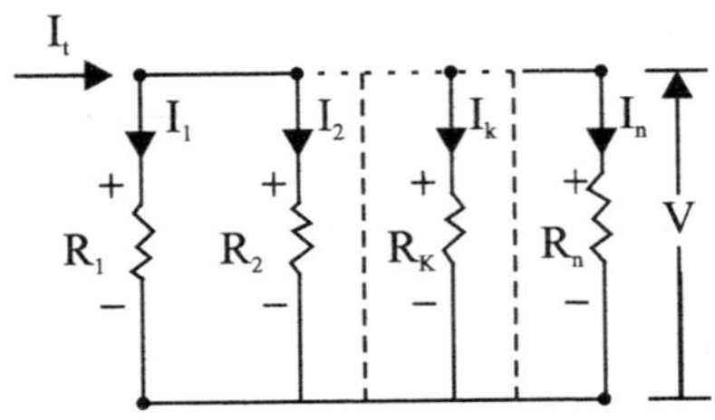

fig 16.11(a)

Como a corrente elétrica de cada resistor é dada por $I_j = V/R_j$, temos,

$$I_t = \frac{V}{R_1} + \frac{V}{R_2} + \ldots + \frac{V}{R_n} \qquad (16.10b)$$

Dividindo ordenadamente ambos os membros desta equação por V e tendo em conta que $I_t/V = 1/R_p$, sendo R_p o resistor equivalente, podemos concluir:

$$\frac{1}{R_p} = \frac{1}{R_1} + \frac{1}{R_2} + \ldots + \frac{1}{R_n} \qquad (16.11a)$$

conforme a fig.16.11(b) ; ou colocando o resultado sob forma compacta,

$$\frac{1}{R_p} = \sum_{j=1}^{n} \frac{1}{R_j} \qquad (16.11b)$$

Significando que o inverso do resistor equivalente é a soma dos inversos dos resistores associados em paralelo.
Em particular, dados dois resistores R_1 e R_2 , o resistor equivalente, R é dado pelo quociente do produto deles dividido pela soma, ou seja,

$$R = \frac{R_1 R_2}{R_1 + R_2} \qquad (16.11c)$$

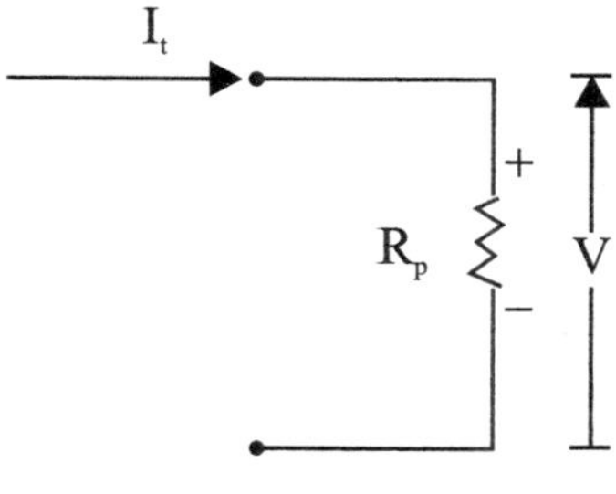

fig 16.11(b)

Introduzindo em (16.11b) a condutância, $G_s = {}^1/R_p$ e $G_k = {}^1/R_k$, temos a expressão alternativa,

$$G_s = \sum_{k=1}^{n} G_k \qquad (16.11d)$$

• Divisor de Corrente:

Para achar a corrente elétrica I_k , no resistor R_k , cuja associação está submetida à tensão elétrica comum V , é útil a equação (15.2e), $I_k = G_k V$, equação (15.2e) e sendo, $V = I_t / G_s$, virá:

$$I_k = \frac{G_k}{G_s} I_t \qquad (16.11e)$$

que é a denominada regra de divisor de corrente. Em particular se temos apenas dois resistores R_1 e R_2 em paralelo, a corrente elétrica, por exemplo, no resistor R_2, fig.16.11(c), como base na expressão acima, é,

$$I_2 = \frac{R_1}{R_1 + R_2} I_t \qquad (16.11f)$$

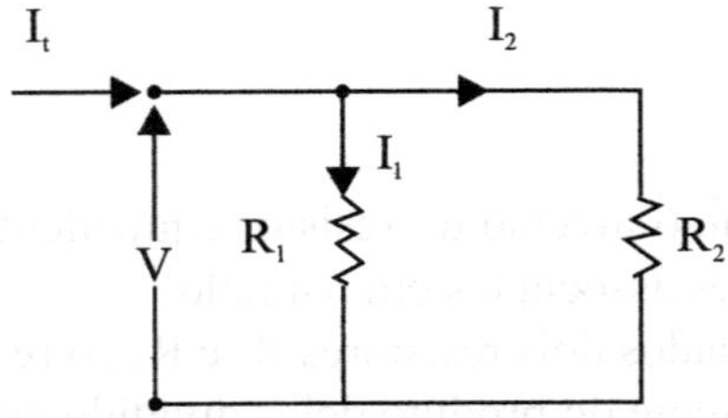

fig 16.11(c)

Observe-se atentamente a peculiaridade desta expressão com a anterior. Tendo em conta que $I_t = I_1 + I_2 + \ldots + I_n$ segue-se que a potência elétrica total, dissipada na associação será, $P_t = P_1 + P_2 + \ldots + P_n$.

Exemplo 16.3

Associam-se em paralelo os resistores de 20 Ω e 30 Ω, submetidos à tensão elétrica de 120 V. Calcular o resistor equivalente, a potência elétrica dissipada pela associação, assim como a corrente elétrica e a potência elétrica dissipada por cada um deles. Se o sistema fica ligado por 10 min, qual é a energia elétrica convertida em calor em Joule e em Kcal ?

Associando os resistores em paralelo, teremos:

$$R_p = \frac{(20\Omega x 30\Omega)}{(20\Omega + 30\Omega)} = 12\Omega \quad e \quad P_t = \frac{(120V)^2}{12V/A} = 1.200W$$

Sendo a corrente elétrica total, I_t = 120 V/12 Ω = 10 A; e usando (16.11f) teremos,

$$I_1 = \left(\frac{30\Omega}{50\Omega}\right)(10A) = 6A \quad e \quad I_2 = \left(\frac{20\Omega}{50\Omega}\right)(10A) = 4A$$

E as potências elétricas individuais:

$P_1 = (20\ \Omega)(6\ A) = 720\ W$ e $P_2 = (30\ \Omega)(4\ A) = 480\ W$

Note-se que $P_t = P_1 + P_2$.

Durante $\Delta t = 10min = 600\ s$, temos:

$\Delta W = P.\Delta t = (1.200W)(600s) = 7{,}2x10^5\ J$

De $\Delta Q = \Delta W/J^*$, virá,

$$\Delta Q = \frac{7{,}2x10^5\,J}{4{,}186J/cal} \cong 1{,}73x10^5 cal \quad = \quad 173Kcal$$

[3] Associação Mista

Configura-se na combinação das duas associações anteriores onde são aplicadas as regras de associações estabelecidas com (16.8b) e (16.10b) na sequência que melhor convenha ao caso.

Exemplo 16.4

Achar a resistência equivalente na configuração mista dada na fig.16.12(a), com valores dados em ohms.

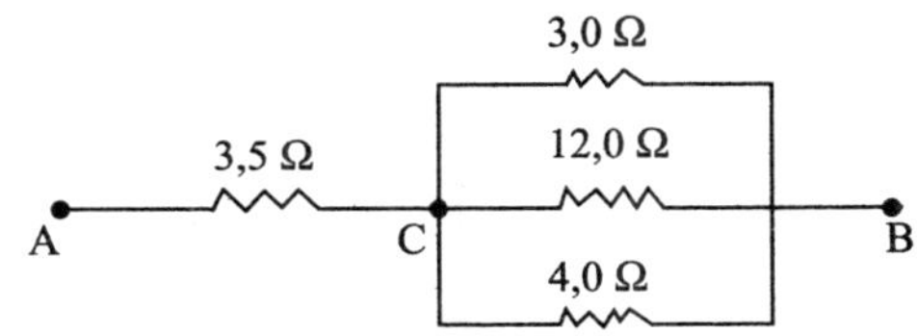

fig 16.12(a)

A resistência equivalente em paralelo entre C e B:

$$R_{CB} = \frac{1}{1/3 + 1/12 + 1/4} = 1{,}5\Omega$$

De onde a resistência equivalente total, fig.16.12(b,c) :

$R_{AB} = 3{,}5\Omega + 1{,}5\ \Omega = 5\ \Omega$

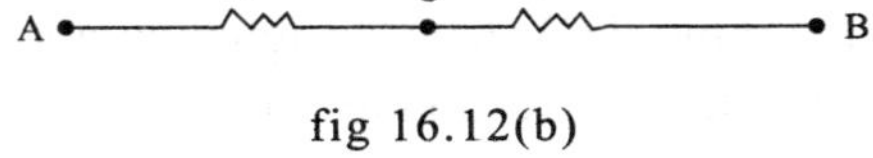

fig 16.12(b)

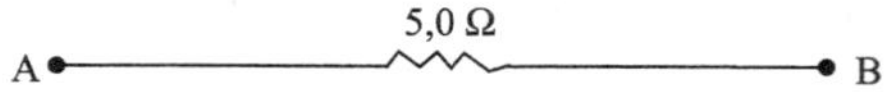

fig 16.12(c)

[4] Associações Especiais

Uma associação especial requer algum artifício para a aplicação das regras conhecidas. Vejamos alguns exemplos típicos.

Exemplo 16.5. Transformação de Triângulo em Estrela.

Dada a associação em triângulo ou Δ, fig.16.13(a), transformá-la na configuração em estrela ou Y, fig.16.13(b).

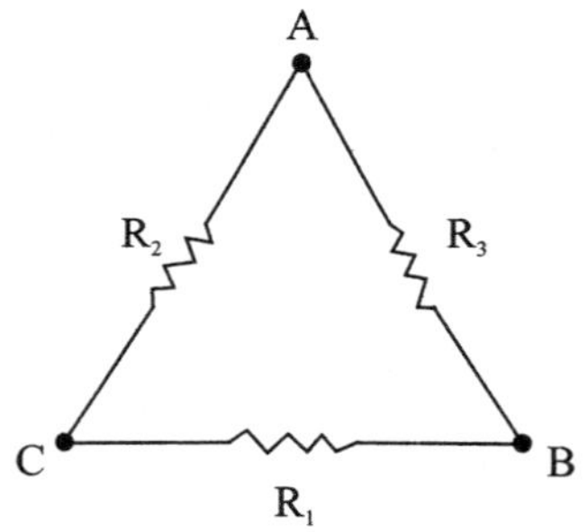

fig 16.13(a)

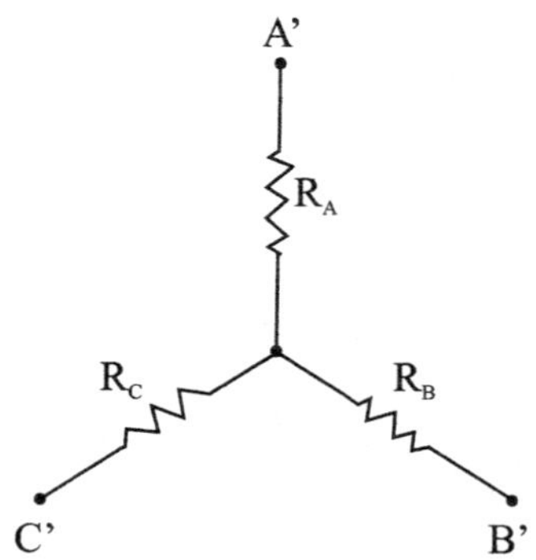

fig 16.13(b)

A transformação requerida é realizada admitindo-se a equivalência entre as duas malhas, onde cada ramo de Δ deve ser igual ao correspondente ramo de Y, por exemplo, para AB de Δ corresponde A'B' de Y, e temos ,

$$R_A + R_B = R_3 // (R_1 + R_2) = \frac{R_3(R_1 + R_2)}{R_1 + R_2 + R_3} \quad (1)$$

Costuma-se inscrever a malha Y na malha Δ a fim de facilitar o raciocínio, conforme a fig.16.13(c).

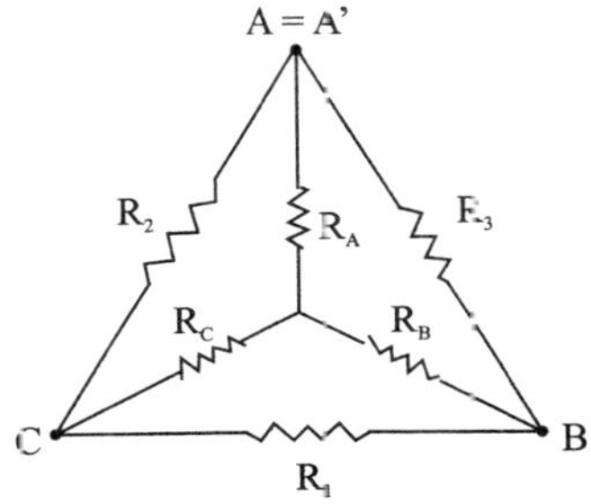

fig 16.13(c)

Analogamente, temos para o ramo BC:

$$R_B + R_C = \frac{R_1(R_2 + R_3)}{R_1 + R_2 + R_3} \quad (2)$$

E para o ramo CA:

$$R_C + R_A = \frac{R_2(R_1 + R_3)}{R_1 + R_2 + R_3} \quad (3)$$

Resolvendo o sistema de equações simultâneas (1)-(2)-(3) , obtemos:

$$R_A = \frac{R_2 \cdot R_3}{R_1 + R_2 + R_3} \quad (16.12a)$$

$$R_B = \frac{R_1 \cdot R_3}{R_1 + R_2 + R_3} \quad (16.12b)$$

$$R_C = \frac{R_1 \cdot R_2}{R_1 + R_2 + R_3} \quad (16.12c)$$

Em particular se $R_1 = R_2 = R_3 = R_\Delta$, resulta que $R_A = R_B = R_C = R_y$ e teremos $R_y = R_\Delta/3$.

Exemplo 16.6

Dada a ponte com dados indicados, fig.16.14(a), achar a resistência equivalente entre A e D.

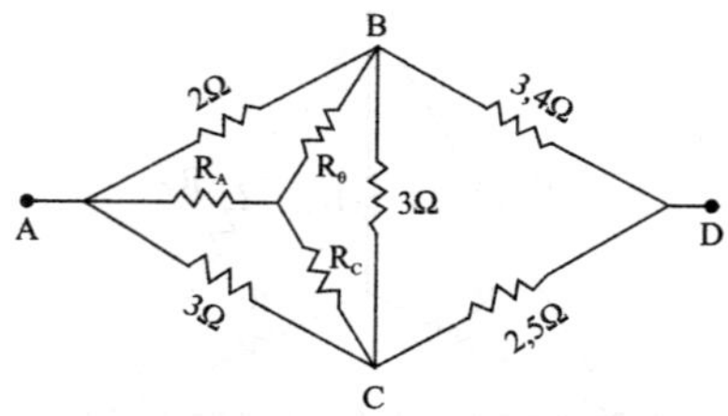

fig 16.14(a)

O 1° passo é eliminar a configuração triângulo mediante as regras estabelecidas, que oferecem:

$$R_A = \frac{2\Omega.5\Omega}{(3+5+2)\Omega} = 1\Omega;\; R_B = \frac{2\Omega.3\Omega}{(3+5+2)\Omega} = 0{,}6\Omega \text{ e } R_C = \frac{3\Omega.5\Omega}{(3+5+2)\Omega} = 1{,}5\Omega$$

Compondo-se na fig.16.14(b) a nova configuração, de fácil resolução, cuja resistência equivalente é $R_{AD} = 3\ \Omega$.

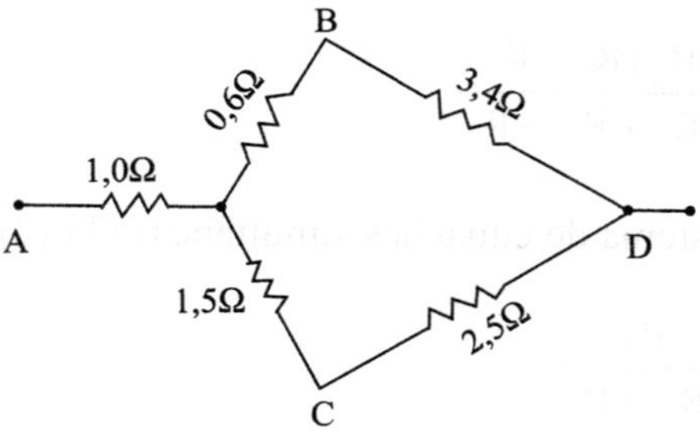

fig 16.14(b)

Exemplo 16.7

Achar a a resistência equivalente na associação da fig.16.15(a).

Esta associação é um tipo quebra-cabeça, convindo transformá-la numa configuração mais familiar, como na fig.16.15(b), onde se pode observar que os pontos C e A estão no mesmo potencial elétrico, assim como D e B; daí ela se converte finalmente na fig.16.15(c), cuja resistência equivalente é R/3 .

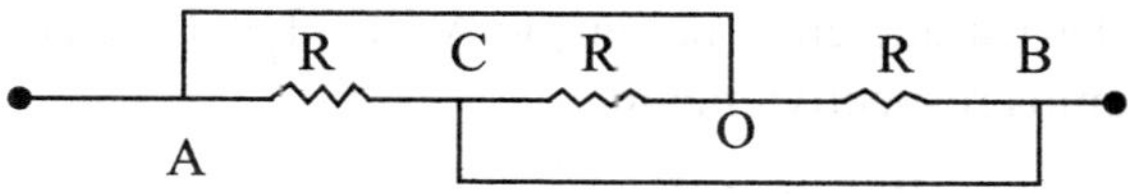

fig 16.15(a)

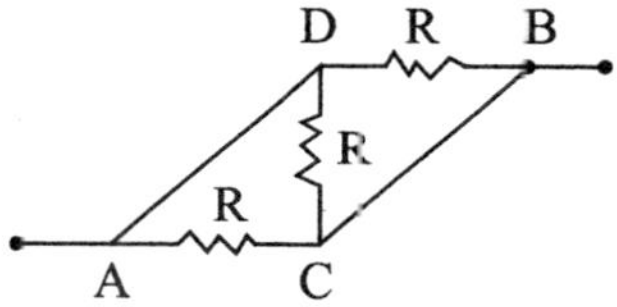

fig 16.15(b)

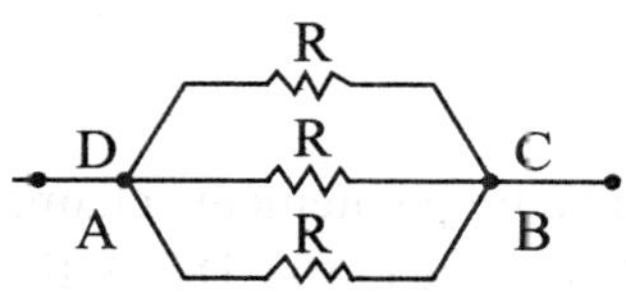

fig 16.15(c)

Exemplo 16.8. Ponte de Wheatstone.

A associação em ponte dada na fig.16.16 é usualmente utilizada para se medir uma resistência elétrica desconhecida com grande precisão, no caso o resistor R_x . O galvanômetro indicado tem uma resistência variável R_G , em shunt com ele, não mostrada na figura.

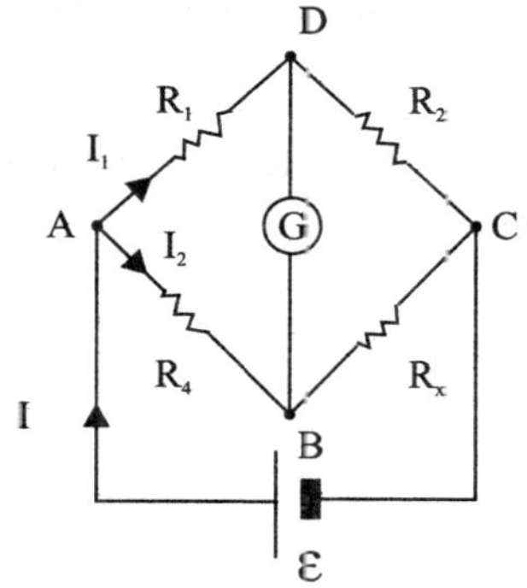

fig 16.16

Antes de fazer a medição de R_x ajusta-se a ponte regulando R_G até que se tenha a condição de equilíbrio, $I_G = 0$. Sob esta condição os pontos B e D estão no mesmo potencial elétrico e o ramo BD pode ser ignorado ou retirado do circuito sem prejuízo da análise.

A corrente elétrica que entra na junção A é $I = I_1 + I_2$; e como $V_{AB} = V_{AD}$ e $V_{BC} = V_{DC}$, teremos respectivamente,

$R_1 I_1 = R_4 I_2$ e $R_2 I_1 = R_x I_2$

Dividindo ordenadamente as igualdades acima, obtemos,

$$\frac{R_1}{R_2} = \frac{R_4}{R_x} \tag{16.13a}$$

De onde,

$$R_x = \frac{R_2 R_4}{R_1} \tag{16.13b}$$

Esta associação especial é freqüentemente chamada de ponte de Wheatstone, atribuída a Charles Wheatstone (1802-1876), físico inglês, que na verdade não a inventou, apenas a utilizou. Curiosamente Wheatstone foi o inventor da sanfona, devido ao seu grande interesse e habilidade com instrumentos musicais. A ele devemos o aperfeiçoamento do gerador elétrico em 1841.

Exercícios

1) Achar o valor do resistor R em série com outro de 15Ω, que, submetidos à tensão elétrica de 120 V, dissipam a potência elétrica de 576 W. Calcular também a potência elétrica de cada um. R. 10 Ω ; 345,6 W e 230,4 W .

2) Achar o valor da resistência R e a tensão elétrica entre A e B, no esquema da fig.16.17, sabendo-se que a $I_{AC} = 4{,}5$ A e $V_{CD} = 36$ V. R. 12 Ω e $V_{AB} = 90$ V.

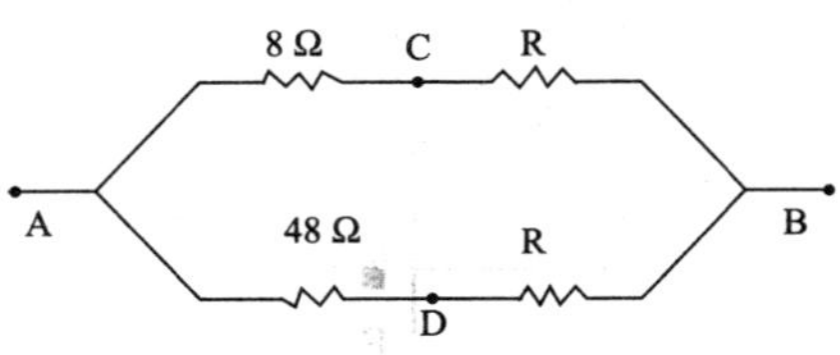

fig 16.17

3) No esquema elétrico da fig.16.18, $V_{AB} = 120$ V. Calcular a resistência equivalente e as tensões elétricas nos diversos ramos. R. 8 Ω ; $V_{AC} = V_{CE} = 60$ V; $V_{CD} = V_{DE} = V_{DB} = 30$ V.

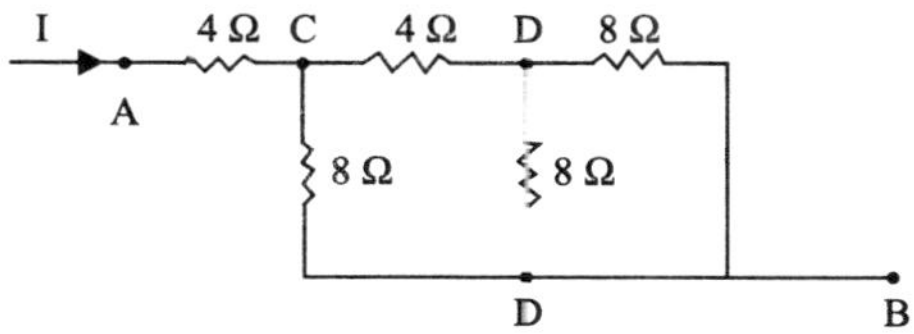

fig 16.18

4) Calcular a resistência equivalente e as correntes elétricas nos diversos ramos do esquema da fig.16.19, tendo em conta que a tensão elétrica entre A e B é 120 V. R. 4 Ω ; $I_{AB} = I_{AC} = I_{AD} = 10$ A; $I_{DB} = 5$ A e $I_{CD} = 15$ A.

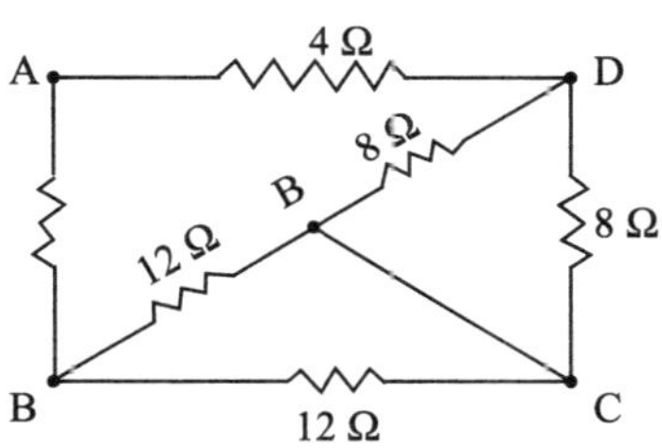

fig 16.19

5) Admitindo em equilíbrio a ponte de Wheastone, fig.16.20, achar a resistência interna do miliamperímetro intercalado no ramo BC. R. 18 Ω.

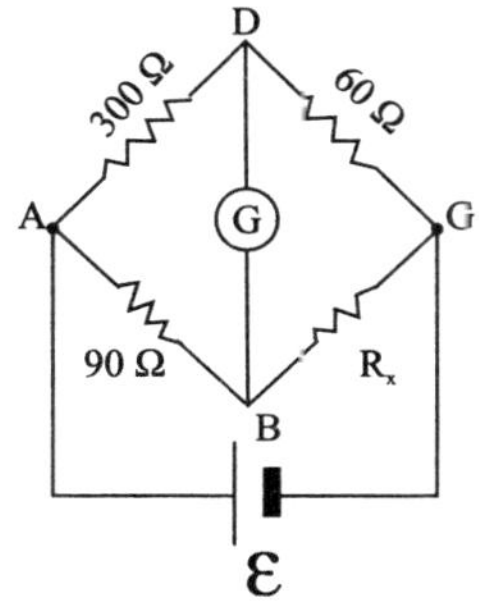

fig 16.20

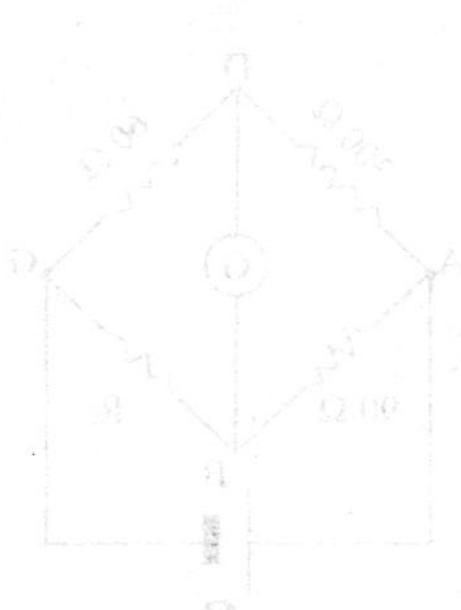

17. MÉTODOS DE ANÁLISE DE CIRCUITOS ELÉTRICOS

No seção 16.3 introduzimos o 1º método de análise de um trecho de um circuito elétrico, com base no princípio de conservação da energia. A seguir veremos outros métodos alternativos, com base no mesmo princípio.

17.1. Lei de Ohm Generalizada

A lei de Ohm dada por (15.2d) estabelece a qdt entre dois pontos de um circuito que contêm apenas resistências. Vamos examinar como se calcula a qdt entre dois pontos de um circuito elétrico quando ente eles existem além de bipolos passivos, elementos ativos com geradores e receptores, denominados genericamente de bipolos elétricos ativos.

Na análise de um trecho, adota-se o seguinte procedimento: arbitra-se um referencial de corrente cujo sentido positivo da corrente elétrica é assinalado por uma seta sobre o trecho a percorrer; e cuja fem/fcem tem o sinal de entrada de seu bipolo ativo.

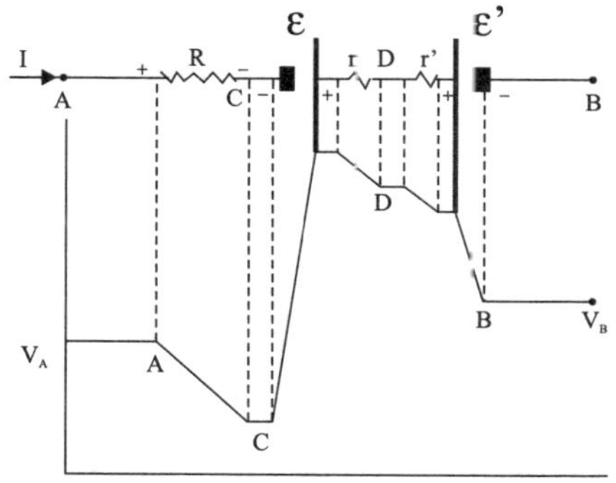

fig 17.1

Assim sendo, aplicando a lei de Ohm reiteradamente no trecho AB do circuito elétrico da fig.17.1, cujos parâmetros estão indicados, temos nos terminais de cada elemento:

- no resistor: $V_A - V_C = RI$

- no gerador: $V_C - V_D = - \varepsilon + r\,I$
- no receptor: $V_D - V_B = \varepsilon' + r'\,I$

Somando ordenadamente estas equações, obtemos:

$$V_A - V_B = (R + r + r')\,I + (-\varepsilon + \varepsilon') \tag{16.14a}$$

onde as fem e fcem ficam afetadas de seus respectivos sinais de entrada de seus bipolos, como convencionado. Este resultado, devidamente generalizado é escrito como:

$$V = \sum R_j\,I + \sum \varepsilon_j \tag{16.14b}$$

que é a lei de Ohm generalizada, que afirma que a queda de tensão total entre dois pontos de um circuito elétrico é igual à queda ôhmica total mais a soma algébrica das elevações e quedas localizadas.

Alternativamente, podemos usar o método dos potenciais que consiste em se partir de um ponto de potencial escolhido e percorrer o trecho no sentido concorde com o referencial de corrente, com a convenção anterior invertida: cada bipolo tem o sinal da polaridade de saída: (1) no resistor, a queda de tensão será negativa; (2) no gerador, a fem tem o sinal positivo de saída e, no receptor, a fcem tem o sinal negativo de saída. Aplicando estas regras ao trecho da fig.17.1, partindo do ponto A e chegando ao ponto B , temos,

$$V_A - R\,I - r\,I - r'\,I + \varepsilon - \varepsilon' = V_B$$

De onde,

$$V_A - V_B = (r + R + r')\,I + (- \varepsilon + \varepsilon')$$

que é o reencontro de (16.14a) para a qual vale a convenção inicial de que cada bipolo tem o sinal de entrada. Por conseguinte, os dois métodos se equivalem e o uso de um ou outro torna-se uma questão de preferência.

Exemplo 17.1.

O circuito elétrico da fig.17.2 é percorrido pela corrente elétrica de 2A . Achar a ddp entre os pontos A e B.

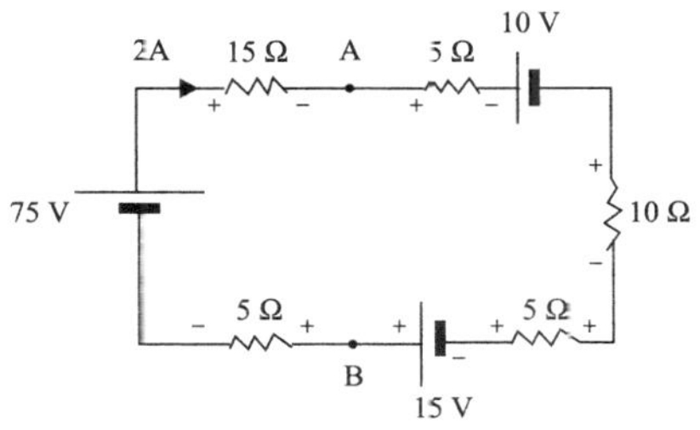

fig 17.2

Percorrendo o trecho AB no sentido concorde com o referencial de corrente (lado direito), temos:

$$V_A - V_B = (2A)\,(5 + 10 + 5)\Omega + (10 - 15)V = 35\ V$$

Obviamente, percorrendo o trecho AB , pelo lado esquerdo, obtemos,

$$V_A - V_B = (-2A)\,(15 + 5)\Omega + (+75\ V) = 35\ V$$

17.2. Rede Elétrica. Leis de Kirchhoff

De um modo geral, nos circuitos elétricos as fontes de fem e/ou fcem são chamadas de elementos ativos em contraposição aos resistores que são entendidos como elementos passivos; mais adiante serão incluídos neles os capacitores e os indutores também como elementos passivos.

Um circuito elétrico com maior complexidade, devido à combinação dos seus elementos ativos e passivos, é preferencialmente chamado de rede elétrica para a qual deve-se observar a seguinte terminologia: nó, nodo ou junção é o ponto de concorrência de três ou mais ramos; ramo é o trecho entre dois nós; e malha é um percurso fechado de ramos consecutivos. É usual distinguir as malhas principais também chamadas de alvéolos das malhas secundárias, conforme veremos.

Graficamente a rede elétrica é planar, isto é, os seus elementos são traçados num plano sem que haja interseções entre eles; ela também é chamada linear em face da relação tensão-corrente nos seus elementos.

Na fig.17.3 apresentamos uma rede elétrica com três malhas principais, ABCA, BDCB e ACDA; a malha ABCA, por exemplo, é composta dos ramos AB, BC e CA; os pontos A, B, C e D são os nós. São malhas secundárias, ABDEA, ABCDEA e ACBDEA.

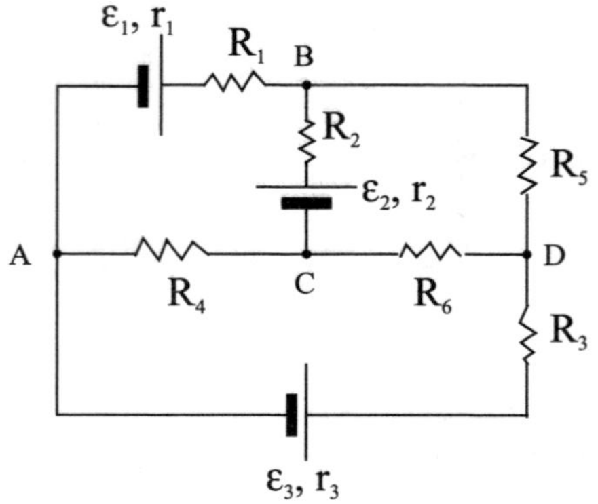

fig 17.3

Na resolução de uma rede elétrica é de interesse o cálculo das tensões elétricas e das correntes elétricas nos diversos ramos, supondo conhecidos os valores dos elementos ativos e passivos neles contidos. Por conseguinte, resolver uma rede elétrica é estabelecer um sistema de equações simultâneas com os elementos de modo que forneçam os parâmetros desconhecidos em função dos conhecidos. As equações que compõem o sistema devem ser linearmente independentes e são obtidas aplicando-se à rede os princípios da conservação da carga elétrica e da conservação da energia. Estes dois princípios foram habilmente convertidos em duas regras, formuladas em 1845 por Kirchhoff, a seguir apresentadas como leis que levam o seu nome.

1ª lei de Kirchhoff ou Lei de Kirchhoff das Correntes (LKC)

Em qualquer instante a soma algébrica das correntes elétricas que concorrem em um nó é zero. Convenciona-se que são positivas as correntes elétricas que chegam no nó e negativas as que dele saem. Por exemplo, no nó da fig.17.4,

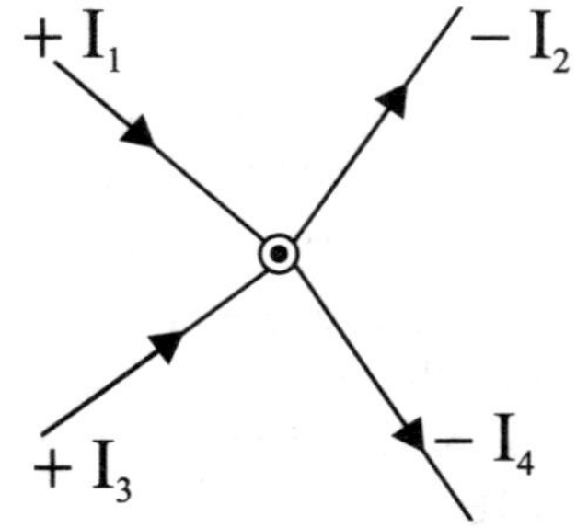

fig 17.4

para as quatro correntes elétricas cruzam a junção, temos,

$$I_1 - I_2 + I_3 - I_4 = 0 \qquad (17.1a)$$

como previsto na equação (15.11d), que é a afirmação de que cargas elétricas não se acumulam numa nó. Este resultado, obviamente pode ser generalizado, escrevendo-se:

$$\sum I_j = 0 \qquad (17.1b)$$

que expressa a lei Kirchhoff das correntes ou lei dos nós. Também podemos formulá-la alternativamente como:

$$\sum I_{chegam} = \sum I_{saem} \qquad (17.1c)$$

significando que a soma das correntes elétricas que chegam num nó é igual a soma das correntes elétricas que dele saem.

2ª Lei de Kirchhoff ou Lei de Kirchhoff das Tensões (LKT)

Aplicando a lei de Ohm generalizada a uma malha, que é um circuito fechado, temos, V = 0 em (16.14b), e portanto:

$$\sum R_j I_j + \sum \varepsilon_j = 0 \qquad (17.2a)$$

Esta expressão analítica da lei de Kirchhoff das tensões, é a afirmação de que, em qualquer instante, uma malha percorrida num sentido escolhido (horário ou anti-horário), a soma algébrica das quedas de tensões dos bipolos passivos mais as tensões dos bipolos ativos, afetadas de seus respectivos sinais de entrada, é igual a zero. Alternativamente é prático escrevê-la, como:

$$\sum R_j I_j = \sum \varepsilon_j \qquad (17.2b)$$

onde no 2° membro inverte-se a convenção: as fem e fcem ficam afetadas dos respectivos sinais de saída de seus bipolos representativos.

A 2ª lei de Kirchhoff, como se verá no Capítulo 19, aplicam-se igualmente as redes de tensão elétrica alternada contendo elementos ativos e/ou passivos, inclusive capacitores e indutores. Sucintamente podemos escrevê-la como:

$$\sum V_j = 0 \qquad (17.2c)$$

significando que a soma algébrica das quedas das tensão, para qualquer percurso fechado, é igual a zero, observadas as convenções estabelecidas.

Dada uma rede elétrica com n nós, a lei dos nós deve ser aplicada apenas aos n-1 nós, que oferecem as n-1 equações linearmente independentes necessárias; se fizermos mais uma aplicação, considerando a malha externa, a equação resultante será linearmente dependente, isto é, uma combinação linear das anteriores e portanto desnecessária. Se a rede elétrica tem b ramos, a lei das malhas será aplicada às b – n+1 malhas (= número de alvéolos), determinando-se igual número de equações linearmente independentes, que, juntamente com as obtidas para os nós,um sistema de equações simultâneas será composto com b equações e b incógnitas.

Exemplo 17.2.

Dada a rede elétrica, fig.17.5 , calcular as correntes elétricas nos diversos ramos, bem como as suas tensões elétricas respectivas.

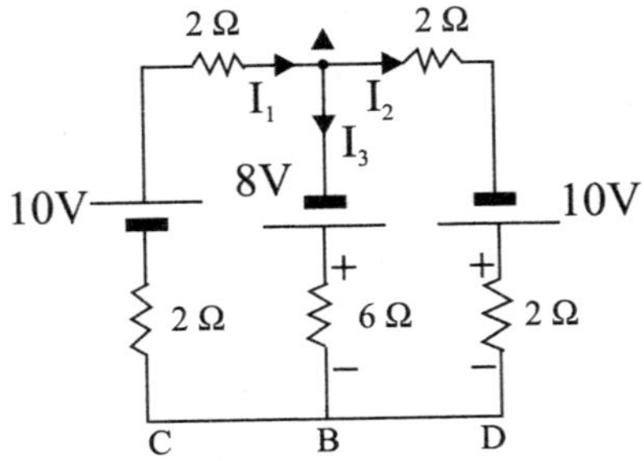

fig 17.5

A rede dada contém n = 2 nós , e portanto, a lei dos nós será aplicada a um dos nós, seja por exemplo, ao nó A e temos:

$$I_1 = I_2 + I_3 \qquad (1)$$

Aplicando a lei das malhas na forma (17.2b) às duas malhas principais, temos: percorrendo a malha ABCA , a partir de A , no sentido convencionado, virá,

$$6\,I_3 + 2\,I_1 + 2\,I_1 = 8 + 10 \quad \Rightarrow \quad 4\,I_1 + 6\,I_3 = 18 \qquad (2)$$

por sua vez, a malha ADBA oferece:

$$2\,I_2 + 2\,I_2 - 6\,I_3 = 10 - 8 \quad \Rightarrow \quad 4\,I_2 - 6\,I_3 = 2 \qquad (3)$$

Nota: como aludimos acima, se considerarmos a malha externa obtemos a equação $4\ I_1 + 4\ I_2 = 20$, que é a combinação linear de (2) e (3) e como tal pode ser dispensada.

O sistema de equações simultâneas buscada é composto por (1), (2) e (3). A sua resolução é feita, por exemplo, tirando o valor de I_3 em (1) e substituindo sucessivamente em (2) e (3)resultando nas equações linearmente dependentes:

$$10\ I_1 - 6\ I_2 = 18 \tag{4}$$

$$-6\ I_1 + 10\ I_2 = 2 \tag{5}$$

Resolvendo o sistema acima, obtemos:

$$I_1 = 3\ A \tag{6}$$

Levando este resultado, em (4) e depois em (1), obtemos respectivamente:

$$I_2 = 2\ A \quad (7) \qquad e \qquad I_3 = 1\ A \tag{8}$$

Caso algum dos valores obtidos resultasse negativo, indicaria que o sentido da corrente elétrica foi tomado invertido; note-se, contudo, que ele não pode ser mudado durante os cálculos. A queda de tensão no ramo AB pode ser calculada pelo método dos potenciais, pelos três caminhos, ACB, AB e ADB:

$$V_{AB} = (-3\ A)(2+2)\Omega + 10V = (1A)(6\Omega) - 8V = (2\ A)(2+2)\Omega) - 10V = -2\ V.$$

Onde se segue que a tensão elétrica no ponto A é menor que no ponto B.

17.3. Análise Nodal

A 1ª lei de Kirchhoff é muito útil quando a rede elétrica apresenta uma configurações com dois nós (ou a ela reduzida), como na fig.17.6 , na qual , escolhe-se um nó suposto de maior potencial e considera-se que todas as correntes elétricas o abandonam. No caso, escolhendo o nó A e considerando que $V_B = 0$ (aterrado), temos,

$$I_1 + I_2 + I_3 = 0 \tag{17.3a}$$

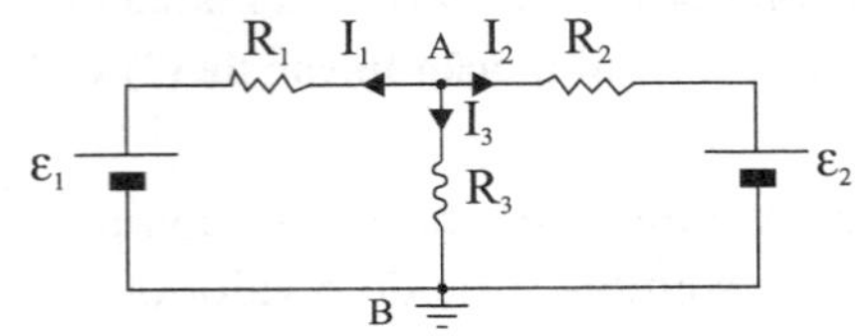

fig 17.6

Substituindo cada corrente elétrica como prescreve a lei de Ohm, virá:

$$\frac{V_A - \varepsilon_1}{R_1} + \frac{V_A - \varepsilon_2}{R_2} + \frac{V_A}{R_3} = 0$$

De onde,

$$V_A\left(\frac{1}{R_1} + \frac{1}{R_2} + \frac{1}{R_3}\right) = \frac{\varepsilon_1}{R_1} + \frac{\varepsilon_2}{R_2} \qquad (17.3b)$$

onde conhecidos os valores das resistências e os das tensões das fontes, obtém-se V_A.

Exemplo 17.3

No circuito elétrico da fig.17.7, $\varepsilon_1 = 100$ V e $\varepsilon_2 = 60$ V; e $R_1 = 25\ \Omega$, $R_2 = 10\ \Omega$ e $R_3 = 50\ \Omega$, achar V_A.

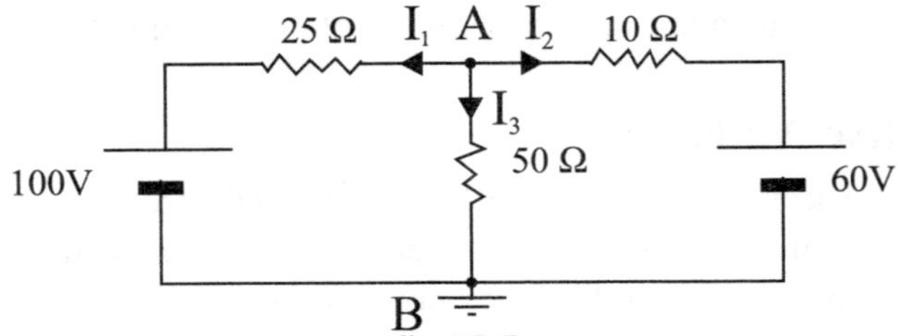

fig 17.7

Substituindo os dados em (17.3b) virá,

$$V_A\left(\frac{1}{25\Omega} + \frac{1}{10\Omega} + \frac{1}{50\Omega}\right) = \frac{100\text{V}}{25\Omega} + \frac{60\text{V}}{10\Omega}$$

E operando, obtemos, $V_A = 6\ 2{,}5$ V.

17.4. Método das Correntes de Malhas

Este método foi preconizado por Maxwell e consiste na aplicação da lei das malha, com o detalhe de que agora ela é percorrida por uma corrente elétrica com sentido concordante com a malha (sentido horário, por exemplo), denominada de corrente de malha. Como cada uma é contígua às demais através de um ou mais ramos comuns, haverá em cada um deles superposição de correntes nos ramos, que serão distinguidas como a intervenção da lei dos nós.

Sem perda de generalidade vamos aplicar o método na rede elétrica dada na fig.17.8, constituída de três malhas principais ora associadas às correntes de malha, designadas respectivamente por I_1, I_2 e I_3, cada uma assinalada mediante um curva orientada no sentido escolhido, no caso, horário. Para tornar mais expedita a aplicação da lei das malhas vamos usar a forma (17.2b), que aplicada a cada malha, obtemos o sistema de equações simultâneas seguinte:

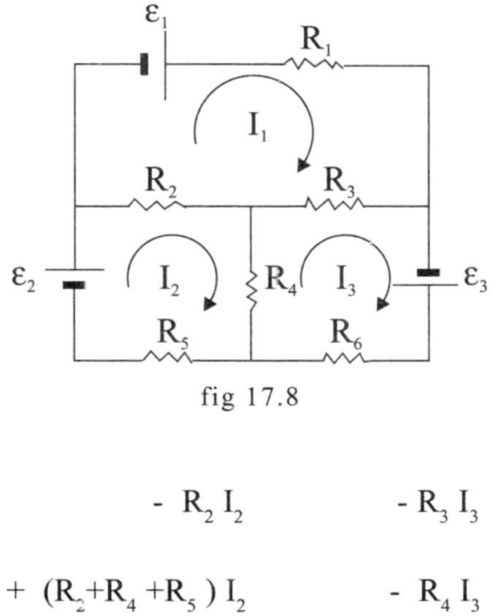

fig 17.8

$$(R_1 + R_3 + R_2)\, I_1 \quad - R_2 I_2 \quad - R_3 I_3 = \varepsilon_1 \qquad (1a)$$

$$- R_2 I_1 + (R_2 + R_4 + R_5)\, I_2 \quad - R_4 I_3 = \varepsilon_2 \qquad (2a)$$

$$- R_3 I_1 \quad - R_4 I_2 + (R_3 + R_6 + R_4) I_3 = \varepsilon_3 \qquad (3a)$$

Para maior grau de generalidade vamos designar por R_{jj} as resistências próprias ou autorresistências; e anotar por $R_{ij} = R_{ji}$, as resistências comuns ou mútuas, de duas malhas contíguas. No sistema acima, identificamos:

$$R_{11} = R_1 + R_3 + R_2 \;;\; R_{21} = R_{12} = R_2 \;;\; R_{13} = R_{31} = R_3 \;;$$

$$R_{22} = R_2 + R_4 + R_5 \;;\text{ e }\; R_{33} = R_3 + R_6 + R_4$$

Isto posto, o sistema de equações simultâneas acima fica reescrito como:

$$R_{11} I_1 - R_{12} I_2 - R_{13} I_3 = \varepsilon_1 \quad (1b)$$

$$-R_{21} I_1 + R_{22} I_2 - R_{23} I_3 = \varepsilon_2 \quad (2b)$$

$$-R_{31} I_1 - R_{32} I_2 + R_{33} I_3 = \varepsilon_3 \quad (3b)$$

Como podemos notar, este sistema de equações simultâneas tem a peculiaridade de ter, no lado esquerdo, a diagonal formada por termos com as autorresistências, e os termos simétricos a ela, com as resistências mútuas. Cabe agora resolver o sistema em questão por qualquer método conhecido. Vejamos a seguir, dois métodos de resolução do sistema, que têm a vantagem de poder ser usados em programações.

[1] Método de Eliminação de Gauss:

Este método consiste na eliminação sistemática dos coeficientes das incógnitas, de modo a obtermos a triangularização do sistema, ou seja, reduzi-lo à forma seguinte:

$$R_{11} I_1 - R_{12} I_2 - R_{13} I_3 = \varepsilon_1 \quad (1b)$$

$$0 I_1 + R'_{22} I_2 - R'_{23} I_3 = \varepsilon'_2 \quad (2c')$$

$$0 I_1 - 0 I_2 + R'_{33} I_3 = \varepsilon'_3 \quad (3c'')$$

que é um sistema equivalente ao primeiro de resolução imediata a partir da última equação. A triangularização do sistema foi feita através da seguinte sequência: a 1ª equação repetida (1b) é tomada como referência e com ela foram feitas as combinações lineares com as duas equações seguintes, a saber: multiplicou-se (1b) por R_{21}/R_{11} que foi somada a equação (2b), obtendo-se a equação (2c') (os termos com ' simbolizam as expressões obtidas); a seguir, multiplica-se novamente (1c) por R_{31}/R_{11} e soma-se-lhe a equação (3b) obtendo-se a equação (3c'), não mostrada. Tomando a equação (2c') como referência, faz-se a combinação linear desta com (3c'), obtém-se a equação (3c"). Esta sequência de procedimento é geral e vale, obviamente, para um sistema com n equações linearmente independentes com n incógnitas. Um exemplo numérico elucidará melhor o método em causa.

Exemplo 17.4

Dada a rede elétrica, fig.17.9, determinar as correntes elétricas nos diversos ramos.

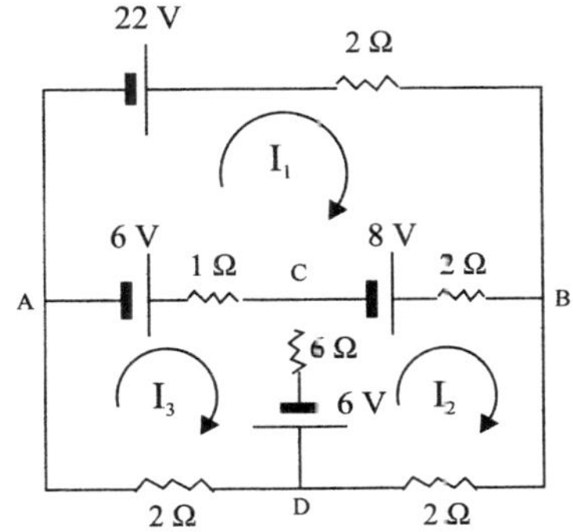

fig 17.9

Assinalando as correntes de malhas por I_1, I_2 e I_3, na rede da fig.17.9, e aplicando o método de Maxwell, encontramos o sistema:

$$5\,I_1 - 2\,I_2 - 1\,I_3 = 8 \qquad (1)$$

$$-2\,I_1 + 10\,I_2 - 6\,I_3 = 2 \qquad (2)$$

$$-1\,I_1 - 6\,I_2 + 9\,I_3 = 12 \qquad (3)$$

Usando o método de Gauss: multiplicamos a equação (1) por 2/5 e somamos o resultado com a equação (2), e após a eliminação do fator 5 , obtemos:

$$0\,I_1 + 46\,I_2 - 32\,I_3 = 26 \qquad (2')$$

Multiplicando-se a equação (1) por 1/5 e somando com a equação (3), após a devida simplificação, encontramos:

$$0\,I_1 - 32\,I_2 + 44\,I_3 = 68 \qquad (3')$$

Tomando, por sua vez, a equação (2') como referência e multiplicando-a por 32/46, e somando o resultado com a equação (3"), após simplificação, tem-se:

$$0\,I_1 + 0\,I_2 + 1.000\,I_3 = 3.960 \qquad (3'')$$

Reunido as equações obtidas, compomos o sistema equivalente de equações simultâneas, agora triangularizado:

$$5\,I_1 - 2\,I_2 - 1I_3 = 8 \qquad (1)$$

$$0\,I_1 + 46\,I_2 - 32\,I_3 = 26 \qquad (2')$$

$$0\,I_1 + 0\,I_2 + 1000\,I_3 = 3960 \qquad (3'')$$

As correntes de malhas são obtidas, com efeito, da última equação para a 1ª:

$$I_3 = 3{,}96\text{ A},\ I_2 = 3{,}32\text{ A e } I_1 = 3{,}72\text{ A}$$

As correntes elétricas nos seis ramos são obtidas aplicando-se a lei dos nós nos 4 - 1 = 3 nós. Neste exemplo, contudo, elas podem ser identificadas por simples inspeção, ou seja, nos ramos AB, BD e DA elas são idênticas às respectivas as correntes elétricas achadas: $I_{AB} = I_1 = 3{,}72A$; $I_{BD} = I_2 = 3{,}32$ A; e $I_{DA} = I_3 = 3{,}96$ A; nos demais ramos temos:

no ramo AC: $I_{AC} = I_3 - I_1 = 0{,}24$ A; no ramo CB: $I_{BC} = I_1 - I_2 = 0{,}40$ A

e no ramo CD: $I_{CD} = I_3 - I_2 = 0{,}64$ A.

[2] Método Matricial:

O sistema de equações lineares simultâneas, dado originalmente, pode ser escrito sob a forma matricial seguinte:

$$\begin{vmatrix} R_{11} & -R_{12} & -R_{13} \\ -R_{21} & R_{22} & -R_{23} \\ -R_{31} & -R_{32} & R_{33} \end{vmatrix} \begin{vmatrix} I_1 \\ I_2 \\ I_3 \end{vmatrix} = \begin{vmatrix} \varepsilon_1 \\ \varepsilon_2 \\ \varepsilon_3 \end{vmatrix} \qquad (M)$$

A resolução desta equação matricial pode ser feita pela regra de Cramer, designando por $\Delta = \det |\, R_{ij} \,|$ o determinante da matriz quadrada das resistências e por $D_j = \det |\, \varepsilon_i\, R_{ij} \,|$, o determinante que se obtém quando se substitui cada coluna de R_{ij} pela coluna das fem, cujas correntes de malha são dadas por:

$$I_1 = \frac{D_1}{\Delta};\quad I_2 = \frac{D_2}{\Delta}\quad \text{e}\quad I_3 = \frac{D_3}{\Delta}$$

No presente caso os determinantes Δ e D_i são ambos de 3ª ordem e os seus cálculos respectivos podem ser feitos, por exemplo, com concurso do processo de Laplace ou da regra de Sarrus. Um exemplo numérico esclarecerá a aplicação do método.

Exemplo 17.5

Resolver a mesma rede elétrica, fig.17.9 , pelo método matricial.

Escrevendo o sistema de equações simultâneas decorrente sob a forma matricial, virá:

$$\begin{vmatrix} 5 & -2 & -1 \\ -2 & 10 & -6 \\ -1 & -6 & 9 \end{vmatrix} \begin{vmatrix} I_1 \\ I_2 \\ I_3 \end{vmatrix} = \begin{vmatrix} 8 \\ 2 \\ 12 \end{vmatrix}$$

Usando o processo de Laplace, o cálculo do determinante Δ é feito, por exemplo, tomando a 1ª coluna como referência, e desenvolvendo-o mediante a soma algébrica de cada elemento da coluna pelo seu respectivo sub-determinante adjunto, ou seja:

$$\Delta = 5\begin{vmatrix} 10 & -6 \\ -6 & 9 \end{vmatrix} - (-2)\begin{vmatrix} -2 & -1 \\ -6 & 9 \end{vmatrix} + (-1)\begin{vmatrix} -2 & -1 \\ 10 & -6 \end{vmatrix} = 200$$

Cálculo de D_1

$$D_1 = \begin{vmatrix} 8 & -2 & -1 \\ 2 & 10 & -6 \\ 12 & -6 & 9 \end{vmatrix} = 8\begin{vmatrix} 10 & -6 \\ -6 & 9 \end{vmatrix} - 2\begin{vmatrix} -2 & -1 \\ -6 & 9 \end{vmatrix} + 12\begin{vmatrix} -2 & -1 \\ 10 & -6 \end{vmatrix}$$

$D_1 = 744$

De forma análoga, obtemos: $D_2 = 664$ e $D_3 = 792$

De onde as correntes das malhas:

$$I_1 = \frac{744}{200} = 3{,}72\text{A}; \quad I_2 = \frac{664}{200} = 3{,}32\text{A} \quad \text{e} \quad I_3 = \frac{792}{200} = 3{,}96\text{A}$$

17.5. Teoremas de Redes Elétricas

As redes elétricas até então estudadas são chamadas de lineares (com parâmetros fixos e constantes, e portanto, obedecem a lei de Ohm) e bilaterais (os parâmetros são intercambiáveis), cujas fontes são independentes (já que existem fones controladas ou dependentes, na eletrônica). A seguir serão apresentados os principais teoremas aplicáveis a tais redes, que são técnicas alternativas que, usadas convenientemente, permitem obter informações sobre uma parte da rede sem a necessidade de resolvê-la completamente pelos métodos ordinários.

[1] Teorema de Thevenin

Este teorema foi divulgado em 1883 por Leon Charles Thevenin (1857-1926), engenheiro de telégrafo, francês, aplicável a qualquer rede linear e bilateral, como a dada na fig.17.10(a), onde se observa que ela se compõe de duas partes: A com parâmetros constantes e B, com parâmetro variável, em geral uma resistência de carga, R_L. O teorema de Thevenin afirma que a parte A da rede pode ser substituída por uma fonte de tensão ideal, chamada de Thevenin, V_{Th}, obtida com A separada de B, em série com a resistência equivalente, R_{Th}, obtida com a fonte em curto-circuito fig.17.10(b). A corrente elétrica na resistência de carga R_L é obtida pela 2ª lei de Kirchhoff, que oferece,

$$I_L = \frac{V_{Th}}{R_{Th} + R_L}$$

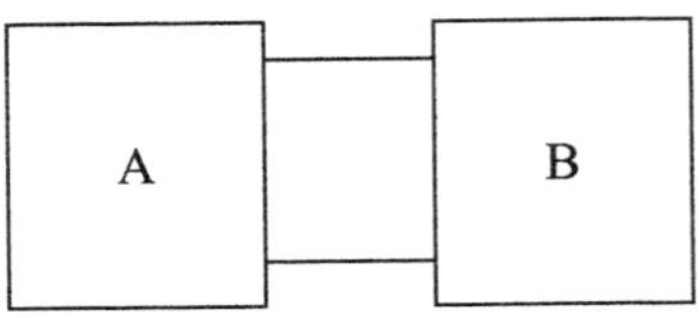

fig 17.10(a)

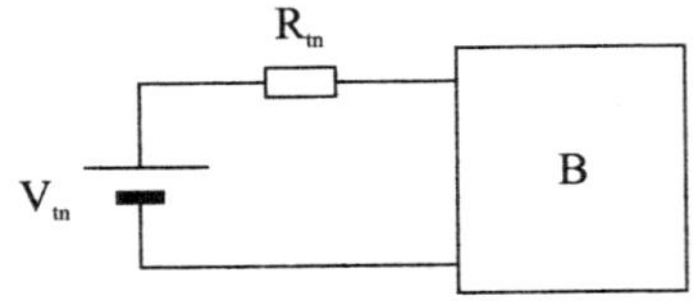

fig 17.10(b)

A potência elétrica sobre a resistência de carga é,

$$P = V_{Th^2} \frac{R_L}{(R_{Th} + R_L)^2}$$

E para calcularmos a máxima potência elétrica de transferência tomamos $dP/dR_L = 0$, que leva a condição de nulidade:

$$\frac{-2R_L + R_{Th} + R_L}{(R_{Th} + R_L)^3} = 0$$

E daí segue-se a condição de máxima transferência: $R_L = R_{Th}$.

Exemplo 17.6

Dada a rede elétrica, fig.17.11(a), achar a corrente elétrica no resistor R_L, para os valores de 12 Ω e 17 Ω.

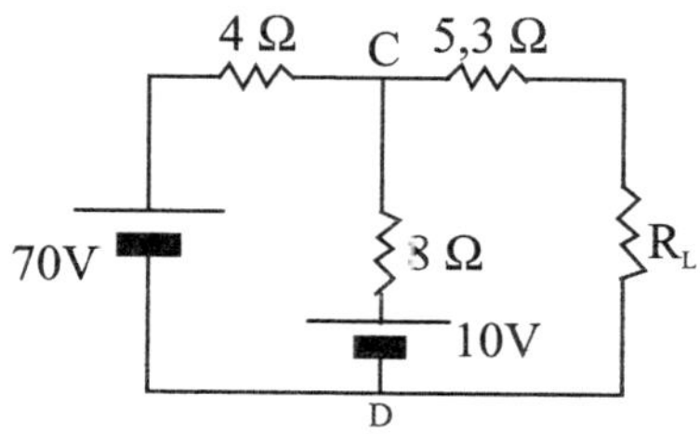

fig 17.11(a)

A técnica de Thevenin desdobra-se nos seguintes passos:

1º) Cálculo da tensão de Thevenin, V_{Th}: com R_L retirado do circuito, fig.17.11(b), é a tensão entre os terminais C e D (já que sobre 5,3 Ω a tensão é nula). Usando o divisor de tensão sobre 8 Ω, temos,

$$V_{Th} = V_{CD} = 8\Omega \frac{(70-10)V}{(8+4)\Omega} - +10V = 50V$$

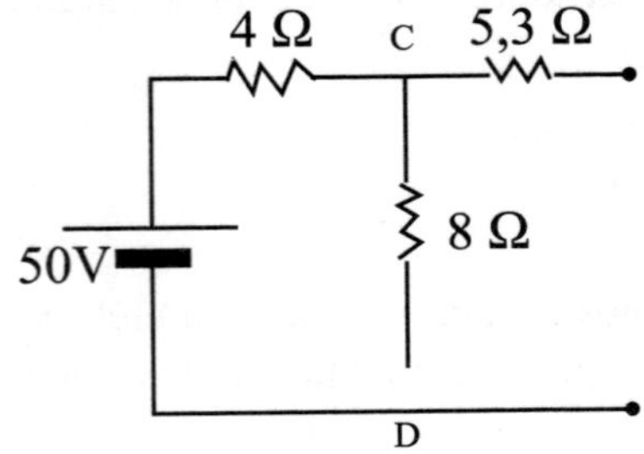

fig 17.11(b)

2º) Cálculo da resistência equivalente de Thevenin, R_{Th}: supondo as fontes curto-circuitadas, fig.17.11(c), é a resistência vista do terminal em aberto AB:

$$R_{Th} = 5{,}3\Omega + \frac{4\Omega x 8\Omega}{(4+8)\Omega} \cong 8\Omega$$

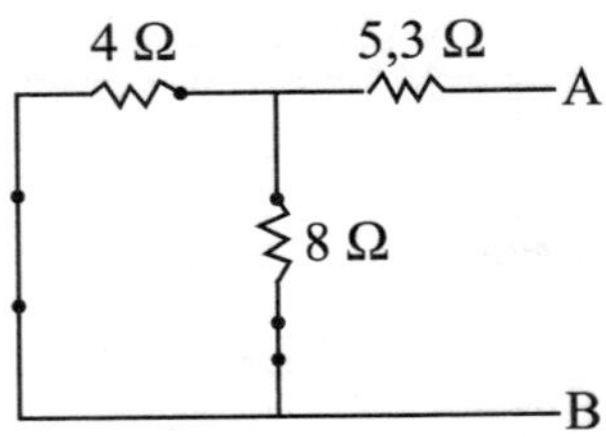

fig 17.11(c)

Com estes dois resultados podemos compor a parte A da rede como na fig.17.11(d). E para os valores dados de R_L temos, respectivamente:

$$I_1 = \frac{50V}{(8+12)\Omega} = 2{,}5A \quad e \quad I_2 = \frac{50V}{(8+17)\Omega} = 2A$$

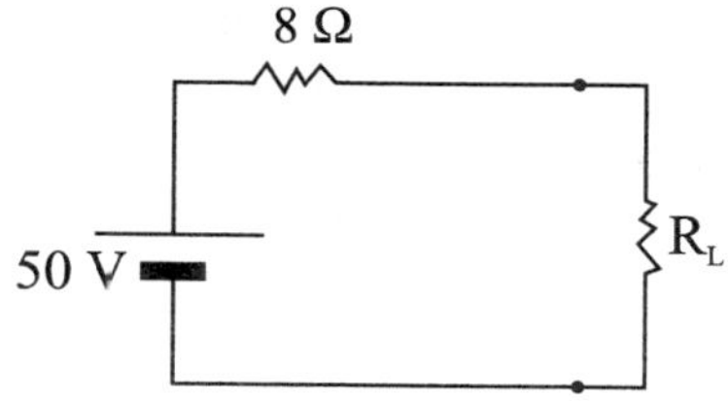

fig 17.11(d)

[2] Teorema de Norton

Atribuído a Edward Lawry Norton (1898-1983), engenheiro eletricista inglês, que propôs a transformação da rede Thevenin noutra equivalente, constituída de uma fonte ideal de corrente, $I_N = V_{Th}/R_{Th}$, simbolizada por —(→)—, em paralelo com a resistência equivalente, $R_N = R_{Th}$, fig.17.12(a). Em outras palavras, transforma o gerador de tensão num gerador de corrente.

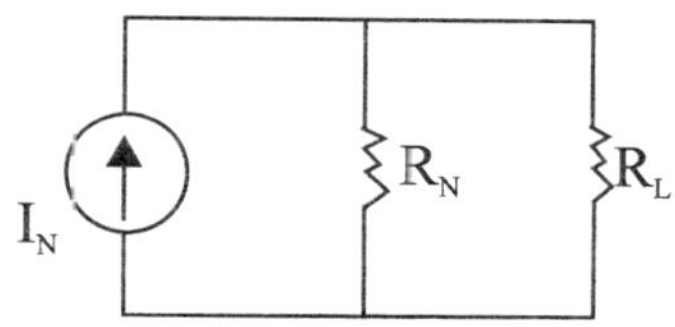

fig 17.12(a)

Aplicada ao ex. 17.6, com R_L retirado, temos,

$$I_N = \frac{V_{Th}}{R_N} = \frac{50V}{8\Omega} = 6,25A$$

E a rede equivalente de Norton é dada na fig.17.12(b).

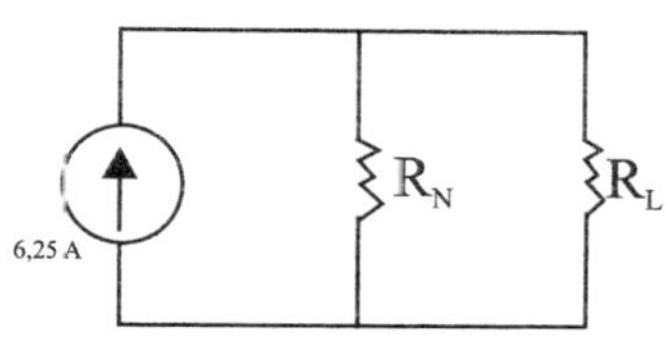

fig 17.12(b)

[3] Teorema da Superposição

Este teorema reflete o princípio de superposição e ele diz que numa rede elétrica linear e bilateral, com várias fontes de tensão independentes, o efeito conjunto produzido por elas num ponto da rede é a soma dos efeitos produzidos por cada fonte de tensão individual. Vejamos um exemplo para melhor assimilá-lo.

Exemplo 17.7

Seja a rede elétrica com os parâmetros indicados, fig.17.13(a), achar as correntes e tensões elétricas nos ramos.

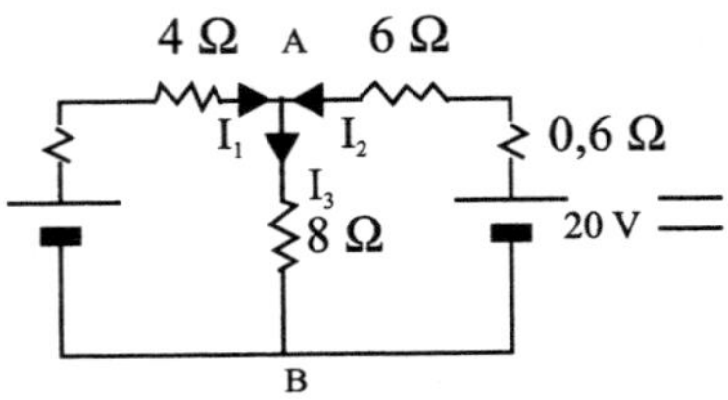

fig 17.13(a)

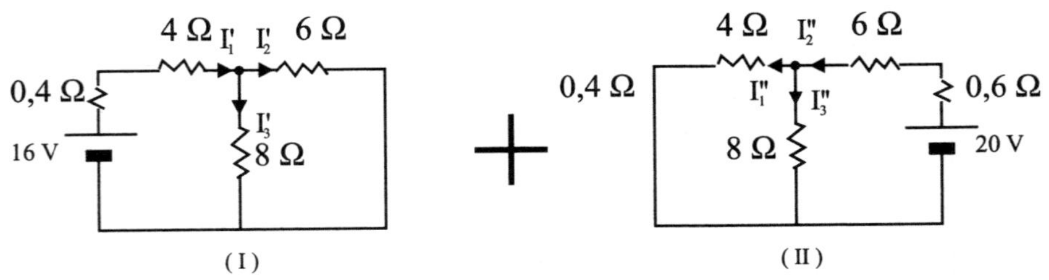

fig 17.13(b)

A rede elétrica pode ser desdobrada na rede I sem a fonte de 20 V mais a rede II sem a fontes de tensão de 16 V, fig.17.13(b).

1) Na rede elétrica I, resistência equivalente:

$$R' = 4,4\Omega + \frac{(6,6\Omega)(8\Omega)}{(6,6+8)\Omega} \cong 8,016\Omega$$

Corrente elétrica entrando no nó A:

$$I_1' = \frac{16V}{8,016\Omega} \cong 1,996A$$

Usando divisor de correntes, obtemos as demais correntes dos ramos:

$$I_2\,' = \frac{8\Omega}{14,6\Omega}(1,996\text{A}) \cong 1,094\text{A}$$

$$I_3\,' = \frac{6,6\Omega}{14,6\Omega}(1,996\text{A}) \cong 0,902\text{A}$$

2) Na rede elétrica II, analogamente, temos,

$$R\," = 6,6\Omega \frac{(4,4\Omega)(8\Omega)}{12,4\Omega} \cong 9,439\Omega$$

$$I_2\," = \frac{20\text{V}}{9,439\Omega} \cong 2,119\text{A}$$

$$I_1\," = \frac{8\Omega}{12,4\Omega}(2,119\text{A}) \cong 1,367\text{A}$$

$$I_3\," = \frac{4,4\Omega}{12,4\Omega}(2,119\text{A}) \cong 0,752\text{A}$$

3) As correntes elétricas dos ramos da rede dada:

$I_1 = I_1$' - I_1" = 1,996 A - 1,367 A = 0,629 A

I_2 = -I_2' + I_2" = -1,094 A + 2,119A = 1,025 A

$I_3 = I_3$" + I_3" = 0,902 A + 0,752 A = 1,654 A

[4] Teorema de Reciprocidade

Dada uma rede elétrica linear e bilateral, a corrente elétrica que ela produz num ponto qualquer é a mesma se colocarmos a fonte no referido ponto e medirmos a corrente no ponto onde a fonte estava originalmente. Vejamos um exemplo para melhor firmar o teorema.

Exemplo 17.8

Dada a rede elétrica com parâmetros indicados, fig.17.14(a), mostrar que a corrente elétrica no amperímetro é a mesma quando se permutam as posições da fonte de tensão pelo do amperímetro.

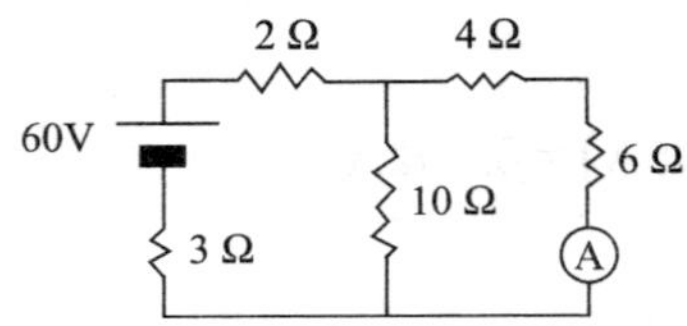

fig 17.14(a)

1) Na configuração dada temos:

Resistência equivalente e corrente elétrica:

$$R = (3+2)\Omega + \frac{10\Omega(4+6)\Omega}{(10+4+6)\Omega} = 10\Omega \quad \text{e} \quad I_1 = \frac{60V}{10\Omega} = 6A;$$

De onde a corrente elétrica no amperímetro:

$$I_2 = \frac{10\Omega}{(10+4+6)\Omega}(6A) = 3A$$

2) Fonte de tensão e amperímetro permutados, fig.17.14(b) :

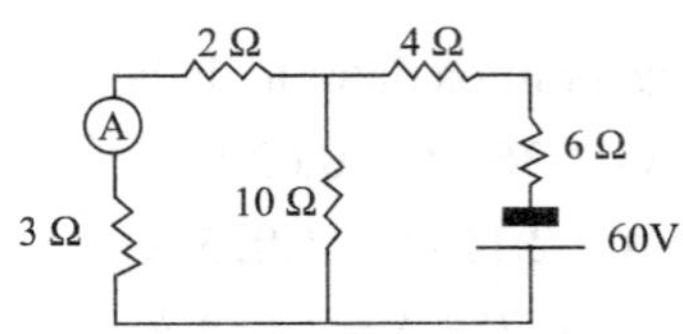

fig 17.14(b)

Resistência equivalente:

$$R' = (4+6)\Omega + \frac{10\Omega.(3+2)\Omega}{(10+3+2)\Omega} = 40/3\Omega$$

$$I_2' = \frac{60V}{40/3\Omega} = 4,5A$$

De onde a corrente elétrica no amperímetro:

$$I_1' = \frac{10\Omega}{(10+3+2)\Omega} 4,5A = 3A$$

Exercícios

1) No circuito elétrico da fig.17.15, com dados indicados, calcular as correntes elétricas nas resistências em paralelo.

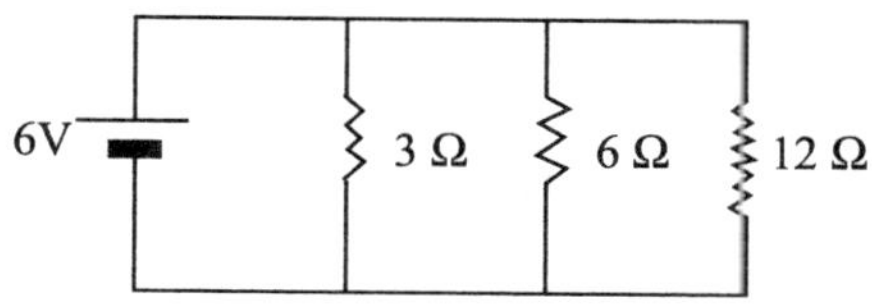

fig 17.15

R. 2 A , 1 A e 0,5 A .

2) No circuito elétrico, fig.17.16, com dados indicados, calcular os potenciais elétricos nos pontos A , B e C.

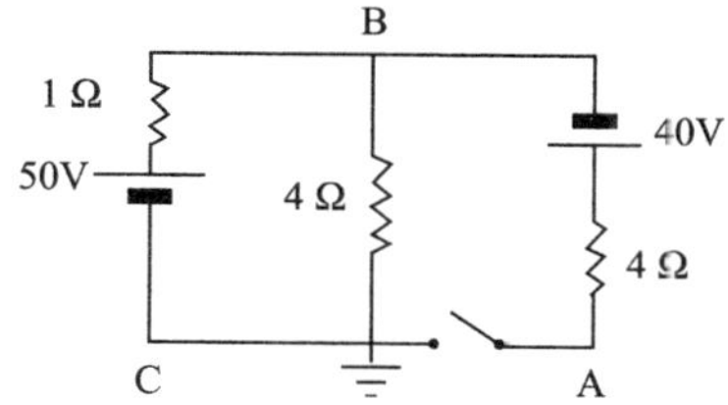

fig 17.16

R. $V_A = +80$ V; $V_B = +40$ V e $V_C = 0$ V.

3) No circuito elétrico, fig.17.17, o amperímetro não acusa passagem de corrente elétrica. Determinar o valor da fem do gerador.

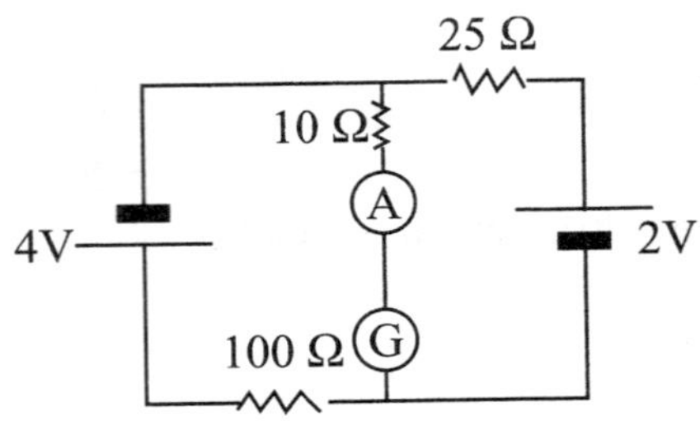

fig 17.17

R. 0,80 V.

4) No circuito elétrico, com dados indicados na fig.17.18, calcular os rendimentos elétricas do gerador, do motor e da linha.

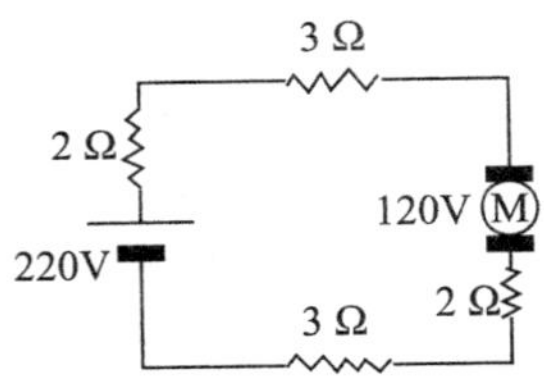

fig 17.18

R. $\eta_G = 10/11$, $\eta_L = 7/10$ e $\eta_M = 5/6$.

5) No circuito elétrico, com dados indicados na fig.17.19, achar a qdt entre os pontos A e B bem como os valores das correntes elétricas total e dos ramos.

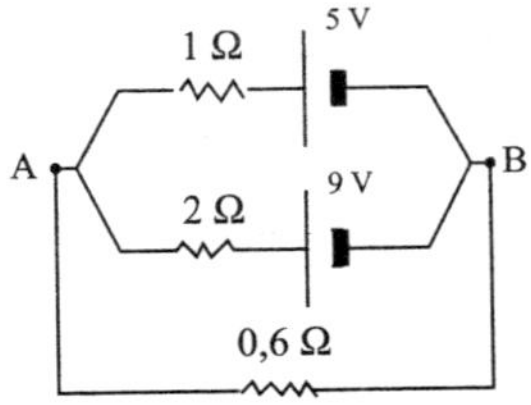

fig 17.19

R. $V_{AB} = 3$ V; 5 A, 2 A e 3 A.

6) No circuito elétrico, com dados indicados na fig.17.20, calcular a qdt entre os pontos A e B , e os valores das correntes elétricas total e dos ramos.

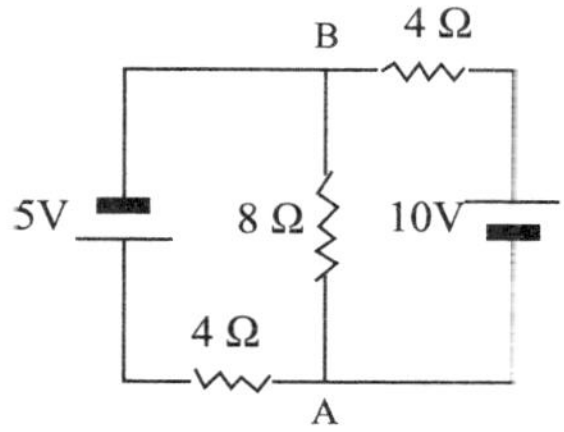

fig 17.20

R. V_{AB} = - 2 V; 1,75 A; 0,25 A e 2,0 A .

7) No circuito elétrico, com dados indicados na fig.17.21, determinar qdt nos terminais do motor e a potência elétrica dissipada por cada elemento.

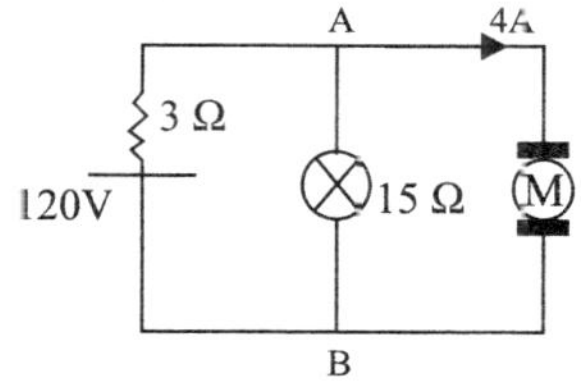

fig 17.21

R. V_{AB} = 90 V; 300 W; 540 W e 360 W.

8) No circuito elétrico, com dados indicados na fig.17.22, achar as correntes elétricas nos diversos ramos.

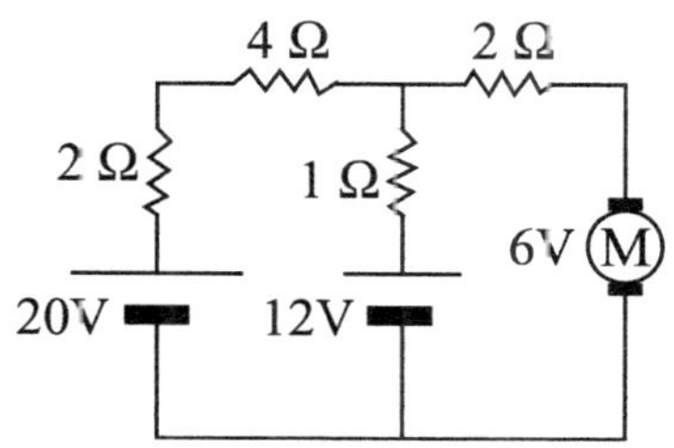

fig 17.22

R. 1,5 , 1,0 A e 2,5 A.

9) No circuito elétrico, com dados indicados na fig.17.23, achar as correntes elétricas das malhas.

R. $I_1 = 3$ A, $I_2 = 4$ A e $I_3 = 1$A .

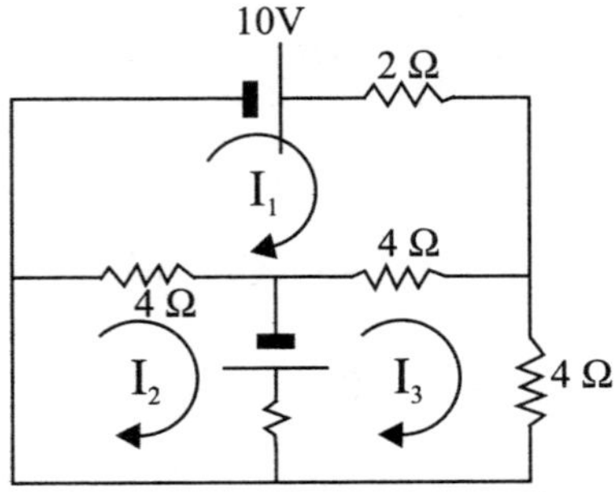

fig 17.23

10) No circuito elétrico da fig.17.24, dados indicados, achar o equivalente de Thevenin e determinar a resistência R_C que absorve a máxima potência elétrica e essa potência elétrica.

R. $V_{Th} = 48$ V, $R_{Th} = 4,8\ \Omega$, $R_C = 4,8\ \Omega$ e P = 120 W

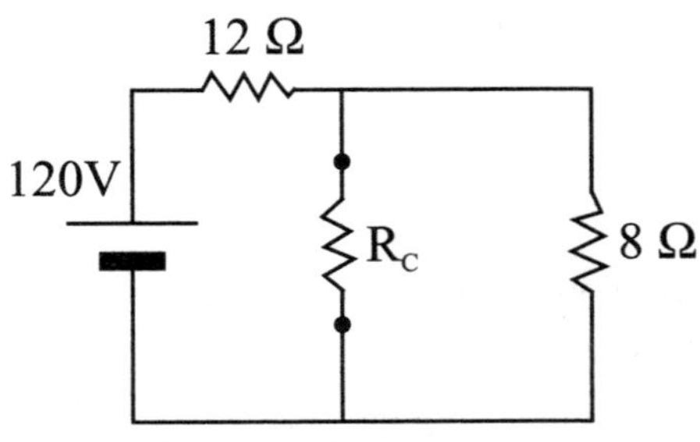

fig 17.24

18. FENÔMENO TRANSITÓRIO

Vimos até agora a rede elétrica com fonte de tensão constante, contendo apenas resistores, produzindo corrente elétrica contínua, caracterizando um estado de equilíbrio dito estacionário ou permanente. Quando, numa rede elétrica, o elemento ativo está interligado ao elemento passivo mediante um interruptor ou chave, quando esta é acionada abrindo ou fechando o circuito a relação causa-efeito ou tensão-corrente produz na rede um estado transitório, cujo comportamento passaremos a examinar. Matematicamente, a relação causa-efeito pode ser pensada como a função de excitação do elemento ativo que, aplicada ao elemento passivo, produz nele a função resposta.

Na análise de uma rede elétrica em estado transitório devemos considerar o estado dela "antes" e "depois" de acionada a chave. Convindo definir-se (1) o estado inicial ou zero da rede como aquele em que os elementos passivos encontram-se desligados da fonte, estando chave em aberto; toma-se como tempo de referência ou $t = 0$, o instante em que a chave é fechada; convido definir-se por $t = 0^-$, o instante imediatamente antes de acionada a chave e por $t = 0^+$, o instante imediatamente depois dela ser operada; e (2) o estado final como aquele em que a rede retoma o equilíbrio, após um tempo longo de relaxamento, ou matematicamente, $t = \infty$.

Seja um circuito elétrico com um resistor R desconectado da fonte de tensão ε, constante, pela chave S, fig.18.1(a). Fechando S, no instante $t = 0^+$, uma excitação súbita ε é aplicada nos extremos do resistor R que responde com a corrente elétrica que salta de 0 para $I_R(0^+) = \varepsilon/R$ e segue constante para o tempo subsequente, $t > 0$, fig.18.1(b), com o circuito já no seu estado final.

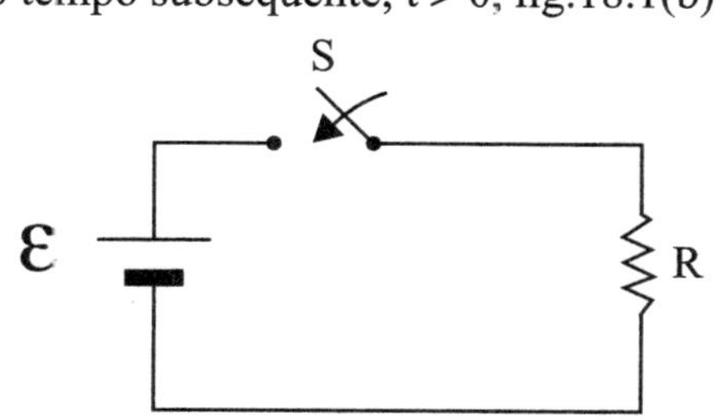

fig 18.1(a)

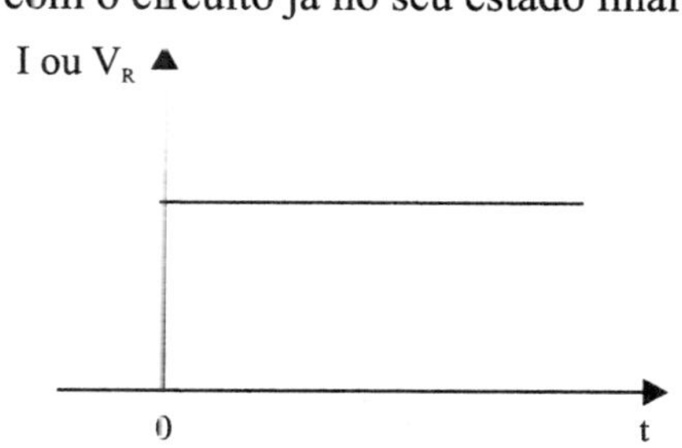

fig 18.1(b)

Com efeito, temos o seguinte processo: sempre que se opera a comutação de uma chave, a fonte entrega energia ao circuito externo de modo súbito, à guisa de excitação e ele reage ou responde através de seus elementos passivos, resultando num estado de desequilíbrio, dito transitório, durante o qual a rede procura se ajustar buscando o estado de equilíbrio final. No caso visto, este aspecto foi pouco realçado porque o resistor é um elemento que apenas dissipa a energia elétrica recebida. Contudo, tal aspecto será relevante nos elementos passivos que acumulam energias, como o capacitor (que armazena a energia do campo elétrico) e o indutor (a ser conceituado logo mais, e que armazena energia do campo magnético), os quais estão necessariamente associados a resistências e funcionam como elementos amortecedores. As energias concentradas nesses dois elementos não podem variar brusca ou instantaneamente, mas de forma gradual que se processa até a rede encontrar o seu estado final, razão porque o fenômeno é dito transitório e a sua duração é chamada de período transitório.

18.1. Circuito Resistor-Capacitor (RC)

[1] Carga elétrica ao Capacitor

Uma rede simples de fem constante, ε , tem um resistor R associado em série com um capacitor de capacitância C , descarregado, com a chave S aberta, caracterizando o estado inicial ou zero do circuito, fig.18.2.

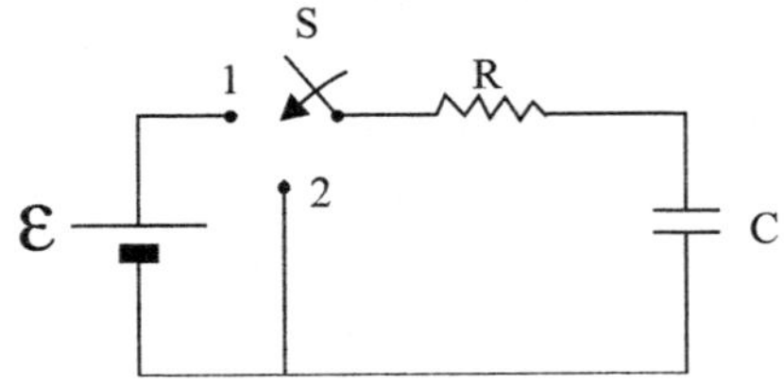

fig 18.2

Quando S é levada à posição 1, no instante $t = 0^+$, a tensão no resistor é $V_R(0^+) = \varepsilon$, e como o capacitor não pode mudar instantaneamente o seu estado inicial, $V_C(0^-) = V_C(0^+) = 0$, responde como curto-circuito. Para o tempo subsequente, $t > 0$, a lei das malhas aplicada ao circuito, oferece:

$$V_R + V_C = \varepsilon \tag{18.1a}$$

onde as duas parcelas do 2º membro vão se ajustando durante o período transitório. Explicitando as tensões elétricas indicadas, temos,

$$R\,I + \frac{Q}{C} = \varepsilon \qquad (18.1b)$$

onde estamos considerando I = I(t), durante o transiente; para a solução desta equação convém antes reduzi-la a uma única variável. Optando por I(t) a derivada de (18.1b) em relação a t, é:

$$R\frac{dI}{dt} + \frac{I}{C} = 0 \qquad (18.1c)$$

E separando as variáveis, virá:

$$\frac{dI}{I} + \frac{1}{RC}dt \qquad (18.1d)$$

Integrando, obtemos,

$$\ln I = -\frac{t}{RC} + K$$

A determinação de k é feita com o concurso das condições iniciais, ou seja, $t = 0^+$, $k = \ln I(0^+) = \ln I_o$; substituindo k na equação acima e efetuando as operações convenientes, obtemos a corrente elétrica do circuito:

$$I(t) = I_o e^{-t/RC} \qquad (18.2a)$$

que é a resposta natural à excitação recebida, indicando que a corrente elétrica inicial, $I_o(0^+) = \varepsilon/R$, vai decaindo exponencialmente com o tempo até alcançar o estado final, em $t = \infty$, tem-se $I_C(\infty) = 0$, quando o capacitor passa a impedir a passagem da corrente ou que funciona como se estivesse em aberto. A solução matemática de (18.2a) é chamada de função complementar da equação (18.1b), com representação gráfica na fig.18.3(a).

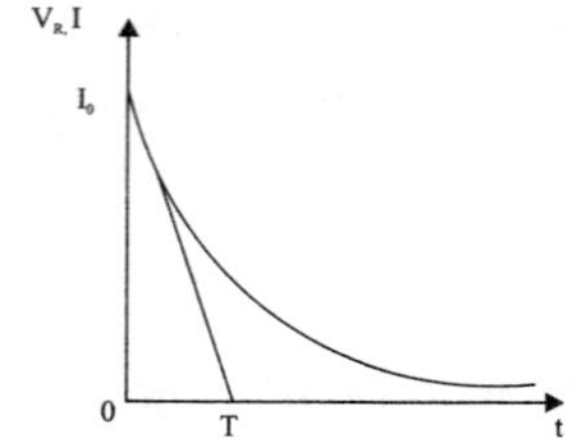

fig 18.3(a)

A tensão elétrica nos terminais do resistor, V_R = R I(t), também decai exponencialmente:

$$V_R = \varepsilon\, e^{-t/RC} \tag{18.2b}$$

cujo gráfico é o mesmo da na fig.18.3(a). De (18.2a) podemos concluir,

$$Q(t) = \int_o^t + \frac{\varepsilon}{R} e^{-t/RC} dt$$

cuja integração oferece:

$$Q(t) = C\, \varepsilon\, (1 - e^{-t/RC}) \tag{18.3a}$$

E para t = ∞, tem-se o estado final quando o capacitor passa a deter a carga final, Q_o = C ε, cujo comportamento transitório é mostrado na fig.18.3(b).

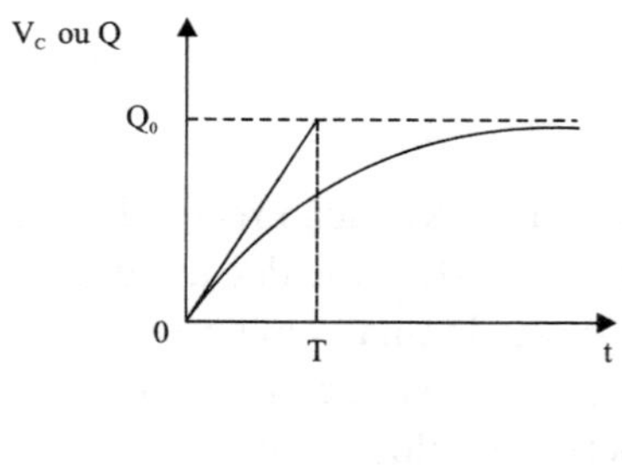

fig 18.3(b)

Para análise mais detalhada, a equação (18.3a) é desdobrada em:

$$Q(t) = Q_o - Q_o\, e^{-t/RC} \qquad (18.3b)$$

onde, no 2º membro, o 1º termo é a resposta forçada, ao passo que o 2º termo é a resposta natural do circuito.

Dividindo (18.3a) por C obtemos a tensão elétrica nos terminais do capacitor:

$$V_C(t) = \varepsilon\,(1 - e^{-t/RC}) \qquad (18.2c)$$

que tem o mesmo comportamento de Q(t), e portanto, mesmo gráfico da fig.18.3(b); e podemos daí concluir que $V_C(\infty) = \varepsilon$, no estado final, assim como, $V_C(0^+) = 0$, no estado inicial., como já vimos.

O produto RC que aparece em todas as equações deduzidas tem a dimensão de tempo, recebendo a denominação de constante de tempo, no caso capacitiva, T = RC, sendo um indicador da rapidez com que diminui ou aumenta I(t) ou Q(t); à inclinação da curva na origem, referida a fig.18.3(b), é dada por, $dQ/dt]_{t=0+} = tg\theta = Q_o/T = \varepsilon/R$, T = RC obtido da projeção do ponto de interseção na assíntota sobre o eixo dos tempos. Para t =RC = T, a relação $I(T)/I_o = e^{-1} \cong 0{,}368$, indicando que, decorrido um tempo igual a uma vez a constante de tempo capacitiva, a corrente elétrica diminui cerca de 36,8 % do seu valor inicial, enquanto que no capacitor, $Q(T)/Q_o = 1 - e^{-1} = 0{,}632$, ou a carga elétrica se eleva para cerca de 63,2 % do seu valor final. É fácil verificar que para uma duração igual a cinco vezes a constante de tempo capacitiva, a corrente elétrica decai para 0,67% do seu valor inicial, enquanto a carga elétrica no capacitor aumenta de 99,3% do seu valor final, significando, na prática, que após 5T, considera-se a rede em estado final ou estacionário, não obstante ele ser alcançado, matematicamente, tem-se, t = ∞, como já aludimos. Atingido o estado final, o termo transitório desaparece e o capacitor passa a se comportar como um circuito em aberto em cujas armaduras fica armazenado um campo elétrico que detém a energia elétrica, $W_C = CV^2 = Q^2/2C = QV/2$.

[2] Descarga do Capacitor:

Admitindo que o circuito encontra-se no estado inicial com a carga elétrica inicial, Q_o , fig.18.4. Comutando a chave S para a posição 2, em t = 0, o circuito torna-se independente da fonte de tensão; e como o capacitor não pode mudar instantaneamente de estado, tem-se $V_C(0^-) = V_c(0^+) = \varepsilon$, e em consequência, no resistor,

$V_R = 0$, (os papéis de ambos se invertem). No tempo subsequente, $t > 0^+$, o capacitor começa a se descarregar através da resistência, iniciando um novo estado transitório, regido pela equação:

$$V_R + V_C = 0 \qquad (18.4a)$$

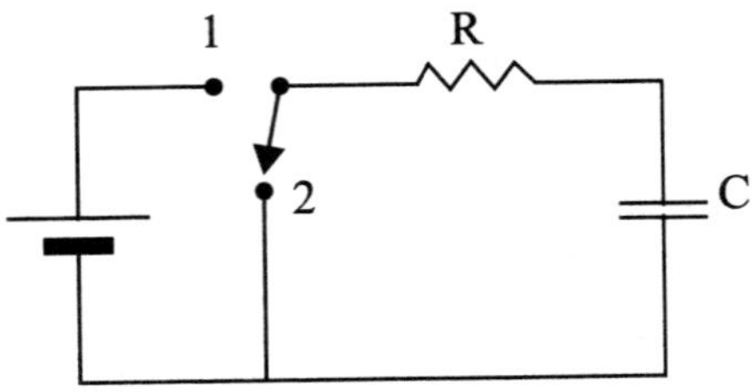

fig 18.4

E explicitando as tensões elétricas,

$$R\frac{dQ}{dt} + \frac{Q}{C} = 0 \qquad (18.4b)$$

Seguindo o procedimento já visto, de separar a variável, virá,

$$\frac{dQ}{Q} = -\frac{dt}{RC} \qquad (18.4c)$$

E integrar nos limites $[0^+ , t]$:

$$\ln Q = -\frac{t}{RC} + k' \qquad (18.4d)$$

obtem-se, da condição inicial, $k' = \ln Q(0^+) = \ln Q_o$, que, levado à equação acima e operando, tem-se :

$$Q(t) = Q_o \ e^{-t/RC} \qquad (18.5a)$$

que é a resposta natural, esboçada graficamente na fig.18.5(a).

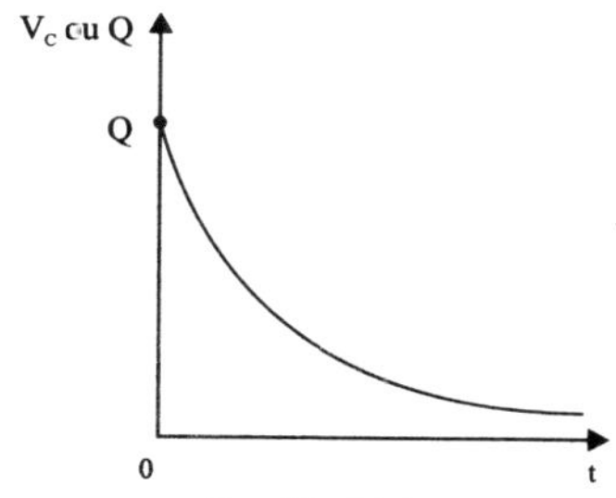

fig 18.5(a)

Derivando a equação acima em relação a t, obtemos a corrente elétrica no resistor:

$$I_R(t) = - I_o e^{-t/RC} \qquad (18.5b)$$

onde fizemos, $I_o = Q_o/RC$, e o sinal negativo indica apenas que a corrente tem sentido contrário ao da corrente original, cujo gráfico é dado na fig.18.5(b).

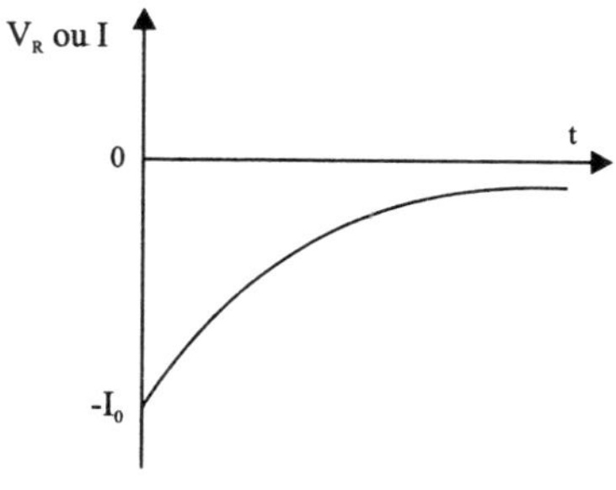

fig 18.5(b)

Durante a descarga a tensão elétrica no capacitor é igualmente exponencial decrescente:

$$V_C = V_o e^{-t/RC} \qquad (18.5d)$$

onde $V_o = Q_o/C$, com o mesmo gráfico da fig.18.5(a).

O estado final do circuito ocorrerá quando, t = ∞, mas, na prática, isto acontece decorridos 5T, como já dissemos. Caso o circuito seja abandonado nessa situação, o capacitor se carregará novamente e logo depois se descarregará, a guisa de uma oscilação, até que a energia em jogo se esgote por efeito Joule.

É interessante notar que, após carregado o capacitor, se operarmos a chave S para a posição 2 e logo para a posição 1, numa sequência sucessiva, produziremos um regime transitório controlado, que se repete, assumindo o caráter de periódica, que será visto no item 18.5, cujos gráficos das tensões V_C e V_R são esboçadas nas fig.18.6(a) e (b).

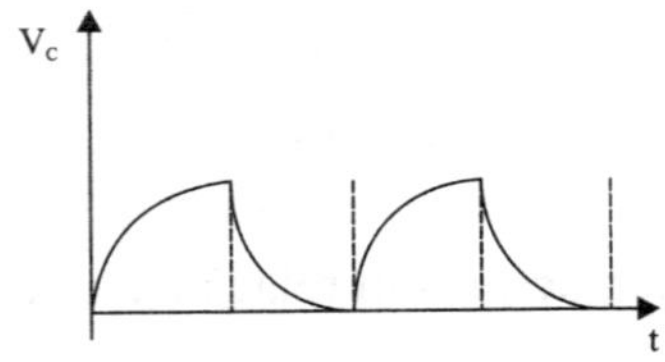

fig 18.6(a)

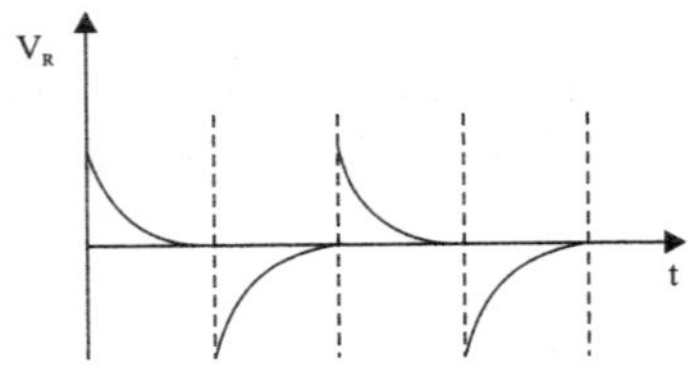

fig 18.6(b)

Exemplo 18.1

Seja um circuito RC com R = 5 MΩ em série com C = 2 μF e a fonte de tensão de 120 V, calcular I(t), V_R (t), Q(t) e V_C(t), nos instantes: t = 0^+s, t = 10 s e t = 50 s.

A constante de tempo capacitiva: T = RC = ($5x10^6$ V/A)($2x10^{-6}$ C/V) = 10s, de onde se segue para os tempos pedidos, t/T = 0; 1 e 5 .

Para t = 0^+s, temos:

$$I(0^+) = I_o = \frac{120V}{5x10^{-6}V/A} = 24x10^{-6}A$$

$V_R(0^+) = 120$ V

Usando o fato do capacitor se comportar como curto-circuito, temos:

$Q(0^+) = 0$ e $V_C(0^+) = 0$

Para t = 10 s, temos no resistor,

$I(10) = (24x10^{-6}\ A)\ e^{-1} \cong 8,83x10^{-6}\ A$

$V_R(10) = (5x10^6\ V/A)(8,83x10^{-6}\ A) = 44,15\ V$

E no capacitor :

$Q(10) = (2x10^{-6}\ C/V)(120\ V)(1 - e^{-1}) \cong 151,71\ \mu C$;

$V_C(10) = (120\ V)(1 - e^{-1}) \cong 75,85\ V$

Observemos que,

$V_R(10) + V_C(10) = 44,15V + 75,85\ V = 120\ V$

Para t = 50 s, temos:

$I(50) = (24x10^{-6}\ A)\ e^{-5} = 0,1617x10^{-6}\ A$

$V_R(50) = (5x10^6\ V/A)(0,1617x10^{-6}\ A) \cong 0,8085\ V$

$Q(50) = (2x10^{-6}\ C/V)(120\ V)(1 - e^{-5}) = 238,38\ \mu C$

$V_C(50) = (120\ V)(1 - e^{-5}) \cong 119,19\ V$

Como se pode observar, decorridos 5 T, o capacitor fica praticamente carregado, significando que o período transitório, neste caso, durou menos de 1 minuto, mesmo que teoricamente requeira um tempo infinito para tal.

Exemplo 18.2

Seja a rede RC com dados na fig.18.7, com o capacitor descarregado no estado zero. Calcular as tensões, as correntes e as cargas no capacitor para $t = 0^+ s$ e $t = \infty$.

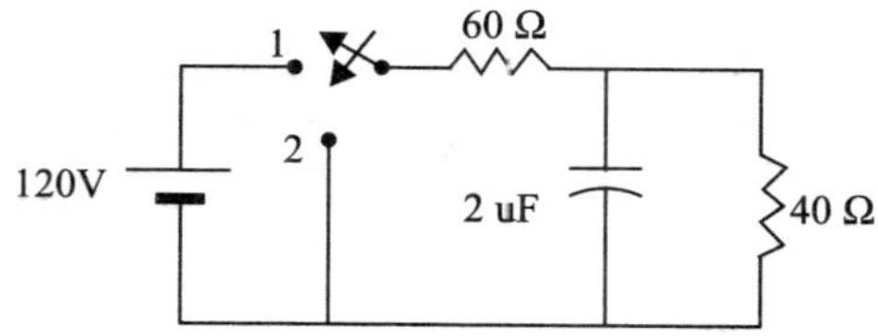

fig 18.7

Cerrando a chave na posição 1, temos para $t = 0^+$:

$V_1(0^+) = 120$ V; $V_2(0^+) = 0$, já que, $V_C(0^+) = V_3(0^+) = 0$

Com o capacitor em curto-circuito, as correntes são:

$$I_1(0^+) = \frac{120V}{60(V/A)} = 2A; \quad I_2(0^+) = \frac{0V}{40(V/A)} = 0A \quad e \quad I_3(0^+) = 2A - 0A = 2A$$

Decorrido um tempo longo ou $t = \infty$, o capacitor funcionará como elemento em aberto e as tensões são dadas com as correntes calculadas:

$$V_1(\infty) = (60 \text{ V/A})(1{,}2 \text{ A}) = 72 \text{ V}; \quad V_2(\infty) = (40 \text{ V/A})(1{,}2 \text{ A}) = 48 \text{ V e}$$

$$V_3(\infty) = V_2(\infty) = 48 \text{ V}$$

Como a rede alcançou o seu estado final, as correntes elétricas são nulas ou $I_1(\infty) = I_2(\infty) = I_3(\infty) = 0$, contudo, o capacitor está plenamente carregado com a carga final:

$Q(\infty) = Q_o = (2\text{x}10^{-6}$ C/V)(120 V) $= 2{,}4 \text{ x}10^{-4}$ C

18.2. Indutor e Indutância

A continuidade de nosso estudo reclama a introdução preliminar do conceito de indutor (que será complementado, mais adiante, na seção 25.5.) Como sabemos, uma bobina é um fio condutor normalmente enrolado de forma helicoidal; quando, porém ela é parte integrante de um circuito elétrico, recebe a denominação de autoindutor ou simplesmente indutor, símbolo, fig.18.8. Em decorrência de sua própria natureza, o indutor possui uma resistência intrínseca, que por ora pode ser ignorada, bem como uma propriedade característica chamada de autoindutância, ou simplesmente indutância, L, definida como a relação entre a fem autoinduzida ou apenas fem induzida, ε_{ind}, e a variação da corrente elétrica, di/dt,

$$L = \frac{\varepsilon_{ind}}{dI/dt} \tag{18.6a}$$

fig 18.8

A indutância ora definida decorre do princípio de indução eletromagnética sintetizado na lei de Faraday-Henry, entendida como,

$$\varepsilon_{ind} = -L\frac{dI}{dt} \tag{18.7a}$$

significando que ε é causada pela variação da corrente elétrica I(t) do indutor, e a indutância, L , ai comparece como um fator de proporcionalidade, fig.18.9.

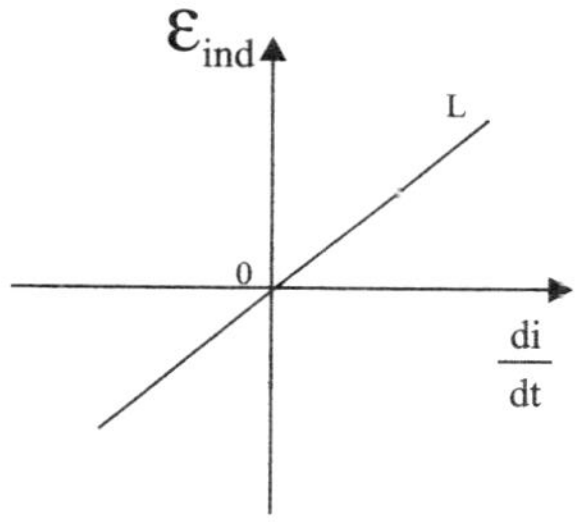

fig 18.9

Na seção 25.5 a lei de Faraday-Henry será discutida com mais profundidade, e por agora, basta sabermos que a variação da corrente elétrica no indutor origina um campo magnético que nele se estabelece e gera uma fem induzida que se opõe a fem da fonte, e que tem sentido oposto ao da corrente elétrica, quando ela está aumentando ou sentido concorde com ela, quando a mesma está diminuindo.

A unidade SI de indutância é o Volt/(Ampère/segundo) = Ω.s = Henry, símbolo H, em homenagem a Joseph Henry (1797-1878), físico norte-americano. São usuais os submúltiplos: o mili-henry, mH, 1 mH = 10^{-3} H e o micro-henry, μH, 1 μH = 10^{-6} H . Dimensão: $| L | = L^2 M I^{-2} T^{-2}$.

A seguir estaremos considerando o indutor ideal caracterizado apenas pela indutância pura, L , com a hipótese adicional de que dois ou mais indutores próximas não exercem influências mútuas entre si e podem ser associadas em série e em paralelo, da mesma forma como foram associados os resistores.

Sem perda de generalidade consideremos três indutores de indutâcias respectivas L_1, L_2 e L_3, associados em série sob a corrente elétrica I e respectivas tensões v_1, v_2 e v_2, fig.18.10(a), onde, $v = v_1 + v_2 + v_2$.

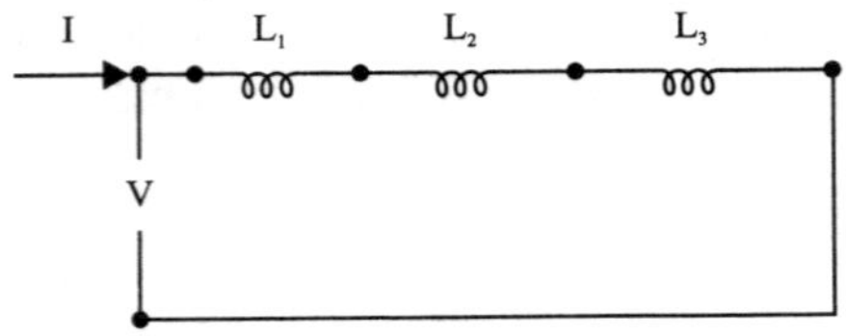

fig 18.10(a)

A indutância equivalente, L_S, é a soma das indutâncias individuais, fig.18.10(b),

$$L_S = L_1 + L_2 + L_3 \tag{18.8a}$$

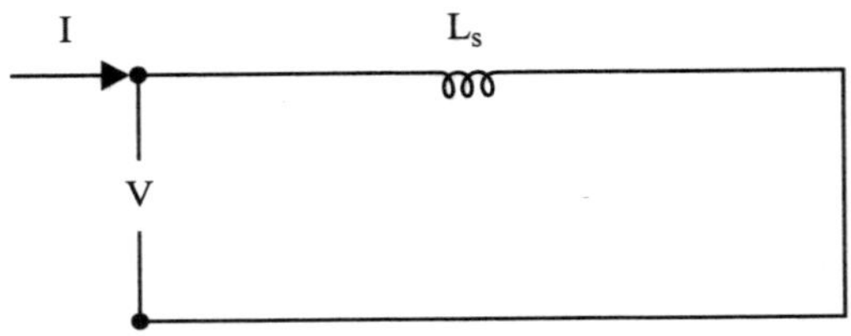

fig 18.10(b)

Com as três indutâncias associadas em paralelo como na fig.18.11(a), elas ficam sob a tensão elétrica, v, comum e corrente elétrica, $I = I_1 + I_2 + I_3$. Designando por L_p a indutância equivalente, temos:

$$V = L_p \frac{dI}{dt} = L_p \left(\frac{dI_1}{dt} + \frac{dI_2}{dt} + \frac{dI_3}{dt} \right)$$

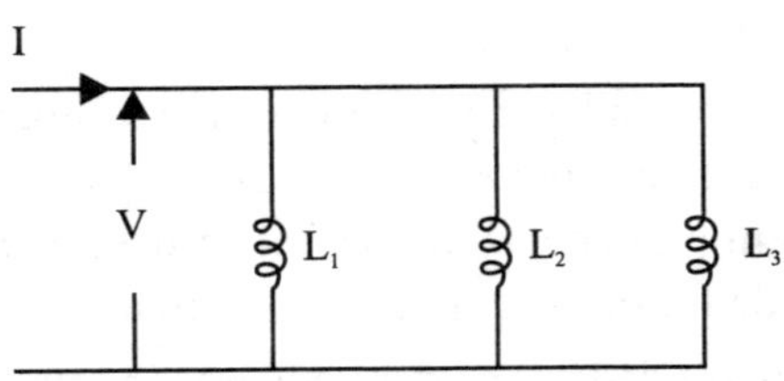

fig 18.11(a)

Por sua vez, cada $dI_j/dt = v/L_j$, de modo que passamos a ter,

$$V = L_p \left(\frac{V}{L_1} + \frac{V}{L_2} + \frac{V}{L_3} \right)$$

Após simplificação podemos concluir que:

$$\frac{1}{L_p} = \frac{1}{L_1} + \frac{1}{L_2} + \frac{1}{L_2} \qquad (18.8b)$$

fig.18.11(b).

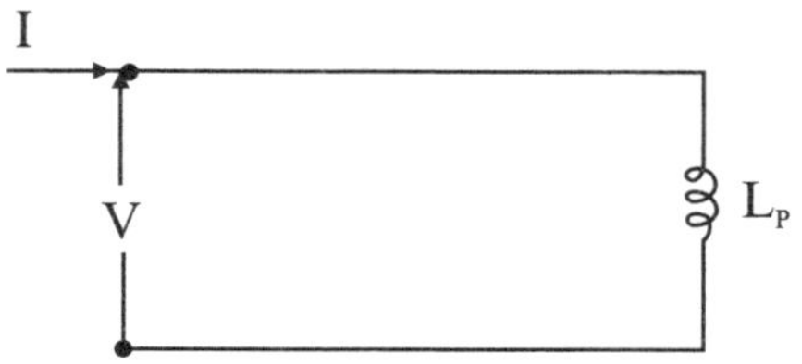

fig 18.11(b)

Concluindo, vemos que as regras de associações de indutores são idênticas às estabelecidas para os resistores.

Para duas indutâncias L_1 e L_2 em paralelo, a indutância equivalente, L, é dada, igualmente, por:

$$L = \frac{L_1.L_2}{L_1 + L_2} \qquad (18.8c)$$

18.3. Circuito Resistor-Indutância (RL)

[1] Corrente no Indutor

No circuito elétrico, fig.18.12, temos um resistor R em série com um indutor de indutância, L , estando o circuito no estado zero. No instante de referência, t = 0, a chave S é comutada para a posição 1, no instante imediato, $t = 0^+$, nos terminais do indutor imediatamente chega a tensão elétrica $V_L(0^+) = \varepsilon$, contudo não há corrente elétrica, já que ele se comporta como se estivesse em aberto, e em $V_R = 0$. Após esse instante, a corrente elétrica começa a crescer, originando uma fem induzida, $-\varepsilon = V_L$, que irá se opor crescimento da corrente. Para um instante qualquer, $t > 0$, a tensão elétrica no resistor, V_R , será a diferença das duas tensões elétricas opostas:

$$V_R = \varepsilon - V_L \qquad (18.9a)$$

transpondo V_L e explicitando as tensões indicadas, virá,

$$L = \frac{dI(t)}{dt} + R\,I = \varepsilon \tag{18.9b}$$

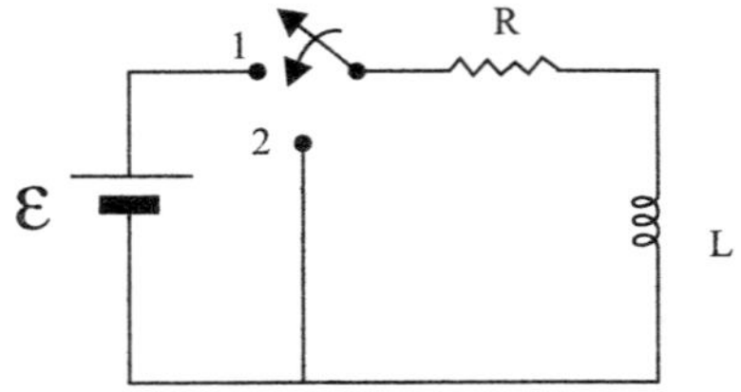

fig 18.12

Separando as variáveis:

$$\frac{dI}{\varepsilon - RI} = \frac{1}{L}dt$$

Integrando, obtemos:

$$-\frac{1}{R}\ln(\varepsilon - RI) = \frac{t}{L} + K \tag{18.9c}$$

A determinação da constante arbitrária é feita recorrendo-se às condições iniciais: para $t = 0^+$ e $I(0^+) = 0$, temos, $k = -\ln \varepsilon / R = -\ln I_o$; levando este resultado na equação acima, após as operações convenientes, encontramos a corrente elétrica,

$$I\ (t) = I_o\ (1 - e^{-(R/L)\,t}) \tag{18.10a}$$

ficando evidenciado que a corrente elétrica cresce assintoticamente até o valor final $I(\infty) = I_o = \varepsilon / R$, fig.18.13(a), que tem a mesma forma da curva da fig.18.3(b). Desdobramos esse resultado para a análise matemática, virá,

$$I(t) = I_o - I_o\ e^{-t(R/L)} \tag{18.10b}$$

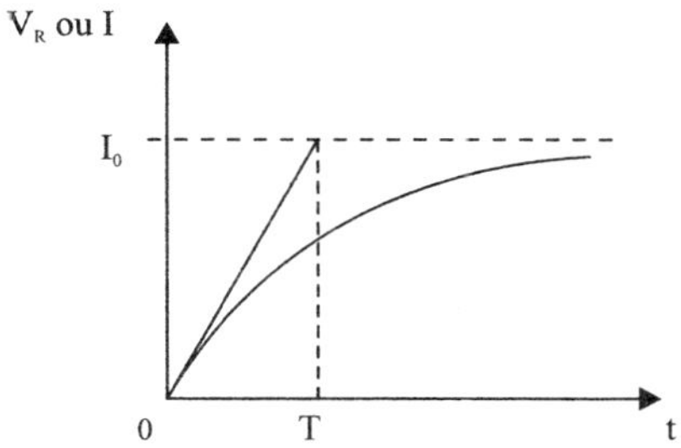

fig 18.13(a)

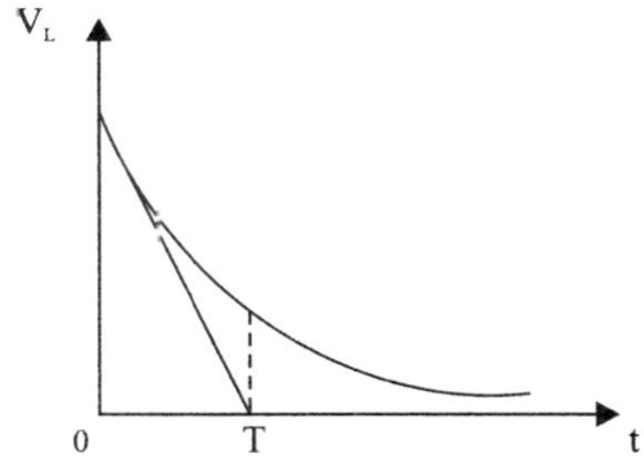

fig 18.13(b)

E no 2º membro temos, o 1º termo como a resposta forçada, enquanto que o 2º termo é a resposta natural; estas duas respostas são respectivamente a solução particular e a função complementar da equação diferencial (18.9b), que compõem a solução completa da referida equação.

A tensão elétrica no indutor é obtida da equação (18.10b), derivando-a no tempo e, após, multiplicando o resultado por L , ou seja,

$$V_L = \varepsilon \ e^{-t(R/L)} \tag{18.11a}$$

ficando evidenciado que ela diminui exponencialmente até alcançar o valor final, $V_L(\infty) = 0$, quando o indutor passa a se comportar como se estivesse em curto-circuito, fig.18.13(b), que a mesma forma da curva da fig.18.3(a).

Por sua parte, a tensão elétrica no resistor é,

$$V_R = \varepsilon \ (1 - e^{-tR/L}) \tag{18.11b}$$

significando que ela cresce assintoticamente, como na fig.18.13(a). Note que em qualquer instante se tem $V_L + V_R = \varepsilon$.

De modo análogo ao caso RC, aqui identificamos L/R = T; como a constante de tempo indutiva; com relação a fig.18.13(a), T é obtida pela projeção, sobre o eixo dos tampos, da interseção da inclinação da curva na origem com a assíntota, através de $dI/dt]_{t=o+} = tg\theta = \varepsilon/L$. De modo similar, para t = T = L/R = $e^{-1} \cong 0{,}368$, resulta que I(T) = 0,632 I_o, significando que a corrente elétrica cresce cerca de 63,2 % do seu valor final; para t =5T, ela alcança 99,3% do seu valor final, que é tomado na prática, como o seu estado final, que, matematicamente, ocorre para t = ∞, quando cessará o estado transiente e o indutor se comporta como um curto-circuito, com $V_L(\infty) = 0$.

De modo similar, no indutor, a passagem do estado transitório para o estacionário não é feita de modo abrupto, mas de modo contínuo, cujo processo produz o armazenamento de energia de campo magnético no indutor, que vale, $W_L = ½ LI^2$.

[2] Descarga do Indutor

Admitindo o circuito RC em estado estacionário, ora tomado como inicial, temos o indutor com $I(0^-) = \varepsilon/R$ e $V_L(0^-) = 0$, ou se comportando como um curto-circuito; e se em t = 0, operamos a comutação da chave S para a posição 2, fig.18.14, que corresponde à retirada da fonte de tensão (na realidade forma-se um arco que se opõe à interrupção, não levando em conta), dando início, em $t = 0^+$, a novo estado transitório (a energia magnética armazenada no indutor é descarregada em R através da variação da corrente elétrica) como $I(0^+) = I(0^-) = I_o$, que começa a diminuir, enquanto que, nos terminais do indutor a tensão tem a polaridade invertida, $V_L(0^+) = -\varepsilon$, como era de se esperar pela ação da fem autoinduzida. Para t > 0, a equação do circuito é então,

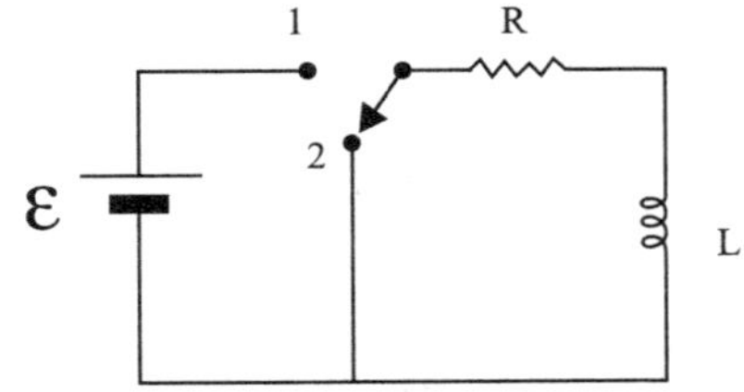

fig 18.14

$$V_L + V_R = 0 \quad (18.12a)$$

e explicitando as tensões indicadas, virá,

$$L\frac{dI}{dt} + R\,I = 0 \quad (18.12b)$$

que é uma equação diferencial de 1ª ordem, homogênea, cuja solução dada pelo processo já esboçado; seguindo aqueles passos e tendo em conta que o sentido da corrente inicial é - I_o = - ε /R, podemos concluir a solução:

$$I(t) = -I_o\, e^{-(R/L)\,t} \qquad (18.13a)$$

indicando que ela decresce exponencialmente no tempo, fig.18.15(a).

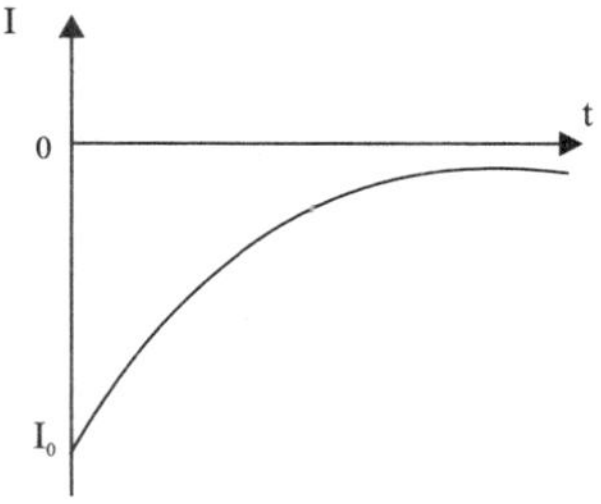

fig 18.15(a)

Por seu lado, a tensão elétrica no indutor é ,

$$V_L(t) = -\,\varepsilon\, e^{-(R/L)\,t} \qquad (18.13b)$$

comprovando a ação da fem induzida, cuja variação gráfica é a mesma da fig.18.15(a).

A tensão elétrica no resistor é ,

$$V_R(t) = \varepsilon\, e^{-(R/L)\,t} \qquad (18.13c)$$

cujo comportamento é o da fig.18.15(b); e vale observar que em qualquer instante se cumpre (18.10a). Em t = ∞ virá o estado final em que, $I(\infty) = 0$, $V_L(\infty) = 0$ e $V_R(\infty) = 0$.

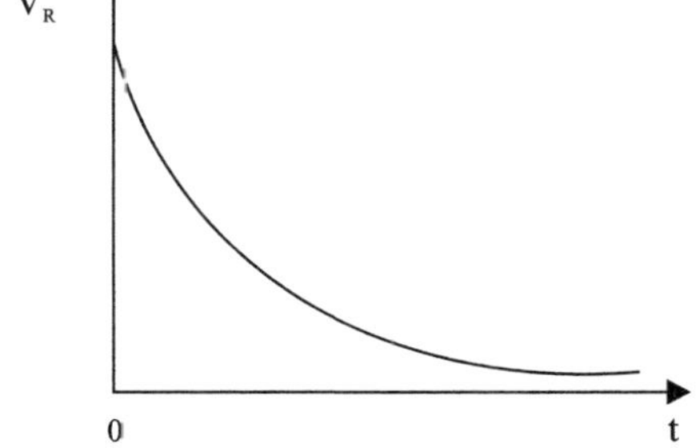

fig 18.15(b)

De modo similar ao caso RC, comutando a chave S para a posição 1 e depois para a posição 2, repetidamente, tem-se um comportamento controlado do estado transitório que se repetirá, a guisa de um regime periódico, como já aludimos, cujas variações de tensões elétricas são dadas nas fig.18.16(a) e (b).

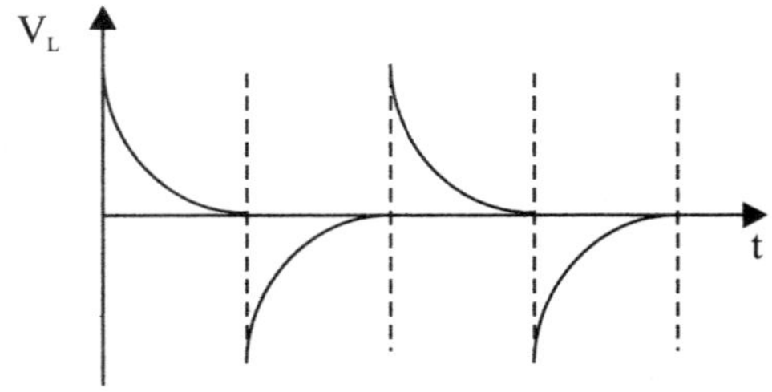

fig 18.16(a)

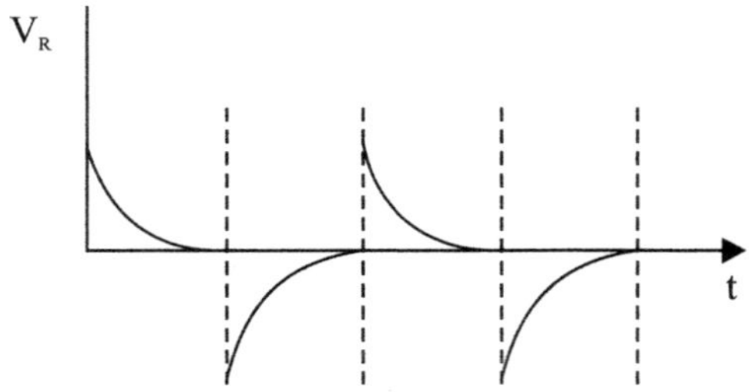

fig 18.16(b)

Exemplo 18.2.

Um circuito RL com fonte de tensão de 20 V, tem a R = 10 Ω em série com L = 2 H. Calcular os parâmetros do circuito para $t = 0^+$; qual o lapso de tempo necessário para que a corrente elétrica seja de 0,80 A. Achar as tensões elétricas nos terminais do resistor e do indutor. Durante esse tempo, que energia magnética foi armazenada no indutor.

Imediatamente ao fechamento da chave, o estado inicial do circuito é caracterizado por:

$I(0^-) = I\,(0^+) = 0$; $V_L(0^+) = 20$ V ; e $V_R(0^+) = 0$

Para aplicarmos diretamente a equação (18.10a), devemos ter em conta que $I_o = I(\infty) = 20\ V/10\Omega = 2\ A$ e $T = 2\ H/10\Omega = {}^1/_5$ s: e portanto,

$0{,}8 = 2\,(1 - e^{-5t})$

de onde,

$e^{-5t} = 0{,}6$

Aplicando ln a ambos os membros , virá,

$-5\,t = \ln 0{,}6 = -0{,}5108 \Rightarrow t \cong 0{,}102$ s

Então, temos:

$V_L(0{,}102) = 20\ V\ e^{-5(0{,}102)} \cong 12\ V$

$V_R(0{,}102) = 20\ V(1 - 0{,}6) \cong 8\ V$

Nesse lapso de tempo, o indutor armazenou a energia magnética:

$W_L = ½(2\ H)\,(0{,}8\ A)^2 = 0{,}64\ (VA)s = 0{,}64\ J$

18.4 Circuito (RLC)

Seja o circuito RLC, fig.18.17, em estado zero. No instante de referência, t = 0 a chave é levada a posição 1 e imediatamente teremos: o indutor respondendo como se estivesse em aberto, com $I(0^+) = I(0^-) = 0$ e $V_L(0^+) = \varepsilon$; enquanto que o capacitor responde como se estivesse em curto-circuito, com $V_C(0^+) = 0$ e a resistência, com $V_R(0^+) = 0$.

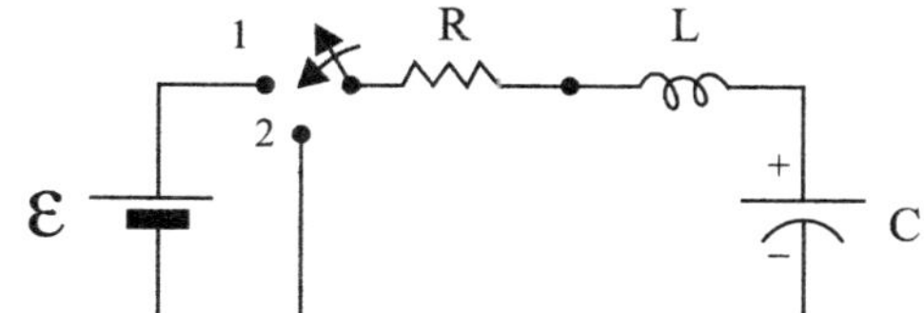

fig 18.17

Para um instante posterior, t > 0, o comportamento do circuito é dado pela 2º lei de Kirchhoff na forma íntegro-diferencial:

$$L\frac{dI}{dt} + R\,I + \frac{1}{C}\int I dt = \varepsilon \qquad (18.14a)$$

Derivando-a em relação a t e dividindo ordenadamente por L, encontramos:

$$\frac{d^2I}{dt^2}+\frac{R}{L}\frac{dI}{dt}+\frac{I}{LC}=0 \tag{18.14b}$$

que é uma equação diferencial de 2º ordem, homogênea. Admitindo que ela tenha como solução, $I(t) = k\,e^{st}$, onde k e s são constantes reais ou complexas a serem determinadas; levando-as em (18.14b),obtemos:

$$k\ s^2e^{st}+\frac{R}{L}k\ s\ e^{st}+\frac{1}{LC}k\ e^{st}=0$$

Simplificando, resulta a equação auxiliar ou característica:

$$s^2+\frac{R}{L}s+\frac{1}{LC}=0 \tag{18.15a}$$

que é uma equação algébrica do 2º grau em s, de raízes:

$$s_{1'2}=-\frac{R}{2L}\pm\sqrt{\left(\frac{R}{2L}\right)^2-\frac{1}{LC}} \tag{18.15b}$$

com as quais compomos as soluções $I_1=k_1\ e_1^{st}$ e $I_2=k_2\ e_2^{-st}$; como qualquer delas satisfaz (18.14b), a combinação linear, $I(t) = I_1(t) + I_2(t)$, também é solução da referida equação:

$$I(t)=k_1\ e_1^{st}+k_2\ e_2^{-st} \tag{18.16a}$$

onde os valores de k_1 e k_2 serão obtidos das condições iniciais, enquanto que os valores de s_1 e s_2 ficam condicionados ao valor do discriminante que passaremos a analisar.

1ª possibilidade: $\left(\frac{R}{2L}\right)^2>\frac{1}{LC}$

Sob esta condição as duas raízes, s_1 e s_2 são reais e distintas. Para efeito de economia de símbolos e labor, façamos,

$$a=-R/2L \quad e \quad b=\sqrt{(R/2L)^2-1/LC}$$

como se pode verificar, a e b têm dimensão de freqüência angular; convindo por $s_1 = a + b$ e $s_2 = a - b$, e levando em (18.16a), obtemos:

$$I(t) = e^{at}\,(k_1\, e^{bt} + k_2\, e^{-bt}) \tag{18.16b}$$

Recorrendo-se às condições iniciais é fácil concluir-se as relações $k_1 + k_2 = 0$ e $(k_1 - k_2)b = \varepsilon /L$, e delas se tiram facilmente os valores de k_1 e k_2, os quais, levados à equação acima, obtém-se:

$$I(t) = \frac{\varepsilon}{2bL} e^{at}\left(e^{bt} - e^{-bt}\right) \tag{18.16c}$$

Esta resposta, representada graficamente na fig.18.18(a), é denominado de sobreamortecida, termo emprestado da mecânica no estudo de oscilações, onde aqui tem-se um comportamento análoga, com L funcionando como uma medida da inércia elétrica, opondo-se a variação da corrente elétrica, do mesmo modo como a inércia do corpo, m, opõe-se ao movimento.

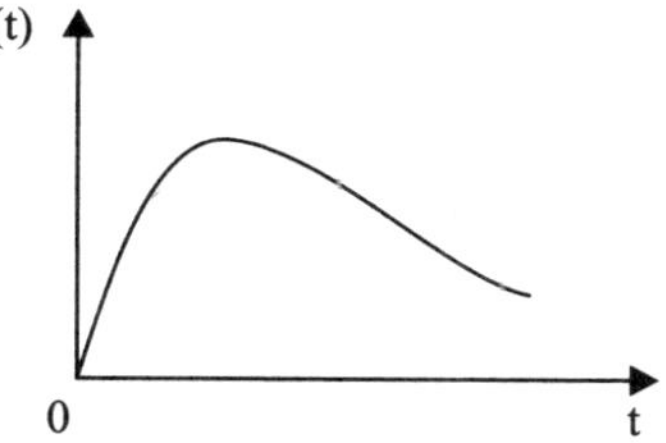

fig 18.18(a)

2ª possibilidade: $\left(\dfrac{R}{2L}\right)^2 = \dfrac{1}{LC}$

Nesta condição, as raízes são reais e iguais, $s_1 = s_2 = a = - R/2L$, que introduzidos em (18.16a), achamos:

$$I(t) = e^{at}\,(k_1 + t\, k_2) \tag{18.17a}$$

onde k_2 está multiplicado por t em vista das raízes serem iguais e repetidas. Das condições iniciais, segue-se que $k_1 = 0$ e $k_2 = \varepsilon /L$; introduzindo-os na equação acima, resulta:

$$I(t) = \frac{\varepsilon}{L} t\, e^{-(R/2L)t} \tag{18.17b}$$

Esta resposta é chamada de criticamente amortecida, com representação gráfica na fig.18.18(b). Notemos ainda que fixados L e C, o valor de R que anula o discriminante é chamado de resistência crítica, $R_c = 2\sqrt{L/C}$; e a partir desta condição, define-se a frequência natural do circuito, $\omega_n = 1/\sqrt{L/C}$

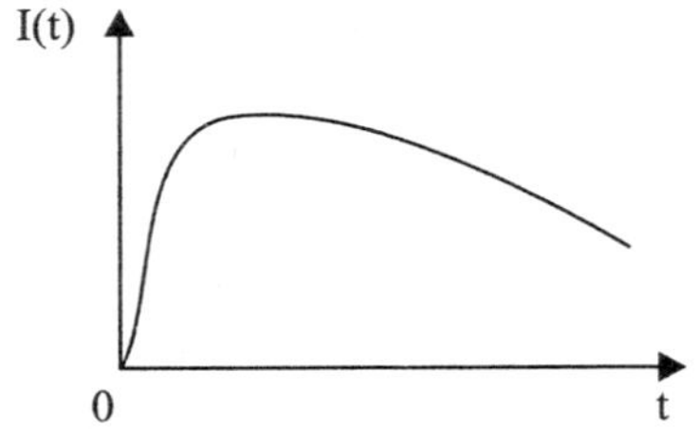

fig 18.18(b)

3ª Possibilidade: $\left(\frac{R}{2L}\right)^2 < \frac{1}{LC}$

Nesta condição o discriminante se torna imaginário e as raízes são complexas conjugadas:

$$S_{1,2} = -\frac{R}{2L} j\sqrt{(1/LC)-(R/2L)^2} \tag{18.15c}$$

onde a = -R/2L e $b = \sqrt{(1/LC)-(R/2L)^2} = \omega$, chamada de frequência de amortização; levando estes valores em (18.16b) obtemos:

$$I(t) = e^{-(R/2L)\,t}\,(k_1\, e^{j\,\omega t} + k_2\, e^{-j\,\omega t}) \tag{18.18a}$$

Esta solução é chamada de subamortecida e representa um caso de maior interesse, convindo reescrevê-la, alternativamente, sob forma senoidal. Para isto recorremos à identidade de Euler [Leonhard Euler (1707-1783), matemático alemã], $e^{\pm j\,x} = \cos x \pm j \operatorname{sen} x$, com a qual obtemos:

$$I(t) = e^{-(R/2L)\,t}\,[\,(k_1+k_2)\cos \omega t + j(k_1 - k_2)\operatorname{sen} \omega t\,] \tag{18.18b}$$

A resposta natural fica agora traduzida pelo produto da exponencial $e^{-(R/2L)\,t}$, tomada como amplitude, pela senoide, resultando numa onda senoidal amortecida ou de amortecimento débil, como mostrada na fig.18.18(c). Usando as condições iniciais, encontramos, $k_1+k_2 = 0$ e $jb(k_1 - k_2) = \varepsilon/L$; determinadas tais constantes, a solução acima assume a forma:

$$I(t) = \frac{\varepsilon}{\omega L} e^{-(R/2L)t} \text{ sen } \omega t \qquad (18.18c)$$

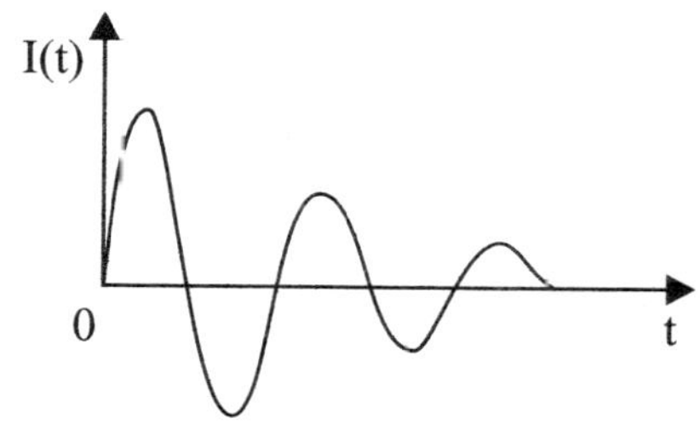

fig 18.18(c)

Neste caso, a resistência R é chamada de real em contraposição à resistência crítica, R_c; com $R < R_c$, a razão entre elas é chamada de razão de amortização, ζ, definida como, $\zeta = R/R_c = R/(2\sqrt{L/C})$; e sendo $\omega_n = {}^1/\sqrt{L/C}$ a frequência natural, virá, $\zeta\,\omega_n = R/2L$, que introduzidos em (18.15c) resulta:

$$S_{1,2}\zeta\omega_n + j\omega \qquad (18.15d)$$

sendo, $\omega = \sqrt{1-\zeta^2}$, para a qual a constante de tempo é $T = {}^1/\varsigma\ \omega_n = 2L/R$.

Para finalizar, vejamos um outro aspecto interessante, que será amplamente usado mais adiante: escolhendo, por exemplo, a solução $I(t) = I_o\, e^{s\,t}$, de onde, $dI(t)/dt = s\, I(t)$, $\int I(t)dt = I(t)/s$, e substituindo tais resultados em (18.14a) , obtemos:

$$s\,L\,I(t) + R\,I(t) + \frac{I(t)}{sC} = \varepsilon$$

Donde, $$I(t) = \frac{\varepsilon}{(R + sL + \frac{1}{s}C)} \qquad (18.19a)$$

onde a expressão no denominador do 1° membro tem dimensão de resistência e representa um composição mais geral da mesma que recebe o nome de impedância, representa-se por Z(s), e no presente caso, define-se por:

$$Z(s) = R + sL + {}^{1}/s\,C \tag{18.19b}$$

A análise do comportamento do circuito RLC, feita a partir de (18.14a), também pode ser feita de modo alternativo em função da carga do capacitor, uma vez que Q(t) = I(t) dt, resultando na equação diferencial de 2ª ordem,

$$L\frac{d^2Q}{dt^2} + R\frac{dQ}{dt} + \frac{Q}{C} = \varepsilon \tag{18.14c}$$

Usando os procedimentos vistos, expressões análogas serão igualmente obtidas para Q(t).

Pelo que vimos o fenômeno transitório é importante nas muitas aplicações práticas que envolvem o controle e/ou proteção de equipamentos; e, obviamente, tem pouca importância quando o interesse maior é o regime permanente.

Exemplo 18.3.

Um circuito RLC no estado zero, aplica-se 100 V, nos elementos em série: R = 10Ω, L = 0,1 H e C = 0,8 mF. Para t = 0,1 s achar a corrente elétrica para t = π/100 s, a carga do capacitor e esboçar a sua curva de variação.

A corrente elétrica é dada por (18.18c), onde,

$$-\frac{R}{2L} = -\frac{10\Omega}{2(0{,}1H)} = -50s^{-1}; \quad e$$

$$\omega = \sqrt{\frac{1}{(0{,}1H)(0{,}8x10^{-3}F)} - \left(-50\,s^{-1}\right)^2} = 100rad/s$$

Donde,

$$I(t) = \frac{100V}{(100\,rad/s)(0{,}1H)} e^{-50t} \operatorname{sen} 100t$$

$$I(t) = 10\, e^{-50t} \operatorname{sen} 100t \quad (A)$$

E, para t = 0,1 s, virá,

$I(0{,}1) = 10\ e^{-5}\ \operatorname{sen}\ (10\ rad/s)$

$I(0{,}1) = 10(0{,}0067)\ \operatorname{sen}(573°) \cong -\ 0{,}036\ \ (A)$

Como $Q(t) = \int I(t)\, dt$, virá,

$$Q(t) = 10 \int_0^t e^{-50t} \operatorname{sen}(100t)\, dt$$

Esta integral oferece,

$$Q(t) = -10\, e^{-50} \left[\frac{(50 \operatorname{sen} 100t + 100 \cos 100t)}{(50)^2 + (100)^2} \right]$$

Donde,

$Q\ (t) = -\ 0{,}04\ e^{-50\,t}\ (\operatorname{sen}\ 100t + 2\ \cos\ 100t)$

Para $t = \pi/100$, teremos a carga máxima no capacitor,

$Q_o = -\ 0{,}04\ e^{-0{,}5\pi}\ (\operatorname{sen}\ \pi + 2\ \cos\ \pi) = 0{,}0166\ \ C$

A fig.18.19 mostra a variação de Q(t) no domínio do tempo.

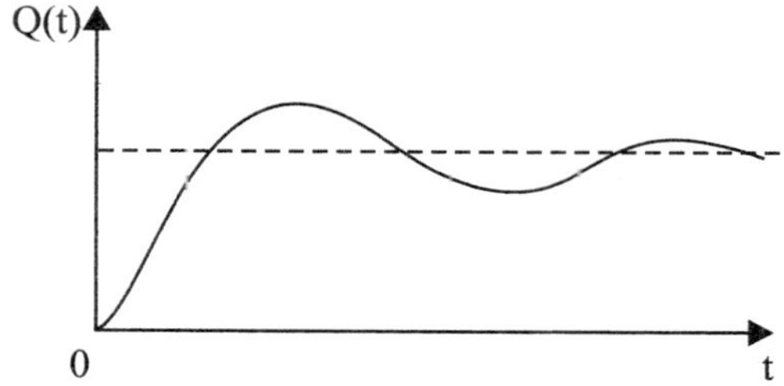

fig 18.19

18.5. Fenômeno Periódico

Conforme vimos, aplicando-se o chaveamento controlado numa rede elétrica com tensão de excitação constante é possível obter-se o fenômeno transitório que pode ser repetido no tempo. Vamos agora considerar o caso mais geral de uma rede elétrica com fonte de tensão variável no tempo, simboliza--se por —⊝—, e anota-se por ε(t) ou v(t), com regime não transitório; se ela se repete no tempo com um período, T, dizemos que ela é periódica. No que se segue, a excitação é preferencialmente chamada de onda de tensão e a resposta, de onda de corrente. Se f(t) representa uma onda de tensão ou de corrente que satisfaz a condição, f (t) = f (t+T), então ela é periódica de período T .

Quando uma onda periódica é aplicada aos terminais de um elemento passivo qualquer, obtém-se uma resposta também periódica, cuja onda representativa pode ter forma semelhante ou distinta da onda aplicada. Exemplificando: aplicando-se um onda de tensão periódica quadrada aos terminais de um indutor, fig.18.20(a), verifica-se que ele responde com uma onda de corrente periódica de forma triangular, fig.18.20(b).

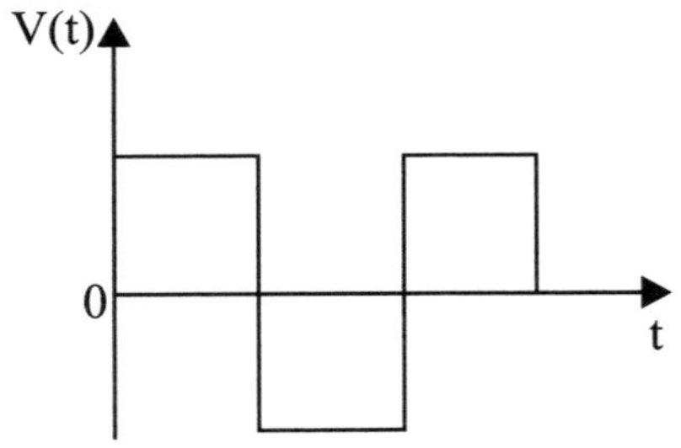

fig 18.20(a)

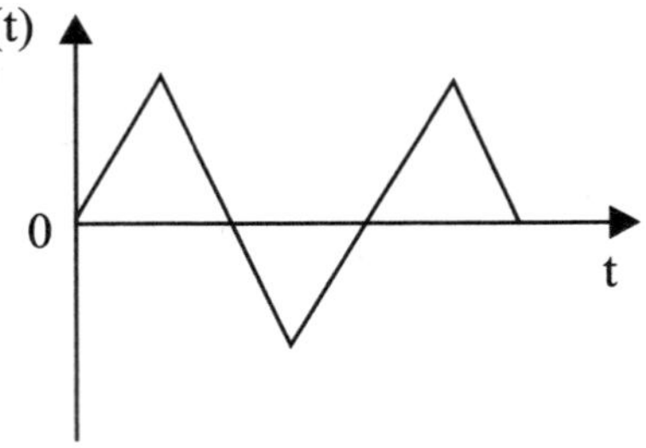

fig 18.20(b)

O caso periódico de grande interesse é o de uma fonte de tensão periódica que produz uma onda senoidal no tempo, anota-se por $\varepsilon(t) = \varepsilon_m \cos\omega t$, e que será mais adiante, denominada de fem alternada, a qual provoca como resposta uma corrente senoidal ou alternada. Por exemplo, aplicando a tensão senoidal, $v(t) = v_m \operatorname{sen} \omega t$, aos terminais de um capacitor, fig.18.21(a), este responde com uma onda de corrente senoidal, $i(t) = i_m \cos(\omega t + \pi/2)$, fig.18.21(b).

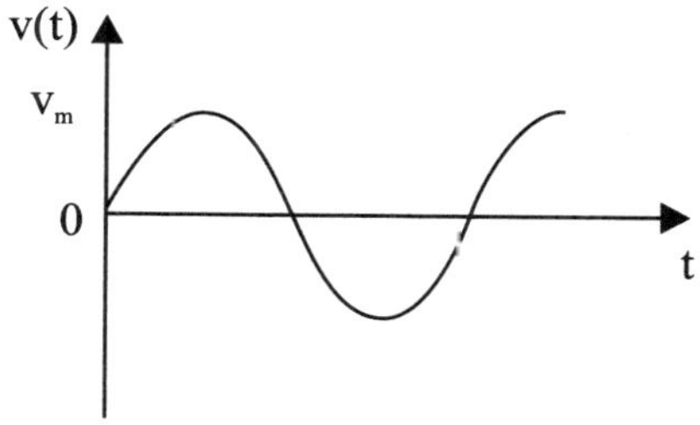

fig 18.21(a)

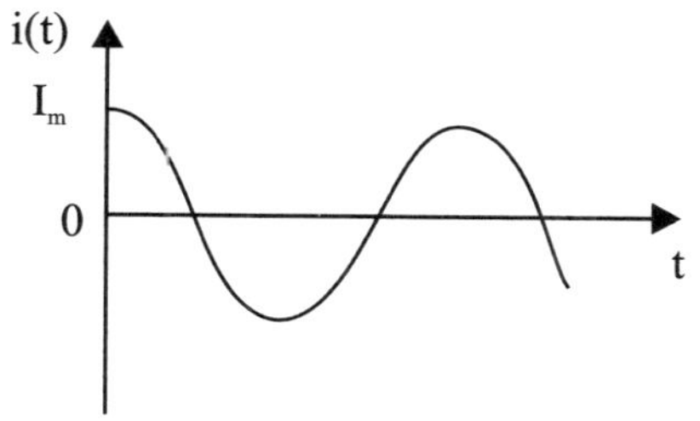

fig 18.21(b)

Uma função periódica arbitrária pode ser decomposta numa série trigonométrica infinita da frequência fundamental e superiores. Esta propriedade foi demonstrado por Fourier [Jean Baptiste Joseph, Barão de Fourier (1768-1830), matemático francês]. Com efeito, dada a função periódica, f(t), podemos escrevê-la como:

$$f(t) = \frac{A_o}{2} + \sum_{n=1}^{\infty} (A_n \cos n\omega t + B_n \text{sen } n\omega t) \qquad (18.20a)$$

onde, ω é a frequência angular fundamental, medida em rad/s, que está ligada ao período, T, por $\omega = 2\pi/T$, e a frequência, f, por, $\omega = 2\pi f$; 1A_o é a componente contínua da onda, A_n e B_n são coeficientes dos harmônicos.

Em particular, para n = 1 e $A_o = 0$, a expressão acima se reduz ao componente fundamental:

$$f(t) = A_1 \cos \omega t + B_1 \text{ sen } \omega t \qquad (18.20b)$$

O 2º membro, por sua vez, pode ser substituído por,

$$f(t) = C_1 \cos(\omega t + \theta) \tag{18.20c}$$

mediante as relações: $C_1 = \sqrt{A_1^2 + B_2^2}$, que é a amplitude ou valor máximo e θ = -arc tg (B_1/A_1), que é o ângulo de fase ou de defasagem das senóides.

[1] Valor Médio de uma Função Periódica

O valor médio de uma função periódica, Y(t) (tensão ou corrente), durante um ou mais períodos T, é definida por:

$$Y(t) = \frac{1}{T}\int_o^T Y(t)\,dt \tag{18.21}$$

Graficamente, o valor médio representa a área sob a curva, Y(t), num período, dividida por T. Se a função periódica é particularizada numa senoide, o valor médio é nulo, porque no 1º semiperíodo tem-se uma área positiva, e no semiperíodo seguinte, igual área negativa, de modo que a soma delas é zero, como na fig.18.21(a). Os valores médios das tensões e correntes periódicas são chamados também de valores contínuos ou componentes contínuas, e são designados por, V_{CC} e I_{CC}.

[2] Valor Eficaz de uma Função Periódica

O valor eficaz de uma função periódica, Y(t) (tensão ou corrente), durante um ou mais períodos T, simboliza-se por, Y_{ef} , é definido como a raiz quadrada do valor médio do quadrado da função Y(t),

$$Y_{ef} = \sqrt{\frac{1}{T}\int_o^T [Y(t)]^2\,dt} \tag{18.22}$$

Também anota-se, Y_{rms} quando é chamado de valor médio quadrático (rms, do inglês, root mean square). Particularizando Y(t), na função periódica, $i(t) = I_m$ sen ωt, o seu valor eficaz, obtido diretamente de (18.22) é $I_{ef} = I_m/\sqrt{2}$; ou mediante o seguinte raciocínio: a potência média dissipada num resistor de resistência R , que é percorrido pela corrente alternada dada, é $\frac{1}{2}$ R I_m^2; e esse mesmo resistor percorrido por uma corrente constante, I_{ef} , dissipa a potência elétrica, I_{ef}^2 R; então, supondo iguais essas potências elétricas, resulta que, $I_{ef} = I_m/\sqrt{2}$.

Exemplo 18.4.

Dada a função periódica $i(t) = I_m$ sen ωt, representativa de corrente elétrica, achar os seus valores médio e eficaz para um número inteiro de períodos.

De acordo com (18.21), temos:

$$\overline{i(t)} = \frac{I_m}{nT}\int_o^{nT} \text{sen}\,\omega t\,dt \qquad (18.23a)$$

Convindo fazermos a mudança da variável ωt por θ, teremos os novos limites, para t = 0, θ = 0 e t = nT, θ = 2πn, e então,

$$\overline{i(t)} = \frac{I_m}{2\pi n}\int_o^{2\pi n} \text{sen}\,\theta\,d\theta = \frac{I_m}{2\pi n}\left[-\cos\right]_o^{2\pi n} = 0 \qquad (18.23b)$$

resultado este esperado porque para cada área positiva de um semiperíodo é somada a igual área negativa do semiperíodo seguinte. Contudo, para meio ciclo,

$$\bar{i}(T/2) = \frac{2}{\pi} I_m \qquad (18.23c)$$

que é cerca de 63,7 % do valor máximo.

Por (18.22) temos:

$$I_{ef} = \sqrt{\frac{I_m^2}{nT}\int_o^{2\pi n} \text{sen}^2\omega t\,dt}$$

seguindo o mesmo procedimento acima para a mudança de variável, ωt = θ, e tendo em conta que $\text{sen}^2\theta = (1 - \cos 2\theta)/2$, teremos:

$$I_{ef} = \sqrt{\frac{I_m^2}{nT\omega}\left[\int_o^{2\pi n}\frac{1}{2}\,d\theta - \int_o^{2\pi n}\frac{1}{2}\cos 2\theta\,d\theta\right]}$$

Efetuando as integrações e demais cálculos, concluímos que:

$$I_{ef} = \frac{I_m}{\sqrt{2}} \qquad (18.24a)$$

Na fig.18.22, estão esboçadas graficamente as funções i(t) , $i(t)^2$ e I_{ef} .

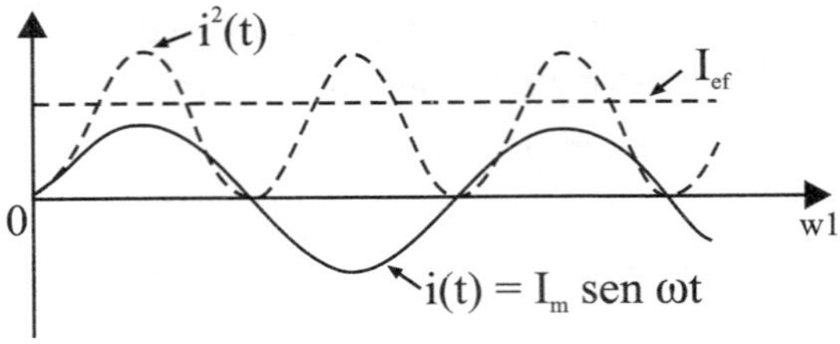

fig 18.22

Obviamente, para uma tensão elétrica senoidal valem análogos resultados, ou seja,

$$\overline{v(t)} = 0 \tag{18.24b}$$

$$V_{ef} = \frac{V_m}{\sqrt{2}} \tag{18.24c}$$

onde o valor eficaz é cerca de 70,7% do valor máximo.

A adoção de valor eficaz de tensão ou corrente elétrica tem grande importância pelo fato dos instrumentos de medidas elétricas fornecerem as leituras dessas grandezas em valores eficazes e não em valores instantâneos.

Assim sendo, quando um instrumento, por exemplo, registrar, 120 V ou indicar 50 A, deve ficar entendido que estamos lendo 120 V eficaz ou 50 A eficaz.

19. CORRENTE ELÉTRICA ALTERNADA

19.1. Introdução

Como será visto mais adiante, item 27.1, atestar-se a existência de indução magnética quando se faz girar uma espira num campo magnético, fig.19.1(a), cujo movimento causa a variação de fluxo magnético, $\Phi(t)$, que gera uma fem induzida senoidal, defasada de 90° elétricos em ralação fluxo magnético, fig.19.1(b), isto é,

$$\varepsilon(t) = \varepsilon_m \text{ sen } \omega t \qquad (19.1a)$$

onde ε_m é o valor máximo ou amplitude, ω é a frequência angular em rad/s, $\omega = 2\pi f$, e $f = 1/T$ é a freqüência em hertz. Por sua vez, a fem alternada, simboliza-se por —⊙—, produz a corrente alternada, abrevia-se por C.A., que passaremos a estudar, juntamente com a tensão alternada (T.A.). Para as redes de fem alternada igualmente são aplicáveis as leis de Ohm e de Kirchhoff.

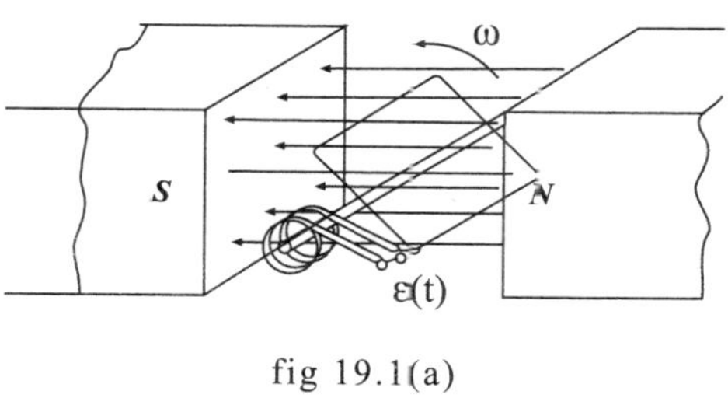

fig 19.1(a)

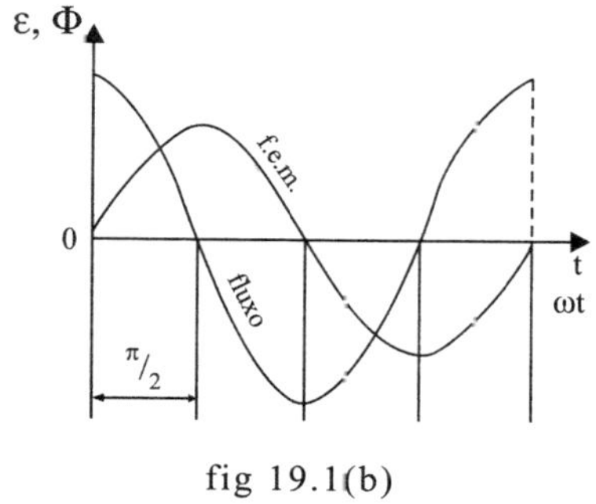

fig 19.1(b)

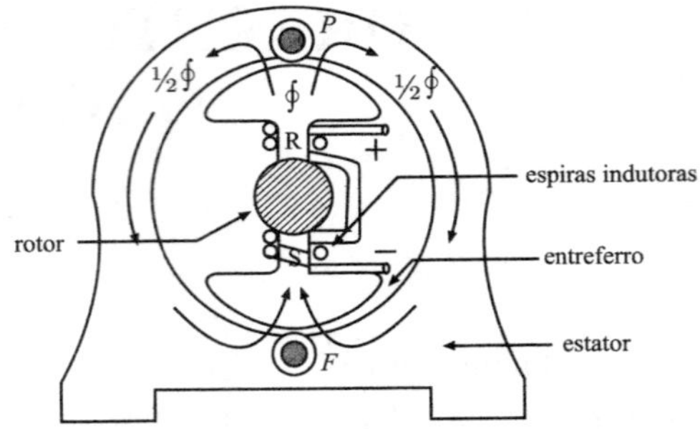

fig 19.1(c)

O princípio de indução magnética permitiu a construção do gerador elétrico monofásico, denominado de alternador monofásico, que produz fem alternada, cujo tipo usual é ilustrado na fig.19.1(c).

19.2. Tensão e Corrente Elétrica Alternadas

A tensão elétrica alternada ou simplesmente tensão alternada tem a forma de onda senoidal, com valor instantâneo, por exemplo, dado sob a forma trigonométrica,

$$v(t) = V_m \, \text{sen}\,(\omega t \pm \varphi_v) \qquad (19.1b)$$

onde as quantidades figuradas já foram definidas, exceto φ_v que é chamado de ângulo de fase inicial.

De modo análogo, temos à corrente alternada:

$$i\,(t) = I_m \, \text{sen}\,(\omega t \pm \varphi_i) \qquad (19.1c)$$

onde φ_i é o ângulo de fase inicial da C.A.. Diz-se que as formas (19.1b) e (19.1c) estão no domínio do tempo.

A frequência predominante nos sistemas elétricos de C.A. comercial/industrial é de 60 Hz, para a qual $\omega \cong 377$ rad/s, de modo que as equações acima ficam particularizadas para, $v(t) = V_m$ sen $(377\,t \pm \varphi_v)$ e $i(t) = I_m$ sen $(377\,t \pm \varphi_i)$.

Exemplo 19.1.

Achar a soma das correntes alternadas: $i_1 = I_{m1}$ senωt e $i_2 = I_{m2}$sen$(\omega t + \varphi_2)$; e esboçá-la graficamente.

Admitamos que $i_3 = I_{m3}\ \text{sen}(\omega t+\varphi_3) = i_1 + i_2$; então, temos:

$I_{m3}\ \text{sen}(\omega t+\varphi_3) = I_{m1}\ \text{sen}\omega t + I_{m2}\ \text{sen}(\omega t + \varphi_2)$

Desenvolvendo as somas indicadas em ambos os membros e fazendo as simplificações convenientes, encontramos:

$(I_{m3}\ \cos\varphi_3)\text{sen}\omega t + (I_{m3}\ \text{sen}\varphi_3)\ \cos\omega t = (I_{m1}+I_{m2}\cos\varphi_2)\ \text{sen}\omega t + (I_{m2}\ \text{sen}\varphi_2)\ \cos\omega t$

Daí, podemos concluir as condições de identidade:

$I_{m3}\ \cos\varphi_3 = I_{m1} + I_{m2}\ \cos\varphi_2$ e $I_{m3}\ \text{sen}\varphi_3 = I_{m2}\ \text{sen}\varphi_2$

Elevando ao quadrado cada igualdade e somando-as, podemos tirar o valor de

$$I_{m3} = \sqrt{\left(I_{m1} + I_{m2}\cos\varphi_2\right)^2 + \left(I_{m2}\cos\varphi_2\right)} \qquad (19.2a)$$

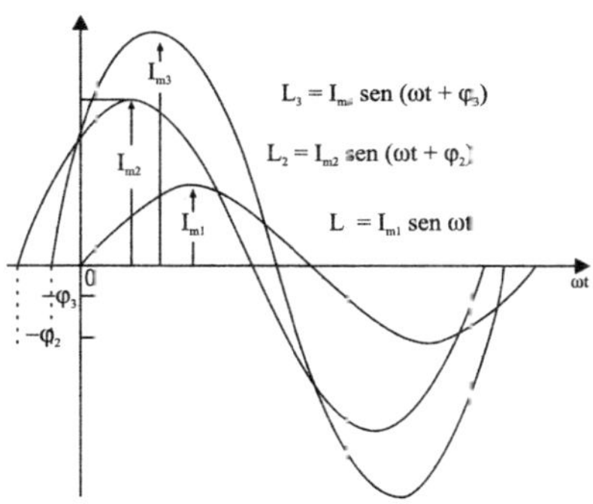

fig 19.2(a)

Com gráfico na fig.19.2(a) e o ângulo de defasagem entre as senóides:

$$\varphi_3 = \text{arctg}\left(\frac{I_{m2}\ \text{sen}\varphi_2}{I_{m1} + I_{m2}\cos\varphi_2}\right) \qquad (19.2b)$$

Se tomarmos cada função senoidal pelo seu valor máximo, podemos concluir que I_{m3} é exatamente a diagonal do paralelogramo formado por I_{m1} e I_{m2}, na fig.19.2(b), tomando I_{m1} como referência.

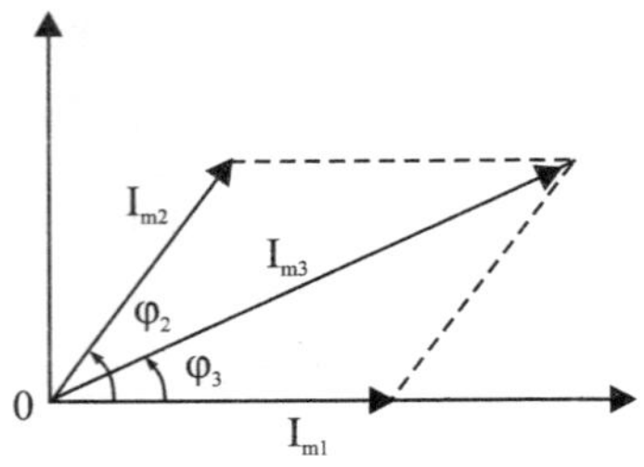

fig 19.2(b)

Como podemos aquilatar, do exemplo acima, o processo analítico de adição (ou subtração) de senoides é laborioso; multiplicações e divisões pelo referido processo podem se tornar impraticáveis. Por conseguinte, surgiu a necessidade de se buscar um método alternativo que possibilitasse todas as operações com senoides de forma expedita. Este método foi idealizado e posto em prática em 1893, por Charles Proteus Steinmetz [Karl Steinmetz (1865-1926), engenheiro eletricista alemão, naturalizado norte-americano].

19.3. Representação Fasorial de Tensão e Corrente Alternadas

Adotando do ponto de vista gráfico, Steinmetz associou o valor máximo, Y_m, de uma função senoidal y(t), a um vetor localizado na origem do plano complexo, que pode girar com a mesma frequência angular, ω , da grandeza alternada (tensão ou corrente), que passa a ser chamada de fasor Y_m, que em t = 0 forma o ângulo φ com o semieixo positivo das abcissas fig.19.3(a).

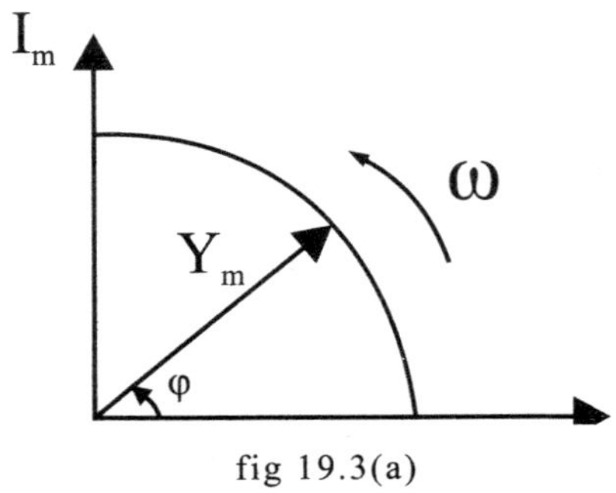

fig 19.3(a)

Em geral, um fasor é definido pelo número complexo, $Y = Y_m e^{j(\omega t+ \varphi)} = \{Y_m e^{j\varphi}\}e^{j\omega t}$; e como ele se repete a cada ciclo, toma-se a menor determinação, ou seja, t = 0, e temos,

$$Y^{(6)} = Y_m \, e^{j\varphi} \qquad (19.3a)$$

onde $e^{j\varphi}$ é interpretado como um fasor unitário que faz Y_m girar do ângulo φ, de menor determinação. Para $t > 0$, tem-se o fasor girando, no sentido anti-horário, em torno da origem do plano complexo, com frequência angular, ω, enquanto a sua extremidade estará descrevendo a circunferência de raio Y_m.

Tendo em conta a identidade de Euler a equação (19.3a) assume também a forma cartesiana:

$$\mathbf{Y} = Y_m \, (\cos \varphi + j \text{ sen } \varphi) \qquad (19.3b)$$

que, graficamente, corresponde às projeções do fasor sobre os eixos das abcissas, $Y_m \cos \varphi = \text{Re}\{Y_m e^{j\varphi}\}$, bem como a sua projeção, sobre o eixo das ordenadas, $Y_m \text{ sen } \varphi = \text{Im}\{Y_m \, e^{j\varphi}\}$.

Para os fasores valem as mesmas regras de operações dos números complexos (note-se que nem todo número complexo é um fasor), bem como as regras gráficas de adição (paralelogramo) e subtração, instituídas para vetores.

Para a corrente alternada, $i(t) = I_m \text{ sen}(\omega t + \varphi)$, a construção gráfica dela é feita a partir do fasor I_m, através do seguinte processo: divide-se a circunferência em partes iguais, cujos pontos são posições instantâneas da extremidade de I_m, os quais, projetados sobre o eixo imaginário do mesmo, dão os valores instantâneos da C.A.; esses pontos transportados para a ordenada de um sistema de eixos cartesianos, fornecem os pontos para a construção da função seno, em correspondência biunívoca como aqueles, fig.19.3(b). Observemos que, caso a C.A fosse $i(t) = I_m \cos(\omega t + \varphi)$, as posições instantâneas dadas seriem projetadas sobre o eixo real; e com o mesmo processo constrói-se a curva da função cosseno.

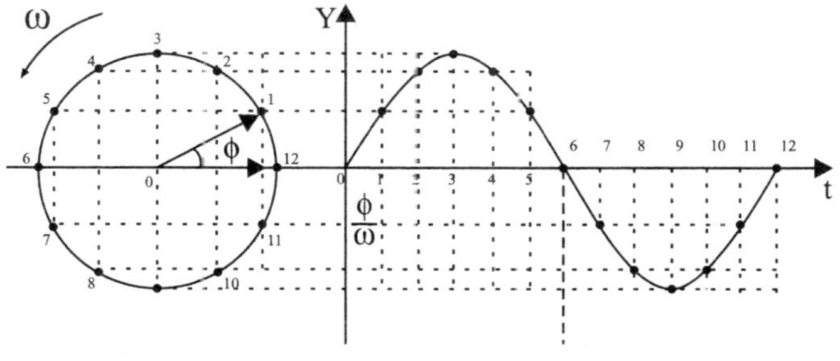

fig 19.3(b)

(6) Quando o fasor **Y** é manuscrito, usa-se representá-lo por $\tilde{Y}$ ou $\dot{Y}$.

Do ponto de vista analítico, para a corrente alternada dada, temos:

$$i(t) = I_m \operatorname{sen}(\omega t + \phi) = \operatorname{Im}\{I_m e^{j(\omega t + \varphi)}\} = \operatorname{Im}\{(I_m e^{j\varphi}) e^{j\omega t}\} \qquad (19.4a)$$

E denotando por **I'** o fasor corrente alternada, pela notação de Steinmetz:, expressamo-la na forma exponencial:

$$\mathbf{I'} = I_m e^{j\varphi} \qquad (19.4b)$$

Como é usual trabalhar-se com o valor eficaz, $I_{ef} = I_m/\sqrt{2} = I$, a expressão anterior assume a forma:

$$\mathbf{I} = I\, e^{j\varphi} \qquad (19.4c)$$

Opcionalmente, Arthur Edwin Kennelly (1861-1936), engenheiro eletricista inglês, nascido na Índia e naturalizado norte-americano, sugeriu uma notação mais expedita, chamada de forma polar, que consiste em se substituir o fasor unitário pelo ângulo de fase, pondo, $e^{j\varphi} = 1\underline{|\varphi}$, e o resultado anterior virá anotado simplesmente por:

$$I = I\underline{|\varphi} \qquad (19.4d)$$

Para a tensão alternada, $v(t) = V_m \operatorname{sen}(\omega t + \theta)$, teremos as notações análogas para o seu fasor representativo:

$$\mathbf{V'} = V_m e^{j\theta} \qquad (19.5a)$$

ou em valor eficaz,

$$\mathbf{V} = V e^{j\theta} = V\,\underline{|\theta} \qquad (19.5b)$$

Diz-se que as expressões (19.4c,d) e (19.5a,b) estão no domínio da frequência. Vejamos um exemplo numérico para realçar a excelência do método.

Exemplo 19.2

As correntes alternadas, $i_1 = 10\sqrt{2}$ senωt e $i_2 = 20\sqrt{2}$ sen(ωt + 45°) convergem para o mesmo nó. Achar a soma delas e esboçar o gráfico.

A rigor o argumento de i_2 está escrito de modo incoerente, já que estão reunidos radianos e graus (elétricos); este uso, contudo é tolerado na prática, desde que haja a obrigatoriedade de fazer-se a devida conversão para uma só unidade de medida, no momento oportuno.

Usando a notação de Steinmetz, temos os fasores (eficazes),

$$\mathbf{I}_1 = 10e^{j0^\circ} = 10\angle 0^\circ \quad \text{(A)} \tag{1}$$

$$\mathbf{I}_2 = 20e^{j45^\circ} = 20\angle 45^\circ = 10\sqrt{2} + j10\sqrt{2} \quad \text{(A)} \tag{2}$$

Somando ordenadamente e denotando o 1º membro por $I_3 = I_1 + I_2$, teremos o fasor soma, na forma algébrica:

$$\mathbf{I}_3 = 10 + 10\sqrt{2} + j10\sqrt{2} \quad \text{(A)} \tag{3}$$

De onde a magnitude de $\mathbf{I}_3$

$$\mathbf{I}_3 = \sqrt{\left[10\left(1+\sqrt{2}\right)\right]^2 + \left(10\sqrt{2}\right)^2} = 27,98 \quad \text{(A)} \tag{4}$$

bem como o ângulo de fase:

$$\varphi = \text{arc tg}\left[\frac{10\sqrt{2}}{10\left(1+\sqrt{2}\right)}\right] \cong 30,36^\circ \tag{5}$$

Escrevendo o fasor na forma exponencial, virá,

$$I_3 = 27,98 \; e^{j30,36^\circ} \tag{6}$$

onde I_3 é a diagonal do paralelogramo resultante da composição de I_1 e I_2, tomando I_1 como referência, como esboçado no gráfico da fig.19.4. A corrente alternada, é,

$$i_3 = \text{Im}[27,98 \; e^{j30,36^\circ}] \tag{7}$$

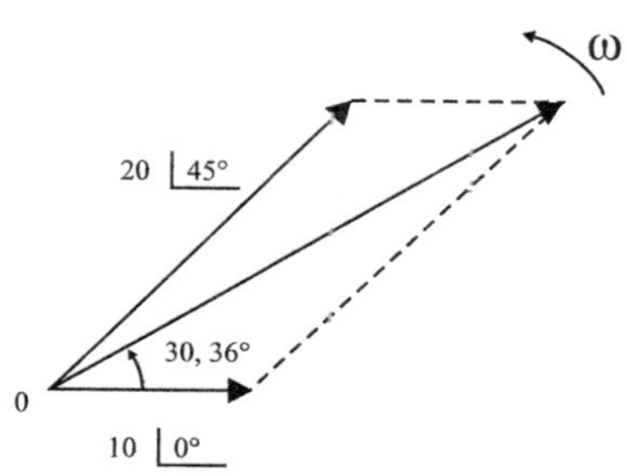

fig 19.4

E o resultado final, com a introdução da amplitude máxima:

$$i_3 = 27,98\sqrt{2}\,\text{sen}(\omega t + 30,36°) \tag{8}$$

que é graficamente a projeção de I_m no eixo imaginário. Com este exemplo fica esboçado a excelência do método de Steinmetz, bem como a conversão da forma senoidal à forma fasorial e vice-versa.

19.4. Circuitos de Corrente Alternada

Na análise dos circuitos elétricos, tensão e corrente alternadas, no domínio do tempo, são convertidas em tensão e correntes fasoriais ou no domínio da freqüência para a aplicação do método apresentado. Vejamos as principais conversões em circuitos simples.

[1] Circuito Resistivo:

Uma tensão alternada, $v(t) = V_m$ sen ωt é aplicada nos extremos de um resistor R, fig.19.5(a).

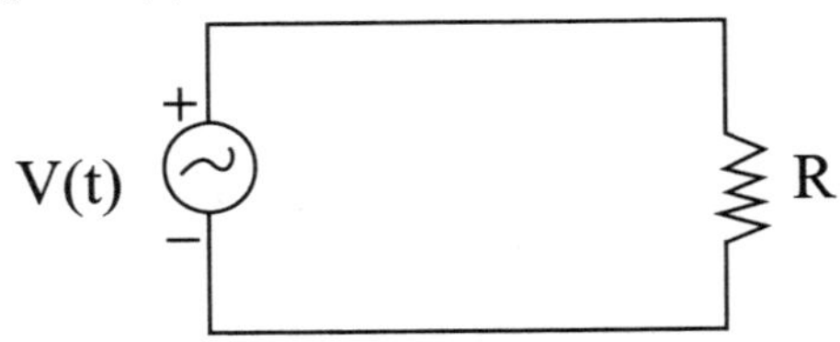

fig 19.5(a)

A lei de Ohm fornece a corrente elétrica:

$$i(t) = \frac{v(t)}{R} = \frac{V_m}{R}\text{sen } \omega t$$

e sendo $V_m/R = I_m$ a corrente máxima ou de pico, virá,

$$i(t) = I_m \text{ sen } \omega t \tag{19.6a}$$

indicando que a corrente elétrica é igualmente alternada e de mesma frequência da tensão aplicada; ademais, como o ângulo de fase inicial entre tensão e corrente é nulo, dizemos que ambas as ondas estão em fase, como se pode observar na fig.19.5(b), nos pontos T/2 e T, por exemplo.

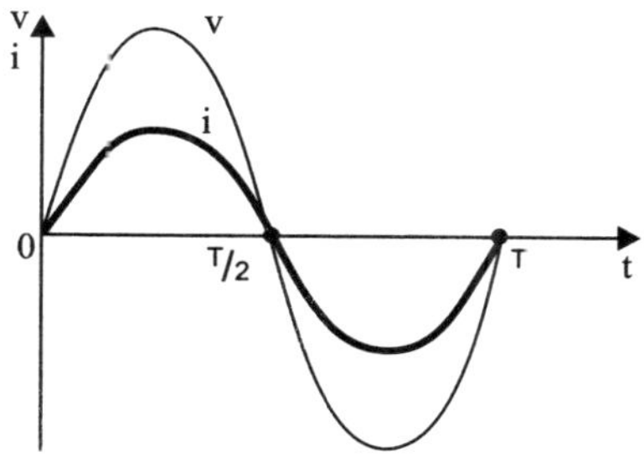

fig 19.5(b)

Convertendo a tensão elétrica alternada à forma fasorial, temos, $V = V\underline{|0°}$; enquanto a corrente elétrica :

$$I = \frac{V\underline{|0°}}{R} = I\underline{|0°} \tag{19.6b}$$

ficando igualmente confirmado que os fasores representativos estão em fase, como mostrado na fig.19.5(c).

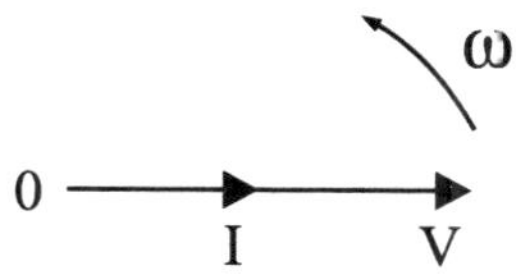

fig 19.5(c)

Aqui, também a lei de Ohm fasorial, tem a mesma forma usual, **V** = R **I**.

[2] Circuito Indutivo:

Com a tensão alternada, $v(t) = V_m$ sen ωt, aplicada aos terminais do indutor de indutância L, fig.19.6(a), a resposta será a corrente elétrica,

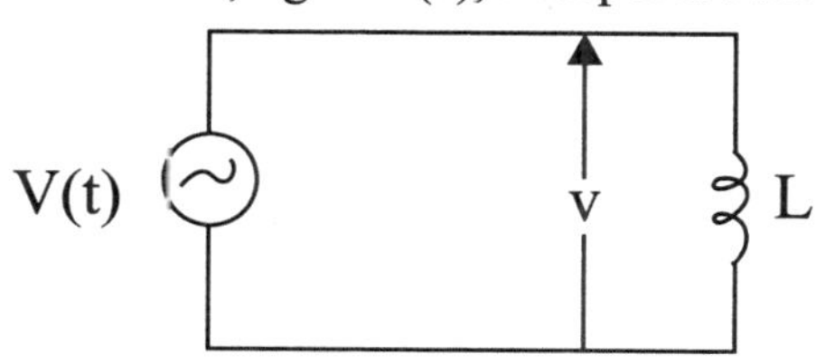

fig 19.6(a)

$$i(t) = \frac{1}{L}\int V_m \, \text{sen}\omega t \, dt \tag{19.7a}$$

E efetuando a integração indicada, obtemos,

$$i(t) = \frac{V_m}{\omega L}(-\cos \omega t) + k$$

Como estamos considerando o regime permanente, k = 0; e convindo por - cosωt = sen(ωt - π/2), o resultado acima fica:

$$i(t) = \frac{V_m}{\omega L} \text{sen}\left(\omega t - \frac{\pi}{2}\right)$$

É usual fazer-se $\omega L = X_L$, que recebe o nome de reatância indutiva, medida em ohms. Verifica-se que para frequências elevadas, o indutor comporta-se como elemento em aberto; porém para frequências baixas, em que se inclui o caso limite da corrente contínua, o indutor se comporta como um curto-circuito, valendo, neste caso, $V_m/X_L = I_m$, e o resultado acima é dado por:

$$i(t) = I_m \text{sen}\left(\omega t - \frac{\pi}{2}\right) \tag{19.7b}$$

e fica evidenciado que a corrente elétrica é também alternada, de mesma frequência, porém atrasada de π/2 em relação a tensão aplicada, fig.19.6(b).

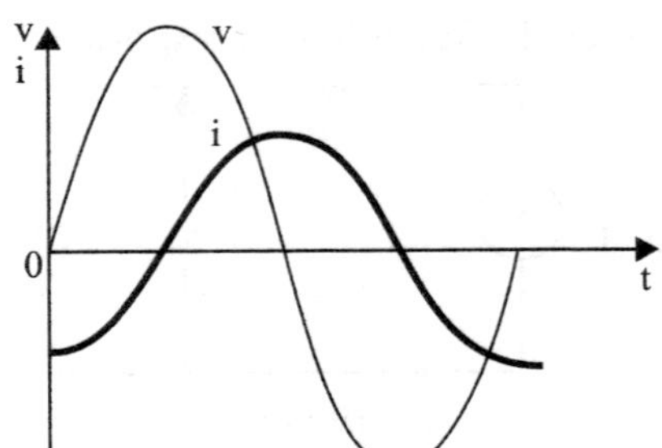

fig 19.6(b)

Convertendo a tensão e a corrente às suas respectivas formas fasoriais, temos:

$$\mathbf{V} = V\,e^{j0} = V\underline{|0°}$$

$$\mathbf{I} = I\,e^{j(-\pi/2)} = I\underline{|-\pi/2}$$

significando que o fasor corrente alternada está atrasado de $\pi/2$ em relação ao fasor tensão alternada, conforme ilustrado no diagrama fasorial da fig.19.6(c).

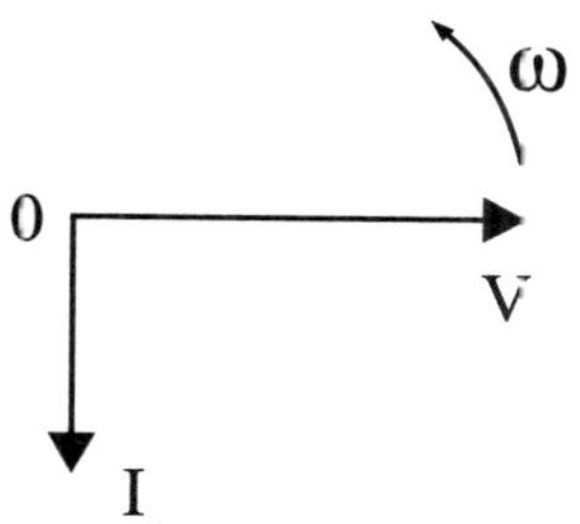

fig 19.6(c)

Dividindo ordenadamente as relações acima, obtemos,

$$\frac{\mathbf{V}}{\mathbf{I}} = \frac{V\underline{|0°}}{I\underline{|-\pi/2}} = X_L\underline{|+\pi/2}$$

Como $1\,\underline{|+\pi/2} = e^{j\pi/2} = j$, podemos anotar, $\mathbf{X}_L = jX_L$, e a reatância indutiva, representa a parte imaginária da impedância complexa, Z, por isso plotada no semieixo imaginário, positivo, conforme veremos adiante. A lei de Ohm fasorial, será,

$$\mathbf{V} = \mathbf{X}_L\,\mathbf{I} \tag{19.7c}$$

[3] Circuito Capacitivo

Seja a tensão alternada, $v(t) = V_m \text{sen}\omega t$, aplicada aos terminais de um capacitor de capacitância C, fig.19.7(a). Como a carga elétrica do capacitor é $Q(t) = C\,v(t) = C\,V_m$ sen ωt, a corrente elétrica nele é,

$$i(t) = C\frac{dv}{dt} = \omega\, C\, V_m \cos \omega t \tag{19.8a}$$

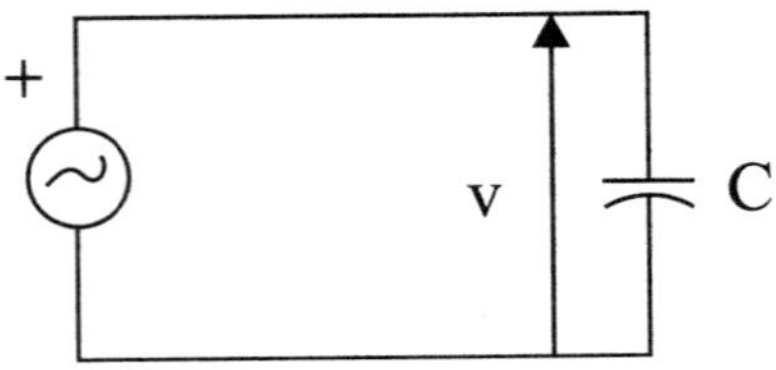

fig 19.7(a)

Fazendo a substituição, cos ωt = sen($\omega t + \pi/2$) e dividindo V_m por 1/ ωC, virá,

$$i(t) = \frac{V_m}{1/\omega C} \operatorname{sen}\left(\omega t + \frac{\pi}{2}\right) \tag{19.8b}$$

Identificando $1/\omega C = X_C$, denominada reatância capacitiva, medida em ohms, vemos que ela depende inversamente da frequência. Exceto para a corrente contínua em que o capacitor se comporta como um circuito--aberto, para a corrente alternada ele se comporta como um curto--circuito. Sob esta circunstância, $V_m/X_C = I_m$, e portanto,

$$i(t) = I_m \operatorname{sen}\left(\omega t + \frac{\pi}{2}\right) \tag{19.8c}$$

Este resultado mostra que a resposta à tensão elétrica aplicada é também senoidal , de mesma frequência, porém a corrente elétrica está adiantada de $\pi/2$ da referida tensão, conforme ilustrada no diagrama da fig.19.7(b).

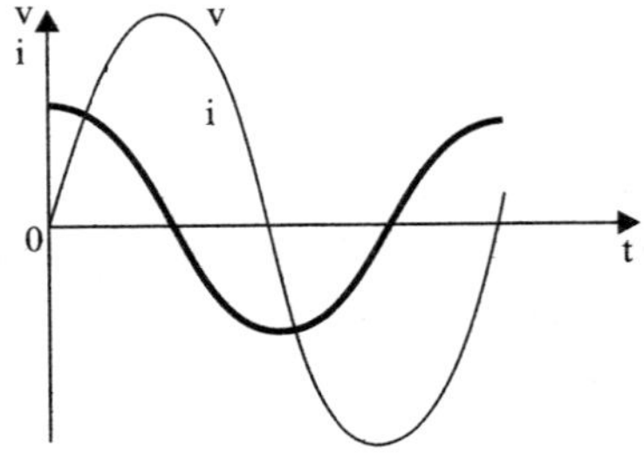

fig 19.7(b)

Expressando a excitação e a resposta em fasores, temos:

$$V = Ve^{j0} = V\underline{|0°}$$

$I = I\,e^{j\pi/2} = I\,\underline{|+\pi/2}$

O diagrama fasorial da fig.19.7(c) mostra o adiantamento da corrente elétrica de π/2 sobre a tensão aplicada.

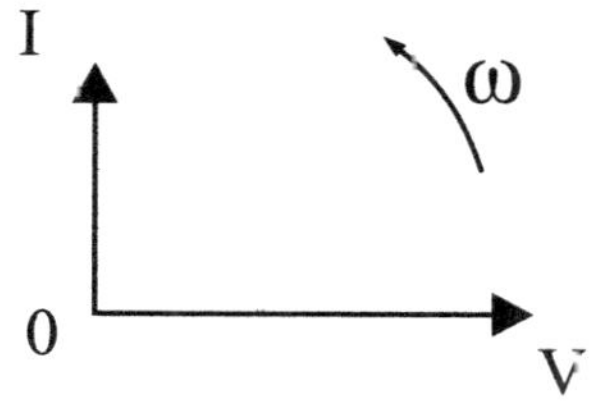

fig 19.7(c)

Dividindo ordenadamente as duas expressões supra, obtemos,

$$\frac{V}{I} = \frac{V\underline{|0°}}{I\underline{|\pi/2}} = X_C\underline{|-\pi/2}$$

Como, $1\,\underline{|-\pi/2} = e^{j(-\pi/2)} = -j$, a reatância capacitiva, $X_C = -jX_C$, representa a parte imaginária da impedância complexa Z, locada no semieixo imaginário negativo. A lei de Ohm, fasorial, neste caso é:

$$V = X_C\, I \tag{19.8d}$$

[4] Circuito série RLC

Seja o circuito RLC com a fonte de tensão alternada $v(t) = V_m$ sen ωt, fig.19.8(a).

Conforme já vimos, o comportamento elétrico do circuito é dado pela 2ª lei de Kirchhoff, na forma integro-diferencial,

$$L\frac{di}{dt} + R\,i + \frac{1}{C}\int i\,dt = V_m \text{ sen } \omega t \tag{19.9a}$$

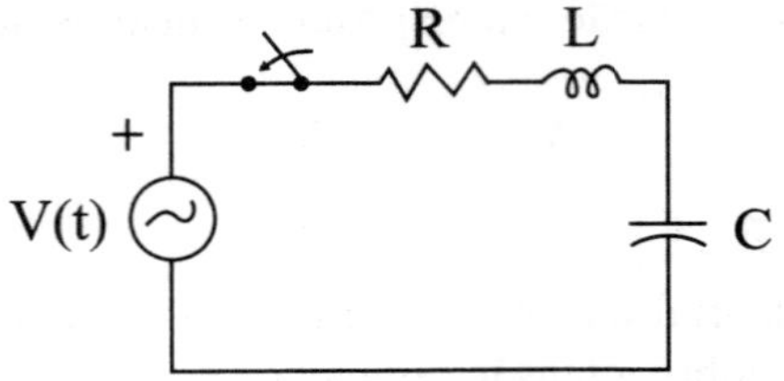

fig 19.8(a)

Derivando a equação acima, em relação a t, virá,

$$L\frac{d^2i}{dt^2}+R\frac{di}{dt}+\frac{1}{C}=\omega V_m\cos\omega t \tag{19.9b}$$

A solução desta equação diferencial de 2ª ordem não-homogênea é constituída de uma função complementar, k e^{-st}, que representa o estado transitório, mas que por ora será abandonada, e da integral particular, que é dada por:

$$i(t)=\frac{V_m}{\sqrt{R^2+\left(\omega L-\frac{1}{\omega c}\right)^2}}\operatorname{sen}(\omega t-\varphi) \tag{19.10a}$$

com ângulo de fase:

$$\varphi=\operatorname{arc\,tg}\left(\frac{\omega L-{}^1/\omega C}{R}\right) \tag{19.10b}$$

Pelo método fasorial anotamos a equação (19.9a) como,

$$V_L+V_R+V_C=V \tag{19.11a}$$

como diagrama fasorial dado na fig.19.8(b), construído pelo método expedito seguinte: a partir da origem 0 do eixo das abcissas, traçamos o fasor corrente defasado de ϕ; e tomando esta como referência, traçamos o fasor V_C atrasado de 90°, V_R, em fase com ela e V_L adiantado de 90°, que determinará o fasor tensão V, aplicada, onde supomos que $V_L > V_C$.

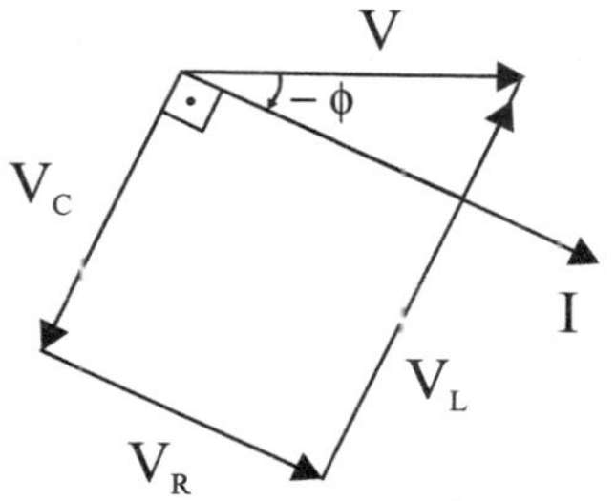

fig 19.8(b)

Designando por I o fasor corrente elétrica, também temos,

$$I\,X_L + I\,R + I\,X_C = V \tag{10.11b}$$

e sendo $X_L = j\,X_L$ e $X_C = -jX_C$, virá o fasor corrente elétrica,

$$I = \frac{V}{R + j(X_L - X_C)} = \frac{V}{R + j\,X} \tag{19.11c}$$

onde fizemos, $X = X_L - X_C$; de onde a intensidade:

$$I = \frac{V}{\sqrt{R^2 - X^2}} \tag{19.11d}$$

e ângulo de fase, $\phi = \text{arc tg}\,(X/R)$, conforme (19.10b).

19.4. Impedância Complexa

O denominador de (19.11c) tem dimensão de resistência e recebe o nome de impedância complexa, símbolo, Z, já aludida anteriormente e ora expressa sob a forma algébrica:

$$Z = R + jX \tag{19.12a}$$

Fisicamente a impedância representa uma propriedade afeta a resistência do elemento passivo real; e no circuito ou na rede elétrica ela será simbolizada por −□−. Matematicamente a impedância é um número complexo (daí a sua denominação) e não um fasor, de modo que podemos representá-la graficamente pela composição da resistência, R, locada sempre no semieixo real positivo, e supondo $X_L > X_C$; a reatâncias indutivas, X_L, no semi-eixo imaginário positivo, e a capacitiva, X_C, no semi-eixo imaginário negativo, fig.19.9. Dimensão: $| Z | = L^2 M I^{-2} T^{-3}$.

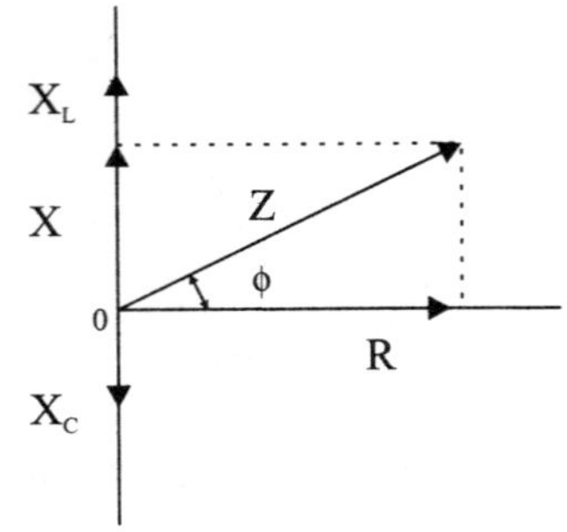

fig 19.9

De (19.12a), temos o módulo, $| Z | = Z$, ou explicitamente:

$$Z = \sqrt{R^2 + X^2} = \sqrt{R^2 + (\omega L - 1/\omega C)^2} \tag{19.12b}$$

e argumento $\phi = \text{arc tg } (X/R)$, conforme (19.10b).

Podemos decompor Z mediante suas projeções ortogonais no plano complexo, cujas componentes são, $R = Z \cos \phi$ e $X = Z \text{ sen } \phi$, o que permite expressar a impedância na forma cartesiana,

$$Z = Z(\cos \phi + j \text{ sen } \phi) \tag{19.12c}$$

de onde decorrem as forma exponencial e polar,

$$Z = Ze^{j\phi} = Z\underline{|\phi} \tag{19.12d}$$

Isto posto, podemos retomar a equação (19.11c) e reescrevê-la como,

$$I = \frac{V}{Z}\underline{|-\phi} \tag{19.13a}$$

assim como podemos colocar a equação (19.11b) sob a forma:

$$I\ (R + X_L + X_C) = I\ Z = V \tag{19.13b}$$

Exemplo 19.3.

Seja o circuito RLC série, com R = 20 Ω, L = 200 mH e C = 100 μF, submetidos à tensão alternada, $v(t) = 120\sqrt{2}$ sen(377 t). Calcular a qdt em cada elemento passivo e esboçar o diagrama das suas tensões.

Inicialmente temos, o fasor tensão alternada em valor eficaz, $120\underline{|0^\circ}$ (V) e ω = 377 rad/s ; então,

$$R = 20\Omega = 20\underline{|0^\circ}$$

$$X_L = j\omega L = j\ 377\ \text{rad/s}(200\text{x}10^{-3}\text{H}) = j\ 75{,}40\ (\Omega)$$

$$X_L = 75{,}40\underline{|90^\circ}(\Omega)$$

$$X_C = -j\frac{1}{\omega C} = -j\left[\frac{1}{377\text{rd/s}\left(100\text{x}10^{-6}\text{F}\right)}\right] = -j\,26{,}53\Omega$$

$$X_C = 26{,}53\underline{|-90^\circ}(\Omega)$$

De onde a impedância complexa,

$Z = 20\ \Omega + j(75{,}40 - 26{,}53)\ \Omega = 20 + j\ 48{,}87\ (\Omega)$

$$Z = 52{,}80\underline{|67{,}74}(\Omega)$$

cujo diagrama é dado na fig.19.10(a).

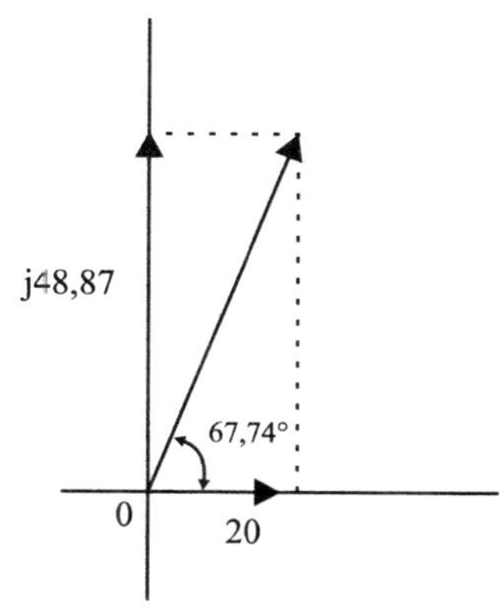

fig 19.10(a)

A corrente alternada, comum aos elementos é,

$$I = \frac{V}{Z} = \frac{120\underline{|0°}}{58,80\underline{|67,74}} \cong 2,27\underline{|-67,74°}(A)$$

E as qdt em cada elemento:

$$V_R = R\,I = (20\underline{|0°})\Omega(2,27\underline{|-67,74°})A = 45,40\underline{|-67,74°}\ (V)$$

$$V_L = X_L\,I = (75,40\underline{|90°})\Omega(2,27\underline{|-67,74°})A = 171,16\underline{|22,26°}\ (V)$$

$$V_C = X_C\,I = (26,53\underline{|-90°})\Omega(2,27\underline{|-64,74°})A = 60,22\underline{|-154,74°}\ (V)$$

O diagrama das tensões é dado na fig.19.10(b) pelo método expedito.

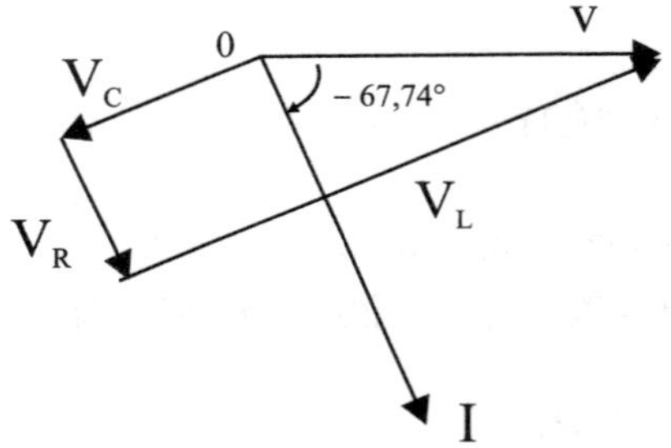

fig 19.10(b)

• **Associação de Impedâncias**

Afora as dificuldades de se operar com números complexos, as associações de impedâncias obedecem as mesmas regras estabelecidas para as associações de resistências, conforme visto no item 16.5. As deduções das expressões de associações série e paralelo seguem igualmente o mesmo roteiro visto para resistências, de modo que podemos concluir, sem mais delongas que:

[1] Associação em Série:

A corrente elétrica I que passa nas n impedâncias associadas em série, fig.19.11(a), submetidas à tensão elétrica V_S, tem a impedância equivalente, $Z_S = V_S / I$, que vale:

$$Z_S = Z_1 + Z_2 + ... + Z_n \qquad (19.14a)$$

cuja equivalência é dada na fig. 19.11(b).

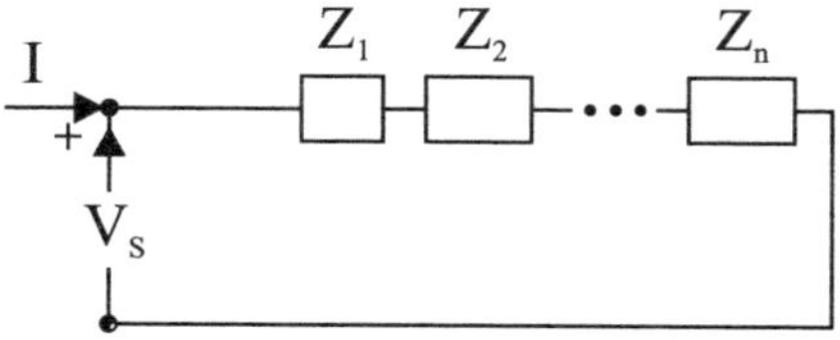

fig 19.11(a)

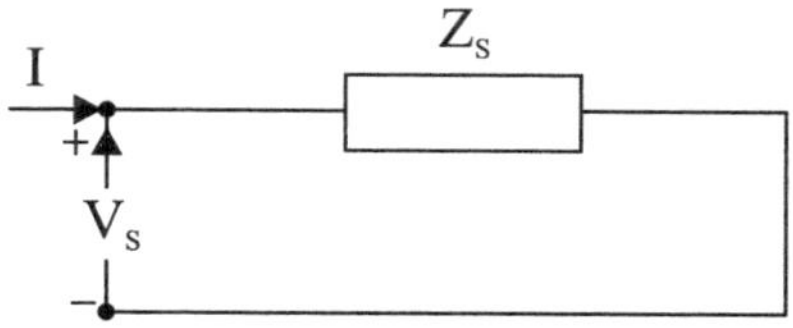

fig 19.11(b)

De modo compacto, anotamos,

$$Z_S = \sum Z_k \qquad (19.14b)$$

onde, obviamente, cada $Z_k = R_k + j\, X_k$. Aqui vale igualmente o divisor de tensão V_k, sobre Z_k,

$$V_k = \frac{Z_k}{Z_s} V_s \qquad (19.14c)$$

[2] Associação em Paralelo:

A tensão elétrica, V sobre as n impedâncias em paralelo, fig.19.12(a), cuja corrente elétrica de entrada é $I_S = I_1 + I_2 + \ldots + I_n$, faculta que tenhamos o inverso da impedância equivalente, $^1/Z_P = I_S / V$, e portanto, vale,

$$\frac{1}{Z_P} = \frac{1}{Z_1} + \frac{1}{Z_2} + ... + \frac{1}{Z_n} \qquad (19.15a)$$

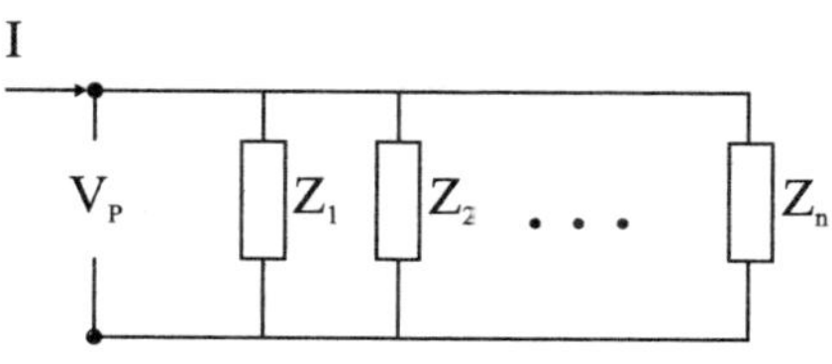

fig 19.12(a)

de onde a impedância equivalência, fig.19.12(b),

$$\frac{1}{Z_P} = \sum_{k=1}^{n} \frac{1}{Z_k} \tag{19.15b}$$

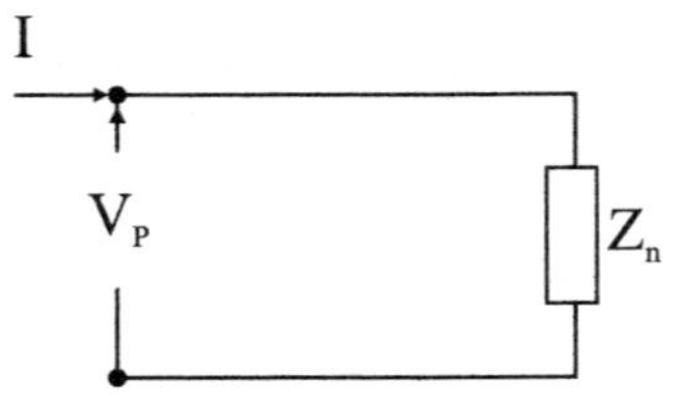

fig 19.12(b)

Em particular, se Z_1 é paralela a Z_2 , também vale:

$$Z_1 // Z_2 = \frac{Z_1 . Z_2}{Z_1 + Z_2} \tag{19.15c}$$

Na associação em paralelo, algumas vezes é conveniente se usar a admitância, símbolo Y, como o recíproco da impedância Z, ou Y = $^1/Z$, e teremos a admitância equivalente, $Y_S = I_S/V$, de modo que vale concluir que,

$$Y_S = \sum_{k=1}^{n} Y_k \tag{19.15d}$$

Por sua vez, a admitância, é também uma quantidade complexa, que tem a forma algébrica,

$$Y = G + j\,B \tag{19.15e}$$

onde a parte real, G, é denominada de condutância, como já vimos e a parte imaginária, B, é chamada de susceptância, ambas medidas com Siemens, $S = \Omega^{-1}$. De igual modo, a admitância pode ser expressa sob a forma polar, como,

$$Y = Y\underline{|\theta} \tag{19.16a}$$

de módulo, $Y = \sqrt{G^2 + B^2}$ e argumento, θ = arc tg (B/G), que é o mesmo ângulo da impedância com sinal trocado. Como podemos notar, num resistor, G = $^1/R$; enquanto que, no indutor, B = -j /ωL , e no capacitor, B = j ωC. Vale igualmente o divisor de corrente, I_k , na admitância , Y_k ,

$$I_k = \frac{Y_k}{Y_s} I_s \qquad (19.16b)$$

E em particular para duas admitâncias em paralelo, Y_1 e Y_2 , a corrente elétrica, I_2 , é,

$$I_2 = \frac{Y_2}{Y_1 + Y_2} I_s \qquad (19.16c)$$

mas para as impedâncias correspondentes,

$$I_2 = \frac{Z_1}{Y_1 + Z_2} I_s \qquad (19.16d)$$

[3] Associação Mista:

É a associação que combina as duas anteriores. Como exemplo, calcular a impedância equivalente, do circuito da fig.19.13. Por ser uma combinação série-paralela, temos,

$$Z_{eq} = (3 + j6)\Omega + \frac{(4 + j8)\Omega(5 - j10)\Omega}{[(4 + j8) + (5 - j10)]\Omega} \cong 15,57\underline{|31,57°}\ \Omega$$

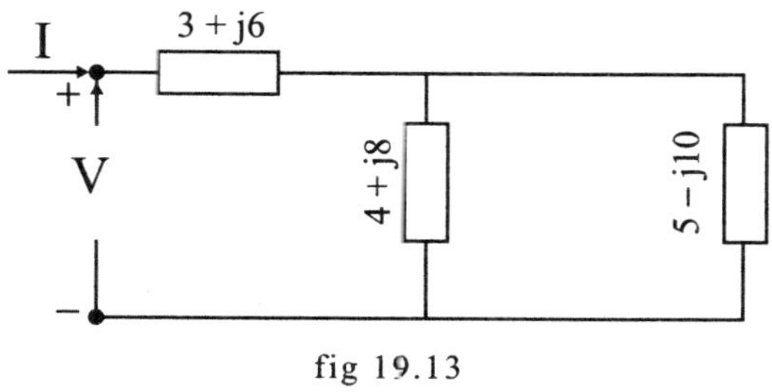

fig 19.13

[4] Associação Especial:

Em especial seja a associação em triângulo ou Δ e se deseja convertê-la em associação em estrela ou Y, fig.19.14. Com procedimento análogo ao usado no ex.16.4., obtemos:

$$Z_A = \frac{Z_1 \cdot Z_3}{Z_1 + Z_2 + Z_3} \tag{19.17a}$$

$$Z_B = \frac{Z_1 \cdot Z_2}{Z_1 + Z_2 + Z_3} \tag{19.17b}$$

$$Z_C = \frac{Z_2 \cdot Z_3}{Z_1 + Z_2 + Z_3} \tag{19.17c}$$

Notemos, em especial que, quando as cargas em Δ são iguais em módulo, ou $Z_1 = Z_2 = Z_3 = Z_\Delta$, então, teremos, $Z_A = Z_B = Z_C = Z_y = Z_\Delta/3$.

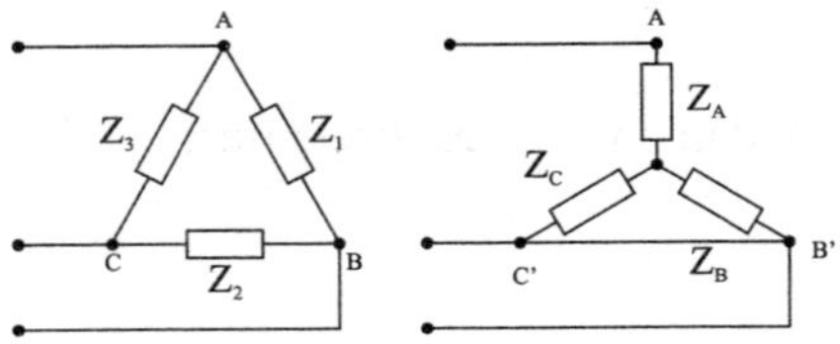

fig 19.14

Exemplo 19.4.

Uma resistência de 10 Ω está em série com um indutor de 30 mH, ambos submetidos à tensão elétrica de 120 V, 60 Hz. Achar a impedância e a queda de tensão do trecho e traçar os diagramas respectivos.

Temos,

$X_L = j\,377(30x10^{-3}\,H) = j\,11{,}31\ \Omega$

De onde,

$$Z = (10 + j11{,}31)\Omega = 15{,}10\underline{|48{,}52°}(\Omega)$$

O diagrama de impedância é dado na fig.19.15(a).

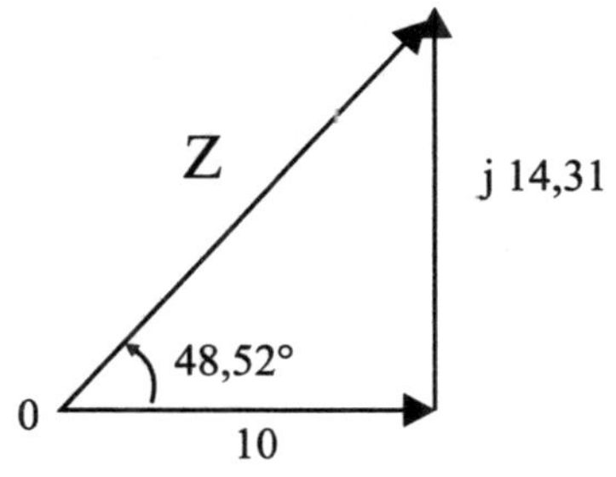

fig 19.15(a)

A corrente elétrica no trecho:

$$\mathbf{I} = \frac{120\angle 0^\circ}{15{,}10\angle 48{,}52^\circ} = 7{,}95\angle -48{,}52^\circ \ (\mathrm{A})$$

De onde as qdt nos elementos:

$$V_R = R\,\mathbf{I} = (10\angle 0^\circ)\Omega(7{,}95\angle -48{,}52^\circ)\mathrm{A} = 79{,}5\angle -48{,}52^\circ(\mathrm{V})$$

$$V_L = j\,X_L\mathbf{I} = (11{,}31\angle 90^\circ)\Omega(7{,}95\angle -48{,}52^\circ)\mathrm{A} = 89{,}91\angle 41{,}48^\circ(\mathrm{V})$$

O diagrama das tensões na fig.19.15(b).

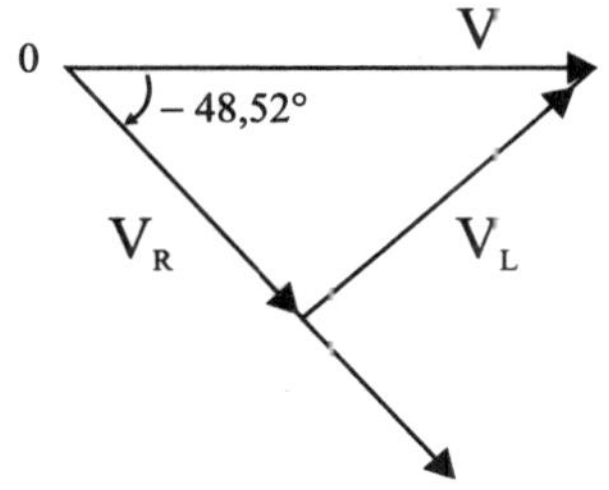

fig 19.15(b)

Exemplo 19.5 - Circuito RLC em Paralelo

Dado o circuito elétrico, fig.19.16(a), com R, L e C, paralelos, submetidos à tensão elétrica $V = V\,\underline{|0^\circ}$. Estabelecer a expressão da corrente elétrica total, em função dos parâmetros dados. Fazer aplicação numérica para a tensão de alimentação de $120\underline{|0^\circ}$, com R = 20Ω, L = 8 mH e C = 0,6 mF e traçar o diagrama das correntes elétricas.

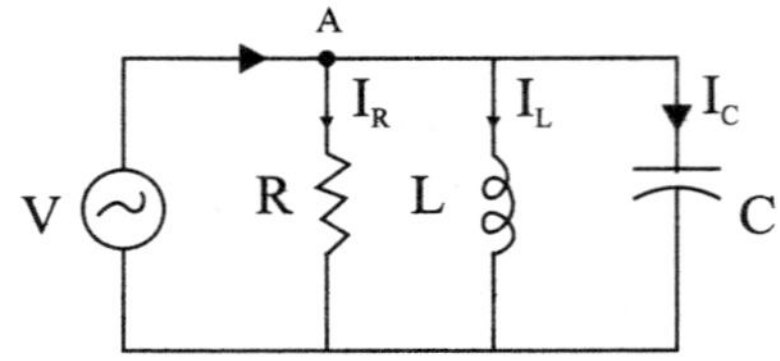

fig 19.16(a)

No nó A , temos:

$$\mathbf{I} = \mathbf{I}_R + \mathbf{I}_L + \mathbf{I}_C \tag{19.18a}$$

Substituindo os valores das respectivas, encontramos:

$$\mathbf{I} = \frac{V}{R} + \frac{V}{j\omega L} + \frac{V}{{}^{1}/j\omega C}$$

De onde,

$$\mathbf{I} = V\left[\frac{1}{R} + j\left(\omega C - \frac{1}{\omega L}\right)\right] \tag{19.18b}$$

De intensidade,

$$I = V\sqrt{\left({}^{1}/R\right)^2 + \left[\omega C - {}^{1}/\omega L\right]^2} \tag{19.18c}$$

E supondo, $I_L - I_C < 0$, tem-se o ângulo de fase,

$$\phi = \text{arc tg}\left(\frac{I_L - I_C}{I_R}\right) = \left(\omega C - {}^{1}/\omega L\right)R \tag{19.18d}$$

Na aplicação numérica, temos:

(1) impedâncias dos ramos:

R = 20 Ω

$X_L = j\,(377\ \text{rad/s})(8\text{x}10^{-3}\ \text{H}) \cong j\,3{,}016\ \Omega$

$$X_C = -j\frac{1}{(377\text{rad}/\text{s})(0{,}6\text{x}10^{-3}\text{F})} \cong -j\,4{,}421\Omega$$

(2)correntes elétricas dos ramos:

$$\mathbf{I}_R = \frac{120\text{V}}{20\Omega} = 6\text{A};\quad \mathbf{I}_L = \frac{120\text{V}}{j\,3{,}016\Omega} = -j\,39{,}79\ \text{A e}$$

$$\mathbf{I}_C = \frac{120\text{V}}{-j\,4{,}421\Omega} = j\,27{,}14\ \text{A}$$

E corrente total:

$$\mathbf{I} = (6 - j\,12{,}65)\text{A} = 14\underline{|-64{,}62°}\text{A}$$

com diagrama na fig.19.16(b).

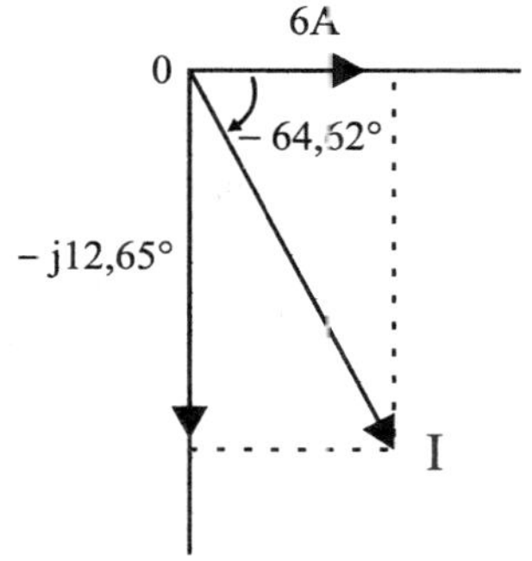

fig 19.16(b)

19.5. Ressonância Elétrica

Um circuito elétrico de C.A. em regime permanente, sob determinadas condições, torna-se sede de oscilações elétricas análogas a oscilações mecânicas.

Para determinada frequência natural um circuito RLC produz o fenômeno de ressonância (série ou paralelo) através de seus elementos armazenadores de energia (indutor e capacitor) que trocam entre si energias, mediante o processo sucessivas cargas e descargas que produz oscilação elétrica.

[1] Ressonância em Série:

Para colocar um circuito RLC série em ressonância provoca-se a variação da frequência de entrada de modo a se obter a condição, $X_L = X_C$, ou melhor, $\omega_o L = {}^1/\omega_o C$, onde ω_o e a frequência angular de ressonância, que vale,

$$\omega_o = \frac{1}{\sqrt{LC}} \tag{19.19a}$$

E de modo alternativo, a frequência de ressonância, f,

$$f_o = \frac{1}{2\pi\sqrt{LC}} \tag{19.19b}$$

Também decorre da condição de ressonância que a impedância do circuito seja mínima, ou $Z_o = R$. Na prática, a ressonância é obtida fixando dois parâmetros do circuito, por exemplo, R e C, e ajustando-se o 3°, $L = L_o$.

Na ressonância em série a corrente de ressonância é $\mathbf{I}_o = V/R$, as tensões nos bornes dos elemento armazenadores de energia são iguais, $\mathbf{V}_{L0} = \mathbf{V}_{C0} = jX_L \mathbf{I}_o = -jX_C\mathbf{I}_o$, fig.19.17, razão porque ela é também chamada de ressonância de tensão, e a potência elétrica de ressonância vale, $P_o = R\, I_o^2$.

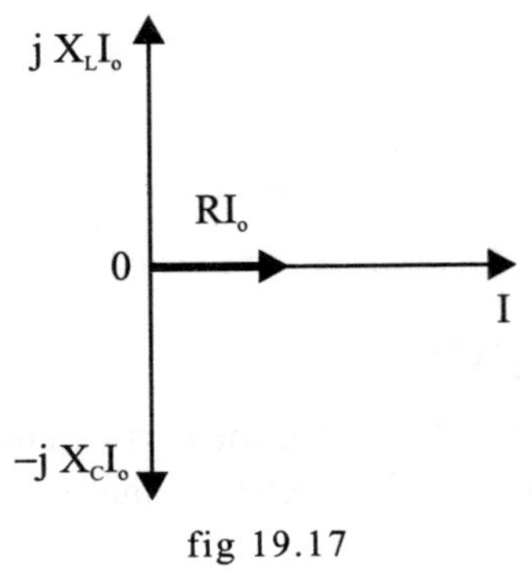

fig 19.17

O circuito elétrico ressonante funciona como um filtro: selecionando os sinais que se deseja receber e obstruindo os que são indesejáveis. Essa seletividade é delimitada no intervalo $[\omega_1, \omega_2]$, em que $\Delta\omega = \omega_2 - \omega_1$, define a largura de faixa ou banda, sendo ω_1 e ω_2 as frequências de corte inferior e superior. Traçando-se a curva de ressonância, com I em função da frequência, para $\omega = \omega_o$ tem-se corrente de ressonância I_o ou de pico que oferece a amplitude da curva e define o índice de seletividade, fig.19.18; para as abcissas ω_1 e ω_2, tem-se a corrente, $I_1 = I_2 = I_o/\sqrt{2} = 0{,}707\ I_o$, para a qual a potência de ressonância reduz-se a $P_o/2$, por isso chamada de potência metade.

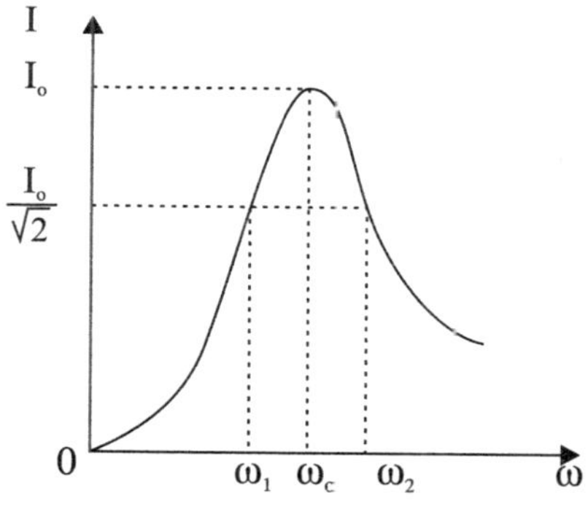

fig 19.18

Quando a corrente de ressonância cai para $I_o/\sqrt{2}$ e R cresce para $\sqrt{2}$ R, de modo que temos a condição:

$$\sqrt{2}R = \sqrt{R^2 + \left(\omega L - {}^1/\omega C\right)^2} \tag{19.20a}$$

De onde,

$$\omega L - \frac{1}{\omega C} = \pm R \tag{19.20b}$$

condição esta para as frequências de corte: para $\omega_1 < \omega_o$, temos,

$$\omega_1 L - \frac{1}{\omega_1 C} = -R \tag{19.21a}$$

onde o sinal (-) do 2º membro decorre da hipótese de termos $X_L < X_C$, e daí se segue que,

$$\omega_1^2 + \frac{R}{L}\omega_1 - \frac{1}{LC} = 0$$

cuja raiz compatível é,

$$\omega_1 + \frac{R}{2L} + \sqrt{\left(\frac{R}{2L}\right)^2 + \left(\frac{1}{LC}\right)^2} \qquad (19.21b)$$

Para $\omega_2 > \omega_o$, virá:

$$\omega_2 L - \frac{1}{\omega_2 C} = +R \qquad (19.22a)$$

Seguindo o mesmo procedimento, obtemos,

$$\omega_2 = \frac{R}{2L} + \sqrt{\left(\frac{R}{2L}\right)^2 + \left(\frac{1}{LC}\right)^2} \qquad (19.22b)$$

tomando a diferença, $\omega_2 - \omega_1 = \Delta\omega$, que é a largura de faixa ou banda, temos:

$$\Delta\omega = \frac{R}{L} \qquad (19.22c)$$

É útil definir-se o fator de qualidade, Q_o, como a razão entre a frequência de ressonância e a largura de faixa, ou seja:

$$Q_o = \frac{\omega_o}{\Delta\omega} = \omega_o \frac{L}{R} \qquad (19.23a)$$

O fator de qualidade é um número adimensional que á a medida da agudeza de sintonia ou seletividade do circuito ressonante. Este resultado é geral e pode ser expresso em termos de energia, bastando para isso multiplicarmos numerador e denominador do 2º membro acima por I_o^2 e substituirmos ω_o por $2\pi f_o$:

$$Q_o = 2\pi f_o \frac{LI_o^2}{RI_o^2} \tag{19.23b}$$

onde o numerador indica a energia armazenada e o denominador a energia dissipada. Para o circuito em série, ressonante, é fácil ver que,

$$Q_o = \frac{X_L I_o}{V} = \frac{X_C I_o}{V} \tag{19.23c}$$

Se por um lado o fenômeno de ressonância é indesejável nas linhas de transmissão de energia elétrica, por outro, ela é desejada na radiodifusão, onde transmissão e recepção de sinais elétricos são feitas com frequências seletivas, como vimos.

Exemplo 19.6

Seja o circuito série com parâmetros, R = 50 Ω, L = 2,5 mH e C = 100μ, que é posto em ressonância, com a tensão de $10\underline{|0°}$. Calcular: (1) a frequência de ressonância, (2) a banda; (3) o fator de qualidade; (4) a tensão de ressonância; (5) e a potência de ressonância.

Substituindo os valores dados nas expressões pertinentes, virão:

$$(1)\omega_o = \frac{1}{\sqrt{(2,5\text{x}10^{-3}\text{H})(100\text{x}10^{-6}\text{F})}} = 4\text{x}10^{6}\,\text{rad/s}$$

$$(2)\Delta\omega = \frac{50\Omega}{2,5\text{x}10^{-3}\text{H}} = 2\text{x}10^{4}\,\text{rad/s}$$

$$(3)Q_o = (2\text{x}10^{4}\,\text{rad/s})\frac{2,5\text{x}10^{-3}\text{H}}{50\Omega} = 200$$

(4) $V_{L0} = V_{C0} = Q_o V$ = 200 (10V) = 2.000 V ou 2 kV; indicando que uma pequena tensão de alimentação pode gerar sobretenções perigosas nos elementos armazenadores de energia.

$$(5)P_o = R\,I_o^2 = \frac{V^2}{R} = \frac{(10V)^2}{50V/A} = 2W$$

[2] Ressonância em Paralelo

No circuito RLC paralelo corre a ressonancia sob a mesma condição, $X_L = X_C$, donde a frequência angular de ressonância:

$$\omega_o = \frac{1}{\sqrt{LC}} \qquad (19.24a)$$

Na ressonância em paralelo, temos: a tensão de ressonância, $V_o = R\, I\lfloor 0°$ (nodal) e as correntes nos elemento armazenadores de energia são iguais e opostas, ou seja, $\mathbf{I}_{L0} = \mathbf{V}_o / j\omega_o L$ e $\mathbf{I}_{C0} = \mathbf{V}_o\, j\omega_o C$, fig.19.19, razão porque ela é também chamada de ressonância de corrente, e a potência elétrica de ressonância vale, $P_o = V_o^2/R$.

De modo análogo, temos: ω_1 e ω_2 as frequências de corte e $\Delta\omega = \omega_2 - \omega_1$ a largura de faixa ou banda. Traçando-se a curva de ressonância, com V em função da frequência, para $\omega = \omega_o$ tem-se tensão de ressonância $V_o = RI$, dá a amplitude da curva e define o índice de seletividade, fig.19.20; para as abcissas ω_1 e ω_2, tem-se a tensão, $V_1 = V_2 = V_o/\sqrt{2} = 0{,}707\, V_o$.

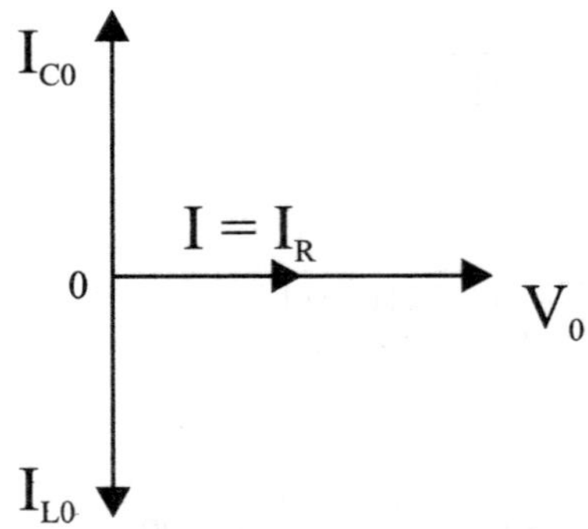

fig 19.19

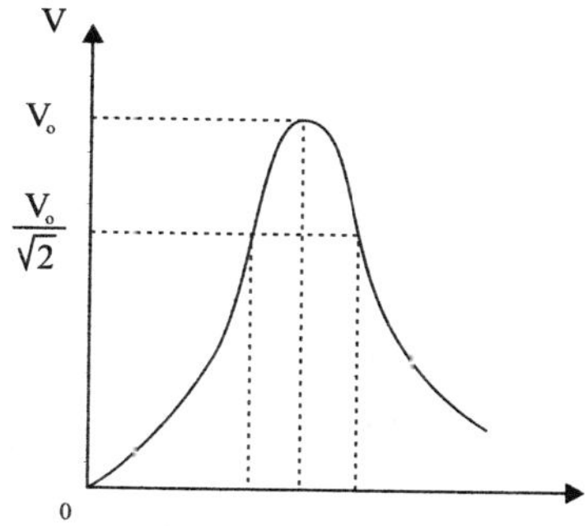

fig 19.20

Quando a tensão de ressonância cai para $V_0/\sqrt{2}$, a condutância cresce de $\sqrt{2G} = \sqrt{2/R}$, e que temos a condição:

$$\sqrt{2/R} = \sqrt{\left({}^1/R\right)^2 + \left(\omega C - {}^1/\omega L\right)^2} \tag{19.24b}$$

De onde,

$$\omega C - \frac{1}{\omega L} = \pm\frac{1}{R} \tag{19.24c}$$

Para $\omega_1 < \omega_o$, virá,

$$\omega_1 C - \frac{1}{\omega_1 L} = -\,{}^1\!/_R \tag{19.24d}$$

Então,

$$\omega_1^2 + \frac{1}{RC}\omega_1 - \frac{1}{LC} = 0$$

de raiz compatível,

$$\omega_1 = -\frac{1}{2RC} + \sqrt{\left(\frac{1}{2RC}\right)^2 + \left(\frac{1}{LC}\right)^2} \tag{19.24e}$$

Para $\omega_2 > \omega_o$, virá:

$$\omega_2 L - \frac{1}{\omega_2 C} = +R \tag{19.24f}$$

E daí obtemos:

$$\omega_2 = \frac{1}{2RC} + \sqrt{\left(\frac{1}{2RC}\right)^2 + \left(\frac{1}{LC}\right)^2} \tag{19.24g}$$

Tomando a diferença, ω_2 - ω_1 = $\Delta\omega$, virá a banda:

$$\Delta\omega = \frac{1}{RC} \tag{19.25a}$$

E o fator de qualidade, Q_o:

$$Q_o = \frac{\omega_o}{\Delta\omega} = \omega_o RC \tag{19.25b}$$

Em particular para o circuito em paralelo, ressonante , temos:

$$Q_o = \frac{I_{Lo}}{I} = \frac{I_{Co}}{I} \tag{19.25c}$$

Exemplo 19.7

Dado o circuito em paralelo com R = 25 Ω, L = 0,1 mH e C = 100μ, que é posto em ressonância com a tensão de $100\underline{|0^\circ}$. Calcular: (1) a frequência de ressonância, (2) a banda; (3) o fator de qualidade; (4) as correntes nos ramos; e (5) a potência de ressonância.

Substituindo os valores dados nas expressões pertinentes, teremos:

$$(1)\omega_o = \frac{1}{\sqrt{(10^{-1}x10^{-3}H)(10^2x10^{-6}F)}} = 10^4 \text{rad/s}; (2)\,\Delta\omega = \frac{1}{(25\Omega)(10^{-4}F)} = 400\text{rad/s};$$

$$(3)Q_o = (10^4 \text{rad/s})(25\Omega)(10^{-4}F) = 25; (4)I_R = \frac{100V}{25\Omega} = 4A;$$

$$\mathbf{I}_{L0} = \frac{100\text{V}}{j(10^4\,\text{rad/s})(10^{-4}\,\text{F})} = -j100(\text{A})\text{e}\mathbf{I}_{C0} = (100\text{V})(10^4\,\text{rad/s})(10^{-4}\,\text{F}) = j100(\text{A})$$

(5) $P_o = (25\Omega)(4\ \text{A})^2 = 400\ \text{W}$

19.6. Potência Elétrica em Circuito de C.A.

Dadas $v(t) = V_m$ sen ωt e $i(t) = I_m$ sen$(\omega t + \phi)$, com ϕ fixo, conforme esboçadas na fig.19.21(a), a potência elétrica instantânea, p(t) , é definida pelo produto v(t).i(t), isto é,

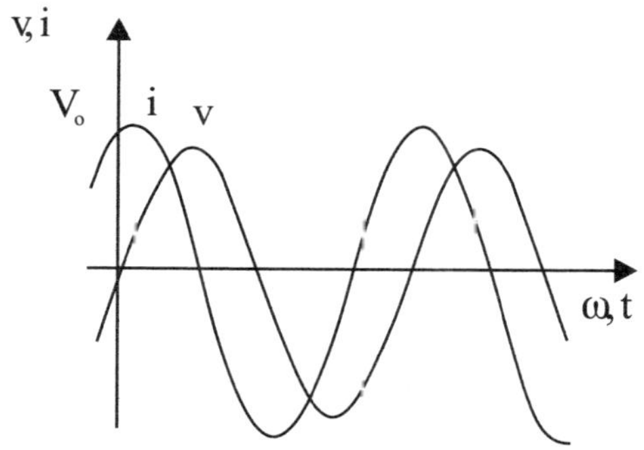

fig 19.21(a)

$$p(t) = V_m I_m \text{ sen } \omega t \text{ sen}(\omega t + \phi) \tag{19.26a}$$

onde p(t) poderá ser negativa se v(t) e i(t) tiverem sinais opostos. Desenvolvendo o último fator e efetuando as transformações trigonométricas convenientes, obtemos:

$$p(t) = \frac{V_m I_m}{2}\cos\phi - \frac{V_m I_m}{2}\cos\phi\cos 2\omega t + \frac{V_m I_m}{2}\text{sen}\phi\,\text{sen}\,2\omega t \tag{19.26b}$$

com gráfico dado na fig.19.21(b), onde cada ordenada representa o produto v(t).i(t); este resultado também pode ser colocado como:

$$p(t) = \frac{V_m I_m}{2}\cos\phi(1 - \cos 2\omega t) + \frac{V_m I_m}{2}\text{sen}\phi\ \text{sen}\,2\omega t \tag{19.26c}$$

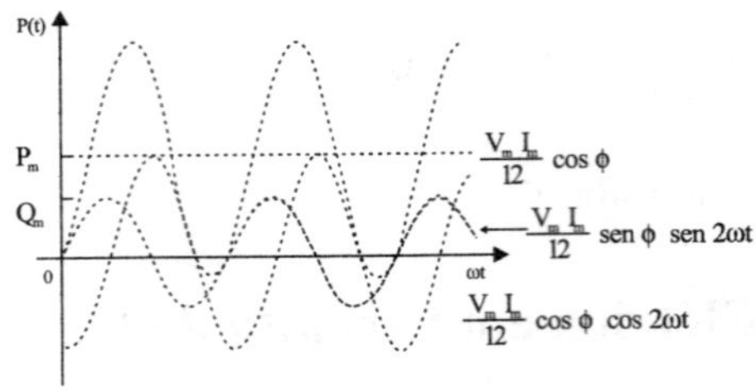

fig 19.21(b)

Tomando o valor médio do 1º termo do 2° membro acima, para um número inteiro de períodos, este reduz-se ao termo constante, $V_m I_m$ cosφ/2, que define a potência elétrica ativa média, p_m , ou seja,

$$p_m = \frac{V_m I_m}{2} \cos\phi \tag{19.27a}$$

Convindo expressá-la em valores eficazes, pondo $V = V_m/\sqrt{2}\,2$ e $I = I_m/\sqrt{2}$, elimina-se o denominador 2 , e o resultado é denominado de potência elétrica ativa ou real, anota-se por P ,

$$P = V\, I \cos\phi \tag{19.27b}$$

e o fator, cosφ recebe o nome de fator de potência, abrevia-se por f.p., e fica definido por,

$$\text{f.p.} = \frac{P}{V\,I} \tag{19.27c}$$

Como se verá adiante, o produto V I será chamado de potência aparente, e φ, é o ângulo do f.p; aliás, como cos(-φ) = cos φ, a potência elétrica ativa será positiva nos 1º e 4º quadrantes trigonométricos (caso do gerador elétrico em operação) e negativa, nos 2º e 3º quadrantes (caso do motor elétrico em operação).

Como já sabemos, a unidade SI de potência elétrica ativa ou eficaz é o watt, W. Na prática ela é medida através de instrumento chamado de wattímetro, conectado à rede, que consta essencialmente de uma bobina de corrente (de fio grosso) ligada em série com a fase e uma bobina de tensão (de fio fino, em série com uma resistência) ligada em paralelo, como na fig.19.22.

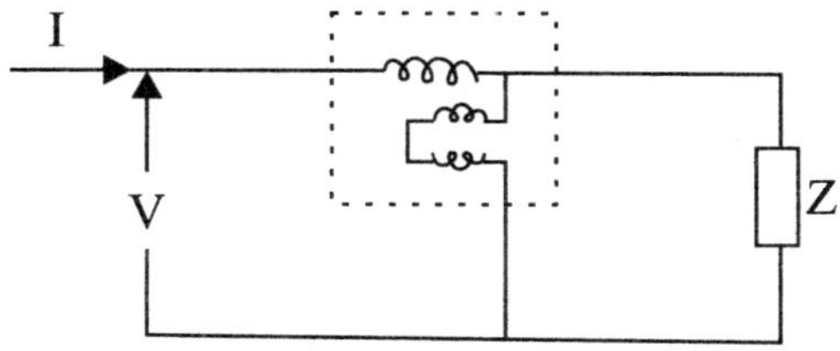

fig 19.22

Por sua parte, como o valor médio do 2º termo do 2º membro de (19.26c) é nulo, opta-se por tomar a sua ordenada de pico ou valor máximo, $V_m I_m$senϕ/2, para a definição da potência elétrica reativa média, Q_m, ou seja,

$$Q_m = \frac{V_m \, I_m}{2} \text{sen}\phi \qquad (19.28a)$$

que, convertida para valores eficazes, resulta na potência elétrica reativa, Q :

$$Q = V\, I \text{ sen } \phi \qquad (19.28b)$$

onde sen ϕ recebe o nome de fator de reatividade, abrevia-se, f.r. , que pode ser positivo, quando as cargas elétricas são indutivas, e negativo, quando elas são capacitivas, caso em que tanto um quanto o outro se torna fonte de potência elétrica reativa, que passa a oscilar entre a fonte de tensão e as reatâncias.

Na eletrotécnica, admite-se o uso da unidade VoltxAmpère-reativo, Var , para a potência elétrica reativa, que obviamente equivale ao watt (W).

[1] Potência Elétrica Complexa

Um aspecto importante a destacar é que nas equações de definição (19.27c) e (19.28b) não dependendo do tempo, podem ser reunidas para a composição da potência elétrica complexa, **N**, ora definida na forma cartesiana e exponencial:

$$\mathbf{N} = VI \cos \phi + j \; VI \text{ sen } \phi = VI \; e^{j\phi} \qquad (19.29a)$$

que sintetiza-se na forma algébrica,

$$\mathbf{N} = \mathbf{P} + j\ \mathbf{Q} \qquad (19.29b)$$

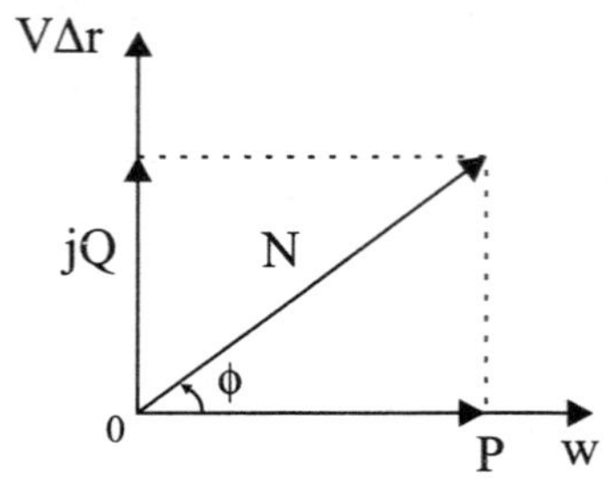

fig 19.23(a)

representada graficamente no plano complexo, fig.19.23(a), onde a potência elétrica ativa ou real é locada sobre o eixo real X'OX , enquanto que a potência elétrica reativa, no eixo imaginário Y'OY. De (19.29b) podemos concluir o módulo,

$$N = \sqrt{P^2 + Q^2} = V\,I \qquad (19.29c)$$

e o argumento, ϕ = arc tg (Q/P). O produto VI = N recebe a denominação de potência elétrica aparente tendo por unidade o VoltxAmpère, abrevia-se VA.

É interessante observar que se aplicarmos o conceito de potência complexa como o produto dos fasores $\mathbf{V} = V\underline{|\theta_V}$ e $\mathbf{I} = I\underline{|\theta_I}$, obteríamos $\mathbf{VI}$ = VI $\underline{|\theta_V\theta_I}$; mas a luz da fig.19.23(b), vemos que $\phi = \theta_v - \theta_I$, o que implica na necessidade matemática de se substituir I pelo seu conjugado $I^* = I\ \underline{|-\theta_I}$, para termos válida a equação (19.29a), ou seja, V $\mathbf{I}^*$ = VI $e^{j\phi}$, e portanto, podemos concluir que,

$$\mathbf{N} = \mathbf{V}\ \mathbf{I}^* \qquad (19.29d)$$

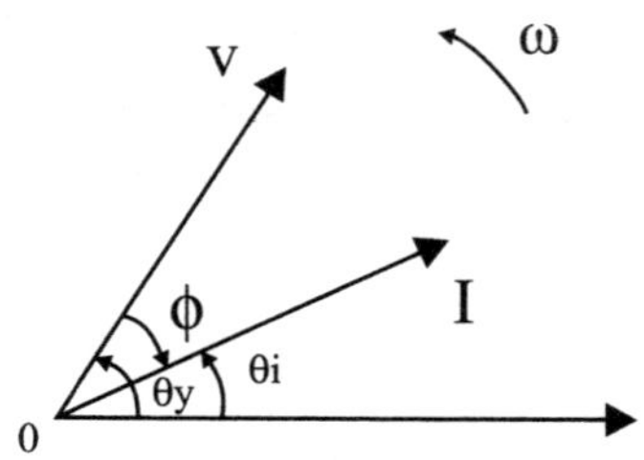

fig 19.23(b)

E em vista de (19.29b), também temos:

P = Re {**V I***} e **Q** = Im {**V I***}

Por consequência, também podemos definir a potência complexa a partir da lei de Ohm, **V = I Z**, bastando multiplicá-la por I*, já que **I.I*** = I^2 e teremos,

$$\mathbf{N} = Z\ I^2 \tag{19.29e}$$

E sendo **Z** = R + j **X**, virá,

$$\mathbf{N} = R\ I^2 + j\ \mathbf{X}\ I^2 \tag{19.29g}$$

onde,

$$P = RI^2 \text{ e } Q = j\ X\ I^2 \tag{19.29h}$$

que são respectivamente a potência ativa, dissipada pelo resistor R, e a potência reativa, produzida ou absorvida pela reatância X.

Para finalizar devemos lembrar que a potência elétrica atende ao princípio de superposição, ou seja, se uma rede tem n elementos passivos, a potência elétrica ativa total será a soma das potências elétricas ativas das partes dissipadoras:

$$P_t = P_1 + P_2 + \ldots + P_n \tag{19.29i}$$

assim como as potências elétricas reativas das partes reativas,

$$Q_t = Q_1 + Q_2 + \ldots + Q_n \tag{19.29j}$$

De onde a potência elétrica aparente ou total,

$$N_t = N_1 + N_2 + \ldots + N_n \tag{19.29k}$$

Exemplo 19.8

Dadas $V(t) = 120\sqrt{2}\ \text{sen}(377\ t + 15°)$ e $i(t) = 10\sqrt{2}\ \text{sen}(377\ t - 45°)$, calcular a potência elétrica média, ativa e reativa.

Sendo, $\phi = 15° - (-45°) = 60°$, temos:

$$P_m = \frac{\left(120\sqrt{2}\right)\left(10\sqrt{2}\right)}{2}\cos 60° = 600\,W$$

$$Q_m = \frac{\left(120\sqrt{2}\right)\left(10\sqrt{2}\right)}{2}\text{sen}60° \cong 1.039,23\,W$$

Exemplo 19.9

Dadas, v(t) = $220\sqrt{2}$ sen(377 t + 60°) e i(t) = $11\sqrt{2}$ cos(377 t + 30°), achar a potência elétrica ativa, reativa, aparente e complexa, decorrentes.

Inicialmente, convertendo a C.A. à mesma forma senoidal da T.A., temos:

i (t) = 11 $\sqrt{2}$ cos(377 t + 30°) = 11 $\sqrt{2}$ sen(377 t + 30°+90°)

i (t) = 11 $\sqrt{2}$ sen(377 t +120°)

sendo ϕ = 60°- 120°= -60°, teremos, f.p. = cos(-60°) = 0,500 e f.r. = sen(-60°) = -0,866 ; donde, as potências elétricas ativa e reativa:

P = (220 V)(11 A) (0,500) = 1.210 W

Q = (220 V)(11 A)(-0,866) ≅ -2.096 Var

De onde, a potência elétrica aparente:

$$N = \sqrt{(1.210)^2 + (-2.096)^2} \cong 2.420\,VA$$

com o ângulo de fase, ϕ = arc tg(-2.096/1210) = -60°.

E por conseguinte, a potência elétrica complexa na forma polar,

$$\mathbf{N} = 2.420\underline{|-60°}$$

e na forma cartesiana,

N = 1210 - j 2.096

A título de curiosidade, usando (19.29e), tem-se o resultado mais rápido,

$$\mathbf{N} = \left(220\,e^{j60°}\right)\left(11\,e^{-j120°}\right) = 2.420\,e^{j60°} = 2.420\underline{|-60°}$$

[2] Correção do fator de Potência

As instalações elétricas de médios e grandes consumidores de energia elétrica, possuem além de cargas resistivas (que consomem potência elétrica ativa), cargas indutivas (motores, iluminação fluorescente, etc) que absorvem potência elétrica reativa e ambas acarretam perdas de energia (proporcional ao quadrado da corrente elétrica total) bem como queda de tensão elétrica que acabam produzindo um f.p. < 1. Um baixo f.p. enseja multa por parte da concessionária havendo a necessidade de dotar a instalação elétrica de um recurso técnico que eleve ou corrija o f.p. ; este recurso consiste na instalação de um banco de capacitores, em paralelo, antes da carga elétrica instalada, fig.19.24(a).

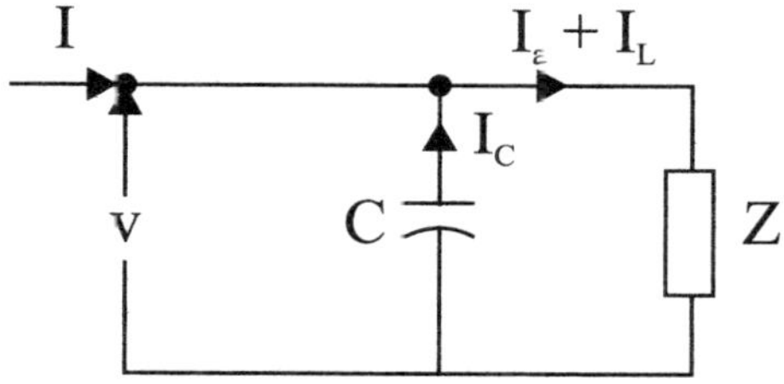

fig 19 24(a)

Para uma instalação elétrica que consome a potência ativa, P, e reativa, Q_L (devido às cargas indutivas), com baixo f.p., o problema se resume no dimensionamento de um banco de capacitores que forneça a potência elétrica reativa, Q_C , que compense Q_L em parte ou no todo, já que a potência elétrica reativa total será $Q = Q_C - Q_L$. Retomando a equação (19.27c), temos,

$$\text{f.p.} = \cos\phi = \frac{P}{\sqrt{P^2 + Q^2}} \tag{19.30a}$$

onde podemos observar que reduzindo $Q = Q_C - Q_L$ aumenta-se f.p, ou quando $(Q_C - Q_L) \to 0$, f.p. $\to$ 1. Sendo $Q_C = I^2X_C = -V^2\omega C$, virá o valor da capacitância do capacitor:

$$C = -\frac{Q_C}{\omega V^2} \tag{19.30b}$$

quando a corrente elétrica total, I, passa a ser a soma da corrente elétrica ativa I_a, em fase com a tensão fornecida, V, e a corrente capacitiva, I_C, fig.19.24(b), de onde $I_C = I_a$ tg o, ou melhor, $\omega C V = I_a \text{ tg } \phi$; e multiplicando ambos os membros por V obtemos, $\omega C V^2 = P \text{ tg } \phi$, o que permite expressar (19.30b) como,

$$C = -\frac{P\,tg\,\phi}{\omega V^2} \qquad (19.30c)$$

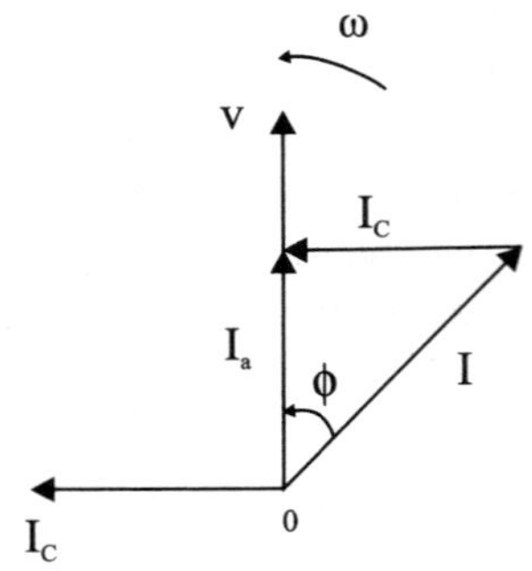

fig 19.24(b)

Se uma instalação tem o f.p. = cos ϕ_1 e $I_1 = I_a + I_L$, e após a instalação de capacitor que corrige o f.p. para cos ϕ_2, com $\phi_2 < \phi_1$, tem-se a corrente elétrica $I_2 = I_a + I_L - I_C$, fig.19.25, então, usando o mesmo procedimento acima, podemos concluir que o valor da capacitância virá dada por:

$$C = \frac{P(tg\,\phi_1 - tg\,\phi_2)}{\omega V^2} \qquad (19.30d)$$

onde, obviamente, $Q_C = P(tg\,\phi_1 - tg\,\phi_2)$.

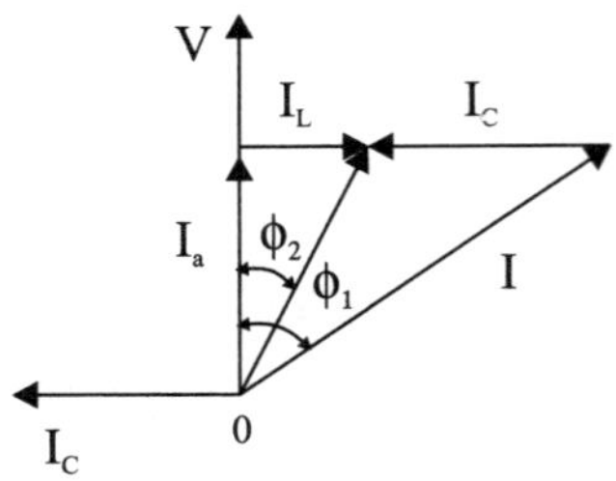

fig 19.25

Exemplo 19.10

Uma instalação elétrica é atendida pela tensão elétrica de 13,8 kV, 60 Hz, e consome a potência elétrica ativa de 130 kw com um f.p. = 0,65, que se deseja corrigi-lo para 0,90. Dimensionar a capacitância do banco de capacitores a ser instalado.

Temos inicialmente, cos $\phi_1 = 0,65 \Rightarrow \phi_1 \cong 49,46°$ e tg $(49,46°) \cong 1,169$; para cos $\phi_2 = 0,90 \Rightarrow \phi_2 \cong 25,84°$ e tg $(25,84) \cong 0,484$. Então, usando diretamente, (19.30d), virá,

$$C = \frac{(130\text{kw})(1,169 - 0,484)}{(377\ \text{rad/s})(13,8\text{kV})^2} \cong 1.240\ \mu\ \text{F}$$

19.7. Rede Elétrica de C.A.

Na análise de redes elétricas de C.A. valem as mesmas regras, teoremas e métodos usados e instituídos à análise de redes elétricas de C.C., ora apenas acrescidas do labor matemático inerentes ao cálculo com números complexos, representativos das quantidades elétricas e no domínio da frequência.

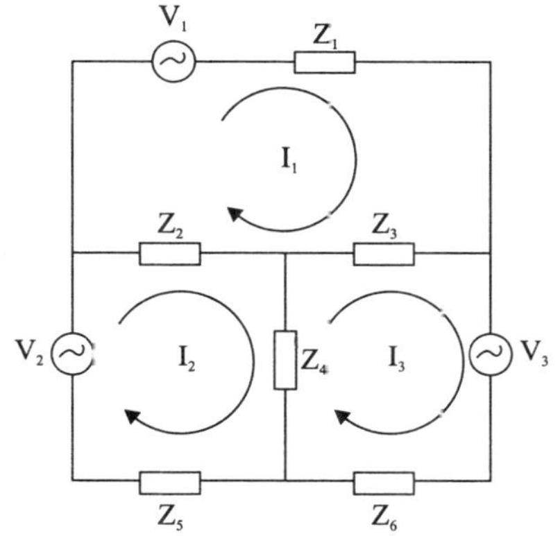

fig 19.26

Sem perda de generalidade, seja a rede elétrica de C.A., fig.19.26, constituída por três malhas principais, cujos sentidos de percursos são os mesmos das correntes de malhas, representadas pelos fasores I_1, I_2 e I_3. As tensões elétricas envolvidas são também os fasores V_1 , V_2 e V_3 , sendo ademais, Z_{kk} as impedâncias próprias e $Z_{kj} = Z_{jk}$ as impedâncias mútuas. A aplicação da lei das malhas à rede conduz ao seguinte sistema de equações lineares, simultâneas:

$$\mathbf{Z}_{11}\,\mathbf{I}_1 + \mathbf{Z}_{12}\,\mathbf{I}_2 + \mathbf{Z}_{13}\,\mathbf{I}_3 = \mathbf{V}_1 \qquad (1)$$

$$\mathbf{Z}_{21}\,\mathbf{I}_1 + \mathbf{Z}_{22}\,\mathbf{I}_2 + \mathbf{Z}_{23}\,\mathbf{I}_3 = \mathbf{V}_2 \tag{2}$$

$$\mathbf{Z}_{31}\,\mathbf{I}_1 + \mathbf{Z}_{32}\,\mathbf{I}_2 + \mathbf{Z}_{33}\,\mathbf{I}_3 = \mathbf{V}_3 \tag{3}$$

ou sob forma matricial,

$$\begin{vmatrix} \mathbf{Z}_{11} & \mathbf{Z}_{12} & \mathbf{Z}_{13} \\ \mathbf{Z}_{21} & \mathbf{Z}_{22} & \mathbf{Z}_{23} \\ \mathbf{Z}_{31} & \mathbf{Z}_{32} & \mathbf{Z}_{33} \end{vmatrix} \begin{vmatrix} \mathbf{I}_1 \\ \mathbf{I}_2 \\ \mathbf{I}_3 \end{vmatrix} = \begin{vmatrix} \mathbf{V}_1 \\ \mathbf{V}_2 \\ \mathbf{V}_3 \end{vmatrix} \tag{4}$$

onde consideramos: $\mathbf{Z}_{11} = \mathbf{Z}_1 + \mathbf{Z}_3 + \mathbf{Z}_2$; $\mathbf{Z}_{12} = \mathbf{Z}_{21} = \mathbf{Z}_2$; $\mathbf{Z}_{13} = \mathbf{Z}_{31} = \mathbf{Z}_3$; $\mathbf{Z}_{23} = \mathbf{Z}_{32} = \mathbf{Z}_4$; $\mathbf{Z}_{22} = \mathbf{Z}_2 + \mathbf{Z}_4 + \mathbf{Z}_5$; e $\mathbf{Z}_{33} = \mathbf{Z}_3 + \mathbf{Z}_6 + \mathbf{Z}_4$.

Como as correntes alternadas são as incógnitas, podemos obtê-las usando a regra de Cramer, como se segue:

$$\mathbf{I}_1 = \frac{D_1}{\Delta}; \mathbf{I}_2 = \frac{D_2}{\Delta}; \mathbf{I}_3 = \frac{D_3}{\Delta};$$

onde Δ é o determinante da matriz das impedâncias e cada numerador, D_k , é o determinante que se obtém substituindo a coluna k de impedâncias pela coluna das tensões, V_k , k = 1,2,3 .

Exemplo 19.10

Seja a rede elétrica, fig.19.27 , achar as correntes elétricas de malhas, $\mathbf{I}_1$ e $\mathbf{I}_2$, no ramo central bem como as tensões elétrica nos ramos.

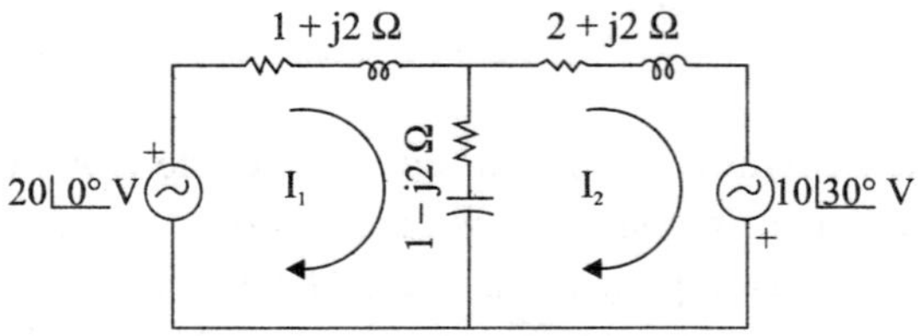

fig 19.27

Aplicando a lei das malhas, obtemos o sistema de equações simultâneas:

$(1+j2 + 1 - j2)\,\mathbf{I}_1 - (1- j2)\,\mathbf{I}_2 = 20\ \underline{|0^\circ}$

$- (1 - j2)\,\mathbf{I}_1 + (2 + j2 + 1 - j2)\,\mathbf{I}_2 = 10\,\underline{|30^\circ}$

ou melhor,

$(2 + j\,0)\,\mathbf{I}_1 - (1 - j2)\,\mathbf{I}_2 = 20{,}00 + j\,0$

$- (1 - j\,2)\,\mathbf{I}_1 + (3 + j\,0)\,\mathbf{I}_2 = 8{,}66 + j\,5$

Resolvendo o sistema pela regra de Cramer, temos,

$$\mathbf{I}_1 = \frac{\begin{vmatrix} 20 + j0 & -(1 - j2) \\ 8{,}66 + j5 & 3 + j0 \end{vmatrix}}{\begin{vmatrix} 2 + j0 & -(1 - j2) \\ -(1 - j2) & 3 + j0 \end{vmatrix}} = \frac{78{,}66 - j12{,}32}{9 + j4} = \frac{79{,}62\underline{|-8{,}90^\circ}}{9{,}85\underline{|23{,}96^\circ}}$$

$$\mathbf{I}_1 = 8{,}08\underline{|-32{,}86^\circ} = 6{,}79 - j4{,}38\,(\mathrm{A})$$

De modo análogo, obtemos:

$$\mathbf{I}_2 = 4{,}86\underline{|-62{,}75^\circ} = 2{,}23 - j4{,}32\,(\mathrm{A})$$

A corrente elétrica no ramo central, I_3, será,

$$\mathbf{I}_3 = \mathbf{I}_1 - \mathbf{I}_2 = 4{,}56 - j0{,}06 = 4{,}56\underline{|-0{,}75^\circ}\,(\mathrm{A})$$

As tensões elétricas nos ramos:

$$V_1 = \left(\sqrt{5}\underline{|63{,}43^\circ}\right)\left(4{,}86\underline{|-62{,}75^\circ}\right) \cong 18{,}06\underline{|30{,}57^\circ}$$

$$V_3 = \left(\sqrt{5}\underline{|-63{,}43^\circ}\right)\left(4{,}56\underline{|-0{,}75^\circ}\right) \cong 10{,}20\underline{|-64{,}18^\circ}$$

$$V_2 = \left(\sqrt{8}\underline{|45^\circ}\right)\left(4{,}86\underline{|-62{,}75^\circ}\right) \cong 13{,}75\underline{|-17{,}75^\circ}$$

Note-se ademais que $V_1 + V_3 = 20\,\underline{|0^\circ}$ e $V_2 = V_3 + 10\,\underline{|30^\circ}$.

19.8. Teoremas de Redes Elétricas de C.A.

Como é de se esperar, para as redes elétricas de C.A. valem os mesmos teoremas estabelecidos às redes de C.C. , item 17.5; contudo para elas serão revistos apenas os teoremas de Thevenin e Norton, através de exemplos.

Exemplo 19.11 (Teorema de Thevenin)

Dada a rede elétrica, fig.19.28(a), achar a corrente elétrica na impedância de carga, $Z_C = 2{,}5 - j2\ (\Omega)$, utilizando o teorema de Thevenin.

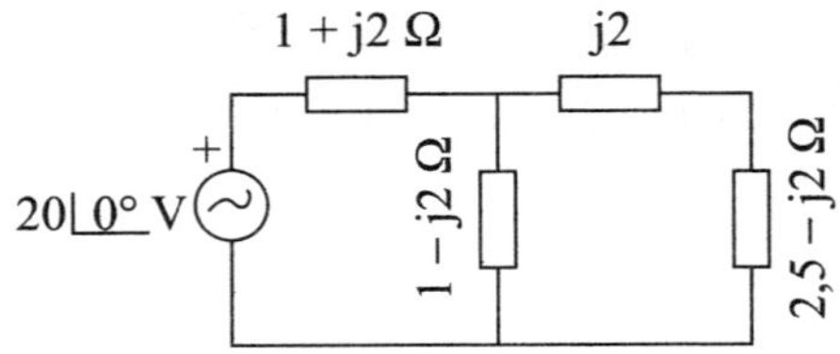

fig 19.28(a)

1°) Cálculo da tensão de Thevenin, V_{Th}: com a Z_C retirada, é a tensão entre os terminais, A e B, ora em aberto; usando o divisor de tensão, virá,

$$V_{Th} = \frac{(1 - j2)\Omega}{(1 + j2 + 1 - j2)\Omega} 20\underline{|0°}(V) = 10 - j20(V)$$

$$V_{Th} = 22{,}36\underline{|-63{,}43°}(V)$$

2°) Cálculo da impedância equivalente, Z_{Th}: com a fonte retirada ou em curto-circuito, é a impedância equivalente vista dos terminais A e B,

$$Z_{Th} = j2\Omega + \frac{(1 + j2)\Omega(1 - j2)\Omega}{(1 + j2 + 1 - j2)\Omega} = 2{,}5 + j2(\Omega) \cong 3{,}2\underline{|38{,}66°}(\Omega)$$

Donde a corrente elétrica na impedância de carga,

$$\mathbf{I}_C = \frac{V_{Th}}{Z_{Th} + Z_C} = \frac{22{,}36\underline{|-63{,}43°}(V)}{(2{,}5 + 12 + 2{,}5 - j2)\Omega} \cong 4{,}47\underline{|-63{,}43°}$$

A rede equivalente de Thevenin é dada na fig.19.28(b). Este teorema tem a conveniência de tornar fixa a parte A da rede e deixar livre a parte B, no presente caso, a impedância de carga, que pode variar.

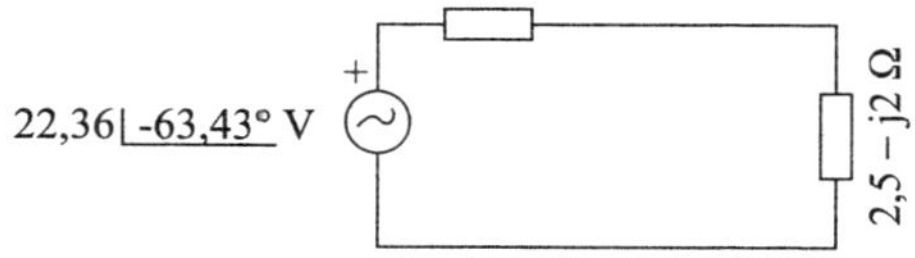

fig 19.28(b)

Exemplo 19.12 (Teorema de Norton)

Dada a rede equivalente Thevenin, fig.19.28(b), transformá-la na rede equivalente Norton.

Conforme sabemos, o teorema Norton preconiza que a rede equivalente de Norton é constituída de uma fonte de corrente elétrica, $I_N = V_{Th}/Z_{Th}$, em paralelo com uma impedância, $Z_N = Z_{Th}$, fig.19.29; e usando os valores dados, virá,

$$\mathbf{I}_N = \frac{22,36\underline{|-63,43°}(V)}{3,2\underline{|38,66°}(\Omega)} \cong 6,99\underline{|-102,09°}(A)$$

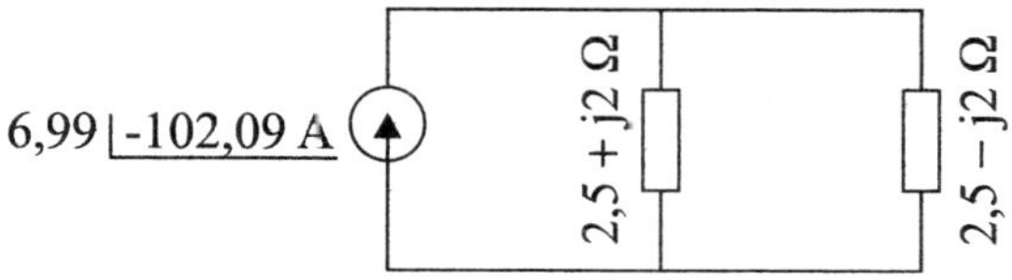

fig 19.29

A corrente elétrica na impedância de carga, usando divisor de corrente,

$$\mathbf{I}_C = \frac{3,2\underline{|38,66°}(\Omega)}{(2,5+j2+2,5-j2)(\Omega)} 6,99\underline{|-102,09°}(A) \cong 4,474\underline{|-63,43°}(A)$$

20. CORRENTE ALTERNADA EM REDE TRIFÁSICA

20.1. Tensão Elétrica Trifásica. Alternador Trifásico

Conforme vimos no item 19.1 e seguintes, a tensão elétrica alternada é gerada por um alternador monofásico. Com três alternadores monofásicos, como na fig.20.1(a), onde AA', BB' e CC' simbolizam as espiras (ou bobinas) girantes, sede das fem alternadas, individuais, com as quais podemos compor um sistema trifásico com geração simultânea de três fem alternadas, de mesma frequência, de iguais amplitudes e defasadas de 120° elétricos.

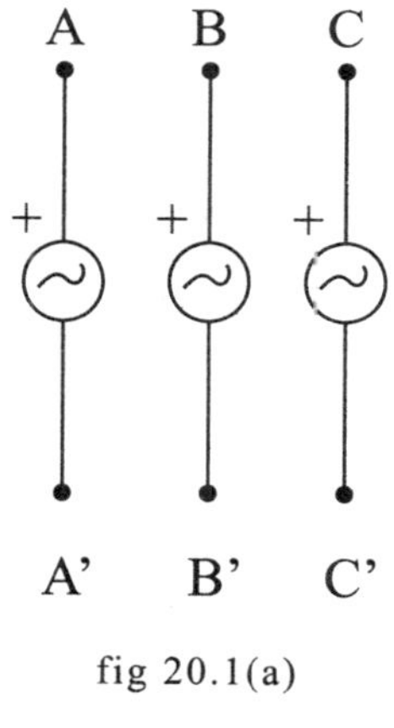

fig 20.1(a)

Acoplando adequadamente as três espirais e fazendo o conjunto girar no mesmo campo magnético, fig.20.1(b), teremos um alternador ou gerador trifásico elementar, gera simultaneamente três fem alternadas, de mesma freqüência, de iguais amplitudes e defasadas de 120° elétricos. As bobinas são eletricamente isoladas e mecanicamente espaçadas entre si de 120°, onde A, B e C, denotam os três terminais finais, e A', B' e C' os três terminais iniciais.

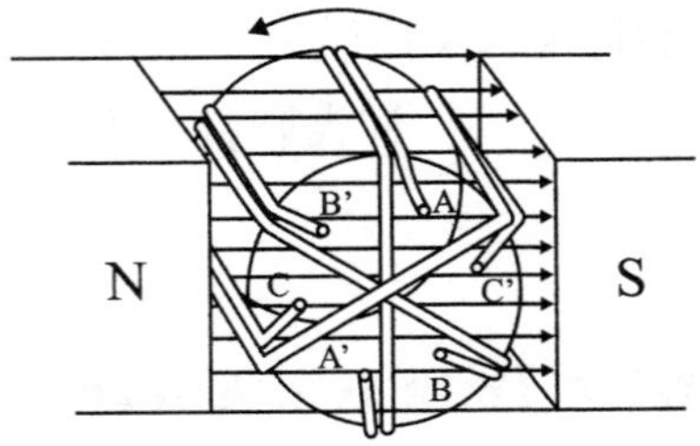

fig 20.1(b)

[1] Conexão Estrela ou Ípsilon

Procedendo-se a ligação dos terminais A', B' e C' num mesmo ponto, que é tomado como ponto de referência de potencial ou neutro, resultando na configuração chamada de conexão estrela ou ípsilon Y, fig.20.1(c).

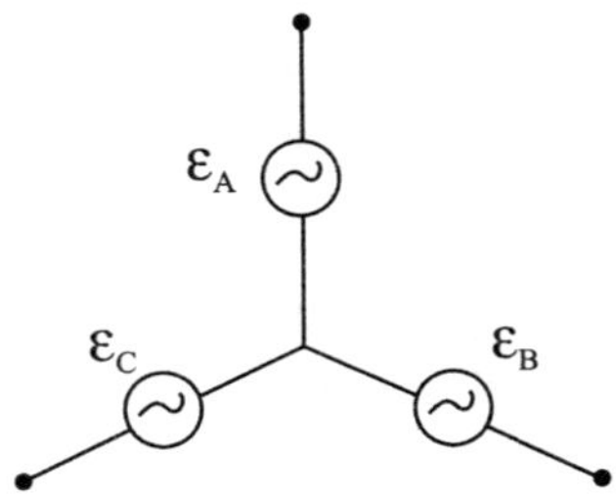

fig 20.1(c)

Num alternador trifásico elementar, vamos admitir que as três fem alternadas, geradas, tenham os valores instantâneos dados na seguinte ordem,

$$\varepsilon_A = \varepsilon_m \ \text{sen}(\omega t) \tag{20.1a}$$

$$\varepsilon_B = \varepsilon_m \ \text{sen}(\omega t\text{-}120°) \tag{20.1b}$$

$$\varepsilon_C = \varepsilon_m \ \text{sen}(\omega t\text{-}240°) = \varepsilon_m \ \text{sen}(\omega t+120°) \tag{20.1c}$$

usualmente chamada de sequência de fase positiva ou ABC, significando que, quando ε_A atinge o valor de pico, ε_B está em atraso de 120° elétricos, em relação a ela, enquanto a que ε_C fica adiantada de 120°, fig.20.2(a). Neste diagrama, pode-se observar que, quando $\varepsilon_A = \varepsilon_m$, as demais fases valem 0,5 ε_m e têm o mesmo sinal; ao passo que, quando $\varepsilon_A = 0$, as outras fases valem 0,866 ε_m e têm sinais opostos.

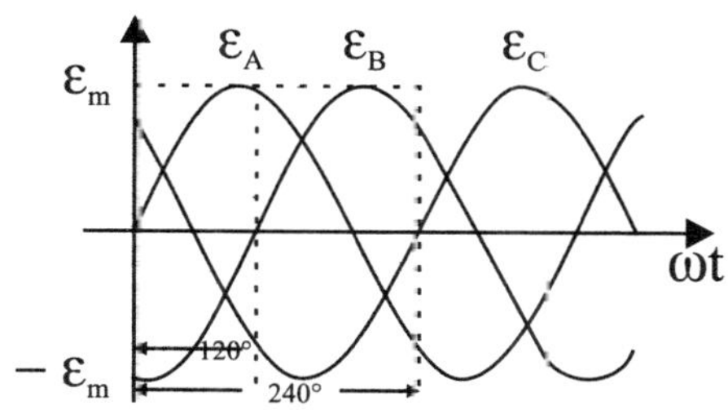

fig 20.2(a)

As três equações acima podem ser convertidas imediatamente às suas formas fasoriais respectivas, convido que façamos logo a introdução do valor eficaz, $\varepsilon = \varepsilon_m/\sqrt{2}$, comum, de modo a termos:

$$\varepsilon_A = \varepsilon\underline{|0} \tag{20.2a}$$

$$\varepsilon_B = \varepsilon\underline{|-120°} \tag{20.2b}$$

$$\varepsilon_C = \varepsilon\underline{|120°} \tag{20.2c}$$

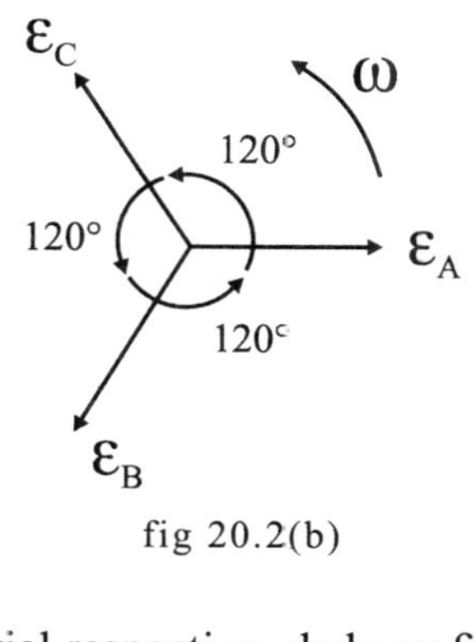

fig 20.2(b)

cujo diagrama fasorial respectivo, dado na fig.20.2(b), está em perfeita correspondência com o da fig.20.2(a), e na qual fica ressaltada a simetria entre as fases cuja soma dos fasores representativos das três fem alternadas, que em qualquer instante é zero. As equações em tela também podem ser postas sob as formas:

$$\varepsilon_A = \varepsilon\ e^{j0°} = \varepsilon\ (1 + j0) \tag{20.3a}$$

$$\varepsilon_B = \varepsilon^{-j120°} = \varepsilon\left(-\frac{1}{2} + j\frac{\sqrt{3}}{2}\right) \qquad (20.3b)$$

$$\varepsilon_B = \varepsilon^{-j120°} = \varepsilon\left(-\frac{1}{2} + j\frac{\sqrt{3}}{2}\right) \qquad (20.3c)$$

Para maior comodidade de manipulação dos fasores é frequente introduzir-se o operador $a = 1\underline{|120°}$, do qual se tem, $a^2 = 1\underline{|-120°}$ e $a° = 1$, de modo que podemos reescrever as equações precedentes, como,

$$\varepsilon_A = 1 \cdot \varepsilon \qquad (20.4a)$$

$$\varepsilon_B = a^2 \cdot \varepsilon \qquad (20.4b)$$

$$\varepsilon_C = a \cdot \varepsilon \qquad (20.4c)$$

onde obviamente se tem $1 + a^2 + a = 0$, indicando a simetria e o equilíbrio das fem alternadas em questão.

As correntes elétricas trifásicas, decorrentes de carga elétrica trifásica equilibrada, são igualmente simétricas, e dadas pelos fasores respectivos,

$\mathbf{I}_A = 1 \cdot I = I\,\underline{|-\phi°}$, $\mathbf{I}_B = a^2 \cdot I = I\,\underline{|-120° - \phi}$ e $\mathbf{I}_C = a \cdot I = I\,\underline{|120° - \phi}$, chamadas de correntes de fase, as quais cumprem igualmente a condição, $\mathbf{I}_A + \mathbf{I}_B + \mathbf{I}_C = 0$.

Com a configuração estrela ou Y compõe-se uma rede elétrica trifásica simétrica e equilibrada de três condutores, como na fig.20.3(a), onde distinguimos a parte da geração, a da transmissão e a parte do consumo, representada por uma carga elétrica trifásica equilibrada que pode estar em conexão Y ou Δ. Quando a carga trifásica é dada em Y, é usual introduzir-se um condutor neutro, N e a configuração decorrente é chamada de rede elétrica trifásica de quatro condutores, fig.20.3(b); por sua vez, estando o sistema em equilíbrio, devemos ter $\mathbf{I}_A + \mathbf{I}_B + \mathbf{I}_C = \mathbf{I}_N = 0$; e neste caso o neutro pode ser ignorado. No que se segue estaremos tratando apenas de rede elétrica trifásica simétrica e equilibrada.

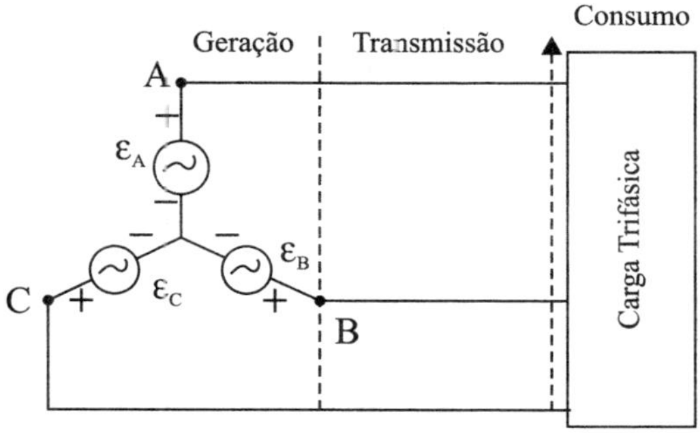

fig 20.3(a)

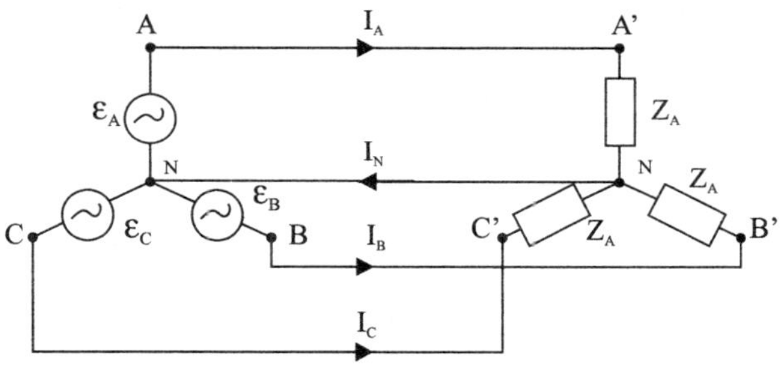

fig 20.3(b)

Convindo referendar cada tensão elétrica alternada ao neutro, elas são anotadas em sequência de fase positiva por ε_{NA}, ε_{NB} e ε_{NC}, no âmbito do gerador. Obviamente, entre cada duas fases tem-se uma tensão elétrica compostas chamada de fase-fase ou tensão de linha, denotada respectivamente por ε_{AB}, ε_{BC} e ε_{CA}, que são calculadas em função das tensões de fases, a elas relacionadas. Com referencia ao gerador da fig.20.3(b), temos para a tensão fase-fase, ε_{AB}:

$\varepsilon_{AB} = \varepsilon_{AN} + \varepsilon_{NB}$

como $\varepsilon_{AN} = - \varepsilon_{NA}$, virá,

$\varepsilon_{AB} = - \varepsilon_{NA} + \varepsilon_{NB}$

Ademais, como em módulo, $\varepsilon_{NA} = \varepsilon_{NB} = \varepsilon_{NC} = \varepsilon_f$, podemos escrever::

$$\varepsilon_{AB} = -\varepsilon_f \underline{|0^\circ} + \varepsilon_f \underline{|-120^\circ} = \varepsilon_f \left(-1 - \tfrac{1}{2} - j\sqrt{\tfrac{3}{2}}\right)$$

$$\varepsilon_{AB} = \sqrt{3}\,\varepsilon_f \underline{|210^\circ} = \sqrt{3}\,\varepsilon_f \underline{|-150^\circ} \qquad (20.5a)$$

onde o ângulo de defasagem é determinado pela situação do fasor no plano complexo. Com procedimento análogo, obtemos às demais tensões fase-fase:

$$\varepsilon_{BC} = \sqrt{3}\,\varepsilon_f \underline{|90^\circ} \quad (20.5b)$$

$$\varepsilon_{CA} = \sqrt{3}\,\varepsilon_f \underline{|330^\circ} = \sqrt{3}\,\varepsilon_f \underline{|-30^\circ} \quad (20.5c)$$

cuja composição gráfica é dada na fig.20.4(a), onde vemos que cada tensão fase-fase acha-se adiantada de 30° elétricos em relação a tensão de fase a ela referida pelo primeiro índice. Este problema pode ser considerado como a conversão do gerador em Y para Δ e no qual fica assente que o conjunto das tensões fase-fase ou de linha, forma igualmente um sistema simétrico, uma vez que elas têm o mesmo módulo e estão defasadas de 120° elétricos.

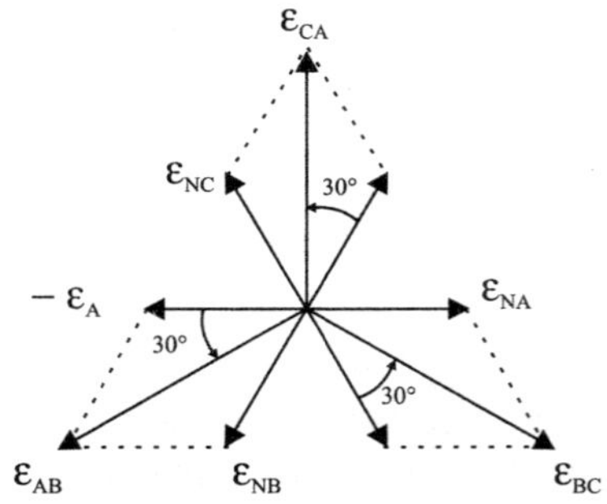

fig 20.4(a)

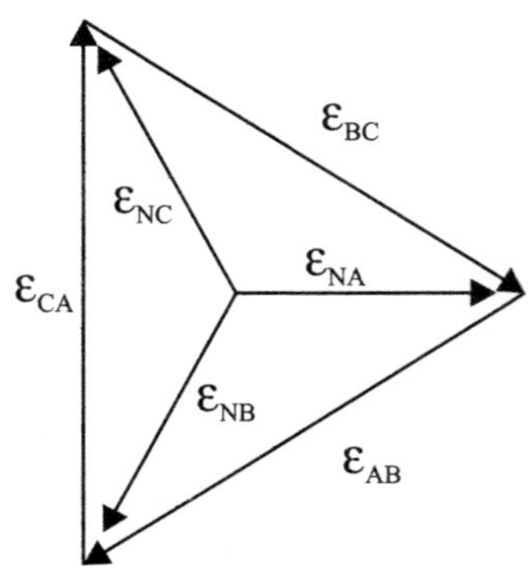

fig 20.4(b)

Alternativamente, podemos reunir todos os fasores envolvidos num único diagrama, fig.20.4(b). É interessante observar que cada triângulo isósceles resultante da composição das três tensões envolvidas, fig.20.4(a), fornece a relação modular entre cada tensão fase-fase com as tensões de fases componentes, bastando tomar, em cada uma deles, as projeções das tensões fase-neutro que determina a tensão de fases pertinente. Por exemplo, com o triângulo formado por ε_{NB} , $-\varepsilon_{NA}$ e ε_{NA} , compomos a fig.20.5, que oferece:

$$\varepsilon_{AB} = \varepsilon_f \cos 30° + \varepsilon_f \cos 0° = 2\varepsilon_f \cos 30° = \sqrt{3}\,\varepsilon_f$$

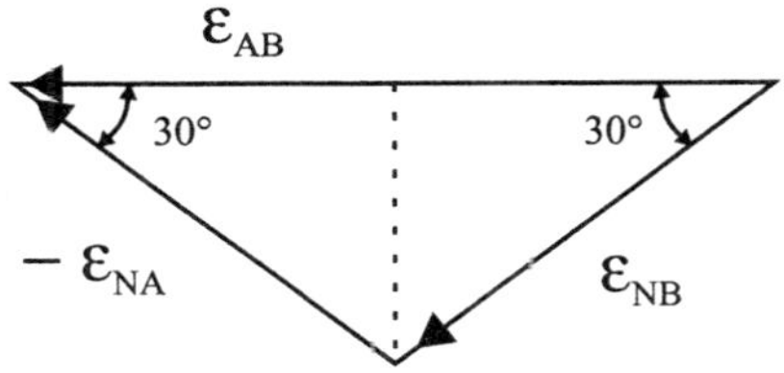

fig 20.5

Este resultado informa que, em módulo, a tensão fase-fase ou de linha, ε_L , é igual a $\sqrt{3}$ vezes a tensão de fase, ε_f , ou seja,

$$\varepsilon_L = \sqrt{3}\,\varepsilon_f \tag{20.6a}$$

Na maioria dos sistemas de distribuição de energia elétrica predomina o uso de tensão de linha de valor eficaz em 220 V ou 380 V, que oferecem as tensões de fase de valores eficazes respectivos, em 127V ($\cong$ 220V/ $\sqrt{3}$) e em 220V ($\cong$ 380V/ $\sqrt{3}$).

Por sua parte, as correntes elétricas trifásicas que saem dos terminais do gerador para o circuito externo, solicitadas pela carga elétrica trifásica, são correntes de fase, $\mathbf{I}_f$, que igualmente são correntes de linha, $\mathbf{I}_L$, o que leva a conclusão de que:

$$\mathbf{I}_L = \mathbf{I}_f \tag{20.6b}$$

Uma carga elétrica trifásica é equilibrada quando tem as três impedâncias são iguais; quando conectadas em Y , temos $Z_A = Z_B = Z_C = Z_Y$; e se conectadas em Δ, temos $Z_{AB} = Z_{BC} = Z_{CA} = Z_\Delta$, e conforme vimos, a relação entre elas é $Z_Y = Z_\Delta/3$.

Conectando ao gerador uma carga elétrica trifásica equilibrada, como na fig.20.3(b), com a restrição de que as impedâncias das interligações sejam desprezadas, as quedas de tensão nas cargas elétricas são, respectivamente, $V_{A'N}$, $V_{B'N}$ e $V_{C'N}$; com elas também podemos obter as tensões fase-fase, $V_{A'B'} = V_{A'N} + V_{N'B'}$, etc., cujo diagrama fasorial completo é dado na fig.20.6, que é o invertido do diagrama construído para o gerador.

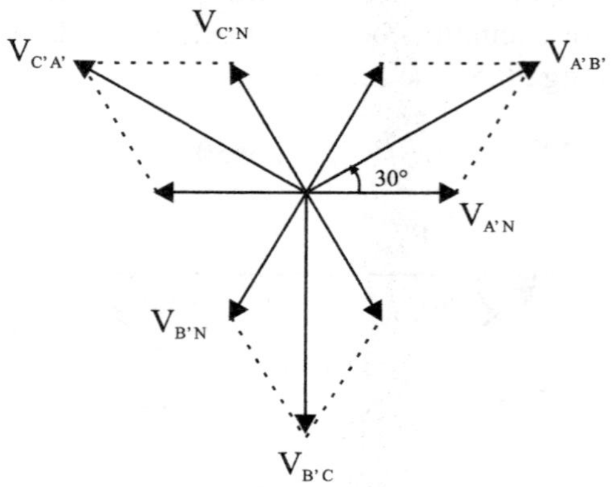

fig 20.6

Exemplo 20.1.

Um alternador trifásico simétrico com tensão de linha, 220 V, alimenta uma carga trifásica equilibrada, conectada em Y, com $Z_Y = (30 + j40)\ \Omega$, cuja parte de interligação tem impedância desprezível. Achar as correntes elétricas.

Sendo a tensão de fase ≅ 127 V e $Z_Y = 30+j40 = 50\,\underline{|53,13°}\ \Omega$, temos,

$$\mathbf{I}_A = \frac{127\underline{|0°}}{50\underline{|53,13°}} = 2,54\underline{|-53,13}(A)$$

E as demais correntes da sequência positiva serão imediatamente dadas por:

$$\mathbf{I}_B = 1\underline{|-120°}\left(2,54\underline{|-53,13°}\right) = 2,54\underline{|-173,13°}(A)$$

$$\mathbf{I}_C = 1\underline{|120°}\left(2,54\underline{|-53,13°}\right) = 2,54\underline{|66,87°}(A)$$

Com este exemplo mostrarmos que uma rede trifásica simétrica e equilibrada pode ser decomposta em três circuitos monofásicos independentes, de modo que resolvido um deles, fig.20.7 , os demais são imediatamente obtidos com o concurso do operador "a" aplicados as grandezas **I** ou **V** buscadas.

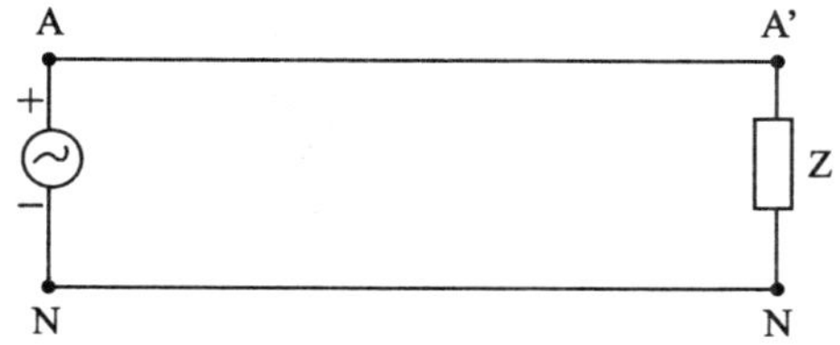

fig 20.7

Relativamente ao circuito monofásico da fig.20.7, no âmbito de gerador trifásico temos a elevação de tensão, ε_{NA}, e sobre a carga elétrica, a queda de tensão correspondente $V_{A'N}$, e portanto, $V_{A'N} = \varepsilon_{NA}$, caso em que estamos desprezando a impedância da linha que liga o gerador à carga elétrica Z .

[2] Conexão Triângulo ou Delta

A 2ª forma de conexão dos seis terminais da fig.20.1(a) é feita procedendo-se a ligação de A com B', B com C' e C com A' , resultado na conexão triângulo ou delta, Δ, fig.20.8 , e tem-se esquematizado um gerador ou alternador trifásico, com o qual pode-se igualmente compor um sistema elétrico simétrico e equilibrado, de carga trifásica em Y ou Δ, sem neutro. A transformação de Δ em Y será feita no exemplo a seguir .

Exemplo 20.2.

Seja um alternador trifásico ligado na conexão triângulo, fig.20.8, e deseja-se transformá-lo para a equivalente conexão estrela.

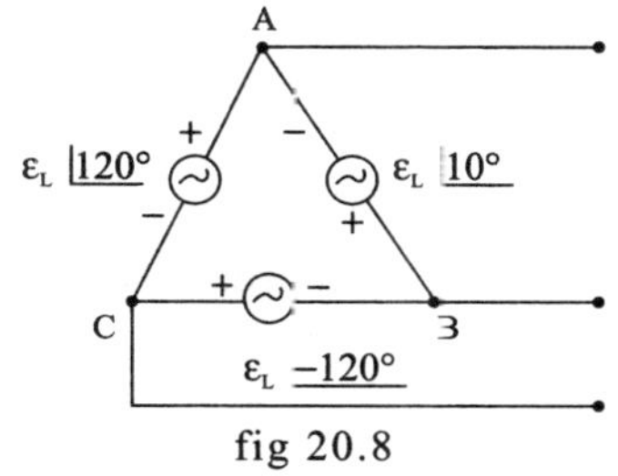

fig 20.8

Como em módulo, temos, $\varepsilon_{AB} = \varepsilon_{BC} = \varepsilon_{CA} = \varepsilon_L = \varepsilon_f\sqrt{3}$, os ângulos de defasagem entre as tensões de fase e de linha podem ser obtidos, por inspeção, no diagrama de composição da fig.20.9(a). E teremos:

$$\varepsilon_{A'} = \frac{\varepsilon_L}{\sqrt{3}}\underline{|30^\circ} \quad (20.7a)$$

$$\varepsilon_{B'} = \frac{\varepsilon_L}{\sqrt{3}}\underline{|270^\circ} = \frac{\varepsilon_L}{\sqrt{3}}\underline{|-90^\circ} \quad (20.7b)$$

$$\varepsilon_{C'} = \frac{\varepsilon_L}{\sqrt{3}}\underline{|150^\circ} \quad (20.7c)$$

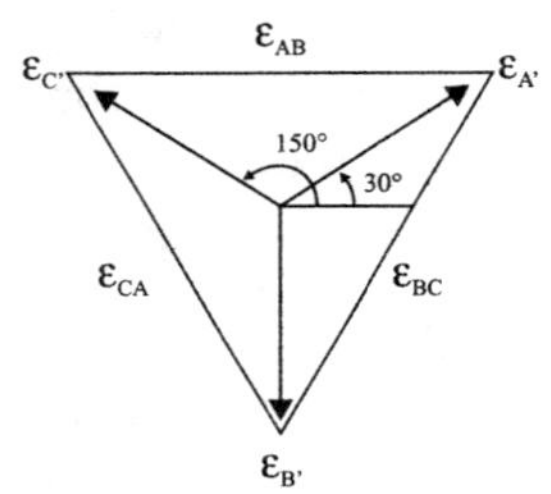

fig 20.9(a)

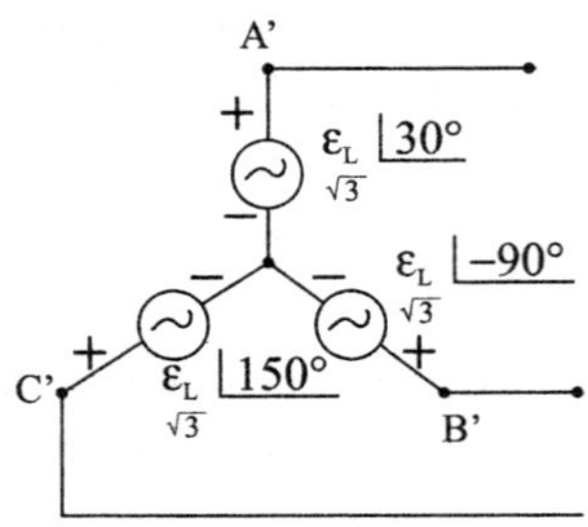

fig 20.9(b)

Donde a conexão Y na fig.20.9(b).

Se o gerador trifásico em Δ atende uma carga trifásica equilibrada, fig.20.10,

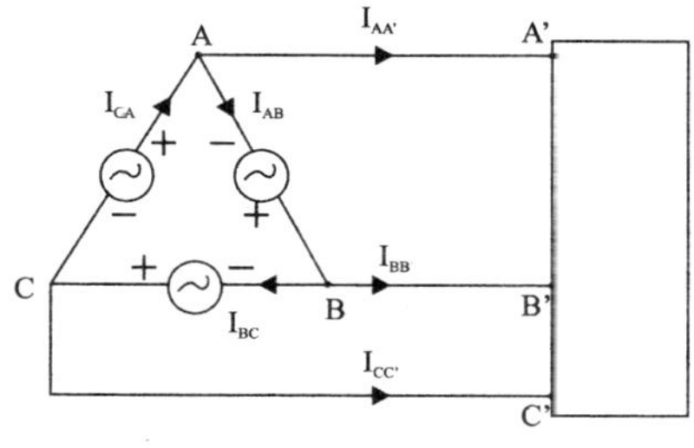

fig 20.10

temos que considerar: (1) as correntes elétricas, dentro da conexão Δ, que supomos estarem em fase com as tensões fase-fase respectivas dadas por, $\mathbf{I}_{AB} = I\,\underline{|0^\circ}$, $\mathbf{I}_{BC} = \mathbf{I}\,\underline{|-120^\circ}$ e $\mathbf{I}_{CA} = I\,\underline{|120^\circ}$; (2) as correntes de linha, $\mathbf{I}_{AA'}$, $\mathbf{I}_{BB'}$ e $\mathbf{I}_{CC'}$, que estão relacionadas com as correntes fase-fase consoante a 1ª lei de Kirchhoff aplicada aos nós. Com efeito, para o nó A, temos:

$$\mathbf{I}_{AA'} = \mathbf{I}_{CA} - \mathbf{I}_{AB} = \mathbf{I}\underline{|120^\circ} - \mathbf{I}\underline{|0^\circ}$$

$$\mathbf{I}_{AA'} = \mathbf{I}\sqrt{3}\left(-\sqrt{3}/2 + j\,1/2\right)$$

$$\mathbf{I}_{AA'} = \mathbf{I}\sqrt{3}\,\underline{|150^\circ} \tag{20.8a}$$

De modo análogo, obtemos as demais correntes de linha:

$$\mathbf{I}_{BB'} = \sqrt{3}\,\mathbf{I}\underline{|30^\circ} \tag{20.8b}$$

$$\mathbf{I}_{CC'} = \sqrt{3}\,\mathbf{I}\underline{|-90^\circ} \tag{20.8c}$$

com diagrama fasorial dado na fig.20.11.

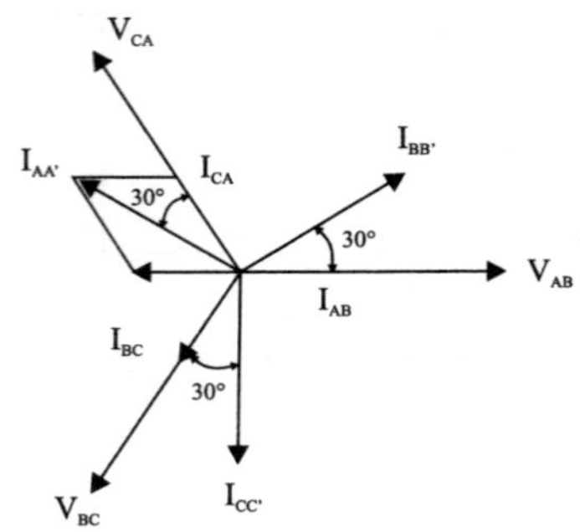

fig 20.11

Por outro lado, tendo em conta que $I_{AB} = I_{BC} = I_{CA} = I_L$, igualmente podemos concluir que $\mathbf{I}_{AA'} = \sqrt{3}\, I_f \underline{|30°}$, $\mathbf{I}_{BB'} \sqrt{3}\, I_f \underline{|30°}$ e $\mathbf{I}_{CC'} = \sqrt{3}\, I_f \underline{|30°}$,e que, em módulo,

$$\mathbf{I}_L = \sqrt{3}\, I_f \tag{20.8d}$$

Exemplo 20.3

Um gerador trifásico em Δ com a tensão fase-fase de 380 V, na sequência positiva, atende uma carga trifásica equilibrada, em delta, $Z_\Delta = 60\underline{|45°}\Omega$, fig.20.12(a). Determinar as correntes fase-fase, na carga.

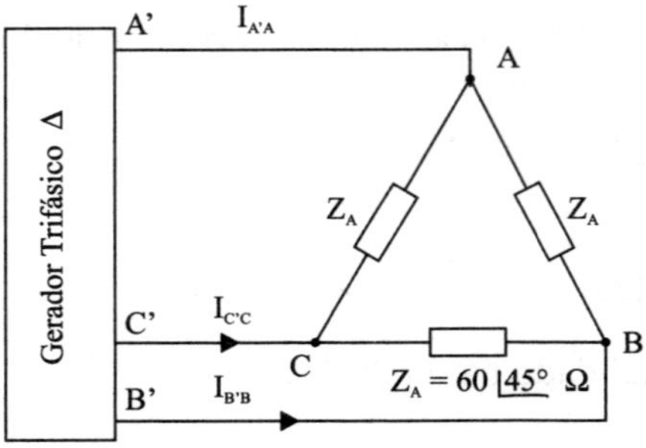

fig 20.12(a)

Sejam, $V_{AB} = 380\underline{|0°}$ V , $V_{BC} = 380\underline{|-120°}$ V e $V_{CA} = \underline{|120°}$ V as tensões nos bornes do receptor; então, a corrente elétrica da fase AB é,

$$I_{AB} = \frac{380\underline{|0°}V}{60\underline{|45°}\Omega} \cong 6,333\underline{|-45°}(A)$$

As demais correntes da fase são dadas por,

$$\mathbf{I}_{BC} = a^2.\mathbf{I}_{AB} = 6,333\underline{|-165°}(A)$$

$$\mathbf{I}_{CA} = a.\mathbf{I}_{AB} = 6,333\underline{|75°}(A)$$

A corrente de linha $I_{A'A}$, será dada por:

$$\mathbf{I}_{A'A} = \mathbf{I}_{AB} - I_{AC} = 6,333\underline{|-45°} - 6.333\underline{|75°}$$
$$\mathbf{I}_{A'A} = 6,333\sqrt{3}\underline{|-75°} \cong 11\underline{|-75°}\ (A)$$

E as demais correntes de linha:

$$\mathbf{I}_{B'B} = a^2(11\underline{|-75°}) = 11\underline{|-195°}\ (A)$$
$$\mathbf{I}_{C'C} = a(11\underline{|-75°}) = 11\underline{|45°}\ (A)$$

Na prática os ângulos de defasagem são obtidos pelas subtrações sucessivas, $\underline{|ang.\mathbf{V}_{ij} - ang.\mathbf{I}_{ij}}$, no caso, $\underline{|0° - 45°}$, $\underline{|-120° - 45°}$ e $\underline{|120° - 45°}$, respectivamente.

Outra forma de achar as corrente de linha consiste em converter a montagem Δ para Y, no gerador e na carga ou receptor, fig.20.12(b), onde as tensões de fase, são $V_{AN} = 220\underline{|-30°}$, $V_{BN} = 220\underline{|-150°}$ e $V_{CN} = 220\ \underline{|\pm 90°}$; e no receptor, $Z_Y = 20\underline{|45°}$. Isto posto, temos:

$$\mathbf{I}_{A'A} = \frac{220\underline{|-30°}\ V}{20\underline{|45°}\ \Omega} = 11\underline{|-75°}\ (A)$$

e de igual modo, temos: $\mathbf{I}_{A'A} = 11\underline{|-30° - 45°}\ (A)$, etc.

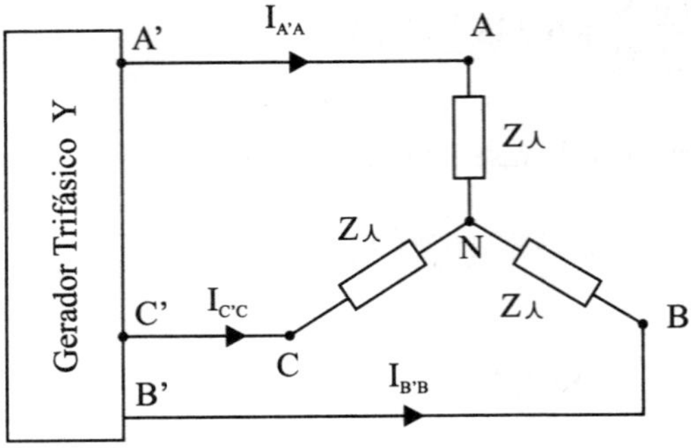

fig 20.12(b)

20.2. Potência Elétrica Trifásica

A potência elétrica trifásica instantânea, $p_{3f}(t)$, de um sistema equilibrado, é dada pela soma das potências elétricas instantâneas das três fases. Elegendo a equação (19.26b) como representativa da potência elétrica instantânea da fase A, as equações das fases B e C terão a mesma forma, com o defasamento de 120° elétricos previsto, ou seja,

$$p_A(t) = \frac{V_m i_m}{2}\cos\phi + \frac{V_m i_m}{2}\cos(2\omega t + \phi)$$

$$p_B(t) = \frac{V_m i_m}{2}\cos\phi + \frac{V_m i_m}{2}\cos(2\omega t + \phi - 120°)$$

$$P_C(t) = \frac{V_m i_m}{2}\cos\phi + \frac{V_m i_m}{2}\cos(2\omega t + \phi + 120°)$$

E, portanto,

$$p_{3f}(t) = p_A(t) + p_B(t) + p_C(t) \qquad (20.10a)$$

Efetivando a soma proposta, resulta que a potência elétrica trifásica instantânea total é igual a três vezes a potência elétrica média de uma fase:

$$p_{3f} = 3\left(\frac{V_m i_m}{2}\right)\cos\phi \qquad (20.10b)$$

Introduzindo neste resultado os valores eficazes V e I, resulta,

$$P_{3f} = 3\ VI\ \cos\phi \tag{20.10c}$$

onde $\phi = \theta_V - \theta_I$, como já aludimos é o ângulo de impedância de carga I.

Na conexão estrela, $V = V_f$ e $I = I_f$, e portanto:

$$P_{3f} = 3\ V_f\ I_f \cos\phi \tag{20.10d}$$

Por outro lado se desejarmos expressar este resultado em magnitudes de linha, $V_f = V_L/\sqrt{3}$ e $I_f = I_L$, e temos,

$$P_{3f} = 3\left(\frac{V_L}{\sqrt{3}}\right) I_L \cos\phi$$

ou melhor,

$$P_{3f} = \sqrt{3}\ V_L I_L \cos\phi \tag{20.10e}$$

Para a conexão Δ, $V_L = V_f$ e $I_L = \sqrt{3}\ I_f$, e virá,

$$P_{3f} = 3V_L\left(\frac{I_L}{\sqrt{3}}\right)\cos\phi = \sqrt{3}\ V_L\ I_L\ \cos\phi$$

resultado idêntico a (20.10d), que independe do tipo de conexão. Então, abandonando o índice L e anotando as magnitudes de linha por V e I a potência elétrica trifásica ativa ou real, virá definida, por,

$$P_{3f} = \sqrt{3}\, V\ I\ \cos\phi \tag{20.10f}$$

Por sua parte, a potência elétrica trifásica reativa, Q_{3f}, será dada por,

$$Q_{3f} = \sqrt{3}\ V\, I\ \text{sen}\ \phi \tag{20.10g}$$

Isto posto, podemos reunir os dois resultados acima e compor a potência elétrica trifásica complexa, N_{3f}, na forma cartesiana,

$$N_{3f} = \sqrt{3}\ \ VI\ \cos\phi + j\ \sqrt{3}\ \ VI\ \text{sen}\ \phi \tag{20.11a}$$

que também pode ser colocada sob a forma complexa-algébrica,

$$N_{3f} = \mathbf{P}_{3f} + j\mathbf{Q}_{3f} \tag{20.11b}$$

e ainda como,

$$N_{3f} = \sqrt{3}\ \mathbf{V}\,\mathbf{I}^* \tag{20.11c}$$

cujo módulo é a potência elétrica trifásica aparente,

$$N_{3f} = \sqrt{3}\ V\,I \tag{20.11d}$$

Identificando os 2°s membros das equações (20.11c) e (20.11b) e tomando o conjugado de ambos os membros, podemos concluir a corrente elétrica:

$$\mathbf{I} = \frac{\mathbf{P}_{3f} - j\mathbf{Q}_{3f}}{\sqrt{3}\,V^*} \tag{20.12a}$$

De módulo,

$$I = \frac{N_{3f}}{\sqrt{3}V} \tag{20.12b}$$

E, $\phi = \text{arc tg}\,(Q_{3f}/P_{3f})$, o ângulo de defasagem sobra a tensão de linha,

Exemplo 20.4

Um motor trifásico, alimentado com tensão de linha de 380 V, absorve a potência elétrica de 12kW e tem f.p. de 0,80. Determinar a corrente elétrica de linha, a potência elétrica complexa e a aparente. Desprezar a impedância da interligação da fonte ao motor.

Dado f.p = cosφ = 0,80 , e tem-se $\varphi \cong 36{,}87°$ e sen (36,87°) = 0,60. Usando (20.10f), temos:

$$I = \frac{12\text{kW}}{\sqrt{3}\,(0{,}38\text{kV})(0{,}80)} = 22{,}79\text{A}$$

As potências reativa, complexa e aparente,

$$Q_{3f} = \sqrt{3}\,(0{,}38\text{V})(22{,}79\text{ A})(0{,}60) = 9\text{kVAr}$$

$$N_{3f} = 12 + j9 = 15\underline{|36,87°}(kVA) = 15kVA$$

[1] Medida da Potência Elétrica Trifásica

Para um sistema elétrico trifásico, a medida da potência elétrica trifásica é dada pela soma das leituras dos três wattímetros devidamente intercalados numa sequência de fases. Contudo, para um sistema elétrico trifásico simétrico e equilibrado, em estrela com neutro, tal medição pode ser feita com um único wattimetro conectado a uma fase e a leitura colhida será multiplicada por três consoante a equação (20.10d).

Para um sistema trifilar (conexão Y ou Δ) usa-se método geral dos dois wattímetros intercalando cada um deles a duas fases, como indicado na fig.20.13, cujas leituras fornecem a soma algébrica, $W_A \pm W_B$. O ângulo de defasagem é calculado pela fórmula:

$$tg\phi = \left(\sqrt{3}\,\frac{W_A - W_B}{W_A + W_B} \right) \qquad (20.13a)$$

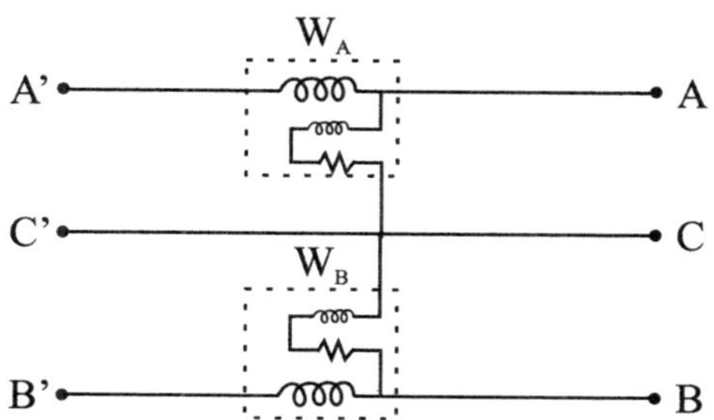

fig 20.13

Obviamente, para uma outra ordem de intercalação dos wattímetro os índices serão adequados à seqüência tomada.

Exemplo 20.5

Num ensaio com um motor de indução, os wattímetros intercalados fornecem as leituras, W_A = 1,86 kw e W_B = 1,04 kw. Achar o f.p .

Recorrendo a (20.13a), virá,

$$tg\phi = arc\ tg\sqrt{3}\left(\frac{1,86-1,04kw}{1,86+1,04kw}\right)$$

De onde, o f.p. = cos (26,1°) = 0,898.

A medida da potência elétrica trifásica reativa é feita de modo similar com o concurso de um varímetro (que difere wattímetro pelo acréscimo de mais uma bobina de reatância indutiva ligada em série com a bobina de tensão, que faz a corrente atrasar-se de 90° em relação mesma; a tensão; para um ângulo de defasagem ≤ 90°, o varímetro fornece a leitura de $Q_f = VI\cos(90° - \phi)$ que multiplicado por $\sqrt{3}$ dá o valor da potência elétrica trifásica reativa, conforme a equação (20.10g). Usa-se também dois varímetros, fig.20.14 , que fornecem as leituras $V_A \mp V_B$, cujo resultado deve ser multiplicado por $\sqrt{3}$.

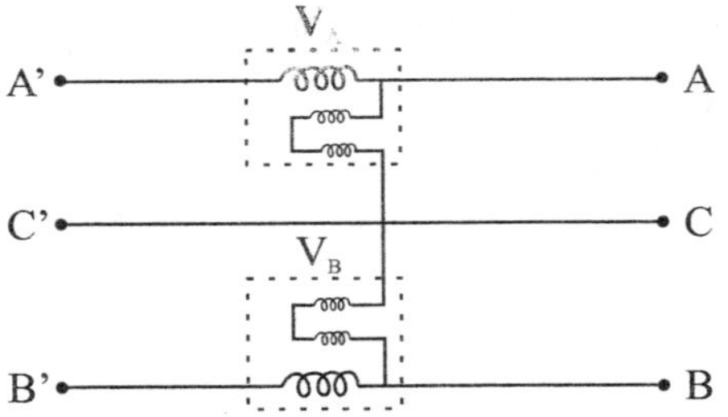

fig 20.14

[2] Correção do Fator de Potência

Em consonância com o item 19.5[2], para um sistema elétrico trifásico na conexão estrela, a capacitância do banco de capacitores intercalado em paralelo, vale equação 19.30(c). Contudo, na conexão triângulo, ela fica dividida por 3, ou seja,

$$C_\Delta = \frac{P\ tg\ \phi}{3\ \omega\ V^2} \tag{20.14a}$$

Assim como a expressão 19.30(d), fica igualmente alterada para:

$$C_\Delta = \frac{P\left(tg\ \phi_1 - tg\ \phi_2\right)}{3\omega V^2} \tag{20.14b}$$

o fato de que $C_Y = 3\ C_\Delta$, conduz a preferência à instalação com C_Δ que reduz de 1/3 o custo de uma instalação C_Y. De resto há que observar dois detalhes: uma supercompensação de C acarreta o mesmo inconveniente do baixo f.p. que causa um atraso indesejado de corrente em relação a tensão; e que o banco de capacitores uma vez separado do sistema detém um carga residual que precisa ser eliminada por uma resistência de descarga, já que o contato com as armaduras representa perigo.

20.3. Linhas de Transmissão

A transmissão de potência elétrica (e de sinais eletromagnéticos) de um ponto a outro de um sistema de elétrico (e de comunicação) é feita através de um conjunto de condutores chamados de linhas de transmissão, abrevia-se por LT. Passaremos a examinar o 1° caso em que será levado em consideração a impedância do condutor que liga a fonte à carga elétrica; assim como o 2° caso que será estudado, com detalhes, no Capítulo 31.

A energia elétrica, uma vez gerada nas usinas geradoras, necessita ser transportada, em geral, a longa distância para centros de consumo onde será distribuída. Esse transporte é feito com LT aéreas (nas zonas suburbanas e rurais) ou com LT subterrâneas (zonas urbanas). Por razões econômicas e técnicas (eleição de menor bitola de condutores, menor peso, custo de isolamento, perdas de energia, etc.) a transmissão de energia elétrica é feita ordinariamente em alta tensão, AT, e a frequência industrial, o que exige que o sistema elétrico seja provido de transformadores elevadores e abaixadores de tensão, além de outros artefatos, equipamentos e de estruturas de suporte às LT que não iremos entrar em maiores detalhes.

Na rede elétrica trifásica simétrica e equilibrada estudada, cada fase é uma LT que passaremos a considerar a impedância que lhe é própria, e como consequência, a queda de tensão pertinente. Como a rede está conduzindo C.A. que a cada instante varia de sentido, os campos magnético e elétrico, decorrentes, produzem ao longo de cada LT os efeitos respectivos de autoindução e de capacitância, fig.20.15(a) e (b), que serão levados em conta, juntamente com o da resistência que lhe é efetiva. Estes parâmetros estão distribuídos ao longo da LT, em Ω/m ou Ω/km , compondo a impedância da linha que, calculada, pode ser localizada por trechos, como indicado na fig.20.16, representativa de um circuito monofásico equivalente da rede trifásica.

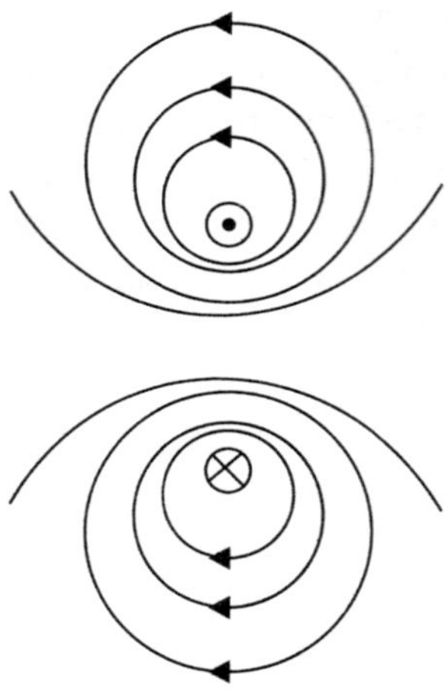

fig 20.15(a)

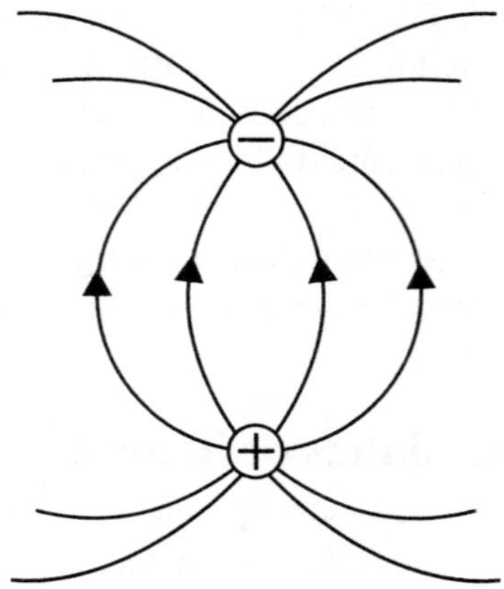

fig 20.15(b)

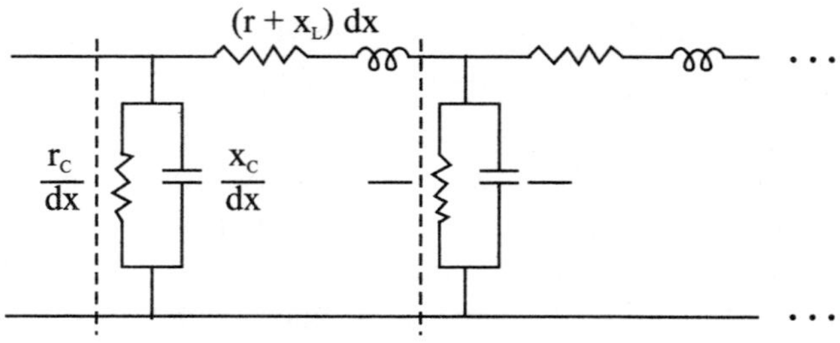

fig 20.16

Segue aqui uma breve classificação da linhas de transmissão, segundo a AT e o comprimento L, em: LT curtas ($\leq$40 kV e L $\leq$ 60 km), LT médias (de 40-220 kV e 60 $\leq$ L $\leq$ 250 km) e LT longas (>220 kV e L>250 km).

Seja um circuito elétrico monofásico equivalente, de um rede trifásica equilibrada em Y, com LT curta de impedância, $Z_L = R + jX_L$, (para a qual a reatância capacitiva é desprezada) que atende a um receptor com impedância de carga, Z_C, submetido à tensão elétrica $V_{A'} = V_R$, fig.20.17. Denotando por $\varepsilon_A = V_G$ a tensão fase-neutro da fonte e sendo $I = I_A' = I_A$ a corrente de linha., a lei das malhas oferece a equação do circuito ,

$$\mathbf{V}_G = V_C + \mathbf{I}\,(R + jX_L) \qquad (20.15a)$$

Donde,

$$\mathbf{V}_G = V_C + R\,\mathbf{I} + jX_L\,\mathbf{I} \tag{20.15b}$$

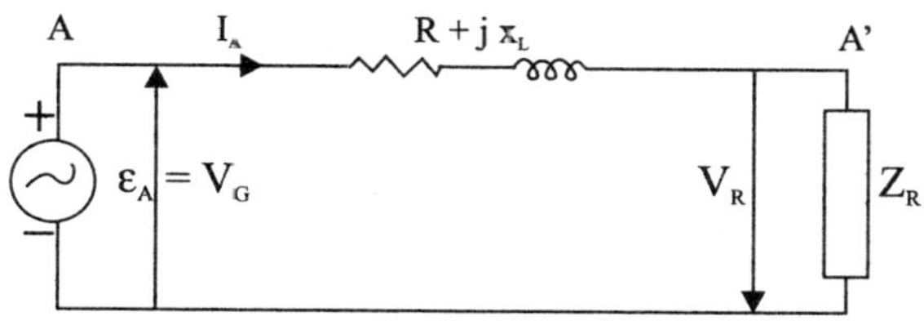

fig 20.17

Tomando V_C como referência de ângulo, o diagrama da queda de tensão da LT é dado na fig.20.18.

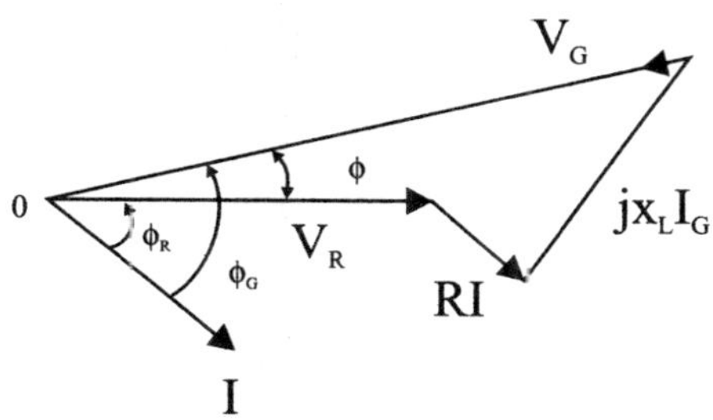

fig 20.18

Exemplo 20.6

Seja uma rede trifásica cuja LT tem os parâmetros elétricos, r = 0,26 Ω/km, x_L = 0,34 Ω/km e 20 km de comprimento e tensão fase-fase de 13,8 kV, que e atende um receptor que consome as potências ativa de 2.400 kw e reativa 1.200 kVAr. Determinar (a) a tensão fase-fase no gerador, (b) as potências ativa e reativa no gerador, (c) as perdas na linha e o rendimento da LT.

Temos, preliminarmente, R = (0,26 Ω/km)(20 km) = 5,2 Ω e X_L = (0,34 Ω/km)(20 km) = 6,8 Ω; de onde a impedância da linha, Z_L = 5,2 + j6,8 Ω ou Z_L = 8,56 $\underline{|52,59°}$ Ω.

A tensão fase-neutro no extremo do receptor é,

$$V_R = \frac{13.800\text{V}}{\sqrt{3}} \cong 7.967,67\underline{|0°}\ (\text{V})$$

A corrente elétrica é dada por (20.12a),

$$\mathbf{I} = \frac{(2.400 - j1.200)\text{kVA}}{\sqrt{3}(13,8\text{kV})} \cong 100,41 - j50,20 = 112,26\underline{|-26,56°} \text{ (A)}$$

com f.p. = 0,89 atrasado em relação à tensão.

(a) Cálculo da tensão elétrica no gerador:

$$V_G = 7.967,67 + \left(8,56\underline{|52,59°}\right)\left(112,26\underline{|-26,56°}\right)$$

$$V_G = 8.841,21\underline{|2,73}(V)$$

De onde a tensão fase-fase,

$$V_{(ff)G} = \sqrt{3}\left(8.841,21\underline{|2,73° + 30°}\right) \cong 15.313\underline{|32,73°} \text{ (V)}$$

com f.$p_{(G)}$ = 0,84 (atrasado)

(b) Potência elétrica ativa e reativa no gerador:

$$N_{(3f)G} = 3\left(8.841,21\underline{|2,73°V}\right)\left(112,26\underline{|-26,26°A}\right)$$

$$N_{(3f)G} = 2.723,70 - j1.203\,(\text{kVA})$$

(c) Perdas reais e reativas na linha:

$p = P_{(3f)G} - P_{(3f)R} = 2.723,70 - 2.400 = 323,70$ kW

$q = Q_{(3f)G} - Q_{(3f)R} = -1.203 - 1.200 = -2.403$ kVAr

(d) Rendimento ou eficiência da linha:

$$\eta = \frac{P_{(3f)R}}{P_{(3f)D}} = \frac{2.400\text{kw}}{2.723,7\text{kw}} \cong 0,88$$

Exemplo 20.7

Seja uma LT média representada pelo circuito monofásico equivalente na configuração π, fig.20.19, onde o efeito capacitivo é dividido ao meio e concentrado em cada extremo da linha, e por conveniência, expresso em termos de susceptância Y/2 = -jB/2. Supondo conhecidos os parâmetros da LT (R, X_L e Y) e as condições de carga receptora ($\mathbf{V}_C$ e $\mathbf{I}_C$), determinar as condições de entrada da linha ($\mathbf{V}_A$ e $\mathbf{I}_A$) .

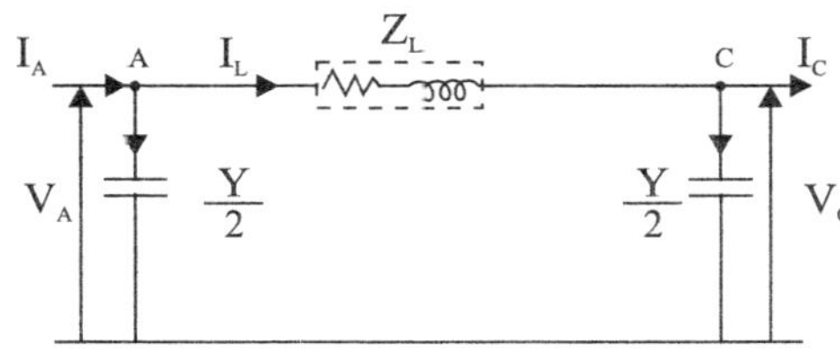

fig 20.19

Com referência a fig.20.19, temos a equação da circuito,

$$\mathbf{V}_A = \mathbf{Z}_L \mathbf{I}_L + \mathbf{V}_C$$

sendo, $\mathbf{I}_L = \mathbf{I}_C + \mathbf{I}_C = \mathbf{V}_C \dfrac{\mathbf{Y}}{2} + \mathbf{I}_C$; substituindo e reordenando, obtemos:

$$\mathbf{V}_A = \left(1 + \frac{\mathbf{Y}}{2} Z_L\right)\mathbf{V}_C + \mathbf{Z}_L \mathbf{I}_C \qquad (20.16a)$$

A corrente elétrica no nó A é,

$$\mathbf{I}_A = \mathbf{I}_{A'} + \mathbf{I}_L = \mathbf{V}_A \frac{\mathbf{Y}}{2} + \mathbf{V}_C \frac{\mathbf{Y}}{2} + \mathbf{I}_C$$

Substituindo V_A nesta equação e efetuando as operações convenientes, encontramos,

$$\mathbf{I}_A = \mathbf{Y}\left(1 + \frac{\mathbf{Y}}{4}\mathbf{Z}_L\right)\mathbf{V}_C + \left(1 + \frac{Y}{2}\mathbf{Z}_L\right)\mathbf{I}_C \qquad (20.16b)$$

Exemplo 20.8

Seja uma LT média representada em circuito monofásico equivalente na configuração T , fig.20.20, onde o efeito capacitivo está agora concentrado no centro da linha e a impedância fica dividida em duas metades, Z/2. Determinar os parâmetros de entrada ($\mathbf{V}_A$ e $\mathbf{I}_A$), conhecidos os de carga receptora ($\mathbf{V}_C$ e $\mathbf{I}_C$).

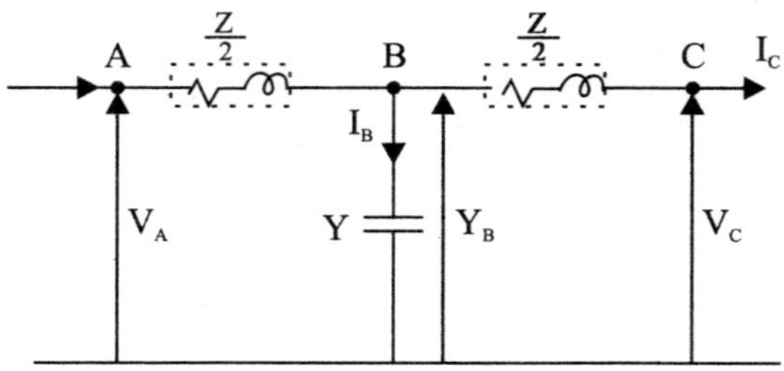

fig 20.20

Da fig.20.20, a corrente elétrica no nó B, é

$$\mathbf{I}_A = \mathbf{I}_B + \mathbf{I}_C = \mathbf{V}_B\, \mathbf{Y} + \mathbf{I}_C$$

Como $\mathbf{V}_B = \mathbf{I}_C \dfrac{\mathbf{Z}}{2} + \mathbf{V}_C$, substituindo acima e operando, obtemos,

$$\mathbf{I}_A = \mathbf{Y}\,\mathbf{V}_C + \left(1 + \frac{\mathbf{ZY}}{2}\right)\mathbf{I}_C \qquad (20.17a)$$

A tensão elétrica no extremo do gerador:

$$\mathbf{V}_A = \left(\frac{\mathbf{Z}}{2}\right)\mathbf{I}_A + \mathbf{V}_B$$

Substituindo os valores de I_A e V_B , e operando obtermos:

$$\mathbf{V}_A = \left(1 + \frac{\mathbf{ZY}}{2}\right)\mathbf{V}_C + \mathbf{Z}\left(1 + \frac{\mathbf{ZY}}{4}\right)\mathbf{I}_C \qquad (20.17b)$$

Exemplo 20.9

Seja uma LT longa de comprimento L e parâmetros conhecidos (**Z**/L = z e **Y**/L = y, respectivamente, impedância e admitância em paralelo por unidade de comprimento), que atende um receptor de $\mathbf{V}_C$ e $\mathbf{I}_C$. Determinar **V** e **I** de entrada, em função dos parâmetros dados.

Consideremos uma seção elementar da LT, de comprimento dx com **V** e **I** de entrada, fig.20.21. Neste pequeno trecho a qdt é d**V** = **I** z dx; ou seja,

$$\frac{d\mathbf{V}}{dx} = \mathbf{I}\,z \tag{20.18a}$$

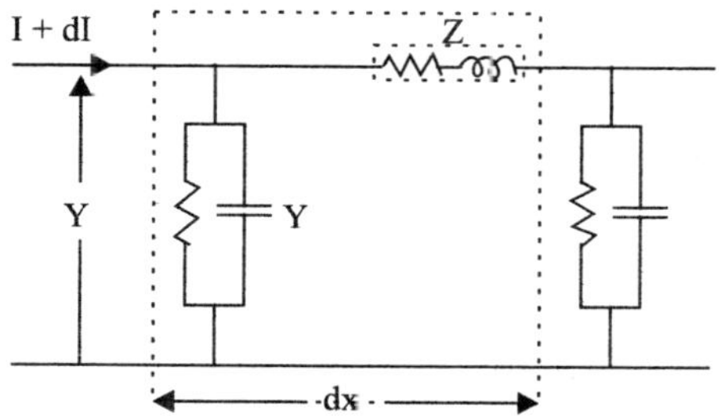

fig 20.21

A corrente elétrica no ramo da admitância é d**I** = V y dx e, então,

$$\frac{d\mathbf{I}}{dx} = \mathbf{V}\,y \tag{20.18b}$$

Derivando novamente cada equação acima, com respeito a x , temos,

$$\frac{d^2\mathbf{V}}{dx^2} = z\frac{d\mathbf{I}}{dx} \tag{20.18c}$$

$$\frac{d^2\mathbf{I}}{dx^2} = y\frac{d\mathbf{V}}{dx} \tag{20.18d}$$

Intervindo com (20.18a) e (20.18b), respectivamente nestas equações, obtemos,

$$\frac{d^2V}{\partial dx^2} = yzV \tag{20.18e}$$

$$\frac{d^2\mathbf{I}}{dx^2} = yz\,\mathbf{I} \tag{20.18f}$$

Onde as formas homogêneas, respectivas,

$$\frac{d^2\mathbf{V}}{dx^2} - (yz)\mathbf{V} = 0 \qquad (20.18g)$$

$$\frac{d^2\mathbf{I}}{dx^2} - (yz)\mathbf{I} = 0 \qquad (20.18h)$$

Elegendo $V_o e^{\gamma x}$ como solução da equação (20.18g), após simplificações, obtemos a equação característica,

$$\gamma^2 - yz = 0$$

de raízes, $\pm\gamma = \pm\sqrt{yz}$ (adimensionais); a raiz $+\gamma$ é chamada de constante de propagação; enquanto que $-\gamma$, é o coeficiente de onda refletida, de modo que a solução pleiteada é dada por,

$$V = V_1 e^{\gamma x} + V_2 e^{-\gamma x} \qquad (20.19a)$$

onde V_1 e V_2, são valores a determinar.

Para a equação (20.18h), analogamente, obtemos,

$$\mathbf{I} = \mathbf{I}_1 e^{\gamma x} + \mathbf{I}_2 e^{-\gamma x} \qquad (20.19b)$$

com I_1 e I_1, valores a serem determinados. Introduzindo as soluções encontradas na equação (20.18f), obtemos,

$$\gamma \mathbf{I}_1 e^{\gamma x} - \gamma \mathbf{I}_2 e^{-\gamma x} = y \mathbf{V}_1 e^{\gamma x} + y \mathbf{V}_2 e^{-\gamma x}$$

De onde as condições de identidade,

$$\gamma\mathbf{I}_1 = y\,\mathbf{V}_1 \quad \text{e} \quad -\gamma I_2 = Y\,\mathbf{V}_2$$

Dividindo, a 2ª igualdade pela 1ª, virá,

$$-\frac{\mathbf{I}_2}{\mathbf{I}_1} = \frac{\mathbf{V}_2}{\mathbf{V}_1} \qquad (20.20a)$$

A razão $\mathbf{I}_2/\mathbf{I}_1 = \rho_I$ é chamada de coeficiente de reflexão de corrente, e a razão, $V_2/V_1 = \rho_V$, de coeficiente de reflexão de tensão, e portanto, $\rho_V = -\rho_I$. Invertendo os seus extremos da proporção acima, virá,

$$-\frac{\mathbf{V}_1}{\mathbf{I}_1}=\frac{\mathbf{V}_2}{\mathbf{I}_2}=\mathbf{Z}_L \tag{20.20b}$$

cujo valor identificamos com a impedância característica da linha, que é constante ao longo de toda ela.

Se a LT termina num receptor de impedância de carga, Z_C, podemos considerar na direção dele as ondas progressivas de tensão e corrente, incidentes, $\mathbf{V}_1$ e $\mathbf{I}_1$, bem como as ondas refletidas, $\mathbf{V}_2$ e $\mathbf{I}_2$. Admitindo x = 0 no extremo do receptor, por (20.19a e b),temos: $\mathbf{V}_C = \mathbf{V}_1 + \mathbf{V}_2$ e $\mathbf{I}_C = \mathbf{I}_1 + \mathbf{I}_2$, e daí, que $\mathbf{Z}_C = \mathbf{V}_C/\mathbf{I}_C = \mathbf{V}_1 + \mathbf{V}_2 / \mathbf{I}_1 + \mathbf{I}_2$. E num ponto qualquer, x , por (20.20b) temos, $\mathbf{Z}_L = \mathbf{V}_1 - \mathbf{V}_2 / \mathbf{I}_1 + \mathbf{I}_2$; dividindo ordenadamente estas igualdades, podemos concluir que:

$$\mathbf{Z}_C=\mathbf{Z}_L\frac{\mathbf{V}_1+\mathbf{V}_2}{\mathbf{V}_1-\mathbf{V}_2} \tag{20.20c}$$

ou expressando o resultado em função do coeficiente de reflexão de tensão:

$$Z_C=Z_L\frac{1+\rho_V}{1-\rho_V} \tag{20.20d}$$

De onde podemos tirar o valor de ρ_V:

$$\rho_V=\frac{Z_C-Z_L}{Z_C+Z_L} \tag{20.20e}$$

Alternativamente podemos escrever as soluções encontradas, equações (20.19a) e (20.19b), usando funções hiperbólicas, já vez que $e^{\pm\gamma x} = \cosh \gamma x \pm \text{senh}\, \gamma x$; por conseguinte o resultado (20.19a) passa a ser dado como,

$$V = (V_1 + V_2) \cosh \gamma x + (V_1 - V_2) \text{ senh } \gamma x \tag{20.21a}$$

Derivando esta equação com respeito a x e identificando-a com a equação (20.18a), podemos concluir,

$$\mathbf{I}=\frac{\gamma}{z}\left[(\mathbf{V}_1+\mathbf{V}_2)\text{senh } \gamma x+(\mathbf{V}_1-\mathbf{V}_2)\cosh \gamma x\right] \tag{20.21b}$$

sendo $\gamma = \sqrt{yz}$, o fator $\gamma / z = \sqrt{y / z}$.

Se que a LT termina no receptor, fig.20.22, com referência ao qual tomamos x = 0, temos, $\mathbf{V}_C = \mathbf{V}_1 + \mathbf{V}_2$ e $\mathbf{I}_C = (\mathbf{V}_1 - \mathbf{V}_2)/z$, que levados às equações (20.21a) e (20.21b), obtemos:

$$V = V_C \cosh \gamma x + I_C \sqrt{z / y} \operatorname{senh} \gamma x \tag{20.21c}$$

$$I = I_C \cosh \gamma x + V_C \sqrt{z / y} \operatorname{senh} \gamma x \tag{20.21d}$$

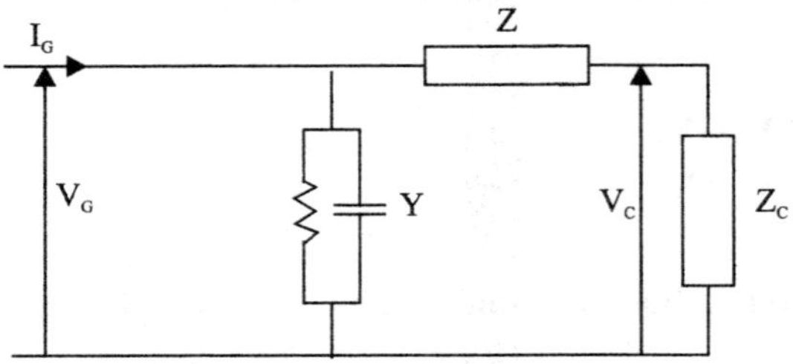

fig 20.22

No extremo do gerador temos, $\mathbf{V} = \mathbf{V}_G$ e $\mathbf{I} = \mathbf{I}_G$, com a distância x = L do receptor; e consideremos a impedância série total, Z = z L, e a admitância paralelo total, Y = y L, modo que os resultados supra passam a ser:

$$\mathbf{V}_G = \mathbf{V}_C \cosh \sqrt{YZ} + \mathbf{I}_C \sqrt{Z / Y} \operatorname{senh} \sqrt{YZ} \tag{20.22a}$$

$$\mathbf{I}_G = \mathbf{I}_C \cosh \sqrt{YZ} + V_C \sqrt{Y / Z} \operatorname{senh} \sqrt{YZ} \tag{20.22b}$$

onde $\gamma L = \sqrt{YZ}$ e $\sqrt{Z / Y} = Z_L$. Dividindo ordenadamente estes dois resultados, temos no 1º membro a impedância de entrada, $\mathbf{Z}_{en} = \mathbf{V}_G / \mathbf{I}_G$, ou seja,

$$\mathbf{Z}_{en} = \frac{\mathbf{V}_C \cosh \sqrt{YZ} + \mathbf{I}_C Z_L \operatorname{senh} \sqrt{YZ}}{\mathbf{I}_C \cos \sqrt{YZ} + \mathbf{V}_C / Z_L \operatorname{senh} \sqrt{YZ}} \tag{20.23a}$$

Este resultado pode ser particularizado para as seguintes situações: (a) o receptor é curto-circuitado e temos, $\mathbf{V}_C = 0$, $\mathbf{Z}_C = 0$ e $\mathbf{Z}_{en} = \mathbf{Z}_{cc}$,e portanto,

$$\mathbf{Z}_{cc} = \frac{\mathbf{Z}_L \operatorname{senh}\sqrt{YZ}}{\cos h\sqrt{YZ}} = Z_L \operatorname{tgh}\sqrt{YZ} \qquad (20.22b)$$

(b) o receptor é retirado ou a LT está na condição de aberta , significando que, $I_C = 0$ e $V_C \rightarrow \infty$, e então,

$$\mathbf{Z}_{ea} = \frac{\mathbf{V}_C \cosh\sqrt{YZ}}{\mathbf{V}_C / Z_L \cosh\sqrt{YZ}} = \mathbf{Z}_L \operatorname{ctgh}\sqrt{YZ} \qquad (20.23c)$$

(c) Efetuando o produto destes dois resultados, virá,

$$Z_{ec}\, Z_{ea} = Z_L^{\,2} \qquad (20.23d)$$

As conclusões gerais ora estabelecidas aplicam-se igualmente ao caso de transmissão de sinais eletromagnéticos, que será visto no seção 30.5.

Em especial, no caso de LT sem perdas ou de propagação de ondas eletromagnéticas a alta frequência ($\geq$ 1 MHz) as quantidades R e G podem ser negligenciadas respectivamente diante de $X_L = j\omega L$ e $jB = j\omega C$, de modo que a impedância característica da LT passa a ser dada por, $Z_L = \sqrt{L/C}$ (Ω), indicando que ela depende da frequência. Também veremos que em geral γ é um número complexo de forma, $\gamma = \alpha + j\beta$, onde α denomina-se de constante de atenuação, e β, constante de fase.

Exemplo 20.10

Dada a LT de 320 kV, 60 Hz e 280 km, com os parâmetros elétricos distribuídos, r = 0,030 Ω/km, x_L = 0,401 Ω/km e x_C = 0,306 MΩxkm; no receptor, a tensão fase-neutro, tomada como referência é $\mathbf{V}_C = 185\ \underline{|0°}$ kV e a corrente de fase, $\mathbf{I}_C = 457\ \underline{|-9{,}09°}$ A. Achar a tensão, a corrente e a potência elétrica trifásica, no extremo do gerador.

Temos, com efeito, R = (0,030 Ω/km)(280 km) = 8,4 Ω, X_L = (0,401 Ω/km) (280 km) = 114,8 Ω e X_C = (306000 Ωxkm)/(280 km) ≅ 1.093 Ω; então: Z = 8,4 + j114,8 = 15,10 $\underline{|85{,}82°}$ Ω; e **Y** = 1/- j1.093 ≅ j 0,0009Ω^{-1}.

Para diminuir o labor do cálculo, vamos recorrer ao apêndice matemático e considerar as aproximações:

$$\cosh\sqrt{YZ} \cong 1 + \frac{YZ}{2}; \sqrt{Z/Y}\operatorname{senh}\sqrt{YZ} \cong \left(1 + \frac{YZ}{6}\right) Z \text{ e}$$

$$\sqrt{Z/Y}\,\text{senh}\sqrt{YZ} \cong \left(1+\frac{YZ}{6}\right)Y;$$

Introduzindo as aproximações acima nas equações (20.22a) e (20.22b), elas ficam modificadas para:

$$V_G = V_C \cosh\left(1+\frac{YZ}{2}\right)+I_C\text{senh}\left(1+\frac{YZ}{6}\right)Z \qquad (20.22c)$$

$$I_G = I_C \cosh\left(1+\frac{YZ}{2}\right)+V_C\text{senh}\left(1+\frac{YZ}{6}\right)Y \qquad (20.22d)$$

Efetuando os cálculos pertinentes:

$$\left(1+\frac{YZ}{2}\right)=\left[1+\frac{1}{2}(j\,0{,}0009)\Omega^{-1}(8{,}4+j114{,}8)\Omega\right]\cong 0{,}9483+j\,0{,}0038$$

$$=0{,}9483\underline{|0{,}23°};$$

$$\left(1+\frac{YZ}{6}\right)=\left[1+\frac{1}{2}(j0{,}0009)\Omega^{-1}(8{,}4+j114{,}8)\Omega\right]=0{,}9828+j\,0{,}0013;$$

$$=0{,}9828\underline{|0{,}08°};$$

Então,

$$\mathbf{V}_G=(185\text{kV})\left(0{,}9483\underline{|0{,}23°}\right)+\left(0{,}457\underline{|-9{,}09°}\text{kA}\right)\left(0{,}9828\underline{|0{,}08°}\right)$$

$$\left(15{,}10\underline{|85{,}82°}\right)\text{V / A}$$

$$\mathbf{V}_G \cong 185{,}67\underline{|2{,}08°}\text{kV}$$

$$\mathbf{I}_G=(0{,}457\text{kA})\left(0{,}9483\underline{|0{,}23°}\right)+(185\text{kV})\left(0{,}9828\underline{|0{,}08°}\right)(j0{,}0009\text{A / V})$$

$$\mathbf{I}_G \cong 0,464\underline{|20,98°}\text{kA} = 464\underline{|20,98°}\text{A}$$

A potência elétrica trifásica na saída do gerador:

$$N_{(3f)G} \cong 3V_G I_G^* = 3\left(135,67\underline{|2,08°}\text{kV}\right)\left(0,464\underline{|-20,98°}\text{kA}\right)$$

$$N_{(3f)G} \cong 245,67 - j\,80,25\,\text{MVA}$$

com f.p. = 0,95 adiantado.

APÊNDICE

A. Sistema de Coordenadas Curvilíneas Generalizadas

De uma forma geral, o espaço tridimensional pode ser ordenado tomando--se um marco de referência arbitrário ou origem (0,0,0) (resultante das interseções de três superfícies coordenadas), a partir da qual traçam-se três linhas coordenadas, L_1 , L_2 e L_3 (cada uma pode ser concebida como decorrente das interseções de duas superfícies coordenadas) que são orientadas pelos vetores unitários, $\hat{e}_1$, $\hat{e}_2$ e $\hat{e}_3$, tangentes a cada uma delas, dados nesta ordem, de modo que, $\hat{e}_1 \times \hat{e}_2 = \hat{e}_3$. Então, um ponto P do espaço (também concebido como a interseção das três superfícies coordenadas nele constantes) fica determinado pelas três coordenadas gerais, x_1 , x_2 e x_3 , fig.A1, que compõem o vetor posição,

$$L = x_1 \hat{e}_1 + x_2 \hat{e}_2 + x_3 \hat{e}_3 \tag{A1}$$

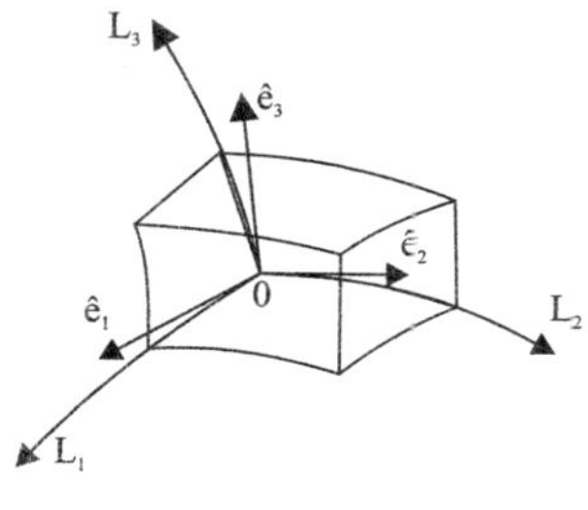

fig A1

A mudança de posição do ponto P gera um arco diferencial no espaço, dL = $dL_1 + dL_2 + dL_3 = \sum dL_j$, j = 1, 2, 3, fig.A2 , ora expresso em termos da diferencial total,

$$dL = \frac{\partial L}{\partial x_1} dx_1 \, \hat{e}_1 + \frac{\partial L}{\partial x_2} dx_2 \, \hat{e}_2 + \frac{\partial L}{\partial x_3} dx_3 \, \hat{e}_3 \tag{A2}$$

que pode ser denotado sob forma sucinta, como,

$$dL = \sum \frac{\partial L}{\partial x_j} dx_j \tag{A3}$$

Define-se coeficiente linear, h_j , a parte,

$$h_j = \left|\frac{\partial L}{\partial x_j}\right| \tag{A4}$$

De modo que cada arco diferencial pode ser escrito como,

$$dL_j = h_j\, dx_j\, \hat{e}_j \tag{A5}$$

de onde se segue que,

$$\hat{e}_j = \frac{1}{h_j}\frac{\partial L}{\partial x_j} \tag{A6}$$

E, em geral, tem-se,

$$dL = = \sum h_j\, dx_1\, \hat{e}_j \tag{A3}$$

A área diferencial orientada positivamente é dada pelo produto vetorial dos dois arcos diferenciais que a compõe, observada a ordem cíclica deles, fig.A2; por exemplo,

$$dS_1 = dL_2 \times dL_3 = h_2\, dx_2\, \hat{e}_2 \times h_3\, dx_3\, \hat{e}_3 = h_2 h_3\, dx_2\, dx_3\, \hat{e}_1$$

e tem-se a área diferencial negativa, com a ordem ciclica contrária.

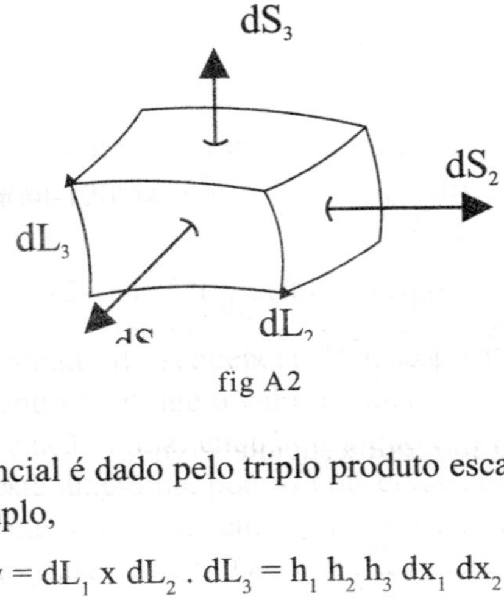

fig A2

O volume diferencial é dado pelo triplo produto escalar dos três arcos diferenciais, por exemplo,

$$dv = dL_1 \times dL_2 \,.\, dL_3 = h_1\, h_2\, h_3\, dx_1\, dx_2\, dx_3$$

Vejamos agora como particularizar os resultado obtidos para os sistemas de coordenadas usuais:

B. Sistema de Coordenadas Cartesianas

Neste, as três linhas coordenadas são agora os três eixos coordenados, X, Y e Z (cada um resulta das interseções de dois planos ortogonais), os vetores unitários são, $\hat{e}_x$, $\hat{e}_y$ e $\hat{e}_z$, e um ponto P (x,y,z) do espaço, fig.B1, é localizado pelo vetor posição,

$$L = x\ \hat{e}_x + y\ \hat{e}_y + z\ \hat{e}_z \tag{B1}$$

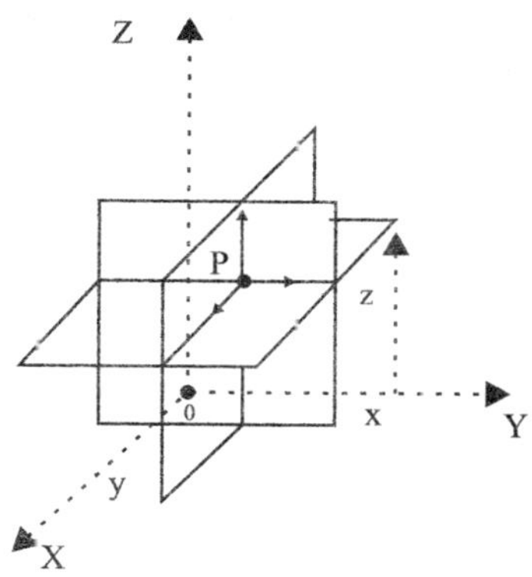

fig B1

Uma mudança de posição do ponto P gera um deslocamento diferencial no espaço, $dL = dx\ \hat{e}_x + dy\ \hat{e}_y + dz\ \hat{e}_z$, ou sob forma compacta,

$$dL = \sum dx_j\ \hat{e}_j \tag{B2}$$

caso em que, obviamente, os coeficientes lineares são, $h_1 = h_2 = h_3 = 1$.

Cada área diferencial orientada positivamente é dada pelo produto vetorial dos dois deslocamentos diferenciais que a compõe, observada a sua ordem cíclica, fig.B2; por exemplo,

$$dS_x = dL_y \times dL_z = dy\ \hat{e}_y \times dz\ \hat{e}_z = dy\ dz\ \hat{e}_x$$

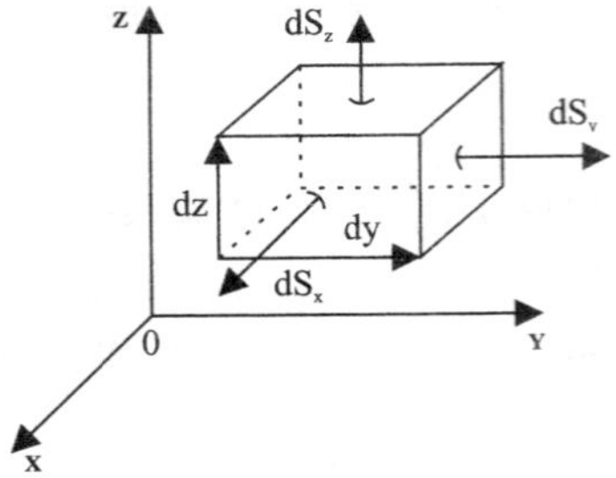

fig B2

E o volume diferencial é dado pelo triplo produto escalar dos três arcos diferenciais ordenados, ou seja,

$$dv = dL_x \times dL_y \cdot dL_z = dx_1\, dx_2\, dx_3$$

C. Sistema de Coordenadas Cilíndricas

Compõe-se do sistema de ordenadas cartesianas, X, Y e Z, dotado de superfície cilíndrica de seção normal circular, com r = cte , juntamente com um semiplano articulado em Z, ϕ = cte e um plano perpendicular a Z, z = cte., de cujas interseções determina o ponto P (r, ϕ, z) no espaço, fig.C1, em que as coordenadas recebem os versores, $\hat{e}_r$, $\hat{e}_\phi$ e $\hat{e}_z$, nesta ordem, de modo que a localização do ponto é dada pelo vetor posição,

$$L = r\ \hat{e}_r + z\ \hat{e}_z \qquad \text{(C1)}$$

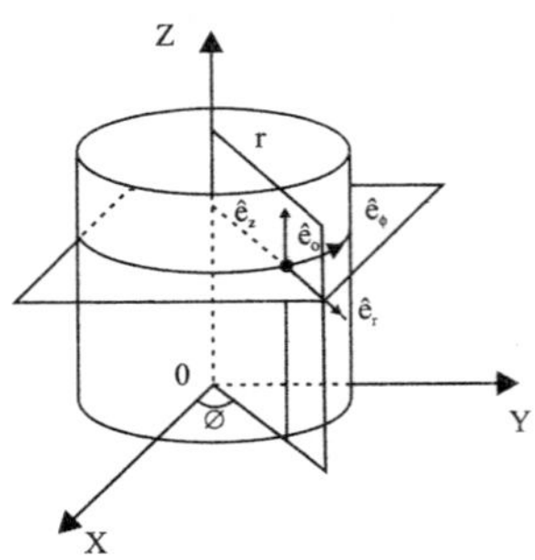

fig C1

E tomando a projeção de r sobre o plano XY , $x = r\cos\phi$, $y = r\,\text{sen}\phi$, o vetor supra virá dado por,

$$L = r\cos\phi\ \hat{e}_x + r\,\text{sen}\phi\,\hat{e}_y + z\ \hat{e}_z \qquad \text{(C1')}$$

Usando (A4) pode-se determinar os coeficientes lineares:

sendo, $\dfrac{\partial L}{\partial r} = \cos\phi\ \hat{e}_x + \text{sen}\phi\ \hat{e}_y ; \dfrac{\partial L}{\partial \phi} = -r\ \text{sen}\phi\ \hat{e}_x + r\cos\phi\ \hat{e}_y$ e $\dfrac{\partial L}{\partial z} = \hat{e}_z$,

teremos:

$$h_r = \left|\frac{\partial L}{\partial r}\right| = \sqrt{\cos^2\phi + \text{sen}^2\phi} = 1$$

$$h_r = \left|\frac{\partial L}{\partial r}\right| = \sqrt{(-r\,\text{sen}\phi)^2\,(r\cos\phi)^2} = r$$

$$h_z = 1$$

Então, um deslocamento diferencial no espaço será dado por,

$$dL = dr\,\hat{e}_r + r\,d\phi\,\hat{e}_\phi + dz\ \hat{e}_z \qquad \text{(C2)}$$

Para expressar os versores, $\hat{e}_r$, $\hat{e}_\phi$ e $\hat{e}_z$, em função dos unitários, $\hat{e}_x$, $\hat{e}_y$ e $\hat{e}_z$, usaremos (A6) , ou seja,

$$\hat{e}_r = \frac{1}{h_r}\frac{\partial L}{\partial r} = \cos\phi\,\hat{e}_x + \text{sen}\phi\,\hat{e}_y$$

$$\hat{e}_\phi = \frac{1}{h_r}\frac{\partial L}{\partial \phi} = -\text{sen}\phi\,\hat{e}_x + \cos\phi\,\hat{e}_y$$

$$\hat{e}_z = \hat{e}_z$$

Uma área diferencial orientada positivamente é dada pelo produto vetorial de dois deslocamentos diferenciais que a compõe, observada a sua ordem cíclica, fig.C2; por exemplo,

$$dS_r = dL_\phi \times dL_z = r\, d\phi\, \hat{e}_\phi \times dz\, \hat{e}_z = r\, dz\, d\phi\, \hat{e}_r$$

a qual será negativa, se a ordem ciclica for contrária.

O volume diferencial é dado pelo triplo produto escalar dos três deslocamentos diferenciais, ou seja,

$$dv = dL_r \times dL_\phi \,.\, dL_z = r\, dr\, d\phi\, dz$$

D. Sistema de Coordenadas Esféricas

No sistema de ordenadas cartesianas, X, Y e Z, inscreve-se uma esfera de raio R = cte na origem, juntamente com um cone circular reto com vértice na origem e eixo Z, com θ = cte ($0 < \theta \leq \pi$) e o semiplano perpendicular a Z , com ϕ = cte, cujas intersações determina o ponto P (R, θ, ϕ) no espaço, fig.D1, em que são locados os versores, $\hat{e}_r$, $\hat{e}_\phi$ e $\hat{e}_z$, nesta ordem, de modo que a localização do ponto é dada pelo vetor posição,

$$L = R\ \hat{e}_R \tag{D1}$$

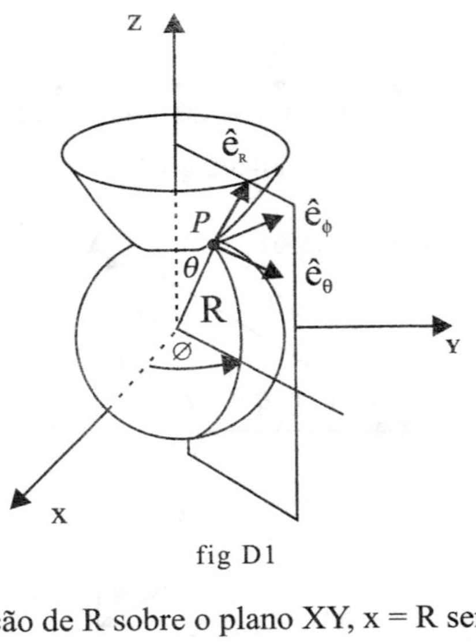

fig D1

Tomando a projeção de R sobre o plano XY, x = R sen θ cosϕ, y = R sen θ senϕ, podemos reescrever o vetor supra como,

$$L = R\,\text{sen}\,\theta\cos\phi\;\hat{e}_x + R\,\text{sen}\,\theta\,\text{sen}\phi\;\hat{e}_y + R\cos\theta\;\hat{e}_z \qquad \text{(D1')}$$

Com (A4) determinamos os coeficientes lineares:

sendo, $\dfrac{\partial L}{\partial R} = \hat{e}_R\,;\dfrac{\partial L}{\partial \theta} = -R\cos\theta\,\text{sen}\phi\;\hat{e}_x + R\cos\theta\cos\phi\;\hat{e}_y - R\;\text{sen}\theta\;\hat{e}_z$; e

$$\frac{\partial L}{\partial R} = -R\;\text{sen}\phi\;\hat{e}_x + R\;\text{sen}\theta\cos\phi\;\hat{e}_y$$

$$h_R = \left|\frac{\partial L}{\partial R}\right| = 1$$

$$h_R = \left|\frac{\partial L}{\partial \theta}\right| = \sqrt{(-R\cos\theta\,\text{sen}\phi)^2 + (R\cos\theta\,\text{sen}\phi)^2 + (-R\;\text{sen}\theta)^2}$$

$$h_\phi = \left|\frac{\partial L}{\partial \phi}\right| = \sqrt{(-R\;\text{sen}\theta\,\text{sen}\phi)^2 + (R\cos\theta\,\text{sen}\phi)^2}$$

Então, um deslocamento diferencial no espaço será dado por,

$$dL = dR\;\hat{e}_R + R\;d\theta\;\hat{e}_\theta + R\;\text{sen}\theta\;d\phi\;\hat{e}_\phi \qquad \text{(D2)}$$

Para expressar os versores, $\hat{e}_r$, $\hat{e}_\phi$ e $\hat{e}_z$, em função dos unitários, $\hat{e}_x$, $\hat{e}_y$ e $\hat{e}_z$, usaramos (A6) , ou seja,

$$\hat{e}_R = \frac{1}{h_R}\frac{\partial L}{\partial R} = \text{sen}\theta\cos\phi\;\hat{e}_x + \text{sen}\theta\,\text{sen}\phi\;\hat{e}_y + \cos\theta\;\hat{e}_z$$

$$\hat{e}_\theta = \frac{1}{h_\theta}\frac{\partial L}{\partial \theta} = -\cos\theta\cos\phi\;\hat{e}_x + \cos\theta\,\text{sen}\phi\;\hat{e}_y + \cos\theta\;\hat{e}_z$$

$$\hat{e}_\phi = \frac{1}{h_\phi}\frac{\partial L}{\partial \phi} = -\text{sen}\theta\cos\phi\;\hat{e}_x + \cos\theta\;\hat{e}_y$$

Uma área diferencial orientada positivamente é dada pelo produto vetorial de dois deslocamentos diferenciais que a compõe, observada a sua ordem cíclica, fig.D2, por exemplo,

$$dS_R = dL_\theta \times dL_\phi = R\, d\theta\, \hat{e}_\theta \times R\, sen\theta\, d\phi\, \hat{e}_\phi = R^2 sen\theta\, d\theta\, d\phi\, \hat{e}_R$$

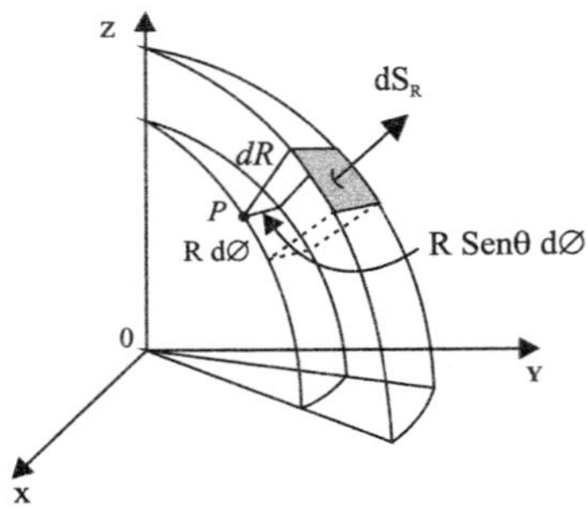

fig D2

E o volume diferencial é dado pelo triplo produto escalar dos três deslocamentos diferenciais, ou seja,

$$dv = dL_R \times dL_\phi \,.\, dL_\phi = R^2\, dR\, sen\theta\, d\theta\, d\phi$$

Impressão e acabamento
Gráfica da Editora Ciência Moderna Ltda.
Tel: (21) 2201-6662